工程热力学

郑宏飞　康慧芳　熊建银　编

科学出版社

北　京

内 容 简 介

本书以热功转化原理与过程为主线,论述了热力学的基本概念和基本定律,对实现热功转换的工质,特别是理想气体及实际气体工质的热力学性质进行了详细的讨论,介绍了实现热功转换的各种热机的工作原理和循环性能,阐述了各种热力学过程在化学过程中的应用,对㶲分析思想和有限时间热力学的内容进行了阐述,最后,对热力学理论进行了归纳和总结,建立了热力学参数之间的数学关系方程.

本书注重基础知识的讲解,将基本原理与课程内容紧密结合起来,力求深入浅出、简洁流畅、具有可读性.同时,为了便于深刻理解相关内容,读者可通过扫描书中二维码,观看对应视频或者动画.

本书可作为高等学校能源动力类、机械类、航空航天类和土木工程类等专业的教材,也可供太阳能热利用技术、空调与制冷技术和其他热利用技术研究的科研和工程技术人员参考.

图书在版编目(CIP)数据

工程热力学 / 郑宏飞,康慧芳,熊建银编. —北京:科学出版社,2022.7
ISBN 978-7-03-071916-4

Ⅰ.①工⋯ Ⅱ.①郑⋯ ②康⋯ ③熊⋯ Ⅲ.①工程热力学-高等学校-教材 Ⅳ.①TK123

中国版本图书馆 CIP 数据核字(2022)第 043978 号

责任编辑:罗 吉 赵 颖 / 责任校对:杨聪敏
责任印制:张 伟 / 封面设计:蓝正设计

科 学 出 版 社 出版
北京东黄城根北街 16 号
邮政编码:100717
http://www.sciencep.com

北京建宏印刷有限公司 印刷
科学出版社发行 各地新华书店经销

*

2022 年 7 月第 一 版 开本:787×1092 1/16
2022 年 10 月第二次印刷 印张:24
字数:614 000

定价:79.00 元
(如有印装质量问题,我社负责调换)

前　言

回顾人类的发展史,不难发现,人类利用能量的每一次变革都代表了人类的巨大进步. 在很长的历史时期, 除了食物, 人类能够主动利用的能量只有热能, 而且人类利用热能的方式都是直接利用, 并没有改变热能的形式, 比如用来冶炼、取暖、蒸煮和烘干等. 蒸汽机发明之后, 实现了热能向机械能的转变, 而且这种转换是可以人为控制的, 打开了人类间接利用热能的大门, 从此拉开了世界工业革命的序幕. 此后, 热能的间接利用得到了广泛而深入的研究. 如何提高热能转化的效率? 如何提高热机系统的各项性能? 为此, 人们以追求热功最大转换效果为目标, 对热的本质、热能和机械能之间转换的基本规律进行了不懈的探求, 使得与热能间接利用相关的理论不断成熟, 形成了被世人广泛接受的工程热力学理论.

如今, 热能的利用及转换涉及人类生产与生活的各个方面, 大至宏观宇宙, 小至微观分子原子. 宏观的有热力电厂、动力机械、制冷空调、火箭发射、屋宇采暖与制冷和热流体输送等. 微介观的有纳米流体、空化水洞和微纳通道中介质能量的传递等. 这些学科的发展促进了热力学的发展, 形成了如今古老而又充满活力的工程热力学. 它是传授热能与动力工程基础知识的一门重要的基础课, 是研究热能有效利用以及热能与其他能量之间相互转换规律的科学.

本书主要作者在高等学校任教已经超过三十年, 主要讲授热力学和传热学课程. 近年来还主持和参与了多项本课程的教学改革项目, 对工程热力学的教学有了更深刻的认识. 在英国、丹麦和美国留学期间, 认真参与了世界一流大学的工程热力学的教学工作, 完整听取了热力学教学的全过程, 对世界一流大学的热力学的教学内容、教学思想和评价方法有了更深刻的理解. 特别是近年来的焓分析、㶲分析、有限时间热力学和非平衡热力学的兴起, 极大丰富了传统热力学的内容, 这在一些世界一流大学的教材中已经有了体现, 但在我国传统的工程热力学教材中还没有得到充分反映. 对此, 本书设有专门的篇幅对这些新兴内容进行了介绍, 形成了本书的特色.

本书在撰写过程中, 充分继承了传统工程热力学教材中关于热力学基本定律的内容, 也积极吸取了一流大学的新思想和新方法, 追踪国际研究热点和前沿, 注重与世界一流大学保持同步, 使教材在内容、知识结构上、教学思想及评价体系上与国际接轨, 很多案例及例题选自世界一流大学的教材. 本书着重解决了原有热力学课程知识偏旧、与新时代关联度不高等问题.

全书共 15 章, 第 1~12 章主要由郑宏飞老师完成, 第 13 章由熊建银老师完成, 第 14~15 章由康慧芳老师完成. 马兴龙和孔慧两位年轻老师为本书甄选思考题提供了极大帮助, 研究生赵静莲、姜一帆和李婧为本书稿的编辑和整理提供了大量帮助, 在此一并致谢!

书中大量引用了前人的文献和观点, 并在书后的参考文献中列出, 本书作者对前人的贡献致以最诚挚的谢意. 如有遗漏, 作者表示最诚恳的歉意.

本书在撰写和出版过程中, 得到了北京理工大学出版基金的支持, 还得到了热能工程研究所余志毅、刘淑丽、金日辉、赵云胜、梁深、肖建伟、王璐、赵志勇、刘方舟、何谦和王元正等老师和学生的热情帮助，在此表示衷心地感谢. 在书稿的校对和出版过程中，还得到了科学出版社罗吉等同志的极大帮助，在此也表示衷心地感谢!

本书在著述时力求严谨，但是由于作者水平有限，疏漏之处在所难免，恳请同行和读者不吝指正.

郑宏飞　康慧芳　熊建银

2022 年 2 月 5 日

热能利用的历史

目 录

第1章 热能转换的基本概念

热力学的建立经历了漫长的过程，在此过程中涌现了诸多基本的概念和术语，掌握这些基本的概念和术语有助于我们更深入地认识热力学的基本规律. 热力学在对热现象、热过程进行研究时，首先要对研究对象进行抽象，建立能够描述研究对象特点的必要的基本参数，这些参数不但能在宏观上表达研究对象的特点，还能在定量上描绘研究对象与环境或与其他研究对象之间关系的特点；然后，采用能够反映事物本质特征的研究方法，特别是现代数学方法，建立起这些基本参数之间的简明的相互变化关系. 热力学的许多概念或术语正是在这一过程中产生的.

1.1 热力系统 环境 边界

1.1.1 热力系统

简单来说，热力系统就是我们要研究的对象. 它可以是一个简单的自由物体，也可以是一座非常复杂的化学炼油厂，还可以是封闭在刚性罐子里的一定量的物质. 总之，它是一定边界范围内的特定物质或是几种物质的组合，是我们想要了解的对象. 当然，这个对象是可以变化的，包括它的质量、形状和容积，因此产生了具有各种特点的热力系统.

一般来说，系统总是处在变化发展过程中的，它要通过边界与环境发生作用，产生质能的交换. 根据系统与环境交换质能的特点或系统状态变化的特点，可以大致对系统进行分类，方便理解或称呼.

控制质量系统与控制容积系统. 如果只针对特定质量的系统进行研究，那么在运动、变化和与外界相互作用过程中，这个系统的质量始终保持不变，则称为控制质量系统. 另外，如果只针对特定区域内的物质进行研究，划定某区域作为研究对象，那么这个区域就叫做控制容积，质量可以通过边界进出这个控制容积，此类系统叫控制容积系统.

闭口系统. 与环境没有物质交换的系统称为闭口系统. 此时，系统的边界是封闭的，没有物质量穿越边界与环境交换，因此系统的内部始终保持相同的物质量. 闭口系统虽然不与环境交换物质，但可以交换其他能量，比如功和热. 由于系统内部质量不变，所以封闭系统是典型的控制质量系统，通常用控制质量的方法研究. 如图 1.1 所示是一段被气缸和活塞封闭在其中的气体，如果以这段气体作为我们的研究对象，由于它的质量始终没有变化，所以它是典型的闭口系统.

开口系统. 与环境有物质交换的系统称为开口系统. 与闭口系统对应，此时系统的边界是开放的，物质可以穿越边界与环境交换，系统内部的物质量不能保持恒定. 为了研究方便，这时一般选择对某一区域内的物质进行研究，这样的开口系统可看作控制容积系统，可用控制容积方法进行研究. 开口系统除了可以与环境交换物质外，还可以交换能量，比如功和热. 如图 1.2 所示，一个汽轮机系统，由于始终有工质进出，所以它是典型的开口系统. 还有水泵、压气机、换热器和管道等，也都属于开口系统.

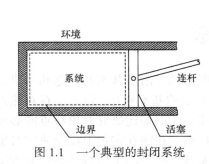

图 1.1　一个典型的封闭系统

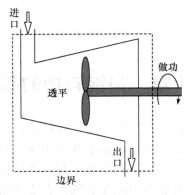

图 1.2　一个典型的开口系统

孤立系统. 不与环境交换任何物质和能量的系统. 它是一种特殊的封闭系统, 不与环境发生任何相互作用.

绝热系统. 不与环境交换热量的系统. 绝热系统可以是闭口系统或者开口系统, 它只是不允许热量越过边界与环境交换.

宏观系统与微观系统. 热力学研究的对象是多种多样的, 大到宏观宇宙, 小到分子原子, 都可能是热力学研究的对象, 所以热力学系统也分宏观系统与微观系统. 从宏观上研究系统, 关心的是系统的总行为, 比如总交换功和总传热等, 这一般被认为是经典热力学范畴. 尽管分子结构等微观参数会对系统的行为产生影响, 但经典热力学主要还是通过考察系统宏观特征来评价系统的行为. 从微观上考察热力学体系, 比如统计热力学, 是直接与物质的结构有关的, 目的是探索组成系统粒子的平均行为. 近年来, 激光、等离子体、高速气流、化学动力学、极低温等领域的发展极大地促进了统计热力学的发展. 特别是量子热力学系统的提出, 极大地丰富了热力学的研究内涵. 但本书的主要内容仍然归于经典热力学体现, 主要关心的是系统的宏观性质.

工质. 简单地说, 工质是用来实现能量相互转换的媒介物质. 任何系统中都包含工质, 它是系统能量的载体, 由它来体现系统的宏观性质. 一般来说, 物质在不同温度下会呈现出三种不同的状态: 气态、液态和固态, 也称气相、液相和固相. 随着温度发生变化, 相与相之间是会发生变化的, 即产生相变. 当多种相共存时可能会出现相边界, 会对热力学系统的性能产生影响. 注意, 物质的相与物质的纯度不是一回事, 比如氧气和氮气混合可以形成单一的气相, 又比如水和酒精混合形成单一的液相. 但是, 水和油不易混合, 就可以形成两种液相.

纯物质. 由单一化学成分组成并且内部均匀的物质, 称为纯物质. 纯物质可以呈现多种相的状态, 但在每一种相态内部, 它的化学组成是相同的. 比如液态水和水蒸气组成的两相系统, 由于化学组成单一, 仍然可以被当作纯物质系统. 有时为了简单化处理问题, 将由均匀气体混合组成的系统也当作纯物质系统, 因为它们之间没有化学反应, 在一定的温度范围内也不会发生相的变化. 值得指出的是, 温度对物质特性的影响是非常显著的, 有的物质随着温度升高体积膨胀, 有的随着温度升高体积反而收缩. 这在研究不同温区的系统时是尤其需要注意的. 在基础热力学中, 如无特别申明, 都当作纯物质系统处理.

热源或冷源. 仅与外界发生热量交换, 而且与外界交换有限热量时不引起内部温度变化. 热源或冷源可以认为是一个热容无限大的热力系统, 根据温度的高低不同分为高温热源或低温热源. 低温热源有时也称为冷源.

　　上述热力系统的归类与划分, 特别是对闭口系统和开口系统的划分是最有意义的, 整个基础热力学研究都是围绕这两类系统展开的. 在基础热力学中, 系统中用来实现能量相互转化的物质称为工质. 一般的工质有空气、水蒸气和水等. 比如在内燃机中, 空气接受燃料燃烧释放的热能, 通过膨胀将热转化为功, 受热空气就是工质. 根据系统发生变化的过程特点, 还可以将系统分为定容系统、定压系统和定温系统[①]等, 这些都是为了描述方便. 对于由多种工质组成的系统, 也可以称为多元系.

1.1.2　环境

　　任何系统都不可能孤立存在于世界上, 它总是处于某个环境中的, 因此把系统以外的空间或物质统称为环境, 有时也称为外界.

　　在热力学研究过程中, 为了简化研究过程, 一般把环境当成一个巨大的冷源或热源, 它的温度、压力和比容等参数都不随时间变化, 也不因为与系统发生了热功交换而产生变化. 总之, 可以把环境参数假定为常数.

1.1.3　边界

　　系统与环境的交界面即为系统的边界. 一般来说, 边界以方便研究的原则进行划定, 它是包围热力系的控制面.

　　由于实际系统千差万别, 也随时间或位置的变化而变化, 所以边界的划分也是随着系统的变化而变化的. 边界可以是固定的, 也可以是移动的, 甚至可以是假设的, 图 1.3 给出了几种典型的边界示意图. 根据是否有质量或能量穿越边界, 还可以将边界分为闭口边界、开口边界和绝热边界等. 如果系统在运动变化过程中始终没有质量越过边界, 则称为闭口边界; 如果有质量越过边界, 则称为开口边界; 如果不允许热量越过边界, 则称为绝热边界.

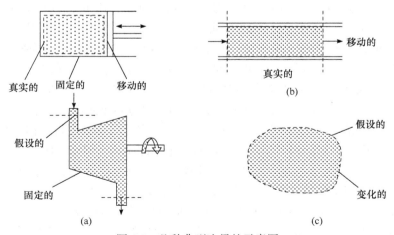

图 1.3　几种典型边界的示意图

---

　　① 定容、定压、定温、定熵有时也称为等容、等压、等温、等熵.

1.2 状态 状态参数 状态方程

1.2.1 状态

热力系统在某一瞬间表现出来的宏观物理状况称为系统的热力状态，简称为状态. 构成系统的物质，一般有气态、液态和固态等形式，在某一瞬间，系统内部的力、热和流动状况等就表现为系统的状态.

热力系可能呈现各种不同的状态，其中特别有意义的是平衡状态. 因为处于平衡状态的系统有均匀完整的特性，可以用一些可以测量的指标对它进行描述. 所谓平衡状态是指系统在不受外界影响的条件下，系统宏观性质不随时间改变的状态. 严格来说，这种平衡状态必须是系统内部各部分之间、系统与外界之间的平衡，也称稳定平衡，其特点是系统的各项指标处处相同而且长时间维持不变. 一般来说，系统整体处于稳定平衡状态必须满足四个条件：系统内部各处、系统与外界之间都处于力平衡、热平衡、相平衡和化学平衡.

处于平衡状态的热力系，各处应该有均匀一致的温度和压力等参数，对于有相变或化学反应的系统，还必须处处具有相同的化学浓度和化学势. 如果系统内部存在温差，则必然有热量从高温物体流向低温物体，系统不可能维持状态不变，因此它不可能处于平衡状态. 只有当温差消失，这种驱动热量传递的热不平衡势消除时，系统才能达到热平衡. 同样，如果系统内部存在力差，则必然存在引起物体产生宏观位移的趋势，系统内部也不可能实现平衡，只有消除这种力差，系统才能达到力平衡. 对于化学反应系统，内部还必须消除相差和化学势差，系统才能完全实现平衡状态.

1.2.2 状态参数

如果一个系统处于平衡态，那么它的宏观状况将在长时间内不发生变化，此时就可以用一些物理指标对它进行描述，而这些用于描述热力系宏观物理状况的量就称为状态参数. 不同的状态参数描述热力系在特定方面的性质，因此不同的状态参数有不同的功能和性质，总的来说，可以分为强度量和尺度量(又称广延量)两大类. 凡与物质量多少无关的物理量称为强度量，如压力 p、温度 T 和化学势 μ 等. 与物质量大小成正比的物理量称为尺度量，如体积 V、热力学能 U、焓 H 和熵 S 等. 单位质量的尺度量也可以看成强度量，这类强度量在尺度量前面冠以"比"字，代表 1kg 物质对应的参数值，并用小写字母表示，如比容(有时也叫比体积)v、比热力学能 u、比焓 h 和比熵 s 等. 值得指出的是，在系统处于平衡态时，系统各部分的强度量是相等的.

在基础热力学中，常用的热力学状态参数有六个，即压力、温度、比容、热力学能、焓和熵. 对于特殊的热力学系统，它的状态参数可能还包括速率、位置、形状和颜色等，总之，凡是能够描述热力学系统某种特定状态的参数，都叫状态参数. 状态参数都是只与状态有关的单值函数，它们的大小只决定于给定的状态，而与到达这一状态的路径和过程无关. 亦即是说，状态参数的变化只决定于系统的起始和终了状态，变化量的大小等于终态的数值减去初态的数值，而与系统变化过程中所经历的一切中间过程无关. 比如，熵是一个状态参数，当系统从 1 状态变化到 2 状态，并已知 1 状态时的熵为 S_1，2 状态时的熵为 S_2，那么熵变即为：$\Delta S = S_2 - S_1$.

虽然常用的热力学状态参数有六个，但只有比容 v、压力 p 和温度 T 是可以直接或容易用仪表测量到的，因此把它们当作基本的热力学参数. 其他三个，即热力学能 U、焓 H 和熵

S，由于需要确定参考点，不容易直接测量到，只能利用可测参数计算得到.

1. 比容

单位质量的物质所占有的体积称为比体积，也称为比容，用符号 v 表示，单位为 m^3/kg. 比容越大，表明物质的分子密度越低，分子之间的距离越大. 在热力过程中，如果比容增加，表明工质在膨胀，特别是对气体工质，在热力过程中，比容将有较大变化.

值得指出，描述单位物质量的多少还有一个重要参数：密度，常用 ρ 表示，单位为 kg/m^3. 事实上，比容与密度互为倒数关系，即 $v = 1/\rho$. 但两者所关注的重点是不同的，比容的关注点在容积，密度的关注点在质量大小.

2. 压力

单位面积上承受的垂直作用力称为压力，用符号 p 表示，单位为 N/m^2，国际单位制中也把这个单位称为帕斯卡，简称帕(Pa)，即 $1Pa=1N/m^2$. 由于帕(Pa)这个单位过小，工程上常用千帕(kPa)或兆帕(MPa)作为压力单位，$1kPa=10^3Pa$，$1MPa=10^6Pa$. 压力是热力系的内部属性，是与功交换有关的强度状态参数. 微观上，气体的压力是组成气体的大量分子对热力系边界碰撞的统计平均效果，见图 1.4.

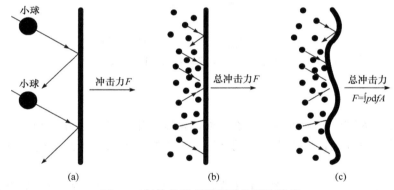

图 1.4　气体分子碰撞器壁的平均效果

特别值得指出的是，热力学中涉及的所有压力均指物质承受的真正压力，即俗称的绝对压力. 在工程中常用压力表或真空表来测定系统压力，但压力表或真空表的读数并不是系统的真正压力，它需要考虑环境的压力. 系统的真正压力应该是

$$p = p_g + p_b \quad (\text{对系统是正压}) \tag{1.1}$$

$$p = p_b - p_v \quad (\text{对系统是负压}) \tag{1.2}$$

这里，p_g 是压力表的读数，p_v 是真空表的读数，p_b 是环境的压力.

在液体或者气体内部，由于自身重力也会产生压力，比如大气压力. 假设物质密度为 ρ，当地重力加速度为 g，那么一定高度 h 产生的压力为

$$\Delta p = \rho g h \tag{1.3}$$

在大气环境中，随着高度的变化，大气密度会降低，所以随着高度的上升，压力的增加量会减小，关系为

$$dp = -\rho g dh \tag{1.4}$$

例 1.1 一个大型容器被分成了 1 和 2 两部分，如图 1.5 所示. 容器两部分分别储存有不同压力的气体，已知压力表 A 读数是 300kPa，压力表 B 读数是 120kPa. 如果当地大气压力是 96kPa. 计算两个隔间的压力和表 C 读数.

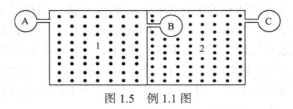

图 1.5 例 1.1 图

解 在隔间 1 的绝对压力是

$$p_1 = p_A + p_{atm} = 300 + 96 = 396 (kPa)$$

已知 B 是压力表，所以

$$p_1 = p_B + p_2$$

因此

$$p_2 = p_1 - p_B = 396 - 120 = 276 (kPa)$$

压力表 C 的外部是环境，所以

$$p_2 = p_C + p_{atm}$$

于是

$$p_C = p_2 - p_{atm} = 276 - 96 = 180 (kPa)$$

即两个隔间和压力表 C 的读数分别是 396kPa、276kPa 和 180kPa.

3. 温度

温度可以理解为物质分子热运动激烈程度的量度，用符号 T 表示，单位为 K. 温度是确定一个系统与其他系统是否处于热平衡的共同特征参数，所有处于热平衡的系统具有相同的温度数值.

温度概念的建立，以热力学第零定律为基础，第零定律指出：**处于热平衡的两个物体，如果分别与第三个物体处于热平衡，则这三个物体之间必定处于热平衡.** 热力学第零定律是一条公理，它给出了比较温度的方法，成为测量温度的理论依据.

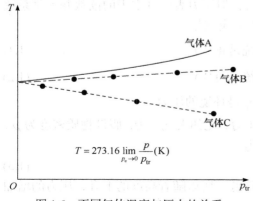

$$T = 273.16 \lim_{p_{tr} \to 0} \frac{p}{p_{tr}} (K)$$

图 1.6 不同气体温度与压力的关系

在国际单位制中，温度采用热力学温度，也叫开尔文温标度，单位为 K. 热力学温标的建立，最初是以理想气体温标为基础的. 人们发现，在定容条件下，理想气体的温度与压力呈线性关系. 而当压力非常低时，实际气体近似于理想气体. 在低压下，人们对多种实际气体压力与温度的关系进行了测量，发现不同气体的实验连线的斜率虽然不同，但当压力趋近于零时，所有连线都指向了一个点，如图 1.6 所示. 即得到理想气体温标为

$$T = 273.16 \lim \frac{p}{p_{\text{tr}}} \tag{1.5}$$

此时，参考温度 $p_{\text{tr}} \to 0$. 基于此，热力学温标取水的三相点为基准点，并定义其温度为 273.16K.

在科学或生活领域，与热力学温标并用的还有其他温标，特别重要的是摄氏温标，用符号 t 表示，单位为℃. 摄氏度以一个大气压下水的冰点为零度，沸点为 100℃，其间分为 100 个均匀刻度. 因此，热力学温度与摄氏温度的定量关系可以表示为

$$T(\text{K}) = t(\text{℃}) + 273.15 \tag{1.6}$$

即规定了热力学温度 273.15K 是摄氏温度的零点，同时规定了以℃和 K 为单位的两种温度间隔相同. 但需要注意，在热力学领域，必须使用热力学温标.

1.2.3　状态方程

在平衡状态下，热力系统表现出不同的热力性质，不同的状态参数可以从不同的角度描述系统的某一宏观特性. 当然，也有一些特性是与热力过程没有关系的，比如电阻参数等. 在基础热力学中，我们知道最重要的状态参数有六个，即温度 T、压力 p、比容 v、比热力学能 u、比焓 h 和比熵 s 等. 然而，对于一个由纯物质组成的热力学系统或简单可压缩系统，仅仅需要两个独立的状态参数即可确定系统的平衡. 那么，剩余的四个状态参数可以由这两个参数表达出来. 比如，一定量的气体在固定容器中被加热，气体压力会随着温度的升高而增大，但温度和容积确定之后，气体压力也随之确定，系统状态亦即被确定.

简单地说，状态参数之间的数学关系就是状态方程. 由状态参数之间并不完全独立而产生的状态方程，是通过已知的热力系统性能探究未知热力性能的重要手段，也是利用可测量的参数计算不易测量参数的重要方法. 例如，对简单可压缩系统的基本状态参数，可以列出下列几种形式的状态方程：

$$f(p, v, T) = 0, \quad p = p(v, T), \quad T = T(p, v), \quad v = v(T, p) \tag{1.7}$$

对于理想气体，其状态方程比较简单，即

$$pv = R_{\text{g}} T \tag{1.8}$$

对于偏离理想气体不远的范德瓦耳斯气体，可以得到范德瓦耳斯状态方程

$$\left(p + \frac{a}{v^2} \right)(v - b) = R_{\text{g}} T \tag{1.9}$$

这里，R_{g} 是普适气体常量，不同的气体取不同的值；a 和 b 是两个经验常数.

当然，其他不易测量的状态参数也可用容易测量的参数表达出来，例如

$$u = u(v, T), \quad h = h(p, v), \quad s = s(T, p) \tag{1.10}$$

值得指出的是，实际热力系统的状态方程往往是很复杂的，列出状态参数之间的关系，给出简单实用的状态方程正是科学工作者的重要任务.

对于只有两个独立状态参数的热力系统，可以选用任意两个我们觉得方便的参数建立平面坐标系，用坐标系中的一个点来代表系统确定的状态. 比如，一个活塞内包含了一定工质气体，已知压力为 p_1，比容为 v_1，处于状态点 1. 当经历某过程后变化到了状态点 2，那么就

可以在 p-v 图上表示出来，见图 1.7(a). 由于压力和比容确定了，那么它的温度也就确定了，因此也可以用 p-T 或 T-v 图将这个状态在图中表示出来，见图 1.7(b)和(c).

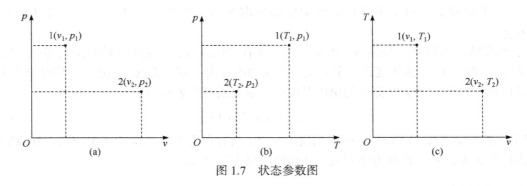

图 1.7 状态参数图

1.3 热力过程与热力循环

1.3.1 热力过程

系统的状态变化过程称为热力过程. 存在势差(如温差、压差或密度差等)是系统发生状态变化的根本原因. 如果系统内部存在势差，即使在外界条件不变的情况下，系统的状态也会发生变化，总是朝着趋向平衡的方向进行. 在平衡状态下，系统内部不存在势差，完全丧失了促使自身发生变化的能力. 在平衡状态下最有利于对系统的特性进行描述，因为此时它有确定的温度、比容和压力等状态参数，也可以利用状态方程对它的焓、熵和热力学能等进行计算.

然而，热力学最关心的是热与功相互转换的过程. 从表观看，热是一种"静态"的能量，功是一种"动态"的能量. 要实现热能向机械能或功的转换，只能通过系统状态的变化. 这显然是一个矛盾："平衡"就意味着静止，"过程"就意味着变化，意味着平衡遭到破坏.

为了调和平衡与过程之间的矛盾，不妨仔细考察一下实际的状态变化过程. 图 1.8 给出了一个封闭活塞中气体的膨胀过程.

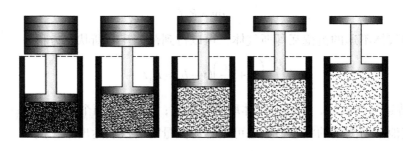

图 1.8 活塞位置的渐变过程

图 1.8 中，过程的起点和终点是已知的，它们分别是状态 1 和状态 2，但中间过程是不知道的. 开始时，活塞上面放有五块重物，处在状态 1，终了时活塞上面只有一块重物，处在状态 2. 如果上面的重物突然被取走，那么系统的平衡态就会遭到破坏，经历一段时间后，最终又到达平衡态 2. 但在新平衡态被建立以前，中间的状态是不能确定的，因为它们不是平衡态，所以没有确定的状态参数. 因此在 p-v 状态图上，只能得到初始和终了两个状态点，中间

过程无法在 $p\text{-}v$ 图中表示出来.

　　如果改变取走重物的方法, 不是一次取走五块重物, 而是每次只取走一块, 待系统恢复平衡之后再取走一块, 依次这样取走五块重物, 那么在初终状态之间又增加了几个平衡状态, 这样就可以依据状态的变化规律大致地描绘出总过程状态的变化趋势. 试想如果每次取走的重物的质量无限小, 那么就可以在初终态之间得到无限多个平衡态, 于是就可以在图上描绘出一条连续的状态变化曲线, 如图 1.9 所示.

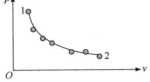

图 1.9　近似的过程变化曲线

　　在状态变化过程中, 如果每一个中间状态都无限接近平衡过程, 那么这样的过程称为准平衡过程, 也称为准静态过程. 如果系统与外界的势差足够小, 外界的条件变化又足够慢, 就可以实现准静态过程. 系统与外界的势差足够小, 意味着每次变化都偏离平衡态不远. 外界的条件变化足够慢, 意味着每次变化都有足够的时间来恢复平衡.

　　准静态过程中系统经历的都是平衡状态, 因而可以用状态参数来描述过程的每一个中间状态, 也可以用状态方程来表示参数之间的关系, 并能在各种状态参数图上将过程用曲线表示出来. 因此, 引入准静态过程的概念是解决平衡与过程之间矛盾的关键.

　　值得指出的是, 虽然准静态过程是理想化的, 但对一般的热力系统, 特别是以气体作为工质的热力系统, 实际过程与准静态过程还是非常接近的. 一般的气体工质热力系统主要考虑热势差和力势差, 即热平衡和力平衡. 力平衡主要受气体压力波的影响, 而压力波的传递速度与声速接近, 达到每秒几百米, 所以气体趋向于压力平衡的速度非常快. 热平衡的传递速度与气体分子的运动速度有关, 也与传热方式有关, 辐射传热速度等于光速, 非常快. 气体分子的运动速度也能达到每秒几百米. 在一般的热机中, 由于气体温度非常高, 辐射换热的比例很大, 而且系统的空间范围往往很小, 所以实现热平衡的速度也很快. 总体来说, 气体恢复平衡的速度要高于外界作用势差的变化速度, 在外界再一次发生变化之前系统已经恢复了平衡. 举例来说, 一台高速运转的内燃机, 若转速为 4000r/min, 活塞行程为 100mm, 此时活塞的平均速度也仅为 14m/s, 气缸内火焰的传热即使不考虑辐射部分, 其传递的速度也能达到 10~30m/s, 而燃气压力波的传播速度更是高达每秒几百米. 因此, 气缸内气体工质的状态变化被看成准静态过程是有较好保证的.

1.3.2　可逆过程

　　对于处于平衡态的热力系, 可以在状态参数图上用一个点来表示它的状态. 如果系统经历一个准平衡过程, 从 1 状态变化到 2 状态, 那么就可以在参数图上描绘出一条曲线代表系统的状态变化过程, 如图 1.10(a)所示. 如果系统经历的过程不是准平衡的过程, 显然不能在参数图上得到一条状态变化曲线.

　　要实现准平衡过程, 系统与外界的势差必须足够小, 没有温差和压差, 系统的过程发展必须足够缓慢, 让系统有足够的恢复时间, 同时系统在变化发展过程中还不能存在摩擦、电阻、磁阻、非弹性形变等不可恢复的耗散. 可见, 要实现准平衡过程的条件是非常苛刻的, 实际过程一般不能满足这样的条件. 一旦满足这样的条件, 系统就具备了一种特性, 即在经历了一个过程后, 完全可以再沿着原来的路径逆向发展, 最后又回复到原来状态而使系统和外界都不产生任何变化. 这种过程称为可逆过程. 可逆过程意味着所发生的过程能够在任何地方都不留下痕迹而使系统回到原来状态. 不满足这一条件的过程称为不可逆过程. 不可逆过程不

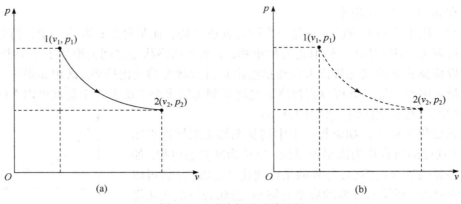

图 1.10　可逆和不可逆过程

能在参数图上画出连续的曲线, 只能根据过程不可逆性的大小大致地得到过程的变化曲线. 因此, 不可逆过程在参数图上的表示, 往往用虚线表示, 见图 1.10(b).

可逆过程是热力学中重要的概念, 许多重要的公式和定理都是建立在可逆过程的基础上的. 可逆过程必须满足两个条件: 首先必须是准平衡过程或准静态过程, 因为只有准平衡过程才使系统与外界的势差无限小, 任何势差的存在必然导致不可逆. 比如, 如果一个活塞内部的气体与外界存在压差, 那么外界必然要通过活塞对该气体产生影响, 经历一个过程后, 气体不可能回到原来状态而使外界也回到原来状态. 再比如, 如果系统与外界存在温差, 那么外界就会与系统产生热量交换, 高温物体会不断放热, 低温物体不断吸热, 最后将使系统与外界温度一致. 要使系统与外界都恢复原来状态, 必须借助外力, 此时外界就留下了变化, 不可能是不可逆过程. 其次, 可逆过程不能有摩擦、电阻、磁阻和非弹性形变等耗散效应存在. 比如一个活塞, 即使变化很缓慢, 与外界也没有势差, 但如果活塞与缸壁之间存在摩擦, 那么在活塞向某一方向运动时, 会有部分功转化为热, 当向反方向运动时, 原来已经变为热的功不可能再变化为功, 而且还要继续消耗额外的功, 所以系统和外界不可能再回复到原来状态, 因此这一过程不可能是可逆过程. 因此, 只有准平衡过程且没有任何耗散效应的过程才能是可逆过程.

任何实际的过程都或多或少地存在各种不可逆因素, 都不是可逆的. 可以说, 自然界中任何自发的过程都不是可逆过程. 但对不可逆过程的分析和计算往往是非常困难的, 对实际过程一般都当作可逆过程进行计算, 然后再对实际问题进行修正. 实际过程中, 有些过程也可以很接近可逆过程, 特别是它们的内部接近可逆, 因此可以当作内可逆过程. 一般来说, 处在无摩擦活塞气缸内的气体工质可以认为是内可逆的, 是可逆过程很好的近似. 但在旋转机械(如透平机)内部的流体发生的过程显然是不可逆的, 因为那里发生着高度耗散.

1.3.3　流动过程与非流动过程

热力系统若发生状态变化, 就被认为经历了某一过程. 由于热过程的特点是各种各样的, 因此实际系统有各种各样的过程, 上面已经提到了准平衡过程和可逆过程, 还有一种过程是非常值得重视的, 即流动与非流动过程.

非流动过程主要针对封闭系统, 由于在状态变化过程中系统中的物质量始终没有变化, 只有能量发生变化, 因此常采用控制质量的方法对其进行研究, 所以也常把封闭系统当作控制质量系统.

　　流动过程要复杂得多, 管道中工质的流动、汽轮机中蒸汽的流动以及火箭发射过程中燃气的喷射等, 都属于流动过程. 系统在状态变化过程中, 由于不断有质量进出系统, 因此流动系统一般都是开放系统. 对于开放系统, 一般只能对某一区域内的工质进行研究, 比如说汽轮机内气体的做功过程、某一段管道内的工质以及压缩机内的气体工质等, 因此常采用控制容积的方法进行研究, 所以也常把开放系统当作控制容积系统.

　　根据与时间的关系, 一般可将流动过程分为稳定流动与非稳定流动. 在稳定流动过程中, 系统内部各处的参数不随时间变化, 进入系统的质量流率与流出系统的质量流率相等, 而且系统与外界的能量交换的速率也不随时间变化. 这些特点为研究开放系统提供了条件. 非稳定流动各处的参数是随时间变化的, 要考虑时间因素, 对过程的研究将更复杂.

1.3.4　循环过程与热力循环

　　热力系统可以经历无数的过程, 从某个状态变化到另一个状态, 只要状态确定了, 就有完全确定的状态参数. 如果某热力系统经历若干过程之后又回到了原来的状态, 那么把这个总过程称为循环过程. 利用循环过程实现连续的热功转换是热机系统中最常采用的方法, 所以也称热力循环. 图 1.11 就是一个热力循环, 系统从状态 1 出发, 经历状态 A、B 到达状态 2, 再经历状态 C、D 又回到状态 1. 从后续的章节中将会知道, 大多数热机循环都由 4 个过程组成, 比如图 1.12 中的卡诺循环.

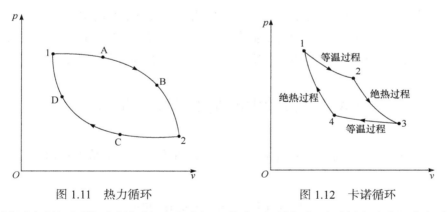

图 1.11　热力循环　　　　　　　　　　图 1.12　卡诺循环

　　热力循环中所经历的过程都是可逆过程, 称为可逆循环, 如果循环过程中包含不可逆过程, 则称为不可逆循环.

　　人们研究热力循环的目的是利用热机实现连续的热功转换. 由于目的不同, 所以循环的种类也不同, 有时需要的是功, 付出的代价是热, 称为热机循环; 有时需要的是冷量, 付出的代价是功, 称为制冷循环; 有时需要的是高温热能, 付出的代价是功, 称为热泵循环, 如图 1.13 所示.

　　为了评价循环过程能量利用的效果, 引进能量利用效率作为评价指标: 循环所取得的收益与付出的代价之比. 对于热机循环, 目的是获取功量 W, 付出了代价 Q_H, 因此它的评价指标是热效率 η, 即

$$\eta = \frac{W}{Q_H} \tag{1.11}$$

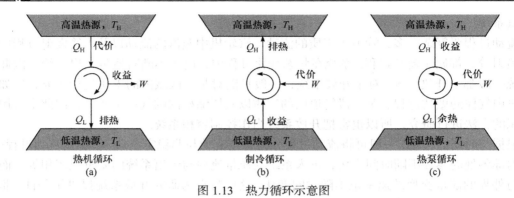

图 1.13　热力循环示意图

对于制冷循环，目的在于从低温物体获取冷量 Q_L，付出的代价是消耗了功 W. 因此，它的评价指标是制冷系数 ε，即

$$\varepsilon = \frac{Q_L}{W} \tag{1.12}$$

对于热泵循环，目的在于获得高温的热能 Q_H，付出的代价是消耗了功 W，于是它的评价指标是供热系数 ϕ，即

$$\phi = \frac{Q_H}{W} \tag{1.13}$$

值得指出的是，热机效率 η 总是小于 1 的，因为热机做出来的功 W 永远小于高温热源供给的热 Q_H. 但在制冷循环或热泵循环中，制冷系数 ε 和供热系数 ϕ 既可以小于 1 也可以大于 1，在许多优良的制冷系统或热泵系统中，制冷系数和供热系数一般都大于 1，有的甚至超过 10.

1.4　热力学中的基本单位与量纲

本书中的所有物理量均采用国际单位制，也称 SI 单位制. 七个基本物理量的量纲及符号总结见表 1.1.

表 1.1　七个基本物理量的量纲及单位

物理量	单位	量纲	符号
长度	米	L	m
质量	千克	M	kg
时间	秒	T	s
电流	安培	I	A
热力学温度	开尔文	Θ	K
物质的量	摩尔	N	mol
发光强度	坎德拉	J	cd

基于 SI 单位制，热力学中常用的物理量及单位见表 1.2.

表 1.2　热力学中常用的物理量及单位

物理量	常用单位	SI 单位
力、重力	牛顿(N)	N
压力、压强、应力	帕斯卡(Pa)	N/m^2
能量、功、热量、内能、焓	焦耳(J)	$N \cdot m$
功率	瓦特(W)	J/s
热流密度	瓦特每平方米 (W/m^2)	$J/s \cdot m^2$
热容、熵	焦耳每开尔文 (J/K)	$N \cdot m/K$
比热容、比熵	焦耳每千克开尔文[$J/(kg \cdot K)$]	$J/(kg \cdot K)$
比内能、比焓	焦耳每千克(J/kg)	J/kg
摩尔内能、摩尔焓	焦耳每摩尔(J/mol)	J/mol

本 章 小 结

本章对热力学的基本概念和定义进行了初步介绍与描述. 热力学产生的根本原因在于人类用能方式的改变，不再局限于静态能量的应用，更希望能量能够动起来，为人类提供动力. 热力学最重要的方面是确定系统并描述它的行为或状态. 为此，引入了平衡态、准平衡态的概念，接着又介绍了压力、温度、比容等状态参数. 系统需要变化才能实现热功转换，于是又引入了过程、可逆过程、稳态过程等概念. 热力学中新的研究对象及这些新的概念，将它与传统的物理学分别开来，进入另一门崭新的学科当中. 本章介绍的新概念或新定义归纳见表 1.3.

表 1.3　热力学中一些典型的名词或概念

环境	状态参数	压力	热力循环
边界	状态方程	温度	可逆循环
封闭系统	过程	比容	制冷循环
开放系统	准静态过程	热力学温度	热泵循环
控制容积系统	广延量	可逆过程	可逆循环
控制质量系统	强度量	准平衡态	循环效率

问题与思考

1-1　热力系统的边界可以是真实的、假想的，也可以是固定的或者移动的. 如果研究人体的散热，试画出研究人体的边界.

1-2　正确划分热力系统的边界是非常重要的，试总结一下热力学系统边界的种类和划分方法.

1-3　画出以下系统边界：

　　(a) 自行车轮胎充气过程；

　　(b) 在微波炉中加热的一杯水；

　　(c) 房间里正在工作的冰箱；

　　(d) 对计算机的持续冷却；

　　(e) 飞行中飞机机翼上的喷气式发动机；

(f) 一个正在工作的壁挂炉；

(g) 正在飞行中的火箭.

1-4 一般来说，气体分子运动越快，气体的温度就越高. 问在刚性容器内，气体分子运动越快，气体的比容如何变化？压力如何变化？

1-5 热力学认为气体的压力是气体分子撞击容器壁的结果. 那么，越重的分子，撞击力就越强. 而分子的运动速度主要是由温度决定的. 试讨论温度和分子量大小对压力的影响关系.

1-6 工质的压力不变化，测量它的压力表或真空表的读数是否一定不会变化？

1-7 地表上空 1000m 处的大气压大概是多少？

1-8 用数字压力表测量泵的进口压力是–10kPa，这个负号是什么意思？

1-9 对于储存在封闭刚性罐体内的气体，其内部压力会随海拔变化而变化吗？

1-10 何谓热力学第零定律？简单说明它对建立温标或者温度计的意义. 如果没有第零定律，还能得到温度的概念吗？

1-11 有同学说，气体由 50℃上升到 150℃，温升是 100℃，用热力学温标表示也是温升 100K，你认为他说得对吗？

1-12 世界上最冷的地方，那里的最低温度大概是多少？太阳中心的温度大概是多少？

1-13 准静态和平衡态的区别是什么？准静态过程与可逆过程的区别和联系是什么？

1-14 什么情况下的热力过程可以在 p-v 图上画出过程线来？

1-15 什么是循环过程？它具有哪些显著特点？

1-16 为什么热机的效率总是小于 1 的，而制冷机的制冷系数可以小于 1 也可以大于 1，热泵的供热系数一般大于 1？

1-17 何谓开放系统，何谓封闭系统？已知一热力系统与外界既有能量交换又有质量交换，那么该热力系统称为什么系统？与外界没有物质和能量交换的系统是什么系统？

1-18 何谓广延量？何谓强度量？

本 章 习 题

1-1 已知某汽油机的进气温度为 27℃，排气温度为 427℃，试用开尔文温标表示这两个温度.

1-2 华氏温度规定，标准大气压下(101.325kPa)纯水的冰点是 32°F，汽化温度是 212°F. 试确定华氏温度与摄氏温度的换算关系.

1-3 已知一个大气压下，100℃纯水的密度是 958.368kg/m³，水蒸气的密度是 0.5975kg/m³，该条件下它们的比容分别是多少？

1-4 已知 0.01kg 的气体被密封在一个活塞内，活塞的压力为 0.1MPa，容积为 1L. 当活塞把气体压缩至 0.4MPa 时，问气体的比容是多少？已知气体在压缩过程中始终满足 $pV =$ 常数.

1-5 气体被封装在一个活塞内，经历了如下三个热力学过程：

过程 1—2：气体被压缩从 $p_1 = 0.1$MPa，$V_1 = 1.0$m³ 到 $V_2 = 0.2$m³，并在此过程中始终保持 $pV =$ 常数.

过程 2—3：经历等压膨胀到 $V_3 = 1.0$m³；

过程 3—1：经历等容过程回到初始状态.

请在 p-V 图上画出循环过程曲线并在各点上标注参数值.

1-6 一个真空表的读数显示出封闭箱体内的二氧化碳压力为 10kPa. 一水银测压表测出当地大气压为 750mm 的水银汞柱. 二氧化碳的绝对压力为多少？已知水银密度为 13.59g/cm³，$g = 9.81$m/s².

1-7 已知一个充气罐内的绝对压力为 40kPa，当地环境的大气压力为 98kPa，如果用真空表去测量罐内压力，真空表的读数应该为多少？

1-8 一容器被刚性壁分成两部分，并在各部装有测压表，如图 1.14 所示. 其中 C 为压力表，读数为 110kPa，

B 为真空表，读数为 45kPa．若当地大气压为 $p_b = 97\text{kPa}$，求压力表 A 的读数(单位为 kPa)．

1-9 图 1.15 为一个箱体包含另一箱体，这两个箱体内都装有空气．压力表 p_g 安装在箱体 B 内，它的读数为 0.14MPa．一内含水银的 U 型管压力计与箱体 B 相连接．请利用图中标出的数据确定箱体 A 与箱体 B 内的绝对压力(以 MPa 为单位)．已知当地大气压力为 101kPa，当地重力加速度为 $g = 9.81\text{m/s}^2$．

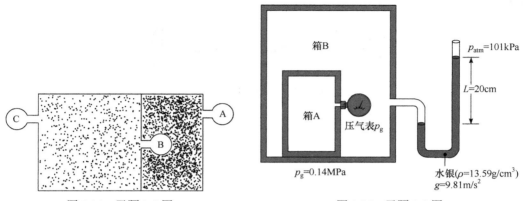

图 1.14 习题 1-8 图   图 1.15 习题 1-9 图

1-10 1000kg 的天然气以压力 100bar(1bar = 0.1MPa)、温度 255K 的状态储存于箱体中．若气体的压力 p，比容 v，以及温度 T 满足下列关系式：

$$p = \left[\left(5.18 \times 10^{-3}\right) T / \left(v - 0.002668\right)\right] - \left(8.91 \times 10^{-3}\right) / v^2$$

式中，v、T、p 的单位分别为 m^3/kg、K、bar．请问箱体体积为多少？试绘制当 $T = 250\text{K}$ 和 500K 时的压力随比容的变化曲线．

1-11 有人提出了一种新的绝对温标，假设单位用符号 °S 表示．在这一温标中，水的冰点为 150°S，沸点为 300°S．请问在这种新温标下，100°S 和 400°S 分别对应多少摄氏度？分别对应多少开尔文？

1-12 直径为 1m 的球形容器，抽气后真空度为 $p_v = 40\text{kPa}$．若当地大气压力为 100kPa．求：(1)容器内的绝对压力，单位为 kPa；(2)容器外壁承受的总压力，单位为 N．

1-13 某热敏电阻与温度的关系为

$$R = R_0 \exp\left[\beta\left(\frac{1}{T} - \frac{1}{T_0}\right)\right]$$

这里，R_0 是温度为 T_0 时的电阻，单位为 Ω；β 是材料常数，单位为 K．对于一个特定的热敏电阻，$R_0 = 2.2\Omega$，$T_0 = 310\text{K}$．对于一组校准测试发现，$R = 0.31\Omega$，$T_0 = 422\text{K}$．据此计算 β 值并画出电阻与温度的变化曲线．

1-14 一个封闭系统内储存有 5kg 气体，已知气体经历了一个过程，该过程中气体压力和比容始终保持 $pv^{1.3} = $ 常数．过程开始时 $p_1 = 100\text{kPa}$，$v_1 = 0.2\text{m}^3/\text{kg}$，终了时 $p_2 = 25\text{kPa}$．计算过程终了时的容积并画出压力与比容的关系曲线．

1-15 下列参数哪些是广延量，哪些是强度量？(1)10m^3 容积；(2)30kJ 动能；(3)90kPa 压力；(4)1000kPa 应力；(5)75kg 质量；(6)60m/s 速率．

1-16 完成表 1.4，已知 $p_{\text{atm}} = 100\text{kPa}$，$\rho_{\text{Hg}} = 13600\text{kg}/\text{m}^3$，$\rho_{\text{H}_2\text{O}} = 1000\text{kg}/\text{m}^3$．

表 1.4 习题 1-16 表

	表压力/kPa	绝对压力/kPa	mmHg	mH$_2$O
(a)	5			
(b)		150		
(c)			30	
(d)				30

1-17 假设在地球附近一定高度内大气具有平均温度-20℃,计算海拔为3000m和10000m时的大气压力.已知地表的大气压力为 $p_0 = 101$kPa .

1-18 如图1.16所示,刚性透热容器的容积为 9.5m³,容器内原有空气压力为 0.1MPa,温度为17℃.现利用压气机给容器充气,充气速度为稳定的 0.2m³/min,压力为 0.1MPa,温度为17℃.试求使容器内空气压力达到0.7MPa所需要的时间.

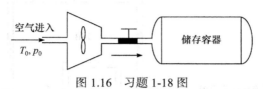

图 1.16 习题 1-18 图

第2章　能量与热力学第一定律

自然界中存在各种各样的能量，如动能、势能、热能、电能、光能、声能、磁能、波能和化学能等. 18 世纪之前，人们都是分门别类地对这些能量进行研究的. 随着研究的深入，人们发现，有些能量之间似乎有某种关系，比如 18 世纪，意大利外科医生伽伐尼(Galvani，1737—1798)发现，带电金属块可使死青蛙的腿抽动，他设想：是不是电能创造了生命？物理学家伏打(Volta，1745—1827)认识到这不过是由于电流的通过引起的，1800 年发明了"伏打电极"，是世界上第一个"化学电池"，证明电流可以从化学反应中产生.

● 19 世纪 30 年代，法拉第(Faraday，1791—1867)发现了化学生电的逆效应，即电流可以驱动化学反应，电流也可以产生光和热；

● 1819 年丹麦物理学家奥斯特(Oersted，1777—1851)发现电流还可以产生磁场；

● 1822 年，德国科学家塞贝克(Seebeck，1770—1831)发现了"热电效应"，由热效应可产生电流；

● 1831 年，法拉第发现变化的磁场可以产生电流.

所有这些发现将热、电、磁、化学反应交织在一起，也使人们认识到在这些变化中有一种不可消灭的"能量"在传递.

● 焦耳(Joule，1818—1889)1840 年开始研究电流热效应，1849 年 6 月 21 日作了一个《热功当量》的总结报告，并得到科学界公认，对能量守恒定律的建立做出了巨大贡献.

● 1847 年，亥姆霍兹发表了《论力的守恒》，也被认为是能量守恒定律的雏形. 之前的德国医生迈尔、法国的卡诺都对能量守恒定律的发现做出了卓越贡献.

能量守恒和转化定律是自然界最普遍、最重要的基本定律之一. 早在热力学第一定律建立之前，人们已经认识了能量守恒原理，但当时的能量守恒问题主要关注的是机械能、电能、磁能等有序能量的转化与守恒. 热现象不是一个独立的现象，其他形式的能量都能最终转换成热能，很少关注热能如何转化为其他形式的能量. 从 18 世纪中到 18 世纪后半叶，蒸汽机的发明、改进和在英国炼铁业、纺织业中的广泛采用，以及对热机效率、机器中摩擦生热问题的研究，极大地促进了人们对热能与机械能转化规律的认识，逐渐形成了热力学第一定律.

热力学第一定律的建立过程，实质上就是人们正确认识温度、热量、内能的过程，热功当量的发现促进人们正确地认识了热量的本质，认识了热与功的相互转换正是能量守恒定律在热运动过程中的具体应用，从而在一系列科学成果基础上建立起热力学第一定律. 它的实质是：热可以转化为功，功也可以转化为热，在功热转化过程中，功与热的总和保持不变. 要深刻地认识热力学第一定律，必须充分认识热运动过程中各种形式能量的性质，本章将在讨论系统能量、功量、热量、内能及焓的基础上建立起热力学第一定律的普遍表达式.

2.1 功及功量的计算

功是在力势差的作用下系统与外界交换的一种有序的能量,用符号 W 表示,单位为 J. 做功往往意味着物质做了整体运动,比如电流做功就意味着电子进行了有序流动,所以做功过程往往是有方向的. 做功的方向由系统与外界的作用力的相对大小决定,当系统对外界的作用力大于外界的抵抗力时,系统对外做功. 做功的数值大小常称为功量. 值得指出,做功仅存在于过程进行当中,一旦过程结束,做功就结束了,它转换成了其他能量或者系统能量的变化量.

2.1.1 机械功

功在经典物理学中是一个非常重要的概念,它等于力乘以在力方向上发生的位移. 图 2.1 表示一个物体受到力 F 的作用,产生了位移 $\mathrm{d}x$,于是力 F 所做的功为

$$\delta W = F \cdot \mathrm{d}x \tag{2.1}$$

式中, δ 表示过程量的微小变化,用以区别全微分的无穷小量.

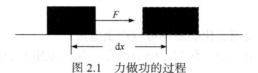

图 2.1 力做功的过程

在电学中,电子有序流动克服电阻做功也可以表示为类似形式,即

$$\delta W = E \cdot \mathrm{d}I \tag{2.2}$$

这里, E 为系统的电势, I 为电流. 表面张力做功也有类似形式

$$\delta W = \sigma \cdot \mathrm{d}A \tag{2.3}$$

这里, σ 为表面张力, A 为表面面积. 观察上面公式可以发现,各种形式的功都可以通过强度量与一个广延量变化值的乘积得到. 力是系统做功的推动势, $\mathrm{d}x$ 是做功与否的标志. 对于力作用物体运动了有限距离,那么力所做的总功可以积分得到,即

$$W = \int_1^2 F \cdot \mathrm{d}x \tag{2.4}$$

从这个计算式可以发现,即使 1 状态与 2 状态已经确定,如果 F 与 x 有不同的函数关系,积分将给出不同的值,说明 W 不是一个固定的值. 这与状态参数的结果不同,功不是一个状态参数,它是一个与过程的性质和路径有关的参数,不能说某状态下有多少功.

仅仅从功的数量大小,不能表征产生功或者传递功的速率快慢. 然而,热力学中的许多分析都与能量传递或者转化的速率相关,于是给出了功率的概念,即单位时间产生或传递的能量数量,用 $\dot{W}$ 表示,单位是 J/s,或称瓦特,用 W 或 kW 表示.

$$\dot{W} = \boldsymbol{F} \cdot \boldsymbol{V} \tag{2.5}$$

这里, $\boldsymbol{V}$ 是速度矢量, $\dot{W}$ 是功传递的速率,所以在时间 t_1 到 t_2 的范围,传递的总功量为

$$W = \int_{t_1}^{t_2} \dot{W} \mathrm{d}t = \int_{t_1}^{t_2} \boldsymbol{F} \cdot \boldsymbol{V} \mathrm{d}t \tag{2.6}$$

2.1.2　可逆膨胀功

　　对于一个热力学系统，可以有不同的方式与外界交换功量，但在传统的热力学中，功和热的相互转化，主要是通过气体的容积变化来实现的，此时气体发生膨胀或受到压缩，因此容积变化功具有特别重要的意义.

　　图 2.2 所示为一个常见的气缸活塞系统，气缸内包围了一定质量的气体处于平衡态，活塞与缸壁之间没有摩擦，此时气缸内气体的压力应该与大气压力相同，即

$$p = p_b$$

如果气缸内气体受到加热产生膨胀过程，将活塞推动了 dx 距离，假设活塞的面积为 A，那么气体推动活塞的力为

$$F = p \cdot A \tag{2.7}$$

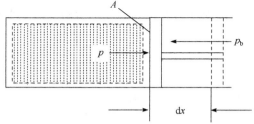

图 2.2　一个封闭系统可逆过程

　　根据公式(2.1)，可以知道气体推动活塞所做的功为

$$\delta W = F \cdot dx = p \cdot A \cdot dx = p \cdot dV \tag{2.8}$$

这里，dV 正好为气体膨胀的体积. 这说明气体膨胀对外所做的功等于气体的压力与体积变化量的乘积. 对于膨胀过程，dV 是正的，所以 δW 也是正的. 反之，对于压缩过程，dV 是负的，所以 δW 也是负的. 在工程热力学中，最关心的是内燃机或透平机等一类热机系统，设计这类装置的目的是将热能转化为功，为了与膨胀功为正相匹配，规定：**系统对外做功为正，外界对系统做功为负**. 如果系统经历了一个有限过程，体积从 V_1 变化到了 V_2，那么在这个过程中系统做的总功为

$$W = \int_{V_1}^{V_2} p \cdot dV \tag{2.9}$$

如果在气体膨胀过程中，气体压力始终不变，为一常数，那么系统所做的功为

$$W = p \cdot (V_2 - V_1) \tag{2.10}$$

对于系统内单位工质气体，系统做可逆膨胀功可以表示为

$$\delta w = p \cdot dv \tag{2.11}$$

$$w = \int_{v_1}^{v_2} p \cdot dv \tag{2.12}$$

这里，v 表示工质的比容. 观察计算可逆膨胀功的以上各式可以发现，公式的右边全部都是系统内部的状态参数，说明系统在经历可逆过程时，对外做功可由系统内部参数决定，无需考虑外部复杂的环境. 这为分析可逆过程提供了方便. 同时要特别指出，也只有可逆过程才可

以利用式(2.9)或式(2.12)计算膨胀功.

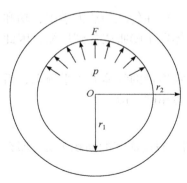

图 2.3　球形气体的膨胀做功过程

上述结论虽然是根据气缸活塞内的气体膨胀过程得到的，但它可以推广到任何形状的封闭系统的可逆过程，只要过程是可逆的，具有任何形状边界的系统的膨胀或压缩过程，做功均可以表示为压力与体积变化量的乘积. 举一个简单的例子，气球的膨胀或压缩做功过程. 如图 2.3 所示为一个封闭气球，气球内压力为 p，如果忽略气球本身表面的张力，那么在平衡状态下，气球内气体压力应该与外界压力相同. 当气体受热膨胀时，气球半径从 r_1 变化到了 r_2，气球的体积膨胀量为

$$\Delta V = \frac{4\pi}{3}\left(r_2^3 - r_1^3\right) \tag{2.13}$$

在气球的膨胀过程中，气球内气体对边界的作用力始终沿着半径方向，并与气球表面垂直，所以气体对表面的推动力为

$$F = p \cdot A = p4\pi r^2 \tag{2.14}$$

做功量为

$$W = \int_{r_1}^{r_2} F \cdot \mathrm{d}r = \int_{r_1}^{r_2} p4\pi r^2 \cdot \mathrm{d}r = p \cdot \frac{4\pi}{3}\left(r_2^3 - r_1^3\right) \tag{2.15}$$

所以

$$W = p \cdot \Delta V \tag{2.16}$$

活塞做膨胀功

说明球形气体的膨胀做功亦可表示为压力与体积变化量的乘积，这一结论是普遍成立的.

2.1.3　示功图

对于准静态过程，状态变化可以在参数图上描绘成一条曲线，可逆过程必为准静态过程，所以系统的可逆膨胀或压缩过程可以在参数图上表示出来. 图 2.4 给出了膨胀过程在 p-V 图上的变化曲线. 开始时，活塞位于坐标 x_1 处，活塞内部气体的体积为 V_1，压力为 p_1. 经历可逆过程后，活塞置于 x_2，体积变为 V_2，压力变为 p_2. 系统对外所做的总功为 $\int_{V_1}^{V_2} p \cdot \mathrm{d}V$，可以发现它正好是过程曲线向 V 轴投影所包围的面积. 同样可以理解，如果系统被压缩沿着相同的路径从状态 2 返回到状态 1，那么外界对系统所做功的大小也必为过程曲线下面所包围的面积，但做功是负的. 正因为 p-V 图中过程线 1—2 下面的面积为过程功，可以很直观地表现出过程

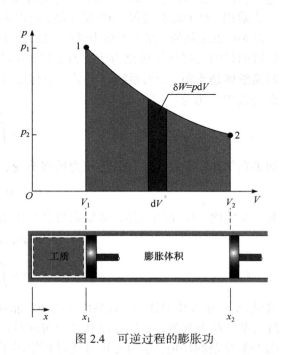

图 2.4　可逆过程的膨胀功

的做功效果，所以 p-V 图也被称为示功图，用来分析过程功量是非常方便的. 工程上为计算或换算方便，常以 1kg 工质为基础进行分析，所以常采用 p-v 图. 在 p-v 图中，过程线下面覆盖的面积即为 1kg 工质发生可逆膨胀过程的膨胀功.

膨胀功不仅与过程的初始和终了状态有关，还与过程有关，这一点很容易从 p-v 图中发现. 如图 2.5 所示，给定了过程的初始状态 1 和过程的终了状态 2，显然沿着不同的过程线 A 和 B 从状态 1 到达状态 2，过程线分别向 v 轴的投影所包围的面积是不同的，因此膨胀功不是一个状态量，而是一个过程量. 对过程量的计算不但要知道起始和终了状态，还要知道过程的路径. 这与状态参数的计算是不同的.

例 2.1 有一个闭口系统经历从状态 1 到状态 2 的过程，如图 2.6 所示. 经历等温过程从初态 (p_1, v_1) 变化到终态 (p_2, v_2). 对单位工质计算该过程的膨胀功. 如果在相同的初终态之间，系统先经历等容过程到达中间状态 a，再从 a 经历等压过程到达终态. 试计算第二种情况的功量，并在 p-v 图上比较.

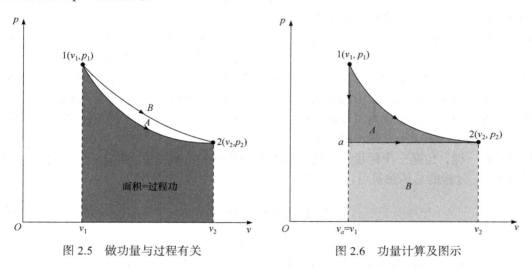

图 2.5 做功量与过程有关   图 2.6 功量计算及图示

解 按题意，在 1—2 过程中有 $T_1 = T_2 = T$=常数. 根据理想气体状态方程，可以得出

$$p_1 v_1 = p_2 v_2 = pv = RT = 常数$$

上式说明，定温过程可以在 p-v 图上用过程线 1—2 来表示. 根据可逆过程过程功的计算公式 (2.10)，有

$$w_{12} = \int_{v_1}^{v_2} p \cdot \mathrm{d}v = \int_{v_1}^{v_2} RT \cdot \frac{\mathrm{d}v}{v} = RT\ln\frac{v_2}{v_1} = 面积(A+B)$$

现在讨论第二种情况. 按题意，1—a 过程为等容过程，比容保持不变，$\mathrm{d}v = 0$，显然有

$$w_{1a} = 0$$

a—2 过程中，压力保持不变，$p_a = p_2 =$常数，有

$$w_{a2} = \int_{v_a}^{v_2} p \cdot \mathrm{d}v = p_2 (v_2 - v_1) = 面积 B$$

因此，在过程 1—a—2 中所做的功为

$$w_{1a2} = w_{1a} + w_{a2} = p_2 (v_2 - v_1) = 面积 B$$

可见，两种过程得到功的大小是不同的，进一步说明了功是一个过程参数.

最后值得指出，功是一个过程量，只有在传递中才有意义，一旦越过边界，就成为外界的能量. 容积变化功的计算公式只适用于准静态过程或可逆过程，若过程存在摩擦等耗散效应，必定造成做功能力下降，不能用上述公式计算功量，也不能在状态参数图中将过程表示出来.

2.2 热量及热量的传递过程

热量是在温差的作用下通过微观粒子无序运动传递的能量，用符号 Q 表示，单位为 J. 热力学中规定，当系统得到热量时，认为热量 Q 是正的；当系统失去热量时，认为 Q 是负的. 历史上，人类对热能的认识曾出现过误区，早期人们认为热是一种类似水一样的物质，叫热质，热量从高温物体流向低温的物体，正像水从高位流向低位一样. 后来焦耳等的实验否定了热质的存在，这才解释了热是由物质内部分子无序运动传递的能量.

对于一个封闭系统，由于边界的变化，它可以与外界发生功的交换. 但即使是一个刚性的容器，其内部的工质也会与环境或外界发生能量交换，那就是传热. 因此，传热是由于温度不同而通过边界传递的能量. 热量交换有明确的方向性，总是从温度高的物体传向温度低的物体. 热量传递的驱动势是两系统的温度差，而与两系统原有的能量差无关. 比如，一杯高温的热水能够自动地向环境放热而逐渐冷却，最后与环境的温度一致，尽管环境由于质量巨大而包含的热能远远大于一杯热水的热能.

热量与功一样，也是一个标量，它的大小不但与传热起始和终了的状态有关，还与传热过程密切相关. 过程的总传热量可以表示为

$$Q = \int_1^2 \delta Q = Q_2 - Q_1 \tag{2.17}$$

同样，热量也是一个在传递中才有意义的物理量. 热量的传递速率称为传热速率，用 $\dot{Q}$ 表示，单位为 J/s，或称瓦特(W). 所以在时间 t_1 到 t_2 的范围，传递的总热量为

$$Q = \int_{t_1}^{t_2} \dot{Q} \mathrm{d}t \tag{2.18}$$

另外，热量的传递快慢还与传递热量的截面积有关，单位面积上的传热量称为热流密度，用 $\dot{q}$ 表示，单位为 $\mathrm{W/m^2}$. 传热速率与热流密度的关系为

$$\dot{Q} = \int_A \dot{q} \mathrm{d}A \tag{2.19}$$

这里，A 代表系统边界上热量传递的面积.

热力系统可以通过不同的方式得到热量，归纳起来有如下几种.

(1) 功热转换. 功热转化是热力系统得到热量的典型方式，摩擦可以将功转化为热，压缩系统也可以将功转化为热. 如果系统的温度不变，那么有多少功的消耗，就会产生出等量的热.

(2) 温度变化. 系统可以通过自身温度的变化而将系统内部的能量转变为热量. 假设系统工质的质量为 m，工质的比热容为 c，如果系统温度从 T_1 变化到 T_2，那么系统获得的热量为

$$Q = \int_1^2 m \cdot c \cdot \mathrm{d}T = m \cdot c \cdot (T_2 - T_1) \tag{2.20}$$

(3) 燃烧或化学反应. 现代热机系统中主要通过燃烧为系统提供热量, 比如常见的汽油机、柴油机和燃气轮机等. 假设燃料质量为 m_f, 燃料的燃烧值为 β, 那么在充分燃烧的情况下给系统提供的热量为

$$Q = m_f \beta \tag{2.21}$$

某些放热的化学反应也可以为系统提供热量, 这在化学热泵或化学热机领域是常见的.

(4) 通电. 电能很容易转变为热能, 所以为系统提供电能也是系统获得热量的重要方式. 假设供电电流为 I, 电路中的电阻为 R, 通电时间为 t, 那么系统获得的热量为

$$Q = I^2 \cdot R \cdot t \tag{2.22}$$

(5) 传递. 传热是自然界的普遍现象, 热量将自然地从高温物体传到低温物体. 因此, 系统可以通过传热得到热量. 自然界中传热有三种方式: 热传导、热对流和热辐射. 根据傅里叶定律计算单位时间通过热传导传递的热量

$$\dot{Q} = -\lambda A \frac{\mathrm{d}T}{\mathrm{d}x} \tag{2.23}$$

这里, λ 是导热物体的导热系数; A 是导热面积; $\frac{\mathrm{d}T}{\mathrm{d}x}$ 是导热方向上的温度梯度. 根据牛顿冷却定律计算单位时间通过热对流传递的热量

$$\dot{Q} = hA(T_a - T_\infty) \tag{2.24}$$

这里, h 是界面与流体之间的对流换热系数; T_a 和 T_∞ 分别是界面温度和远处流体的温度. 根据斯特藩–玻尔兹曼定律计算单位时间灰体表面通过热辐射向外界发射的热量

$$\dot{Q} = \varepsilon \sigma A T_b^{\;4} \tag{2.25}$$

这里, ε 是表面发射率; σ 是斯特藩–玻尔兹曼常量; T_b 是表面的热力学温度.

值得指出, 热量与功量有着许多类似的性质, 首先它们都是通过边界传递的能量, 其次两者都不是状态参数, 而是过程参数, 传热量的大小与传热过程密切相关, 所以只说某个状态具有多少热量是没有意义的.

2.3　系统储存能及其性质

在热力过程中, 系统除了与外界发生功热等能量交换外, 其自身的能量也会发生变化. 系统自身的能量称为系统的储存能, 有时也称为系统的能含量, 简称能含, 有时也称为系统总能量, 本书主要以总能量来表示, 它包括内能、动能和势能. 内能即系统内部的储存能, 热力系统中只关心与热运动有关的内能, 因此也常把内能称为热力学能. 系统动能是由于系统相对某参考坐标系存在宏观运动而存储的能量. 系统势能则是系统具有相对高度而存储的能量. 系统储存能用 E 表示, 内能、动能和势能分别用 U、E_k 和 E_p 表示, 单位为 J 或 kJ.

内能与系统的内部状态密切相关, 在平衡状态下系统与外界不发生任何作用, 系统状态长时间不发生变化, 所以在平衡状态下系统内能为常数. 显然, 系统工质量越大, 系统内部的储能越多, 所以内能是与工质量 m 有关的广延量. 单位工质的内能称为比内能, 用 u 表示, 单位为 J/kg.

对于气体工质，系统内能主要包括由分子热运动产生的内动能和由分子之间相互作用产生的内势能两部分. 根据分子运动论，分子的内动能主要与工质的温度有关，分子的内势能主要与分子间的距离，即气体的比容有关. 因此，工质的内能是温度和比容的函数

$$U = U(T, v) \tag{2.26}$$

$$u = \frac{U}{m} \tag{2.27}$$

对于一个封闭系统，由于与外界不发生质量交换，只有功热交换，因此当系统经历若干过程又回到原来状态时，系统的内部储存能量应该不变，即

$$\oint \mathrm{d}U = 0 \tag{2.28}$$

说明系统的内能是一个状态参数，与过程无关. 式(2.26)也说明 U 是状态参数，因为它仅由状态参数组成.

对于一个开放系统，由于与外界存在质量交换，工质可能产生流动过程，从而具有动能，同样工质的流动会产生高差的变化，从而具有势能. 因此，开放系统的储存能还要包括动能和势能. 如图 2.7(a)所示为一个稳定流动的开放系统，进口工质速度为 c_1，出口速度为 c_2，进口高度为 z_1，出口高度为 z_2，那么工质在进口处和出口处的系统储存能分别为

$$E_1 = U_1 + \frac{1}{2}mc_1^2 + mgz_1 \tag{2.29}$$

$$E_2 = U_2 + \frac{1}{2}mc_2^2 + mgz_2 \tag{2.30}$$

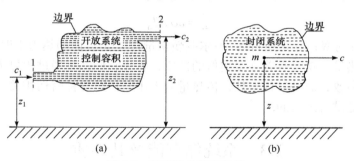

图 2.7 系统的动能和势能

值得指出，即使是闭口系统，当系统作为整体具有速度和高度时，系统的总储存能也必须考虑动能和势能. 如图 2.7(b)所示，系统具有速度 c 和高度 z，所以系统的总储存能或总能量为

$$E = U + \frac{1}{2}mc^2 + mgz \tag{2.31}$$

对单位工质而言，系统的比总能量为

$$e = u + \frac{1}{2}c^2 + gz \tag{2.32}$$

例 2.2 一个竖放的气缸活塞内包含 0.27kg 的空气，利用电加热器给空气加热，如

图 2.8 所示. 活塞外大气压力为 0.1MPa，活塞质量为 45kg，底面积为 0.09m². 给电加热器通电后空气的容积缓慢增加了 0.045m³，压力始终保持不变，空气的比内能增加了 42kJ/kg. 空气和活塞在初始和终了状态下都保持静止. 气缸和活塞绝热，摩擦忽略不计，当地重力加速度为 9.81m/s². 分别对下面两种情况求电加热器的放热量：(1)只把空气当作研究对象；(2)把空气和活塞一起作为研究对象.

解　(1) 只把空气当作研究对象时，系统边界划分如图 2.8(a)所示.

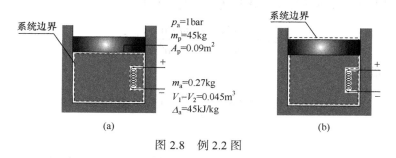

图 2.8　例 2.2 图

已知活塞变化速度很慢，可以忽略系统动能的变化，空气质量很轻，也可以忽略空气势能的变化. 活塞和气缸的材料绝热，所以也可以忽略气缸和活塞内能的变化. 针对气缸内的气体，可以列出能量平衡方程为

$$\Delta U = Q - W$$

所以

$$Q = \Delta U + W = m_a \Delta u + W$$

这里，m_a 是系统内空气的质量. 对于只考虑空气的系统，由于活塞运行很慢，不考虑活塞与缸壁之间的摩擦，因此气体向上的推动力应该等于活塞的重力加上外界环境的大气压力，即

$$p \cdot A = m_p \cdot g + p_b \cdot A$$

这里，p 为气体压力；A 为活塞的底面积；p_b 为大气压力；m_p 为活塞的质量. 解 p 并代入相关参数值得

$$p = \frac{m_p \cdot g}{A} + p_b$$

$$p = \frac{45\text{kg} \times 9.81\text{m}/\text{s}^2}{0.09\text{m}^2} \times 10^{-6}\text{MPa} + 0.1\text{MPa} = 0.1049\text{MPa}$$

因此，此过程系统做功为

$$W = p(V_2 - V_1) = 1.049 \times 10^5 \times 0.045 = 4.72(\text{kJ})$$

所以过程得到的热量为

$$Q = m_a \Delta u + W = 0.27 \times 42 + 4.72 = 16.06(\text{kJ})$$

(2) 把空气和活塞当作研究对象时，系统边界划分如图 2.8(b)所示. 此时，系统的能量平衡方程应该是气体内能的变化加上活塞上升势能的变化再加上系统对外做功等于电加热器供入的热量，即

$$Q = m_a \Delta u + m_p g \Delta z + W$$

这里，W 是系统对外做的膨胀功，即活塞的上表面推动外界空气所做的功；$m_p g \Delta z$ 是活塞升高产生的势能增加量，Δz 是活塞的升高量. 分别计算膨胀功和活塞的势能变化如下：

$$W = \int_{V_1}^{V_2} p \mathrm{d}V = p_b \left(V_2 - V_1 \right) = 4.5 \mathrm{kJ}$$

已知活塞的面积为 A，气体的容积变化量为 $V_2 - V_1$，所以

$$\Delta z = \frac{V_2 - V_1}{A} = \frac{0.045 \mathrm{m}^3}{0.09 \mathrm{m}^2} = 0.5 \mathrm{m}$$

活塞的势能变化量为

$$m_p g \Delta z = 45 \mathrm{kg} \times \frac{9.81 \mathrm{m}}{s^2} \times 0.5 \mathrm{m} = 0.22 \mathrm{kJ}$$

最后

$$Q = m_a \Delta u + m_p g \Delta z + W = 4.5 + 0.22 + 11.34 = 16.06 (\mathrm{kJ})$$

与前一种情况的计算结果相吻合.

2.4　热力学第一定律

能量守恒定律是一个大家熟知的基本定律，它表明能量既不能创造也不能消灭，只能从一种形式转化为另一种形式. 具体应用到热力学系统中就是热力学第一定律. 在热力学系统中存在系统总能量、功和热三种能量形式的相互作用，因此在系统的变化发展过程中，这三种能量的总和应该守恒. 所以，热力学第一定律可以表达为

流入系统的能量 – 流出系统的能量 ≡ 系统能量的增量

数学表达式可以写为

$$\Delta E = Q - W \tag{2.33}$$

上式表明，系统得到的热量 Q 减去系统对外界做的功 W，等于系统总能量的增加量 ΔE. 这个公式的成立是通过能量守恒定律得到保证的，对任何过程都成立.

如果输入系统的热流密度为 $\dot{Q}$，系统对外做功的功流密度(也称功率)为 $\dot{W}$，那么第一定律的表达式变为

$$\frac{\mathrm{d}E}{\mathrm{d}t} = \dot{Q} - \dot{W} \tag{2.34}$$

表明系统的热流率减去系统对外界做功流率，等于系统总能量随时间的变化率.

如果系统经历了多个过程，最终又回到原来的初态，即系统经历了一个循环过程，那么系统的总能量变化量一定是零，因为总能量是状态参数. 这就是说，系统在循环过程中，与外界交换的净热量减去与外界交换的净功量，两者之差一定为零，即有

$$\sum Q - \sum W = 0 \tag{2.35}$$

例 2.3　一个蒸汽动力发电系统透平机输出功率 1000kW. 在锅炉中蒸汽得到的热能为

2800kJ/kg，在冷凝器中，蒸汽排给环境的热能为 2100kJ/kg，循环泵消耗的功率为 5kW. 计算需要的蒸汽流率.

解　系统循环过程如图 2.9 所示，做一个边界包围整个系统. 于是，对单位质量工质，循环中交换的总热量为

$$\sum Q = 2800 - 2100 = 700 (\text{kJ/kg})$$

同理，循环中系统与外界交换的总功率为

$$\sum W = 1000 - 5 = 995 (\text{kW})$$

令系统循环工质流率为 $\dot{m}$ (kg/s) 并代入方程 (2.30) 得

$$700\dot{m} - 995 = 0$$

因此得到

$$\dot{m} = 1.421 \text{kg/s}$$

即需要的蒸汽流率为 1.421kg/s.

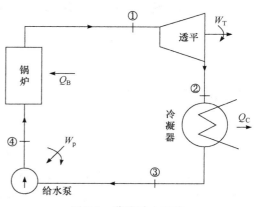

图 2.9　蒸汽动力系统

2.5　闭口系统的能量分析

闭口系统是基础热力学中最典型的例子，也在实际工程中大量存在，比如活塞式压缩机的压缩过程，内燃机中的压缩和膨胀过程. 在封闭系统中由于没有物质穿越边界，所以考虑起来相对简单. 大部分情况下，系统的动能和势能可以忽略. 因此，闭口系统与外界的能量交换就只有传热和膨胀或压缩做功，热力学第一定律在闭口系统的应用就变为

$$\text{系统获得的净热量} - \text{系统对外做的净膨胀功量} \equiv \text{系统内能的增量}$$

也可以表达为

$$Q = \Delta U + W \tag{2.36}$$

对于单位质量工质来说，有

$$q = \Delta u + w \tag{2.37}$$

如果闭口系统只进行了一个微小过程，那么在微小过程中也应该满足能量守恒定律，即有

$$\delta Q = \mathrm{d}U + \delta W \tag{2.38}$$

$$\delta q = \mathrm{d}u + \delta w \tag{2.39}$$

上式的推导过程中没有附加任何条件，只要求是闭口系统，因此它们对闭口系统的任何过程都成立，不管可逆与不可逆. 因此，有时也称式(2.36)或式(2.38)为闭口系统的热力学第一定律表达式. 从这个方程也可以看出，当热能输送给系统后，一部分要转变为内能，剩下的部分才能转变为机械能. 要想使热能转化为机械能的比例升高，必须减少内能的变化，但在许多情况下这种要求是困难的. 从式(2.36)或式(2.38)也可以看出，对于封闭系统，要想将热能转化为机械能，实现热功转化，必须通过系统的体积膨胀或压缩才有可能.

如果系统经历的是可逆过程，膨胀功可以由下式计算：

$$W = \int_{V_1}^{V_2} p\,\mathrm{d}V \quad 或 \quad w = \int_{v_1}^{v_2} p\,\mathrm{d}v$$

因此，对闭口系统可逆过程，功热转化关系可以表示为

$$Q = \Delta U + \int_1^2 p\,\mathrm{d}V \tag{2.40}$$

$$\delta Q = \mathrm{d}U + p\,\mathrm{d}V \tag{2.41}$$

对于单位工质来说，有

$$q = \Delta u + \int_1^2 p\,\mathrm{d}v \tag{2.42}$$

$$\delta q = \mathrm{d}u + p\,\mathrm{d}v \tag{2.43}$$

注意，闭口系统热力学第一定律表达式 $Q = \Delta U + W$ 是针对整个过程的，如果一个总的过程由若干小的过程或子过程组成，那么热力学第一定律表达式可以表述成

$$\sum_1^2 \delta Q = U_2 - U_1 + \sum_1^2 W \tag{2.44}$$

闭口系统的等压过程是比较特殊的，由它可以引进一个新的状态参数焓. 对一个等压过程，从式(2.40)可得

$$Q = \Delta U + p(V_2 - V_1) = (U_2 - U_1) + p(V_2 - V_1) \tag{2.45}$$

所以

$$Q = (U_2 + pV_2) - (U_1 + pV_1) = H_2 - H_1 \tag{2.46}$$

这里，H 为工质的焓，定义为 $H = U + pV$. 上式表明，闭口系统等压过程中，系统吸收的热量等于过程前后工质的焓差.

例 2.4   内燃机压缩冲程中，热机排入冷却水的热量为 45kJ/kg，外界给系统输入的功为 90kJ/kg. 计算工质比内能的变化.

解   已知系统在压缩过程中排热为 45kJ/kg，那么

$$q = -45\mathrm{kJ/kg}$$

又已知此过程的做功量为

$$w = -90\mathrm{kJ/kg}$$

根据热力学第一定律表达式(2.37)，得

$$q = \Delta u + w = u_2 - u_1 + w$$

所以

$$u_2 - u_1 = q - w = -45 - (-90) = 45(\mathrm{kJ/kg})$$

即内能增加了 45kJ/kg.

例 2.5   气缸活塞中包含 4kg 气体，气体经历的过程满足 $pV^{1.5} = $ 常数，初始压力为 0.3MPa，初始容积为 0.1m³，终态容积是 0.2m³，已知气体比内能的变化为 $u_2 - u_1 = -4.6\mathrm{kJ/kg}$，不考虑动能和势能的变化，求过程中的净传热量.

解   该研究系统是一个典型的封闭系统，没有质量穿越边界，系统动能和势能的变化可以忽略，已知过程满足 $pV^{1.5} = $ 常数. 于是，系统的变化过程可以在 p-V 图上表示，如图 2.10 所示.

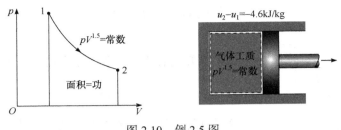

图 2.10　例 2.5 图

根据闭口系统的能量平衡方程，可以得到

$$\Delta U = Q - W$$

于是得到

$$m(u_2 - u_1) = Q - W$$

这里，m 是气体的质量. 根据气体变化过程满足的方程得

$$pV^{1.5} = p_1 V_1^{1.5} = 0.3 \times 10^6 \times 0.1^{1.5} = 9486.83$$

系统经历可逆过程，膨胀功由下式计算：

$$W = \int_1^2 p\,dV = p_1 V_1^{1.5} \int_{0.1}^{0.2} \frac{dV}{V^{1.5}} = 17.6\,\text{kJ}$$

最后，对 Q 进行求解

$$Q = m(u_2 - u_1) + W = 4\,\text{kg} \times (-4.6\,\text{kJ/kg}) + 17.6\,\text{kJ} = -0.8\,\text{kJ}$$

即该过程的净热量交换为 $-0.8\,\text{kJ}$，负号表示对外放热.

2.6　开口系统的能量分析

开口系统广泛存在于工业生产等实际领域，简单到一根水管，复杂到涡轮发动机，再到航天的火箭，都可以看作一个开口系统. 开口系统有时又称为开放系统，由于有物质从系统流进或流出，所以它比闭口系统更加复杂. 为了使问题变得简单，常常选择某一容积内的系统进行研究，所以开放系统也常称为控制容积系统，以便与闭口系统保持质量不变相对应.

2.6.1　控制容积系统的质量守恒

一般的开放系统有可能是随时间变化的，但它一定遵守质量守恒定律. 因此，对于一个开放系统，质量平衡可以表述为

[控制容积中质量的时间变化率]=[t时刻进口的质量流率]−[t时刻出口的质量流率]

如图 2.11 所示系统，设控制容积中的质量为 $m(t)$，那么根据质量守恒定律，应有

$$\frac{dm}{dt} = \dot{m}_1 - \dot{m}_2 \tag{2.47}$$

这里，dm/dt 表示控制容积中质量的变化率；$\dot{m}_1$ 和 $\dot{m}_2$ 分别是进口和出口在 t 时刻的质量流率，单位为 kg/s. 显然，对于流道面积为 A 的流动工质，如果流速为 c，密度为 ρ，那么工

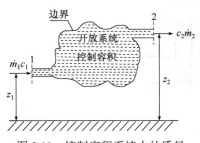
图 2.11 控制容积系统中的质量
能量守恒

质的流率可以表示为

$$\dot{m} = \rho c A \tag{2.48}$$

如果已知比容为 v ，那么流率也可以表示为

$$\dot{m} = \frac{cA}{v} \tag{2.49}$$

这是计算工质质量流率的一般关系式.

2.6.2 控制容积系统的能量守恒

任何控制容积系统必须遵守能量守恒定律，可以表述为

[t时刻控制容积系统中能量的时间变化率]

=[t时刻通过传热进入系统的净能量流率]

−[t时刻通过做功传出系统的净功率]

+[t时刻伴随质量流进入系统的净能量流率]

如图 2.11 所示系统，能量流率的平衡方程可以写为

$$\frac{\mathrm{d}E}{\mathrm{d}t} = \dot{Q} - \dot{W} + \dot{m}_1\left(u_1 + \frac{c_1^2}{2} + gz_1\right) - \dot{m}_2\left(u_2 + \frac{c_2^2}{2} + gz_2\right) \tag{2.50}$$

这里，E 是 t 时刻系统中的总能量；$\dot{Q}$ 和 $\dot{W}$ 分别代表通过边界与系统变换的传热率和净功率. 方程(2.50)右边后两项分别代表系统进口和出口处随着质量的流入和流出所携带的动能和势能流率. 如果无质量流入和流出，则这两项的值为 0，此时系统变为封闭系统.

大多数情况下，人们设计开放系统是为了获取有用功，如燃气轮机和蒸汽轮机等，或消耗有效功获取其他能量，如动能、势能或压力能等，这类机器有压气机、水泵和压缩机等. 图 2.12 所示是一个典型的燃气轮机系统，它消耗热能是为了获得有用的功量 W_{sh}，这个功通过转轴输出外界为我们所用，所以有时也叫它轴功.

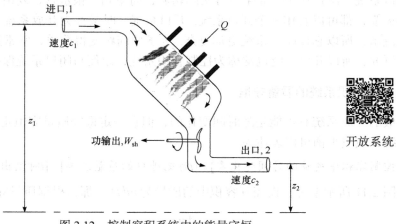

图 2.12 控制容积系统中的能量守恒

当然，除了轴功以外，系统还可以通过其他方式与外界交换功，其中推动功就是其中一种. 考察图 2.13 所示燃气轮机进口段的工质流动过程，工质要进入系统必须克服系统内部的

压力，设在边界进口处系统压力为 p_1，那么工质进入系统必须克服的阻力为

$$F_1 = p_1 A_1 \tag{2.51}$$

已知工质流动速率为 c_1，所以伴随工质进入系统的功率即为

$$\dot{W}_1 = (p_1 A_1) \times c_1 \tag{2.52}$$

这种推动工质进入系统的功称为推动功.

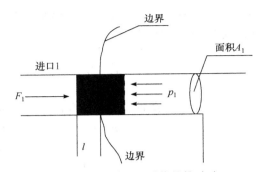

图 2.13　工质进入系统的推动功

推动功

同样要从系统流出外界，也要克服外界阻力，对外做功率为

$$\dot{W}_2 = (p_2 A_2) \times c_2 \tag{2.53}$$

因此，要维持工质流动，必须存在推动功差，这个功差是维持系统流动必须的，也称为流动功

$$\Delta \dot{W} = \dot{W}_2 - \dot{W}_1 = p_2 A_2 c_2 - p_1 A_1 c_1 \tag{2.54}$$

这样，就可以把方程(2.50)的功率分为两部分，即

$$\dot{W} = \dot{W}_{sh} + p_2 A_2 c_2 - p_1 A_1 c_1 \tag{2.55}$$

注意，$A \times c = \dot{m} v$，所以

$$\dot{W} = \dot{W}_{sh} + \dot{m}_2 p_2 v_2 - \dot{m}_1 p_1 v_1 \tag{2.56}$$

将式(2.56)代入式(2.50)并稍做整理得

$$\frac{dE}{dt} = \dot{Q} - \dot{W}_{sh} + \dot{m}_1 \left(u_1 + p_1 v_1 + \frac{c_1^2}{2} + g z_1 \right) - \dot{m}_2 \left(u_2 + p_2 v_2 + \frac{c_2^2}{2} + g z_2 \right) \tag{2.57}$$

观察式(2.57)不难发现，u 和 pv 总是伴随而生的，u 代表热力学能，pv 是伴随工质迁移引起的系统与外界交换的推动功. 因此，u 和 pv 必须结合在一起流入或流出系统，因而可以把它们看成是一个物理量，叫做焓

$$H = U + pV \tag{2.58}$$

根据状态参数的性质可以证明，由状态参数组合而成的复合参数 H 也是一个状态参数，是一个具有能量量纲的广延量，比焓可写为

$$h = \frac{H}{m} = u + pv \tag{2.59}$$

是由广延量转换得到的强度量. 有了焓的概念后，式(2.57)可以写成

$$\frac{dE}{dt} = \dot{Q} - \dot{W}_{sh} + \dot{m}_1 \left(h_1 + \frac{c_1^2}{2} + g z_1 \right) - \dot{m}_2 \left(h_2 + \frac{c_2^2}{2} + g z_2 \right) \tag{2.60}$$

这就是开放系统最终的能流平衡方程.

2.6.3　稳定流动系统的能量方程

要实现系统的长期稳定运行，系统的流动状况经常是不随时间变化的，可以看成稳定运行模式，这时系统的内部也不随时间变化. 同时，为了实现稳定流动，进出系统的工质流率

必须相等并不随时间变化，与外界交流的功率、热流率也不随时间变化. 因此，在稳定条件下，式(2.60)可以改写成

$$\dot{Q} = \dot{W}_{sh} + \dot{m}_2 \left(h_2 + \frac{c_2^2}{2} + gz_2 \right) - \dot{m}_1 \left(h_1 + \frac{c_1^2}{2} + gz_1 \right) \tag{2.61}$$

由于所有参数都不随时间变化，这时进出口的质量流量也必须相同，否则系统内部必有质量的变化，这时 $m_2 = m_1 = m$ ，于是单位时间内的能量变化关系可以进一步简写成

$$Q = W_{sh} + m \left(h_2 + \frac{c_2^2}{2} + gz_2 \right) - m \left(h_1 + \frac{c_1^2}{2} + gz_1 \right) \tag{2.62}$$

或

$$Q = W_{sh} + (H_2 - H_1) + \frac{m}{2} \left(c_2^2 - c_1^2 \right) + mg(z_2 - z_1) \tag{2.63}$$

这是最常使用的稳定流动系统的能量平衡方程. 对于一个微小过程，上式可以写为

$$\delta Q = dH + \frac{1}{2} m dc^2 + mg dz + \delta W_{sh} \tag{2.64}$$

对于单位工质

$$\delta q = dh + \frac{1}{2} dc^2 + g dz + \delta W_{sh} \tag{2.65}$$

注意，这里的传热、做功和焓仍然是单位时间传递的能量.

2.6.4 技术功及在 $p\text{-}v$ 图上的表示

技术上可以利用的功称为技术功. 电功、动能、势能和机械功都是可以利用的，膨胀功除了推动环境所必须付出的功外，其他部分也是可以利用的. 对于稳定流动的开口系统，从方程(2.63)可以得到单位工质的能量方程，表示为

$$q = h + \frac{1}{2} \Delta c^2 + g \Delta z + w_{sh} \tag{2.66}$$

观察上式可以发现，右边后三项均为可以利用的功，属机械功范畴，令其为开放系统的技术功，用 w_t 表示，即

$$w_t = \frac{1}{2} \Delta c^2 + g \Delta z + w_{sh} \tag{2.67}$$

于是

$$q = h + w_t \tag{2.68}$$

它的微分形式是

$$\delta q = dh + \delta w_t \tag{2.69}$$

可见，开口系统的能量方程与闭口系统的能量方程有非常类似的形式. 闭口系统的能量方程为

$$\delta q = du + \delta w \tag{2.70}$$

当过程经历的时间很短时，流入与流出系统质量相同，此时开口系类似于闭口系，如果此时

开口系统与闭口系统吸收热量又相同，结合方程(2.69)和(2.70)可以得到

$$du + \delta w = dh + \delta w_t \tag{2.71}$$

根据比焓的定义，在可逆过程中可以得到

$$dh = d(u + pv) = du + pdv + vdp \tag{2.72}$$

同时，考虑到在可逆过程中膨胀功可以表示为

$$\delta w = pdv$$

代入式(2.71)，最终得到

$$\delta w_t = -vdp \tag{2.73}$$

即为可逆过程中开放系统技术功的微分表达式. 如果系统从状态 1 可逆地变化到状态 2，那么技术功可以由式(2.73)积分得到

$$w_t = -\int_1^2 vdp \tag{2.74}$$

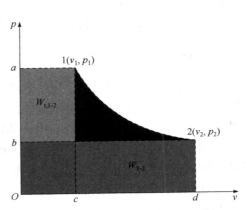

图 2.14　技术功和膨胀功在 p-v 图上的表示

在 p-v 图上，上式积分正好表现为过程曲线 1—2 在 p 轴上投影所包围的面积. 在图 2.14 中，它就是 $a12ba$ 包围的面积，而膨胀功却是 $12dc1$ 包围的面积. 可见膨胀功与技术功既有关系也有区别，技术功等于膨胀功减去流动功，膨胀功为

$$w = \int_1^2 pdv \tag{2.75}$$

2.7　稳定流动方程的应用

稳定流动方程显然是开放系统的特例，但它仍在许多领域有应用. 稳态流动方程(2.63)是在全面考虑能量平衡条件下得到的，它包含了系统可能涉及的所有能量变化. 但在特殊条件下，有些能量并没有发生变化，所以在某些条件下，方程(2.63)可以被简化，这为我们计算某些特殊的开放系统创造了条件. 为此，下面将给出几个典型热工系统的能量平衡计算.

2.7.1　喷管

图 2.15　喷管的剖面结构

简单地说，喷管就是一种变截面流体通道，它可以用来增加或降低气体或液体的流动速度. 图 2.15 展示了一种喷管的剖面结构. 一般地说，设计喷管都不是为了得到有用功，因此，系统与外界一般只有流动功的交换，即 $W_{sh} = 0$. 对于稳态过程，应有 $dE/dt = 0$ 和 $m_1 - m_2 = 0$. 对于水平放置的喷管或中小型喷管，其进出口的高差可以忽略，即 $\Delta Z = Z_2 - Z_2 = 0$. 根据这些条件，得

到单位工质简化的能量方程为

$$q = \left(h_2 + \frac{c_2^2}{2} \right) - \left(h_1 + \frac{c_1^2}{2} \right) \tag{2.76}$$

由于喷管中质量流率非常大，散热相对流过喷管气体的焓来说很小，所以在忽略散热条件下有

$$h_2 - h_1 = \frac{1}{2} \left(c_1^2 - c_2^2 \right) \tag{2.77}$$

上述表明，如果 $h_2 > h_1$，工质的焓增大，那么 $c_1 > c_2$，速度变慢，这是减速喷管，也叫扩压管. 如果 $h_1 > h_2$，工质的焓降低，$c_2 > c_1$，工质经喷管后，速度得到提升，这是增速喷管. 也可以说，工质动能的提升来源于工质焓的降低.

2.7.2 透平式机械

透平式机械包括的范围很广泛，典型的有蒸汽轮机和燃气轮机等，甚至非常简单的水泵都属于它的范围，它是一种由于流体流动驱动叶轮旋转而输出轴功的装置. 图 2.16 所示为一种轴流式气体透平装置，广泛应用于蒸汽动力电厂、燃气动力电厂和航空发动机中. 装置的入口一般是过热的气体工质，进入透平机后，气体不断膨胀，压力不断降低，在这过程中气体推动叶轮旋转，从而输出功来. 水库大坝下的水轮机旋转也具有类似的运行模式.

一般的透平机，可以简化为如图 2.17 的运行形式. 在稳定稳流的条件下，可以利用方程 (2.60) 对它进行分析. 首先，它的总能量不应随时间变化，所以 $\mathrm{d}E / \mathrm{d}t = 0$，如果系统规模不大，进出口势能的变化一般可以忽略，于是得到简化的稳定流动能量方程

$$\dot{Q} = \dot{W}_{\mathrm{sh}} + \dot{m} \left[\left(h_2 - h_1 \right) + \frac{1}{2} \left(c_1^2 - c_2^2 \right) \right] \tag{2.78}$$

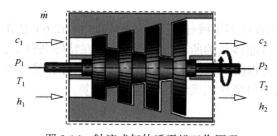

图 2.16　轴流式气体透平机工作原理

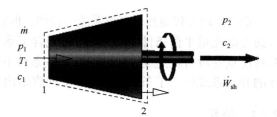

图 2.17　透平机能量分析

在许多时候，由于气体流速很快，系统对外传热与气体的焓变比较起来很小，一般也可以忽略. 气体的进出口动能变化对系统性能的影响也很小，有时也可以忽略. 在最简单的情况下，式 (2.78) 被简化为

$$\dot{W}_{\mathrm{sh}} = \dot{m} \left(h_1 - h_2 \right) \tag{2.79}$$

上式说明，叶轮式透平机对外轴功来源于工质从进口到出口焓的降低，这就是许多蒸汽发电厂要尽可能提高工质的进口温度和压力的原因. 这时 h_1 会随着温度和压力的升高而增大，h_2 一般是很难变化的，这是由大气环境或者工质在低温下的性质决定的.

2.7.3　压气机

压气机是一种将流经它的气体压缩到高压的机械,它是一种耗功装置. 压气机的种类很多,有活塞式、轴流叶轮式及离心式. 这些压气机在生产和生活领域中扮演了重要角色. 在稳定工作状态下,也可以列出它们的能量和质量平衡方程. 对压缩过程来说,比动能和比势能的变化相对于消耗的比功来说,一般都比较小,大多数情况无需考虑. 但与环境的热交换有时不能忽略.

压气机

对于叶轮式压气机,完全可以使用 2.7.2 节对透平机过程分析所得到的结果,但这时轴功 W_{sh} 是负的,表示耗功过程. 如果传热及动能和势能变化均可忽略,那么得到

$$W_{sh} = h_1 - h_2 \tag{2.80}$$

说明消耗的功等于工质出口的焓减去进口的焓,即工质焓的增加量.

但对于如图 2.18 所示的活塞式压气机来说,情况有一些变化,此时压气机的进、排气阀必须周期性打开、关闭,系统虽是一个开放系统,但严格来说它不是一个稳定流动过程,因为各点的参数在随时间作周期性变化. 幸而,它在不同周期的同一时刻,各点参数是相同的,与外界交换能量和质量也相同,因此,也可以把此类系统看成连续不断地流入系统,然后连续升压排出. 此时,稳定流动的能量平衡方程也可使用,即

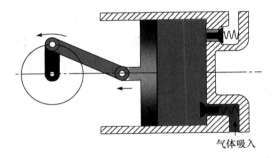

图 2.18　活塞式压气机工作原理

$$\dot{W}_{sh} = \dot{Q} + \dot{m}\left[(h_1 - h_2) + \frac{c_1^2 - c_2^2}{2}\right] \tag{2.81}$$

如果气体可以看成理想气体,那么质量流率可用如下公式计算:

$$\dot{m} = \frac{Ac}{v} = \frac{A \cdot c \cdot p}{(R/M)T} \tag{2.82}$$

这里, A 为进口或出口的截面积; c 为进口或出口的流速; p 为压力; R 为通用气体常数; M 为气体的摩尔质量; T 为气体的热力学温度.

2.7.4　绝热节流

在制冷空调系统中会大量用到节流过程,如图 2.19 即为一个典型的节流装置. 简单地讲,节流过程就是流动截面突然变小,使流动突然受阻,从而使节流过后产生较大压差的过程. 在实际的工程中也时常遇到,比如流道上的阀门、流道中的孔板等,生活中自来水管上的水龙头也可以看成一个节流装置.

节流中,一般没有功的交换,与外界也没有多少热的交换,所以称绝热节流. 如果节流阀两端的高差不大,管径差别也不大,那么 $c_1 \approx c_2$, $z_1 \approx z_2$. 以这些条件代入方程(2.62)中,可以发现式中所有项都为零,于是

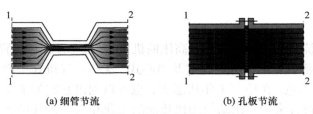

(a) 细管节流　　　　　　　　　(b) 孔板节流

图 2.19　节流过程

$$\Delta h = h_2 - h_1 = 0 \qquad (2.83)$$

或

$$h_1 = h_2 \qquad (2.84)$$

说明绝热节流前后工质的焓不变. 值得指出的是, 绝热节流前后的工质的焓值虽然不变, 但工质的做功能力却是变化的, 节流后工质的做功能力降低. 这在某些情况下是必须避免的, 比如蒸汽透平发电的蒸汽管路中必须避免出现节流过程. 还有, 对于非理想气体工质, 节流前后工质的温度可能是变化的, 有些工质的温度会升高, 有些会降低.

2.7.5　自由膨胀过程

考虑两个容器 A 和 B(图 2.20), 相互之间用联通管连接, 并用阀门分开. 开始时, 容器 A 充满气体, 而容器 B 是真空. 整个系统与外界理想绝热. 当阀门打开后, A 中的流体将向 B 膨胀, 通过联通管不断涌向 B, 最后 A 和 B 的压力达到平衡.

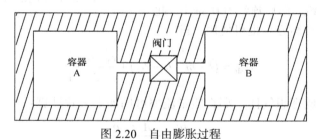

图 2.20　自由膨胀过程

如果把 A 和 B 合起来考虑, 显然这是一个闭口系统, 所以可以使用闭口系统的热力学第一定律方程, 于是

$$Q - W = \Delta U = U_2 - U_1 \qquad (2.85)$$

在这个过程中, 系统与外界没有热和功的交换, 所以

$$Q = 0, \quad W = 0 \qquad (2.86)$$

亦即是说

$$\Delta U = U_2 - U_1 = 0 \qquad (2.87)$$

说明系统变化前后内能相等. 对于理想气体来说, $\mathrm{d}U = c_v \mathrm{d}T$, 最后说明 $T_1 = T_2$, 即理想气体经历自由膨胀过程温度不变.

2.7.6　绝热混合过程

两股流体经图 2.21 所示管道进行绝热混合. 这是实际工程经常用到的一种工作模式, 系统与外界没有功和热的交换. 于是，根据能量守恒定律可以得到如下能量平衡方程：

$$\dot{m}_1 h_1 + \dot{m}_2 h_2 = \dot{m}_3 h_3 \tag{2.88}$$

这里，h 代表流体的比焓；$\dot{m}$ 代表流体的质量流率. 如果流体是理想气体，那么流体的比焓 $h = c_p T$，于是，上述能量平衡方程可以变为

$$\dot{m}_1 c_{p1} T_1 + \dot{m}_2 c_{p2} T_2 = \dot{m}_3 c_{p3} T_3 \tag{2.89}$$

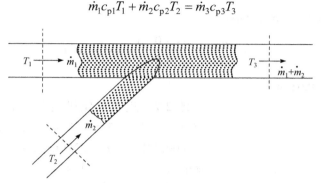

图 2.21　理想气体的绝热混合过程

如果两股流体是同一种工质，其比热容相同，于是上述方程可以进一步简化为

$$\dot{m}_1 T_1 + \dot{m}_2 T_2 = \dot{m}_3 T_3 = (\dot{m}_1 + \dot{m}_2) T_3 \tag{2.90}$$

值得指出的是，混合过程是高度不可逆过程，混合前后能量虽然守恒，但第 3 章的内容告诉我们，混合前后工质的做功能力不同，混合后做功能力减弱，除非两股流体的温度相同.

例 2.6　空气以稳态流率 0.4kg/s 通过空压机进入高压状态. 进口压力为 0.1MPa，流速为 6m/s，比容为 $0.85\text{m}^3/\text{kg}$. 出口流速为 4.5m/s，压力为 0.69MPa，比容为 $0.16\text{m}^3/\text{kg}$. 出口的比内能比进口大 88kJ/kg. 冷却水用以冷却空压机缸套，带走热量的速率为 59kW. 计算驱动空压机的电功率和空气进出口管道的截面积.

解　这是一个稳定流动问题，工质进出口高差可以忽略，所以能量平衡方程可以建立如下：

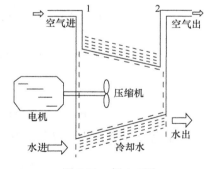

图 2.22　例 2.6 图

$$\dot{m}\left(u_1 + \frac{c_1^2}{2} + p_1 v_1\right) + \dot{Q} + \dot{W} = \dot{m}\left(u_2 + \frac{c_2^2}{2} + p_2 v_2\right)$$

这里，$\dot{Q}$ 为被冷却水带走的热流密度；$\dot{W}$ 为需要的电机功率. 所以

$$\dot{W} = \dot{m}\left(u_2 - u_1 + \frac{1}{2}c_2^2 - \frac{1}{2}c_1^2 + p_2 v_2 - p_1 v_1\right) - \dot{Q}$$

$$= 0.4\left(88 \times 10^3 + \frac{4.5^2}{2} - \frac{6^2}{2} + 6.9 \times 10^5 \times 0.16 - 1 \times 10^5 \times 0.85\right) - \left(-59 \times 10^3\right)$$

$$= 104.4 \times 10^3 (\text{W}) = 104.4 (\text{kW})$$

即需要的电功输入为 104.4kW.

根据质量流率方程

$$\dot{m} = \frac{cA}{v}$$

所以

$$A_1 = \frac{\dot{m}v_1}{c_1} = \frac{0.4 \times 0.85}{6} = 0.057(\text{m}^2)$$

即进口管道截面积为 0.057m^2，同样

$$A_2 = \frac{\dot{m}v_2}{c_2} = \frac{0.4 \times 0.16}{4.5} = 0.014(\text{m}^2)$$

即出口管道截面积为 0.014m^2.

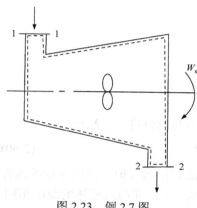

图 2.23　例 2.7 图

例 2.7　进入汽轮机新蒸汽的参数为 $p_1 = 9\text{MPa}$，$t_1 = 500℃$，$h_1 = 3386.4\text{kJ/kg}$，$c_1 = 50\text{m/s}$；出口参数为 $p_2 = 0.005\text{MPa}$，$h_2 = 2320\text{kJ/kg}$，$c_2 = 120\text{m/s}$. 蒸汽的质量流量 $\dot{m} = 220\text{t/h}$，试求：

(1) 汽轮机的功率；

(2) 忽略蒸汽进、出口动能变化引起的计算误差.

解　(1) 取汽轮机进、出口所围空间为控制容积(control volume，CV)，如图 2.23 所示，系统为稳定流动系统，从而有

$$q = \Delta h + \frac{1}{2}\Delta c^2 + g\Delta z + w_{\text{sh}}$$

依题意：$q = 0$，$\Delta z = 0$，故有

$$w_{\text{sh}} = -\Delta h - \frac{1}{2}\Delta c^2 = (h_1 - h_2) - \frac{1}{2}\left(c_2^2 - c_1^2\right)$$

$$= (3386.2 - 2320) - \frac{1}{2} \times \left(120^2 - 50^2\right) \times 10^{-3} = 1.060 \times 10^3(\text{kJ/kg})$$

功率为

$$W_{\text{sh}} = \dot{m}w_{\text{sh}} = 220 \times 1.06 \times 10^3 = 2.332 \times 10^5(\text{kJ/h}) = 6.478 \times 10^4(\text{kW})$$

(2) 忽略工质进出口动能变化，单位质量工质对外输出功的增加量(或减少量)

$$\Delta w_{\text{sh}} = \frac{1}{2}\Delta c^2 = \frac{1}{2} \times \left(120^2 - 50^2\right) \times 10^{-3} = 5.95(\text{kJ/kg})$$

忽略工质进出口功能变化引起的相对误差

$$\delta E_{\text{k}} = \frac{|\Delta w_{\text{sh}}|}{|w_{\text{sh}}|} = \frac{5.95}{1.06 \times 10^3} = 0.6\%$$

因此在实际工程计算中，工质进出口的动能差可忽略不计. 同样的道理，工质进出口的势能差亦可忽略不计.

2.8　非稳定能量方程应用

当质量流量通过系统入口边界的速率与通过系统出口边界的速率不同时，它就是一个非定常流动系统，也称非稳定流动系统. 非稳定流动系统当然也包括变能量输入或输出，特别是包括变功量和热量输入或输出. 严格的能量平衡方程已经由方程(2.60)给出，在此不妨再做仔细分析.

如图 2.24 所示，一个具有进出口阀门的开放系统，假设系统在一段微小时间内，完成了部分做功，有热量从系统中传入或传出，也有工质进或出，是一个非稳态的开放系统.

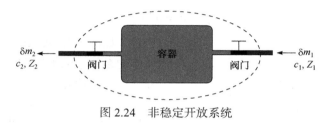

图 2.24　非稳定开放系统

设系统在某时刻边界内的总能量为 E，在一段微小时间内，进入系统的质量为 δm_2，离开系统的质量为 δm_2，输入有用功量和热量分别为 δW 和 δQ. 那么工质从入口带入的能量为

$$\delta m_1 \left(u_1 + p_1 v_1 \right) = h_1 \delta m_1$$

工质从出口带出的能量为

$$\delta m_2 \left(u_2 + p_2 v_2 \right) = h_2 \delta m_2$$

根据热力学第一定律，系统在这一段微小时间内，内部的能量变化量应该为

$$\delta E = \delta Q - \delta W + \delta m_1 \left(h_1 + \frac{c_1^2}{2} + Z_1 g \right) - \delta m_2 \left(h_2 + \frac{c_2^2}{2} + Z_2 g \right) \tag{2.91}$$

这里，δQ 输入为正，输出为负；δW 输出为正，输入为负. 由于系统具有阀门，所以可以对系统开启和关停. 那么从开启系统到关停系统这段时间内，系统由初态变化到了终态，假设这段时间内，系统总吸热量为 Q，总对外做功量为 W，并有初态参数 m'、Z'、u'，分别为系统内初态质量、初态位置高度、初态工质内能，终态参数为 m''、Z''、u''. 由式(2.91)求积分，并根据能量和质量守恒定律得

$$Q - W + \sum \delta m_1 \left(h_1 + \frac{c_1^2}{2} + Z_1 g \right) - \sum \delta m_2 \left(h_2 + \frac{c_2^2}{2} + Z_2 g \right)$$
$$= \left(m'' u'' - m' u' \right) + \left(m'' Z'' g - m' Z' g \right) \tag{2.92}$$

$$\sum \delta m_1 - \sum \delta m_2 = m'' - m' \tag{2.93}$$

式(2.92)右边第一项表示系统内能的总变化量，第二项表示系统势能的总变化量. 由于起始和终了状态都是阀门关闭的状态，所以没有动能的变化，动能的变化都体现在过程中. 式 (2.93)右边是系统质量在初始与终了之间的变化，即系统的质量增加量. 一般来说，对复杂的大系统，式(2.92)和式(2.93)的计算是很困难的. 但随着大型计算机的出现，这类问题逐渐变

得简单起来.

2.8.1 填充过程

填充过程在工业生产中经常出现, 比如对一个气瓶充气, 对容器装填液体等过程. 这个过程中, 只有物质进入系统, 没有流出系统的, 所以 $\delta m_2 = 0$, 这使问题变得更简单. 而且, 这个过程中也往往没有对外做功, 或者说容器往往是刚性的, 所以 $\delta W = 0$. 于是, 上述式(2.92)和式(2.93)可以分别被简化为

$$Q + \sum \delta m_1 \left(h_1 + \frac{c_1^2}{2} + Z_1 g \right) = (m''u'' - m'u') + (m''Z''g - m'Z'g) \tag{2.94}$$

$$\sum \delta m_1 = m'' - m' \tag{2.95}$$

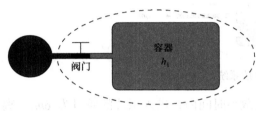

图 2.25   稳定管线上的填充系统

对于如图 2.25 所示的一种从稳定管线上填充气体的系统, 可以不考虑势能的变化, 上述两个方程进一步简化为

$$Q + \sum \delta m_1 \left(h_1 + \frac{c_1^2}{2} \right) = m''u'' - m'u' \tag{2.96}$$

$$\sum \delta m_1 = m'' - m' \tag{2.95}$$

假设气体填充的速度很慢, 它的动能变化也可以忽略, 那么式(2.96)进一步简化为

$$Q + \sum \delta m_1 \left(h_1 \right) = m''u'' - m'u' \tag{2.97}$$

已知 h_1 是常数, 并结合式(2.95), 所以上式再简化为

$$Q + h_1 \left(m'' - m' \right) = m''u'' - m'u' \tag{2.98}$$

一般来说, 如果系统是绝热的, 那么上式就简化为

$$h_1 \left(m'' - m' \right) = m''u'' - m'u' \tag{2.99}$$

上式左边是从总管线充入气瓶的总焓, 右边是气瓶内部工质的内能增加.

2.8.2 气体泄漏过程

如图 2.26 所示工质泄漏过程, 这个过程中, 只有物质流出系统, 没有流入系统的, 所以 $\delta m_1 = 0$, 不考虑势能的变化和对外做功. 于是, 上述式(2.92)和式(2.93)可以分别被简化为

$$Q = \sum \delta m_2 \left(h_2 + \frac{c_2^2}{2} \right) + (m''u'' - m'u') \tag{2.100}$$

$$\sum \delta m_2 = m' - m'' \tag{2.101}$$

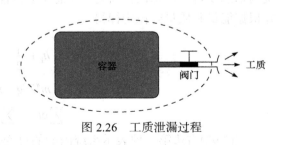

图 2.26   工质泄漏过程

这种情况下, Q 往往是负的. 如果是绝热过程, 则 Q 等于零. 随着工质的不断逃离, 系统内部的压力和温度不断减少, 所以在整个过程中, 离开容器的工质状态也是不断变化的, 因此

h_2 和 c_2 时刻都在不断变化, 很难对流出的速度和焓进行计算. 因此, 对上述方程的求解面临很大困难. 如果假设泄漏很慢, 这时可以认为泄漏工质的动能可以忽略. 式(2.100)的求解将变得容易.

例 2.8　如图 2.27 所示, 一个刚性绝热容器原来充有一定气体, 其质量、温度和内能分别是 m_1、T_1 和 u_1. 连接这个容器到主管上, 缓慢给它充气, 已知主管气体的比焓、温度和压力分别是 h、T 和 p, 并保持为常数. 充气一段时间后, 容器内气体质量和内能分别变化 m_2 和 u_2. 请给出 u_2 和 h 的关系.

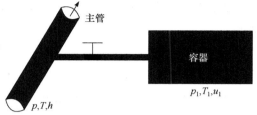

图 2.27　例 2.8 图

解　取储气罐为开口系统, 因为只有流体进入开口系, 所以能量方程为

$$\delta Q = dE_{c,v} - \delta m_{in}\left(h + \frac{c^2}{2} + gz\right)_{in} + \delta W_{net}$$

在充气过程中, $\delta Q = 0$, $\delta W_{net} = 0$, 忽略进入开口系的空气动能即势能变化, 而且开口系本身的宏观动能为 0. 所以系统内部能量的变化就是其内能的增加

$$dE_{c,v} = dU_{c,v}$$

而内部能量的增加完全来自工质带入的焓, 所以

$$dU_{c,v} - \delta m_{in} h_{in} = 0$$

对上式积分得到

$$m_2 u_2 - m_1 u_1 = (m_2 - m_1) h$$

$$u_2 = \frac{(m_2 - m_1) h + m_1 u_1}{m_2}$$

本 章 小 结

热力学第一定律是能量守恒定律在热力学系统中的具体应用, 表明在热系统中能量的总量总是处于守恒状态, 可以产生功和热的相互转化, 系统中储存的能量与功热总量一起, 是一个守恒值. 于是, 可以对系统的能量进行平衡核算. 如果系统是一个封闭系统, 那么能量平衡方程为

$$Q = \Delta U + W$$

微分形式是

$$\delta Q = dU + \delta W$$

对于一个开放系统, 也可以进行能量平衡核算, 这时要包括系统动能和势能, 还需要考虑轴功, 于是

$$\frac{dE}{dt} = \dot{Q} - \dot{W}_{sh} + \dot{m}_1\left(h_1 + \frac{c_1^2}{2} + gz_1\right) - \dot{m}_2\left(h_2 + \frac{c_2^2}{2} + gz_2\right)$$

对于稳定开放系统, 如果只考虑单位时间的能量平衡关系, 则上式简化为

$$Q = W_{sh} + m\left(h_2 + \frac{c_2^2}{2} + gz_2\right) - m\left(h_1 + \frac{c_1^2}{2} + gz_1\right)$$

为了深入地研究系统的性质，对于封闭系统，本章还引入了可逆过程和膨胀功的概念，并有

$$\delta w = p \cdot \mathrm{d}v$$

$$w = \int_1^2 p \cdot \mathrm{d}v$$

对于开放系统，本章引入了另外两个热力学参数：焓和技术功，为

$$H = U + pV$$

$$h = u + pv$$

$$\delta w_t = -v\mathrm{d}p$$

$$w_t = -\int_1^2 v\mathrm{d}p$$

p-v 图中，过程线对 v 轴投影所包围的面积为膨胀功，对 p 轴的投影所包围的面积为技术功，所以 p-v 图可以称为示功图.

问题与思考

2-1 热力学第一定律的实质是什么？

2-2 从什么地方或者由什么特点，可以看出热力系统经历某过程所完成的功量和热量既与过程的初始和终了状态有关，又与过程有关？

2-3 为什么说"系统含有热量"的说法是错误的？

2-4 简要说明热力学第一定律表达式 $\delta q = \mathrm{d}u + \delta w$，$\delta q = c_v \mathrm{d}T + p\mathrm{d}v$ 的适用条件分别是什么？

2-5 一刚性绝热容器，中间用绝热隔板分成两部分，一侧充有高压空气，另一侧为真空. 现将隔板抽去，系统重新达到平衡，试分析容器中空气的热力学能如何变化.

2-6 我们一般定义系统吸收热能为正，系统对外做功为正. 相反的定义可以吗？

2-7 什么是系统的储存能？它就是系统内能吗？

2-8 对一个飞行中的导弹，把坐标系分别建在地面和建在导弹本体上，其储存能会变化吗？

2-9 当往真空容器内填充气体时，需要推动功吗？

2-10 在什么条件下，可以将闭口系统与开口系统看作一样？

2-11 试写出稳定流动系统中单位质量工质的能量方程，并写出将其应用于汽轮机时的简化形式.

2-12 为什么说焓是一个状态参数？

2-13 焓是工质流入(或流出)开口系时携带进入(或流出)系统的能量，那么闭口系工质有没有焓值？

2-14 已知某过程为定压过程，该过程的吸热量为 30kJ，则该过程的技术功为多少？焓的变化量为多少？

2-15 一初始热力学能为 20kJ 的闭口系统，经历一热力过程，向外界传了热量 25kJ，同时外界在此过程中对此系统做功 32kJ. 该系统的终态热力学能为多少？经此热力过程后系统的体积是变小还是变大？其温度是升高还是下降？

2-16 温度和质量流量各为 T_1、m_1 和 T_2、m_2 的空气，在混合箱内经绝热混合后流出，假设混合过程为稳态，比定压热容取定值. 问出口焓和出口温度如何计算？

2-17 举例说明一个控制容积系统的进口和出口质量流率相等，但控制容积内部却不是稳定状态.

2-18 Q_{cv} 是否包含了从系统进口和出口的热能传递？什么情况下经过进口或出口的热传递是有意义的？

2-19 一个刚性封闭容器开始时被完全抽成真空，通过打开一个阀门，使其温度为 20℃，1atm 下的空气进入，直到内部压力达到 1bar 时关闭阀门，请问容器内的气温最终会等于、大于还是小于 20℃？

本 章 习 题

2-1　气体进行可逆过程，满足 $pv=C$，C 为常数. 试导出该气体从状态 1 变化到状态 2 时膨胀功的表达式，并在 p-v 图上定性地画出过程线，并示出膨胀功.

2-2　压力 630kPa 下的 $0.05\mathrm{m}^3$ 的理想气体在等温可逆过程中压力下降到 105kPa. 试求这一过程所放出的热量.

2-3　102kPa 下 20℃的 1kg 空气，在满足 $pv^{1.3}=$ 常数的条件下可逆压缩到压力为 550kPa. 试计算压缩过程中对空气所做的功以及该过程对空气输入的热量.

2-4　气体在带活塞的气缸内经历了一个膨胀过程. 这一过程中，其压力与体积满足如下关系式：

$$pV^n = 常数$$

已知初始压力为 0.3MPa，初始体积为 $0.1\mathrm{m}^3$. 最终体积为 $0.2\mathrm{m}^3$. 请分别确定，当(1)$n=1.5$，(2)$n=1.0$，(3)$n=0$ 时，该过程所做的膨胀功.

2-5　流体在 $pv=0.25$ 的条件下被可逆压缩至原有体积的 1/4，其中 p 的单位为 bar(1bar= 0.1MPa)，v 的单位为 m^3/kg，试计算压缩该流体所消耗的功，并绘制该过程的 p-v 图.

2-6　$0.05\ \mathrm{m}^3$ 的气体在 0.69MPa 的带活塞的气缸内可逆膨胀至 $0.08\ \mathrm{m}^3$，膨胀过程中始终满足 $pv^{1.2}=$ 常数. 试计算气体膨胀所做的功，并绘制该过程的 p-v 图.

2-7　流体在 0.105MPa 的等压条件下被可逆加热直到其比容为 $0.1\mathrm{m}^3/\mathrm{kg}$. 接下来该流体在 $pv=$ 常数的条件下被可逆压缩至压力为 0.42MPa，接着其在 $pv^{1.7}=$ 常数的情况下可逆膨胀. 膨胀完毕，对该流体等容加热直到其状态变为初始状态. 已知在等压条件下所消耗的功为 515J，流体的质量为 0.2kg. 试求该循环所做的净功，并绘制 p-v 图.

2-8　活塞–气缸装置的气体从初状态 p_1=0.8MPa，V_1=$0.02\mathrm{m}^3$ 膨胀，到达末状态 p_2=0.2MPa 的过程中，压力与体积适中，满足 $pV^{1.2}=$ 常数的关系. 气体的质量为 0.25kg. 若在该过程中，气体的比内能增长了 55kJ/kg，气体动能及势能变化可忽略不计. 请问此过程的传热量为多少？

2-9　如图 2.28 所示，某封闭系统沿 a—c—b 途径由状态 a 变化到 b，吸入热量 90kJ，对外做功 40kJ. 试问：

(1) 系统从 a 经 d 至 b，若对外做功 10kJ，则吸收热量是多少？

(2) 系统由 b 经曲线所示过程返回 a，若外界对系统做功 23kJ，吸收热量为多少？

(3) 设 U_a = 5kJ，U_d = 45kJ，那么过程 a—d 和 d—b 中系统吸收热量各为多少？

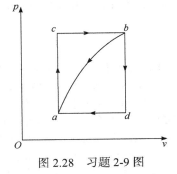

图 2.28　习题 2-9 图

2-10　水在绝热混合器中与水蒸气混合而使水温升高. 进入混合器的水的压力为 200kPa，温度为 20℃，质量流量为 100kg/min；进入混合器的水蒸气压力为 200kPa，温度为 300℃，比焓为 3072kJ/kg. 离开混合器的混合物为液态水，其压力为 200kPa，温度为 100℃. 若水的比焓 $h=4.2t$ (这里的 t 为水的温度，单位为℃)，试问每分钟需要多少水蒸气？

2-11　气体在一无摩阻的喷嘴中流过，进口流速为 c_1，出口流速为 c_2. 试证明出口流速 $c_2 = \sqrt{-\int_1^2 2v\mathrm{d}p + c_1^2}$.

2-12　某闭口系统经历一个由二热力过程组成的循环. 在过程 1—2 中系统热力学能增加 30 kJ，在过程 2—1 中系统放热 40 kJ，系统经历该循环所做的净功为 10 kJ. 求过程 1—2 传递的热量和过程 2—1 传递的功量.

2-13　在变速箱稳定运行期间，其输入轴获得了 60kW 的能量，并将这些能量传递到输出轴. 若将变速箱视为系统，对流换热的传热量为

$$\dot{Q} = -hA(T_b - T_f)$$

其中，h 为换热系数，其单位是 $\mathrm{W}/(\mathrm{m}^2\cdot\mathrm{K})$；$A$=1.0$\mathrm{m}^2$，为变速箱外壁的表面积；变速箱外壁的温度为 T_b=300K(27℃)，远离外壁的环境温度为 T_f=293K(20℃). 请计算变速箱的传热率，以及变速箱的输出功率.

2-14 0.25kg 的气体在气缸–活塞装置中，压力一直保持 0.5MPa. 已知气体在初状态时比容 $v_1 = 0.2\text{m}^3/\text{kg}$. 若将气体视为系统，已知外界对其所做的功为 15kJ. 请问气体末状态的体积为多少？

2-15 已知一个空气压缩机，其在压缩过程中内能恒定，并且每压缩 1kg 空气就伴随有 50kJ 的热量传递给冷却水. 试求压缩每千克空气压缩行程所消耗的功.

2-16 在一个燃气发动机的压缩冲程中，活塞对气体所做的功为 70kJ/kg，并同时有 42kJ/kg 的热量传递给冷却水. 试计算气体比内能的变化，并指明是增加还是减少.

2-17 一个内燃机气缸中的气体在膨胀冲程开始时的比内能为 800kJ/kg，其比体积为 0.06m³/kg. 该膨胀过程可假设为可逆膨胀，在满足 $pv^{1.5}$=常数的条件下，压力从 5.5MPa 膨胀到 0.14MPa. 膨胀过程结束后，气体的比内能为 230kJ/kg. 试计算在膨胀冲程中每千克气体释放给气缸冷却水的热量.

2-18 表 2.1 中每行给出了一个闭口系经历热力过程的信息，每个物理量的单位都相同. 请填补括号内的空白.

表 2.1　闭口系经历热力过程的信息　　　　　　　　（单位：kJ）

过程	Q	W	E_1	E_2	ΔE
a	+50	−20	( )	+50	( )
b	+50	+20	+20	( )	( )
c	−40	( )	( )	+60	+20
d	( )	−90	( )	+50	0
e	+50	( )	+20	( )	−100

2-19 环境对一个质量为 5kg 的闭口系统做了 9kJ 的功. 在这一过程中，该系统升高了 700m. 系统的比内能降低了 6kJ/kg，其动能没有变化. 当地重力加速度为 9.6m/s². 请问该过程中的传热量为多少？

2-20 在一个闭口系经历的过程中，能量以传热和做功两种方式从系统中传递出去. 已知传热率恒定为 10kW，传功率随时间的变化如下所示：

$$\dot{W} = \begin{cases} -8t, & 0 < t \leqslant 1\text{h} \\ -8, & t > 1\text{h} \end{cases}$$

式中，t 的单位为 h，表示时间；$\dot{W}$ 的单位为 kW.

(1) 当 $t = 0.6\text{h}$ 时，系统能量的变化率为多少？

(2) 2h 后系统能量变化为多少？

2-21 表 2.2 给出了某系统经过由四个过程组成的热力学循环的数据. 各项数据的单位均为 kJ. 对于该循环而言，系统的动能及势能变化可忽略不计，

(1) 请补充表中的空白部分；

(2) 该循环为动力循环还是制冷循环？

表 2.2　某系统经过由四个过程组成的热力学循环的数据　　　　（单位：kJ）

过程	ΔU	Q	W
1—2	600	( )	−600
2—3	( )		−1300
3—4	−700	0	( )
4—1	( )	500	700

2-22 某气体经历了由下列三个过程组成的热力学循环：

过程 1—2：等容条件下，$V=0.028\text{m}^3$，$U_2-U_1=26.4\text{kJ}$；

过程 2—3：满足 pV=常数的条件下膨胀，$U_3 = U_2$；

过程 3—1：$p=0.14\text{MPa}$ 的等压条件下，$W_{31}=-10.5\text{kJ}$.

假设气体的动能及势能在变化过程中无明显变化.

  (1) 请绘制该循环的 $p\text{-}V$ 图.

  (2) 该循环的净功为多少?

  (3) 过程 2—3 的传热量为多少?

  (4) 过程 3—1 的传热量为多少?

  (5) 该循环为动力循环还是制冷循环?

2-23 某气体经历了由下列三个过程组成的热力学循环:

  过程 1—2：满足 $pV=$ 常数的条件下,从初状态 $p_1=0.1\text{MPa}$，$V_1=1.6\text{m}^3$，压缩到达末状态 $V_2=0.2\text{m}^3$，$U_2-U_1=0$;

  过程 2—3：等压条件下,气体体积由 V_3 变化至 V_1;

  过程 3—1：等容条件下,$U_1-U_3=-3549\text{kJ}$.

在上述过程中,动能及势能的变化可忽略不计. 请问过程 2—3 中的传热及做功分别为多少 kJ? 该循环为动力循环还是制冷循环?

2-24 蒸汽以 10m/s 的速度流进一个在 $p_1=4\text{MPa}$，$T_1=400℃$ 下稳定状态运行的缩放管. 假设蒸汽流经缩放管时的传热及势能变化可忽略不计. 在出口时的压力 $p_2=1.5\text{MPa}$，速度为 665m/s. 已知质量流量为 2kg/s. 请问缩放管的出口截面积为多少?

2-25 已知 400℃ 的蒸汽以 4600kg/h 的质量流量进入一个稳定状态下运行的涡轮. 涡轮由此输出 1000kW 的功率. 入口处的压力为 6MPa,流速为 10m/s. 出口处的压力为 0.01MPa,为饱和蒸汽,流速为 50m/s. 请问涡轮与环境之间的传热率为多少?

2-26 290K 的空气以 6m/s 的流速流入一个稳定状态下运行的压缩机. 入口截面积为 0.1m^2,压力为 0.1MPa. 出口处空气的压力为 0.7MPa,温度为 450K,流速为 2m/s. 压缩机对环境的传热率为 180kJ/min. 请使用理想气体模型计算压缩机的输入功率(kW).

2-27 16℃,101kPa 的空气流入一个直径为 0.6m 的风扇,流出时温度为 18℃,压力为 105kPa,体积流量为 $0.35\text{m}^3/\text{s}$. 假设其为理想气体,请问在稳定状态下运行时:

  (1) 空气的质量流量为多少?

  (2) 入口空气的体积流量为多少?

  (3) 入口与出口的流速分别为多少?

2-28 比焓为 3000kJ/kg,质量流量为 0.5kg/s 的水蒸气进入一个稳定状态下运行的水平管道. 其在出口处的比焓为 1700kJ/kg. 若水蒸气在管内流动过程中无明显动能变化,请问管与环境之间的传热率为多少?

2-29 某蒸汽动力装置,蒸汽流量为 40t/h,汽轮机进口外压力表读数为 9MPa,进口比焓为 3440kJ/kg,汽轮机出口比焓为 2240kJ/kg,真空表读数为 95.06kPa,当地大气压为 98.66kPa,汽轮机对环境放热为 $6.3×10^3\text{kJ/h}$. 试问:

  (1) 汽轮机进出口蒸汽的绝对压力各为多少?

  (2) 单位质量蒸汽经汽轮机对外输出功为多少?

  (3) 汽轮机的功率是多少?

  (4) 若进出口蒸汽流速分别为 60m/s 和 140m/s,对汽轮机输出功有多大影响?

2-30 0.1MPa,300K 的空气以 250m/s 的速度进入一个在稳定状态下运行的隔热的扩压器中. 在扩压器出口处,空气压力增至 0.113MPa,流速为 140m/s. 若在此过程中,势能变化的影响可被忽略. 请使用理想气体模型,确定:

  (1) 出口流通面积与入口流通面积之比.

  (2) 出口温度为多少?

2-31 600kPa,330K 的空气进入一个水平放置,直径为 1.2cm 的隔热管道. 空气流出管道时的压力为 120kPa,温度为 300K. 请使用理想气体模型,确定在稳定状态下:

  (1) 空气在入口及出口时的流速分别为多少?

  (2) 质量流量为多少?

2-32 一汽轮机在稳流条件下获得如下状态的蒸汽:压力 1.38MPa,比体积 $0.143\text{m}^3/\text{kg}$,比内能 2590kJ/kg,

流速 30m/s. 蒸汽离开汽轮机时的状态为：压力 0.035MPa，比体积 4.37m³/kg，比内能 2360kJ/kg，流速 90m/s. 在这一过程中，蒸汽以 0.25kW 的功率对环境放出热量，并且蒸汽流过汽轮机的质量流量为 0.38kg/s. 试计算汽轮机的输出功率.

2-33　喷嘴是一种可使稳定流动流体提高速率的装置. 在某一喷嘴的入口处流体的比焓为 3025kJ/kg，其流速为 60m/s. 在喷嘴的出口处流体的比焓为 2790kJ/kg. 假设该喷嘴为水平放置，且忽略热损失. 试计算：

(1) 出口流速；

(2) 当喷嘴入口面积为 0.1m² 且入口流体的比体积为 0.19m³/kg 时，流体流率；

(3) 当喷嘴出口处流体的比体积为 0.5m³/kg 时，喷嘴的出口面积.

2-34　计算 2.0MPa 压力下占据 0.05m³ 体积的 1kg 空气的内能与焓. 若该空气被压缩到 5.0MPa 时内能增长了 120kJ，试计算此时该 1kg 空气所占据的体积.

2-35　40℃的空气以 225kg/s 的质量流量流入混合室，与以 540kg/s 流入混合室的 15℃空气混合. 假设为稳流条件，并且无热损失，试计算流出混合室的空气温度.

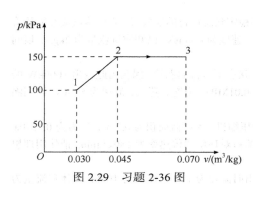

图 2.29　习题 2-36 图

2-36　活塞内气体经历了一个缓慢的加热过程，活塞内气体的压力与比容的变化关系如图 2.29 所示. 计算过程终了时气体对外所做的总功.

2-37　一个逆向卡诺循环从温度为 -10℃的冰箱内吸热并将此热量排放到 40℃的环境，其制冷系数为多少？若压缩机消耗的功率为 0.8kW，此种循环在单位时间内可以从冰箱内吸取的热量为多少？

2-38　由稳定气源$(T_1,\ p_1)$向体积为 V 的刚性真空绝热容器充气，直到容器内压力达到 $p_1/2$ 时停止. 若已知该气体的比热为常数，内能、焓与温度的关系为：$u=c_vT$，$h=c_pT$，$\gamma=c_p/c_v$，试计算过程终了时容器内的温度 T_2 和充入气体的质量.

2-39　由高压气罐向一个大型气球充气，使气球的容积变化了 3m³，充气时大气压力为 95kPa，若以气罐、连通器及气球为热力系统，则充气过程中系统所做的功为多少？若以气球为系统，请写出充气过程的能量方程.

2-40　一个可以自由膨胀不计表面张力和表面热阻的容器内装有压力 p 为 0.8MPa、温度为 27℃的空气 74.33kg. 由于泄漏，压力降至 0.75MPa，温度不变. 称重后发现空气少了 10kg. 求过程中容器内空气与外界的换热量.(已知大气压力 $p_0=0.1$MPa，温度为 27℃，并已知空气的焓和内能与温度的关系为 $h(\mathrm{J/kg})=1005T$，$u(\mathrm{J/kg})=718T$，T 的单位为 K.)

第 3 章 熵与热力学第二定律

熱力学第二定律来源于对热过程的观察以及千百次科学实验的总结，但它的正确性又能得到充分的保证，因为人们从未在科学和生活中发现过反例.

熱力学第二定律的起源要追溯到卡诺的热机理论. 从 19 世纪起，蒸汽机在工业、交通运输中起到愈来愈重要的作用. 但是，当时蒸汽机的效率是很低的，还不到 5%，有 95% 以上的热量都没有得到利用. 在生产需要的推动下，一大批科学家和工程师开始从理论上来研究热机的效率. 人们发现，蒸汽机必须工作于高温热源与低温热源之间，没有温度差热机就不能工作. 因此有人认为，温差是产生动力的关键. 那么，工作在两个热源之间的热机，效率究竟有多高呢，它是否有一个极限？在热力学第一定律已经确立的条件下，人们知道任何热过程的发生都必须遵守热力学第一定律，这是热过程发生的必要条件. 但没有理论指出，满足热力学第一定律的过程就一定能够发生.

对热的利用促进了人们对热过程的思考，人们发现，在自然界中发生的许多热过程都是具有方向性的，也就是说有些过程是自发的. 还有，自然界中虽然存在多种形式的能量，能量之间可以转换，但转换的能力是不同的，有些能量很容易转化为其他形式的能量，但有些能量转化起来非常困难. 比如，机械能转化为热能很容易，甚至通过简单的摩擦就可以实现，但要把热能转化为机械能就要困难得多. 于是，人们不禁要问，是否存在一个独立于热力学第一定律的热力学第二定律在支配这些热过程呢？事实证明这些设想是正确的. 热力学第二定律阐明了能量不但有量的大小，更有品质的高低，量变必须守恒，但质变却不守恒，热运动的自发过程总是向着能量品质降低的方向发展.

3.1 自发过程及能量传递与转换的方向性

3.1.1 自发过程

自然界中存在许多自发过程，这些过程无需外力帮助即可自然而然地发生. 比如，热量从高温物体自然地传到低温物体，高位的水自由地流至地位，盐加入水中自然地成为盐水等. 总结发现，在热力系统中常见的自发过程有两类：一类是能量的形态不变，从高势能转向低势能，这类传递是由势差引起的自发过程，例如，温差传热、浓差扩散、压差自由膨胀、化学势差引发的组分迁移等；另一类是能量的形态发生变化，从高品位有序能向低品位的无序能转化的自发过程，例如，摩擦过程中的功转化为热，电流输运时因电子碰撞分子，部分电功转为焦耳热，辐射能与物质作用变成热能，气体流动时气体分子碰撞使动能转为热能等.

上述能量转化或传递过程，我们强调是自发过程，相反的过程也是可以发生的，但要困难得多，它需要付出代价. 自发过程的共同特征是不可逆过程，它不会自动逆向进行，但并不意味着它们根本不可能倒转，借助外力可使一个自由过程发生后再逆向返回原态.

3.1.2　能量传递与转换的方向性

第一类自发过程表现在能量传递的方向性.

如温差传热,温度不同的两物体接触时,热量只能从高温物体传给低温物体,它的逆过程即热量从低温物体传给高温物体不能自发进行.

图 3.1 所示为高温物体 A 向低温物体 B 传热,此时 $T_1 > T_2$. 高温物体 A 放出热量 Q_A,低温物体 B 得到热量 Q_B,根据热力学第一定律,必须有 $Q_A = Q_B$. 但是,低温物体 B 不能自动地向高温物体 A 传热,即使满足 $Q_A = Q_B$ 也不行.

压差自由膨胀,刚性绝热容器隔成两室,一半腔室储有气体,另一半为真空. 若将隔板移开或开一个小孔,高压气体会自动流入低压室,直至两室的压力相等. 这种在有限压差推动下不做功的膨胀过程称为自由膨胀,是自发过程. 其相反的过程是不能自由发生的. 如图 3.2 所示就是一个自由膨胀过程. 设膨胀前系统内能为 U_1,膨胀完成后内能为 U_2,根据封闭系统的热力学第一定律,该过程应该满足如下能量平衡方程:

$$Q - W = U_2 - U_1$$

但在该过程中,系统没有与外界交换热量,热不对外做功,所以 $Q = 0$,$W = 0$,于是得到结论 $U_2 = U_1$,即膨胀前后内能不变.

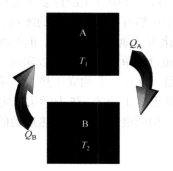

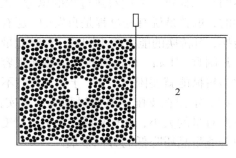

图 3.1　高温物体向低温物体传热　　　　图 3.2　向低压空间的自由膨胀

浓差扩散过程也是典型的不可逆过程,图 3.3 所示为一个容器内隔板两侧有不同种类的气体,不论两侧的温度、压力是否相等,当抽去隔板后,两侧气体即互相扩散、混合,最后成为均匀一致、状态处处相同的混合物. 其相反的过程,即把混合气体分离,则需要付出很大代价.

化学势差反应,锌片投入硫酸铜溶液会引起置换反应,氢气与氧气混合会燃烧生成水;而其逆反应不会自动进行,必须以消耗另外的能量为代价.

第二类自发过程表现在能量转换的方向性.

机械能、电能都可以完全转化为热能,即有序功与有序功之间、有序功转为无序热能时,能量可完全转化. 如图 3.4 所示,一个物体在重力的作用下滑向低位,物体的势能可以通过摩擦完全转化为热能,而热能只能部分转化为机械能、电能. 可见,功转化为热是自发过程,热量转化为功是非自发过程.

还有许多功自由转化为热的过程,比如光谱辐射能能够全部转化为热能,而热能不能全部转化为单一光谱的热能. 电能可以自由转化为热能,而热转化为电就困难得多. 这些有方向性的自发过程说明能量的转化是有方向性的.

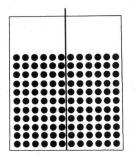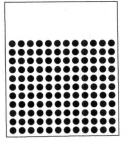

图 3.3　浓差扩散过程

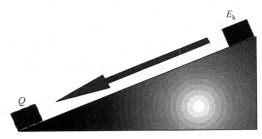

图 3.4　机械能自由转化为热能

3.2　热力学第二定律的表述

热力学第二定律是一个经验定律，来源于对不同热现象的观察和实验. 因此，不同的人将给出不同的表述，但它们是等价的，一种表述成立，其他的表述也会成立. 据统计，热力学第二定律的表述有几十种之多，但大多数只是针对某个具体现象的总结，与热力学理论作为一门严谨的科学不符，所以最经典的只有几种.

克劳修斯表述：热不可能从低温热源传至高温热源，而不引起其他变化.

克劳修斯的表述指出了热量传递过程的方向性. 虽然能量的性质没有变化，但它只能单向地发展变化. 图 3.5 是克劳修斯表述的图示描述，它指出在一个循环中，热机不可能自发地把热量从低温热源转移到高温热源.

开尔文表述：不可能从单一热源吸收热量使之完全变成功而不引起其他变化.

开尔文表述指出了功热转换的方向性，这时能量的性质发生了变化，但变化的方向要受到限制. 图 3.6 是开尔文表述的图示，它指出在一个循环中，热机不可能只从高温热源取得热量而将它全部变为功.

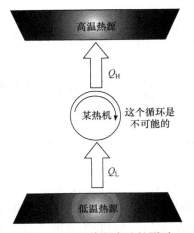

图 3.5　克劳修斯表述的图示

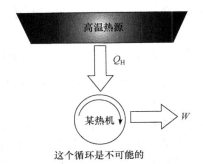

图 3.6　开尔文表述的图示

开尔文–普朗克表述：不可能从单一热源吸收热量经历一个循环提升重物而不引起其他变化.

开尔文–普朗克表述其实是开尔文表述的重复，因为提升重物就是对重物做功，所以它们是完全等价的. 观察上面的表述可以发现, 每一种表述都以不引起其他变化为条件, 如果引起了外界变化, 上述表述是不成立的. 如果不能把热从低温热源传至高温热源, 那么冰箱、空调如何实现? 关键是冰箱和空调在运行时消耗了外界的功, 引起了外界的变化. 等温膨胀过程, 从高温热源吸收了热量并全部转变成功, 但该过程活塞的位置发生了变化, 在外界留下了影响. 如果完成一个循环, 系统和外界都完全恢复了原来状态, 这时候不可能从单一热源吸收热量, 使之全部变为功.

必须指出, 上面表述虽然针对不同的事物, 但它们是完全等价的. 假设开尔文表述不成立, 那么我们就可以构建如图 3.7(a) 所示的系统, 某热机先从热源吸收热量 A, 经过这个热机转化后, 所有热量转化成了功量 A, 再利用这个功去推动一个热泵系统, 让热泵从冷源抽取热量 B, 并将它再输送到热源中. 事件的结果是热源得到了热量 B, 冷源失去了热量 B, 等同于图 3.7(b). 这一结论与克劳修斯的表述不符. 因此开尔文表述不正确时, 克劳修斯的表述也不成立.

热力学第二定律从另一个角度揭示了热运动发展变化的规律, 它说明所有宏观热过程都是不可逆的, 热过程是有方向性的. 所以热力学第二定律还可以概括为更一般的说法: 一切自发的热过程都是不可逆的. 它虽然来自经验的总结, 但它是所有热过程必须遵守的规则. 人们只能认识它, 应用它, 而不能违背它. 历史上曾经出现过违背热力学第二定律的第二类永动机, 声称可以从一个热源获得热量, 使之完全变为功, 而不引起其他变化. 他们设想了如图 3.8 所示的循环系统, 最终可以利用单一热源为外界提供功量. 在自然界中存在很多单一热源, 比如环境大气、海洋中的海水, 它们由于质量巨大, 从而蕴含的热能众多, 于是可以源源不断地为人类提供动力. 这种想法显然是不正确的, 所以第二类永动机无法实现.

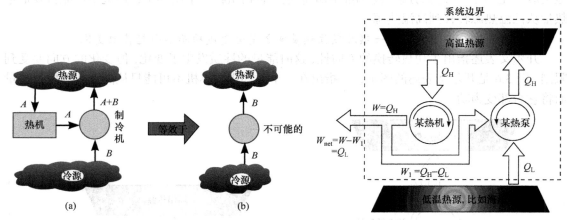

图 3.7 开尔文表述与克劳修斯表述的等价证明　　　　图 3.8 第二类永动机循环过程

最后还需要指出, 克劳修斯曾将热力学第二定律应用到宇宙中, 导致宇宙 "热寂说" 的出现. 他的根据是, 热力学第二定律指出, 热量只能自发地从高温物体传至低温物体, 那么宇宙中的高温星球将不断给低温星球传热, 最后宇宙将变得温度处处均匀一致, 不再有热运动过程, 那么宇宙将是 "热寂" 的, 那时宇宙将是一片死寂的状态. 这一思想的提出极大地动摇了宇宙运动不灭的思想体系, 造成了思想上的混乱. 克劳修斯的错误就是将宏观的热力学第二定律应用到了宇观的超巨大系统中.

3.3　卡诺循环、卡诺定理及开尔文温标

3.3.1　卡诺循环与卡诺定理

热机的出现改变了人们的生产方式,但初始的热机效率极其低下,促使人们去探索提高热机效率的方法. 第二定律指出,热机必须工作在两个热源之间,那么工作在两个热源之间的热机,它的最高效率是多少呢? 为了回答这个问题,卡诺进行了一个思想实验,如图 3.9 所示,设想有一个活塞系统工作在高温热源 T_H 和低温热源 T_L 之间,所有过程必须是可逆的.

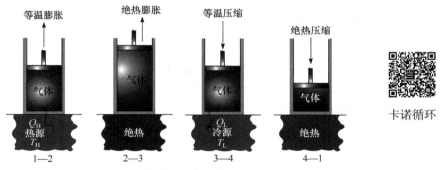

图 3.9　卡诺循环的四个过程

为了消除在两个热源之间传热的不可逆性,必须采用无限小温差的等温传热,所以 1—2 是等温膨胀过程,系统吸热缓慢膨胀,对外做功.2—3 是绝热膨胀过程,因为完成等温膨胀后,系统温度仍处于 T_H,不能直接与低温热源接触,于是必须经绝热膨胀降温,直到温度达到 T_L. 3—4 是等温放热过程,外界对系统做功,完成该过程后,温度仍为 T_L,还不能直接与高温热源接触,又必须进行绝热压缩提高温度至 T_H,所以 4—1 是绝热压缩过程.

因此,卡诺循环由两个等温过程和两个绝热过程组成,它在 $p\text{-}v$ 图和 $T\text{-}S$ 图中如图 3.10(a) 和(b)所示. 如果 1—2 过程中系统从高温热源吸收热量为 q_1,向低温热源放热为 q_2,对外做功为 w,那么循环效率为

$$\eta_c = \frac{w}{q_1} \tag{3.1}$$

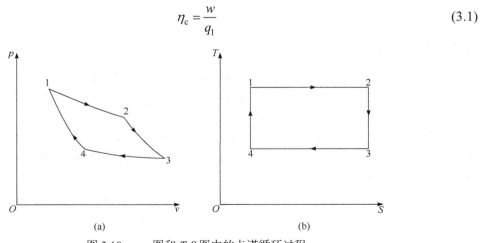

图 3.10　$p\text{-}v$ 图和 $T\text{-}S$ 图中的卡诺循环过程

根据能量守恒定律，$w = q_1 - q_2$，所以

$$\eta_c = \frac{q_1 - q_2}{q_1} = 1 - \frac{q_2}{q_1} \tag{3.2}$$

如果工质是理想气体，1—2 过程和 3—4 过程都是等温过程，内能没有发生变化，所以

$$q_1 = w_{1-2} = \int_1^2 p \, dv = RT_H \ln \frac{v_2}{v_1} \tag{3.3}$$

$$q_2 = -w_{3-4} = -\int_3^4 p \, dv = RT_L \ln \frac{v_3}{v_4} \tag{3.4}$$

注意，式(3.4)的热量取了绝对值，没有考虑放热为负. 3.4 节将学到，2—3 过程和 4—1 过程是绝热过程，它们的比容有如下关系：

$$\ln \frac{v_2}{v_1} = \ln \frac{v_3}{v_4} \tag{3.5}$$

最后得到，卡诺热机的效率为

$$\eta_c = 1 - \frac{T_L}{T_H} \tag{3.6}$$

这就是著名的卡诺热机的效率，说明卡诺热机效率只与热源温度有关，而与工质的性质无关.

卡诺在自己的思想实验中建立了理想的卡诺循环，证明热机必须工作在两个热源之间，当两个热源温度相等时(这其实变成了一个热源)，热机效率为零，与开尔文的第二定律表述相吻合. 提高热源温度或降低冷源的温度都可以提高热机效率. 除此之外，卡诺还提出了著名的卡诺定理.

定理一：在相同热源间工作的所有可逆热机具有相同的效率，与热机结构和采用工质无关.

定理二：在相同热源间工作的可逆热机的效率总是高于不可逆热机的效率.

值得指出，在热力学第二定律提出之前，卡诺就提出了著名的卡诺定理. 但当时他给出的证明是错误的，今天很容易利用第二定律结合第一定律加以证明. 卡诺定理不仅给出了在给定的温差范围热转换为功的最大理论限度，而且指出了提高热效率的方向和原则，在今天看来还指出了热能具有品质问题，这是卡诺的最大贡献.

3.3.2 开尔文温标

在学习本节之前，我们已经熟识了几种温标，比如摄氏温标、华氏温标等，但上述温标的确定都需要基于具体的、特殊的物质和装置，而这些具体物质在不同的条件下会给出不同的数值，这对要求精度高的热力学计算十分不利.

卡诺定理告诉我们，可逆热机的效率是与工质及热机的结构无关的，只与热源的温度有关. 那么我们就可以利用卡诺定理的这一结论，定义一种与物质特性无关的热力学温标，称为绝对温标，也称为开尔文温标.

卡诺定理指出，卡诺循环的效率只是温度的函数，而与物质特性无关，这就为我们建立绝对温标提供了理论基础，为此，可将卡诺循环的效率计算公式写为如下形式：

$$\eta = 1 - \frac{Q_L}{Q_H} = 1 - \psi(T_H, T_L)$$

这里 ψ 代表一个只与温度有关的任意函数.

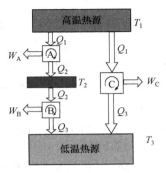

图 3.11　联合热机系统

　　为此,在两个热源之间,建立一个如图 3.11 所示的热机系统,其中热机 A 和热机 B 联合工作在高温热源和低温热源之间,热机 C 直接工作在高温热源和低温热源之间. 由于热机 A、B 和 C 都是可逆卡诺热机,所以它们的效率都只与温度有关,其中 T_2 是一个中间温度, 所以有

$$\frac{Q_1}{Q_2} = \psi(T_1, T_2)$$

$$\frac{Q_2}{Q_3} = \psi(T_2, T_3)$$

$$\frac{Q_1}{Q_3} = \psi(T_1, T_3)$$

同理, 也可以得到

$$\frac{Q_1}{Q_3} = \frac{Q_1}{Q_2} \times \frac{Q_2}{Q_3} = \psi(T_1, T_2) \times \psi(T_2, T_3) = \psi(T_1, T_3)$$

注意, 上式最右边只是 T_1 和 T_3 的函数, 而与 T_2 无关, 但在第一个等号右边的项中却包含了 T_2, 这在一般情况下是不可能的. 只有当函数 ψ 满足如下条件时才有可能:

$$\psi(T_1, T_2) = \frac{f(T_1)}{f(T_2)}$$

$$\psi(T_2, T_3) = \frac{f(T_2)}{f(T_3)}$$

如此, $f(T_2)$ 能够在计算中被消去. 于是, 可以得到如下计算形式:

$$\frac{Q_1}{Q_3} = \psi(T_1, T_3) = \frac{f(T_1)}{f(T_3)}$$

当然, 满足这种形式的函数关系仍然是许多的, 为了简便运算, 开尔文做了最简单的选择, 如下:

$$\frac{Q_L}{Q_H} = \frac{T_L}{T_H}$$

所以, 卡诺循环的效率就可以被计算如下:

$$\eta = 1 - \frac{Q_L}{Q_H} = 1 - \frac{T_L}{T_H}$$

3.4　状态参数熵

　　热力学第二定律有多种表述, 各种表述是等效的, 最根本是想告诉我们, 所有宏观热力学过程都是不可逆的, 它们的发展是有方向性的. 不同的热过程有不同的不可逆性, 但不同的不可逆性不是孤立的, 是彼此相互联

三种方式引进熵

系的，它们有共同的本质特征. 因此，可用同一物理量描述这一本质特征，这个物理量就被定义为熵. 所以熵是用来描述所有不可逆过程共同特征的热力学参数，它一个状态参数.

3.4.1 比较法引进熵

热力学中有许多方法可以引进熵这个概念，最简单的方法是比较法.

我们知道，基础热力学中有六个状态参数，即 p、v、T、U、S、H，分别是压力、比容、温度、内能、熵和焓. 除了这六个状态参数外，还有两个非常重要的参数，即功量 W 和热量 Q. 功量和热量不但与过程的初始和终了状态有关，还与过程有关，即使初态和终态确定，不同的过程，W 和 Q 的值也不同，因为它们还与过程有关. 但 W 和 Q 有许多相似的特性. 首先，在热力学第一定律中，它们的地位完全相同；其次，两者的单位相同，特性相同. 因此可以想到，它们必有共性，应该有类似的表达方式.

然而，人们对做功过程的理解要深刻得多，对热量的理解要少得多，特别是在热力学建立起来以前，因为热量只与热过程有关，而功与电、热、力等许多物理过程相关. 可以发现，做功的大小在许多领域都只与两个参数有关，一个是代表推动力的势差物理量，另一个是代表做功与否的标志量.

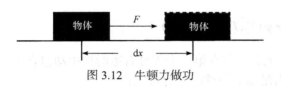

图 3.12　牛顿力做功

如图 3.12 所示，一个牛顿力做功的大小可以表示为

$$\delta W = F \cdot \mathrm{d}x \tag{3.7}$$

这里，F 是驱动力；$\mathrm{d}x$ 是物体移动的微小距离，它是做功与否的标志.

学习电路知识，我们知道，电子有序流动克服电阻做功，可表示为

$$\delta W = V \cdot \mathrm{d}q \tag{3.8}$$

这里，V 是电阻两端电压；$\mathrm{d}q$ 是电子有序流动的电荷量.

如图 3.13 所示，液膜扩展的表面张力做功，可表示为

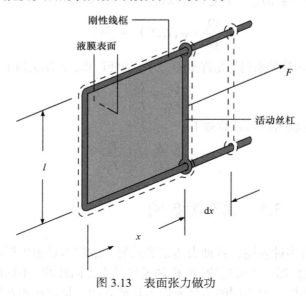

图 3.13　表面张力做功

$$\delta W = \sigma \cdot \mathrm{d}A \tag{3.9}$$

这里，σ 是表面张力系数；$\mathrm{d}A$ 是表面积的变化量.

如图 3.14 所示，一个固体棒膨胀弹性力做功，可表示为

$$\delta W = \tau \cdot \mathrm{d}V \tag{3.10}$$

这里，τ 是固体的法向应力系数；$\mathrm{d}V$ 是固体体积的变化量.

如图 3.15 所示，一个电池充电做功，可表示为

$$\delta W = E \cdot \mathrm{d}q$$

这里，E 是电池的电势差；$\mathrm{d}q$ 是充电量的大小.

如图 3.16 所示，热力学系统的膨胀做功可表示为

$$\delta W = p \cdot \mathrm{d}V$$

这里，p 是系统的压力；$\mathrm{d}V$ 是系统容积变化的大小.

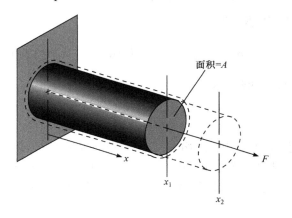

图 3.14　固体杆热膨胀做功

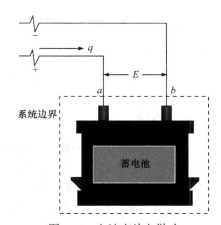

图 3.15　电池充放电做功

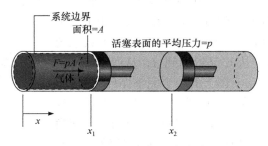

图 3.16　活塞中气体热膨胀做功

从上面各种情况对功的计算公式可以发现，准静态做功都可以表述为一个强度参数与一个广延参数的变化量的乘积. 强度参数表示驱动势差或驱动力，广延参数的变化是做功与否的标志.

热量与功量都是系统与外界相互作用时通过边界转移的能量，两者的单位相同，特点类似，一个是通过有序运动转移的能量，另一个是通过无序运动转移的能量，在变化过程中又都是过程量. 热量是通过温差的作用而通过界面传递的能量，很容易想到，温度就是推动热量传递的强度参数，那么也应该存在一个广延参数的变化来表示是否发生了热量交换，即传热应该

有如下计算形式：

$$\delta Q = T \cdot \mathrm{d}S \qquad (3.11)$$

热力学第二定律可以证明，这个广延参数是确实存在的，并被命名为熵，用符号 S 表示，单位为 J/K. 它是一个广延参数，单位工质的熵称为比熵，用 s 表示，单位为 $\mathrm{J}/(\mathrm{kg}\cdot\mathrm{K})$. 比熵是强度参数. 所以，在可逆过程中，熵可以用传热量与传热温度之比来计算，即

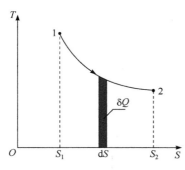

图 3.17　传热量在 T-S 图上的表示

$$\mathrm{d}S = \frac{\delta Q}{T} \qquad (3.12)$$

有了熵这个状态参数，就可以建立 T-S 坐标系，将热过程在坐标系中表示出来，如图 3.17 所示. 对于一个微元过程，$\delta Q = T \cdot \mathrm{d}S$. 对一个有限过程，传热量为

$$Q_{12} = \int_1^2 T\mathrm{d}S \qquad (3.13)$$

对于单位工质，传热量为

$$\delta q = T \cdot \mathrm{d}s \text{ 且 } q_{12} = \int_1^2 T\mathrm{d}s \qquad (3.14)$$

可见，过程的传热量正好是过程线对 S 轴投影所包围的面积.

3.4.2　第二定律引入熵

热力学第一定律引进了内能的概念，从而建立起属于热力学第一定律的完整数学方程. 热力学第二定律引进了状态参数熵，从而使第二定律的量化表述得以实现. 因此，熵是与热力学第二定律紧密相关的状态参数，历史上把它作为热力学第二定律的重要成果. 它为判断实际过程的方向、过程能否实现、是否可逆提供了判据.

但通过比较法引进熵的概念，多多少少都有猜测的性质，从科学的角度看是不严密的. 需要证明方程(3.12)是否成立，并解释状态参数 S 的物理意义. 为此，我们考虑一个任意的可逆绝热过程，如图 3.18 中曲线 A 到 B. 假设系统又经历了一个可逆等温过程从 B 变化到 C，并有 $T_1 = T_B = T_C$. 再假设系统经历另一个可逆绝热过程，从 C 又返回到 A，从而形成一个完整的循环过程. 显然这是 p-v 图上的一个完整循环，循环所包围的面积就是循环对外做的净功. 然而，在整个循环过程中，只有 B 到 C 是等温过程，只有这个过程可以与外界交换热量，说明该循环从单一热源吸收了热量，并对外做了净功. 这显然违背了热力学第二定律的开尔文表述，肯定是不可能的. 这说明不可能有两条可逆绝热过程线同时经过 A 点，或者说可逆绝热过程线是不可以相交的.

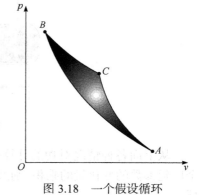

图 3.18　一个假设循环

正如等温线在 p-v 图上不能相交一样，所有状态参数的不同等值线在 p-v 图上都不能相交，对于可逆绝热过程，也一定存在一个状态参数，使得绝热线不能相交，这个状态参数就是熵(entropy)，用 S 表示. 状态参数熵应该满足如下特点：

(1) 可逆绝热过程，$\delta Q = 0$ 时，熵变必为零，即 $\mathrm{d}S = 0$.

(2) 在 p-v 图上，无论 p 和 v 取什么值，两条不同的 S 线不能相交，因此 p 和 v 不能直接

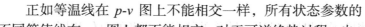

出现在它的定义式中.

(3) 它是一个状态参数, 满足 $\oint \mathrm{d}S = 0$.

满足上述条件的熵一定是传热量乘上一个温度的函数, 即有 $\mathrm{d}S = \delta Q \cdot f(T)$ 这样的关系. 利用 3.6 节将要讲到的克劳修斯不等式分析两点的熵变可以证明, 将熵表达成如下形式是完全合理的:

$$\mathrm{d}S = \frac{\delta Q}{T} \tag{3.15}$$

注意, 上式也可利用封闭系统热力学第一定律关系式结合 4.3.4 节将要学到的理想气体绝热过程得到证明. 这个定义可以保证对熵的闭路积分为零, 即

$$\oint \mathrm{d}S = \oint \frac{\delta Q}{T} = 0 \tag{3.16}$$

图 3.19(a)中一系列可逆绝热线, 每一条绝热线都代表有一个相同的熵值, 所以又叫等熵线, 正如图 3.19(b)中的一系列等温线, 每条线上的温度值相等.

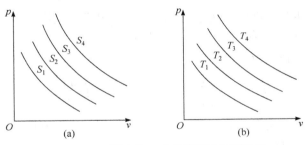

图 3.19 *p-v* 图中的一系列等熵线和等温线

3.4.3 卡诺定律引入熵

卡诺定理告诉我们, 对于一个可逆卡诺循环, 从高温热源得到热量 Q_H, 在低温热源放出热量 Q_L, 其效率等于

$$\eta_\mathrm{c} = 1 - \frac{T_\mathrm{L}}{T_\mathrm{H}} = 1 - \frac{Q_\mathrm{L}}{Q_\mathrm{H}} \tag{3.17}$$

整理得

$$\frac{Q_\mathrm{L}}{T_\mathrm{L}} = \frac{Q_\mathrm{H}}{T_\mathrm{H}} \tag{3.18}$$

注意, 这里 Q_L 取的是绝对值, 考虑到系统放热为负, 那么 Q_L 实际上应该是负值, 最后

$$\frac{Q_\mathrm{H}}{T_\mathrm{H}} + \frac{Q_\mathrm{L}}{T_\mathrm{L}} = 0 \tag{3.19}$$

上式对任意卡诺循环成立, 也可以写为

$$\sum \frac{Q}{T} = 0 \tag{3.20}$$

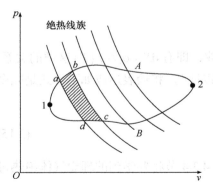

图 3.20 可逆循环划分为无数卡诺循环

注意，卡诺循环由两条等温线和两条绝热线组成，只有在等温过程中才有传热. 对于图 3.20 所示的由 1—A—2—B—1 组成的任意可逆循环，总可用无数条可逆绝热线把该循环分割成无数个微元循环，对任意微元循环($abcd$)，由于 a—b 和 c—d 靠得很近，可以认为是等温过程，b—c 和 d—a 已知是绝热过程，因此微循环 a—b—c—d 由两个等温过程和两个绝热过程组成，与传统的卡诺循环无异，因此它是一个微小的卡诺循环，都有

$$\frac{\mathrm{d}Q_\mathrm{H}}{T_\mathrm{H}} + \frac{\mathrm{d}Q_\mathrm{L}}{T_\mathrm{L}} = 0 \tag{3.21}$$

把所有微元加起来，即

$$\left(\frac{\mathrm{d}Q_\mathrm{H}}{T_\mathrm{H}} + \frac{\mathrm{d}Q_\mathrm{L}}{T_\mathrm{L}}\right) + \left(\frac{\mathrm{d}Q'_\mathrm{H}}{T'_\mathrm{H}} + \frac{\mathrm{d}Q'_\mathrm{L}}{T'_\mathrm{L}}\right) + \left(\frac{\mathrm{d}Q''_\mathrm{H}}{T''_\mathrm{H}} + \frac{\mathrm{d}Q''_\mathrm{L}}{T''_\mathrm{L}}\right) + \cdots$$

$$= \left(\frac{\mathrm{d}Q_\mathrm{H}}{T_\mathrm{H}} + \frac{\mathrm{d}Q'_\mathrm{H}}{T'_\mathrm{H}} + \frac{\mathrm{d}Q''_\mathrm{H}}{T''_\mathrm{H}} + \cdots\right) + \left(\frac{\mathrm{d}Q_\mathrm{L}}{T_\mathrm{L}} + \frac{\mathrm{d}Q'_\mathrm{L}}{T'_\mathrm{L}} + \frac{\mathrm{d}Q''_\mathrm{L}}{T''_\mathrm{L}} + \cdots\right) = 0 \tag{3.22}$$

对于完整循环，上式也可写成积分形式

$$\int_{吸热过程} \frac{\delta Q_\mathrm{H}}{T_\mathrm{H}} + \int_{放热过程} \frac{\delta Q_\mathrm{L}}{T_\mathrm{L}} = \oint \frac{\delta Q}{T} = 0 \tag{3.23}$$

于是我们知道，$\delta Q/T$ 的积分与路径无关，那么 $\delta Q/T$ 一定是一个状态参数的微分. 令这个状态参数为熵，用 S 表示，即

$$\mathrm{d}S = \frac{\delta Q}{T} \tag{3.24}$$

这也是引进熵概念最传统的方法.

3.5 第一和第二 $T\mathrm{d}S$ 方程

对于可逆过程，利用方程(3.12)可以很方便地计算出过程的熵变. 但这个过程需要知道传热的大小，而传热是与过程相关的，如果能够利用其他状态参数计算熵变，将更方便，更有意义，因为熵本身就是一个状态参数，一旦过程的初始和终了状态确定，熵变就确定了，无需顾及传热的过程.

对于纯物质的简单可压缩封闭系统，发生一个微小的可逆过程，根据第一定律，可得到如下能量平衡方程：

$$\delta Q = \mathrm{d}U + \delta W \tag{3.25}$$

已知该过程是可逆的，那么 $\delta Q = T\mathrm{d}S$，$\delta W = p\mathrm{d}V$，代入上式得到

$$T\mathrm{d}S = \mathrm{d}U + p\mathrm{d}V \tag{3.26}$$

这是利用状态参数计算熵变的重要公式，称为第一 $T\mathrm{d}S$ 方程.

已知焓的定义方程为 $H = U + pV$，因此

$$dH = dU + d(pV) = dU + pdV + Vdp \tag{3.27}$$

整理得

$$dU + pdV = dH - Vdp \tag{3.28}$$

最后得到第二 TdS 方程

$$TdS = dH - Vdp \tag{3.29}$$

对单位质量的工质，第一与第二 TdS 方程可以写出如下：

$$Tds = du + pdv \tag{3.30}$$

$$Tds = dh - vdp \tag{3.31}$$

利用上面方程计算熵变是方便的，虽然 Tds 方程都是针对可逆过程求得的，但给定初终状态后，通过积分上述方程求解熵变却是对任何过程都成立，因为熵是状态参数.

举例来说，考虑饱和液态到饱和蒸汽态在常温常压下的相变过程，因为压力是常数，方程 (3.31) 变为

$$ds = \frac{dh}{T} \tag{3.32}$$

又由于温度也是常数，因此积分上式得

$$s_g - s_f = \frac{h_g - h_f}{T} \tag{3.33}$$

这个方程说明可以通过饱和蒸汽表的参数值计算熵的变化.

3.6　熵变、熵流与熵产

对于可逆过程，可以利用式(3.26)、式(3.30)和式(3.31)计算系统熵的变化，这是最一般的过程. 但对于不可逆过程，熵变如何计算呢？显然不能再使用方程(3.25)来计算，因为引入熵概念的目的就是想利用熵变的大小反映出不可逆性的大小，作为系统不可逆性大小的评价指标.

从方程(3.30)和(3.31)可以知道，熵是一个状态参数，因此显然有

$$\oint dS = 0 \tag{3.34}$$

于是对于任何可逆过程都有

$$\oint \frac{\delta Q}{T} = 0 \tag{3.35}$$

如图 3.21(a)所示的任意可逆循环，从高温热源得到热量 Q_H，在低温热源放出热量 Q_L，根据卡诺定理，任何可逆循环效率都相等，与卡诺循环效率相同，所以可得

$$\frac{Q_H}{T_H} + \frac{Q_L}{T_L} = 0 \tag{3.36}$$

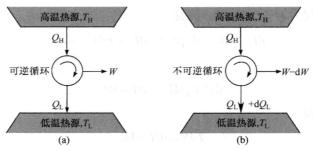

图 3.21　不可逆循环的传热增加做功减少

但对于一个不可逆循环，由于不可逆性的存在，系统对外做功减小，如图 3.21(b)所示，这时向低温热源的排热量必定增加，于是方程(3.19)中实际的排热量变成 $Q_L + dQ_L$，排热为负，所以

$$\frac{Q_H}{T_H} + \frac{Q_L}{T_L} + \frac{dQ_L}{T_L} < 0 \tag{3.37}$$

转变为积分形式

$$\oint \frac{\delta Q}{T} < 0 \tag{3.38}$$

结合式(3.35)得到

$$\oint \frac{\delta Q}{T} \leqslant 0 \tag{3.39}$$

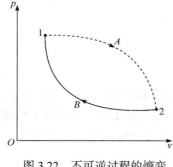

图 3.22　不可逆过程的熵变

这就是著名的克劳修斯不等式. 它作为循环是否可逆、是否可以发生的判别式，在热力学发展中起了非常重要的作用. 等号对应可逆过程，不等号对应不可逆过程，大于 0 的过程永远不能发生. 更深刻的含义是将热力学第二定律从定性描述转化为定量描述.

为了分析不可逆过程的熵变化，考察图 3.22 中的任意不可逆过程 1—A—2，为了利用克劳修斯不等式进行分析，另加一个可逆过程 2—B—1 组成一个封闭的不可逆循环. 根据克劳修斯不等式得到

$$\int_{1-A-2} \frac{\delta Q}{T} + \int_{2-B-1} \frac{\delta Q}{T} < 0 \tag{3.40}$$

移项并注意积分路径方向的改变，得

$$\int_{1-B-2} \frac{\delta Q}{T} > \int_{1-A-2} \frac{\delta Q}{T} \tag{3.41}$$

由于 1—B—2 是一个可逆过程，并且熵变只与初终状态有关，所以

$$S_2 - S_1 = \int_{1-B-2} \frac{\delta Q}{T} > \int_{1-A-2} \frac{\delta Q}{T} \tag{3.42}$$

转变为微分关系，则

$$dS > \frac{\delta Q}{T} \qquad (3.43)$$

这是一个很有意义的结论，它说明在不可逆过程中，初态至终态的熵变化大于过程中 $\delta Q / T$ 的变化. 将此差值用 dS_g 表示，称为熵产，即

$$dS_g = dS - \frac{\delta Q}{T} \qquad (3.44)$$

最后，得到

$$dS = dS_g + \frac{\delta Q}{T} = dS_g + dS_f \qquad (3.45)$$

这里，$dS_f = \delta Q / T$，称为熵流，它是由于热量的流动产生的熵转移，可以取正，可以取负，也可以是 0. 上式表明，系统的熵变除了熵流引起的外，另一部分是由于系统不可逆性引起的，叫熵产，熵产总是大于零或等于零，但绝不小于零. 因此，恒有

$$dS_g \geqslant 0 \qquad (3.46)$$

实际过程中，不可逆的因素各有不同，但其实质是相同的，属性等效，不可逆性越大，熵产越大，不管什么性质的不可逆性，都可以用熵产作为它们的共同量度.

3.7　系统的熵平衡计算

上述关于熵问题的讨论主要针对封闭系统. 封闭系统只能通过传热或做功与外界交换能量，满足能量守恒定律，传热过程将带动熵进入或流出系统. 如果是可逆过程，系统与外界交换功量，将不引起熵的增减；如果是不可逆过程，功的损失直接转化为熵产的增加. 因此，封闭系统的熵平衡方程可以写为

$$S_2 - S_1 = \int_1^2 \left(\frac{\delta Q}{T} \right)_b + \Delta S_g \qquad (3.47)$$

下标 b 表示越过边界的传热. 上式意味着，系统的熵变等于越过边界的熵流加上内部不可逆性引起的熵产之和. 写成微分形式为

$$dS = \left(\frac{\delta Q}{T} \right)_b + \delta S_g \qquad (3.48)$$

注意，熵产只能大于或等于零.

对于开放系统，情况要复杂得多. 熵与物质量和能量一样，也是一种广延量，它也能像能量一样，随着物质流进和离开系统，所以采用控制容积法来分析系统熵变化更加方便. 与开放系统能量平衡方程类似，可以写出控制容积系统熵平衡方程如下：

$$\frac{dS}{dt} = \int_A \frac{\delta \dot{Q}}{T} + \dot{m}_i s_i - \dot{m}_e s_e + \dot{s}_g \qquad (3.49)$$

这里，A 是边界总面积；$\dot{m}_i$ 和 $\dot{m}_e$ 是进、出口质量流率，即

系统熵的时间变化率 = 从边界进入的熵流率 + 进口随工质进入的熵流率

　　　　　　　　　　 − 出口随工质流出的熵流率 + 系统内部的熵产率

如果系统是稳定的开放系统，所有物理量不随时间变化，进出的质量流率相同，即 $\dot{m}_i = \dot{m}_e = \dot{m}$，所以稳态稳流的熵方程为

$$\int_A \frac{\delta \dot{Q}}{T} + \dot{m}(s_i - s_e + \dot{s}_g) = 0 \tag{3.50}$$

注意，质量和能量在流动中总量是守恒的，但熵不守恒，流出的熵将超过进入系统的熵，主要是由于系统内部有不可逆性产生了部分熵产所致.

3.8　熵增原理

我们知道热过程是有方向性的，能量平衡和熵平衡一起决定了热过程的方向，热过程中，能量必须守恒，熵产必须大于或等于零. 对于一个孤立系统，它的能平衡和熵平衡方程分别为

$$\delta Q = \delta W + \Delta U \tag{3.51}$$

$$\Delta S = \Delta S_f + \Delta S_g \tag{3.52}$$

孤立系统同时也是一个封闭系统，此时系统与外界没有物质和能量交换，因此

$$\delta Q = 0, \quad \delta W = 0$$

此时，孤立系统的内能将不发生改变，于是进入系统的熵流也等于零. 系统的熵变完全由熵产决定，即

$$\Delta S = \Delta S_g$$

ΔS_g 是由于系统内部的不可逆性产生的，永不小于零，只能大于或等于零，于是总结得到孤立系统的熵变总是大于零的，至少等于零，即

$$\Delta S \geqslant 0$$

这就是著名的熵增原理，说明孤立系统的熵永不减小. 有时也把系统和环境合二为一看作一个大系统，此时不再有熵流过大系统的边界，因此这个大系统也被认为是孤立系统，此时大系统的熵也永不减小，即

$$\Delta S_s + \Delta S_{sy} = \Delta S_g \tag{3.53}$$

其中，ΔS_s 表示环境的熵变；ΔS_{sy} 表示系统的熵变. 这时，如果一个过程进行的方向是使孤立系统的熵增加，则该过程是可以进行或发生的，而且是不可逆的；如果使熵不变，则该过程是可逆过程. 但若使熵发生减少，则该过程一定不可能发生. 例如，低温物体向高温物体传热就是一个使孤立系统(高温物体与低温物体一起)熵减小的过程，它违反了熵增原理，所以是不可能发生的. 要使非自发过程能够发生，就必须进行某种补偿，补偿的最低限度也要使孤立系统的熵增为零.

熵增原理可延伸使用到绝热系统，包括封闭系统和稳定的开放系统. 此时 $\delta Q = 0$，所以不存在熵流，故对封闭系统有

$$\mathrm{d}s = \delta s_g \geqslant 0$$

对稳定开放系统有

$$s_e - s_i = \dot{s}_g \geqslant 0$$

等号对应可逆过程,不等号对应不可逆过程.

例 3.1 某热机从 $T_H = 1000\text{K}$ 的热源吸热 2000kJ,向 $T_L = 300\text{K}$ 的冷源放热 800kJ. 试问:

(1) 该热力循环是否能实现?是否可逆循环?

(2) 若将此热机作为制冷机用,能否从 $T_L = 300\text{K}$ 的冷源吸热 800kJ,而向 $T_H = 1000\text{K}$ 的热源放热 2000kJ?

解 (1) 将图 3.23 所示的动力循环的热源、热机和冷源划分为孤立系,则孤立系总熵变为热源 HR、热机中工质 m 和冷源 LR 三者熵变量的代数和,即

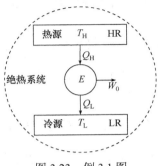

图 3.23 例 3.1 图

$$\Delta S = \Delta S_{HR} + \Delta S_m + \Delta S_{LR}$$

孤立系中恒温热源在一个循环中放出热量 Q_H,其熵变为

$$\Delta S_{HR} = \frac{Q_H}{T_H}$$

恒温冷源在一个循环中吸收热量 Q_L,其熵变为

$$\Delta S_{LR} = \frac{Q_L}{T_L}$$

工质在热机中经历了一个循环回复到初态,其熵变为

$$\Delta S_m = 0$$

从而有

$$\Delta S_{iso} = \Delta S_{HR} + \Delta S_{LR} = \frac{Q_H}{T_H} + \frac{Q_L}{T_L} = \frac{-2000}{1000}\text{kJ}/\text{K} + \frac{800}{300}\text{kJ}/\text{K} = 0.7\text{kJ}/\text{K} > 0$$

符合孤立系熵增原理,因此该循环可以实现.且由于孤立系熵变大于零,故为不可逆循环.

(2) 将该机作为制冷机用,则 Q_H 和 Q_L 的正负号与热机刚好相反.仍按上述方法划定孤立系,则

$$\Delta S_{iso} = \Delta S_{HR} + \Delta S_{LR} = \frac{Q_H}{T_H} + \frac{Q_L}{T_L} = \frac{2000}{1000}\text{kJ}/\text{K} - \frac{800}{300}\text{kJ}/\text{K} = -0.7\text{kJ}/\text{K} < 0$$

违背孤立系熵增原理,因此该循环不可能实现.

3.9 能量的贬值原理

热力学第二定律指出,热机必须工作在两个温度不同的热源之间才能够通过循环对外做功,这是由能量传递和能量转换的方向性决定的.卡诺定理进一步指出,工作在高温热源和冷源之间的热机,经历可逆过程时输出的功量最大,其值为

能量的品质与能量的贬值原理

$$W_{max} = Q_H \left(1 - \frac{T_L}{T_H} \right) \tag{3.54}$$

这里，Q_H 是热机向高温热源吸取的热量；T_H 和 T_L 分别是高温热源和低温热源的温度. 实际的热机都工作在环境中，利用环境作为低温热源是方便的，因此一个理想热机在环境状态下，输出功的最大值为

$$W_{\max} = Q_H\left(1 - \frac{T_0}{T_H}\right) \tag{3.55}$$

其中，T_0 为环境温度. 式(3.55)说明，在热量 Q_H 中，除去可转变为有用机械功的 $Q_H\left(1-\dfrac{T_0}{T_H}\right)$ 这部分外，仍然有 $Q_H\left(\dfrac{T_0}{T_H}\right)$ 排入周围环境而无法转变为功. 这说明热转换为功的能力不是无限的，它只能部分转换为功，它是由热力学第二定律决定的，不以人们的意志为转移.

早在德国科学家克劳修斯提出熵概念之后不久，英国科学家泰特就提出了能量可用性的概念，从理论上确定了热量中的有效部分为 $Q_H\left(1-\dfrac{T_0}{T_H}\right)$，无效部分为 $Q_H\left(\dfrac{T_0}{T_H}\right)$，后来人们将热量中能够转换为有用功的部分称为㶲，用 Ex 表示，不能转换为有用功的部分称为㷊，用 An 表示. 即

$$Ex = Q_H\left(1 - \frac{T_0}{T_H}\right) \tag{3.56}$$

$$An = Q_H\left(\frac{T_0}{T_H}\right) \tag{3.57}$$

显然，当环境温度保持不变时，热源温度越高，㶲值越大. 有了㶲概念之后，可以重新对热力学第一定律和第二定律进行表述.

第一定律：在任何过程中，㶲和㷊的总量保持不变.

第二定律：可逆过程，㶲保持不变；不可逆过程，部分㶲转换为㷊，㷊不能转换为㶲.

在热量传递过程中，热量的总量必须保持守恒，但㶲不守恒. 考察物体 A 与物体 B 组成的系统，A 物体温度高，向 B 物体传热 Q，那么物体 A 放出热量 Q 中的㶲值为

$$Ex_A = Q\left(1 - \frac{T_0}{T_A}\right) \tag{3.58}$$

物体 B 得到热量 Q 的㶲值为

$$Ex_B = Q\left(1 - \frac{T_0}{T_B}\right) \tag{3.59}$$

在这一过程中，虽然热量的"量"保持不变，但由于 $T_A > T_B$，很容易发现 $Ex_A > Ex_B$，表明热量的㶲降低了，说明在有限温差传热这种不可逆过程中㶲是不守恒的. 由于不等温传热，有一部分㶲转化成了㷊，造成了㶲损失，用 I 表示，则有

$$I = Ex_A - Ex_B = T_0 Q\left(\frac{1}{T_B} - \frac{1}{T_A}\right) \tag{3.60}$$

如果把由 A 和 B 组成的系统看作孤立系统，A 和 B 的总熵变就是过程的熵产，所以

$$\Delta S_{\text{iso}} = Q\left(\frac{1}{T_B} - \frac{1}{T_A}\right) \tag{3.61}$$

最后得到㶲损失 I 为

$$I = T_0 \Delta S_{\text{iso}} \tag{3.62}$$

这就是著名的高邬公式. 孤立系统发生任何不可逆过程时, 系统内产生的㶲损失均等于环境温度与过程熵产的乘积. 因此, 熵产可以用作所有不可逆性的共同量度.

　　在实际的热过程中, 由于熵产总是大于零或等于零的, 因此, 从公式（3.62）可以发现, 所有实际的热过程的㶲损失也必大于零, 至少等于零. 说明, 所有自发的热过程都是向着㶲值减少的方向发展的, 这就是著名的 "能量贬值原理", 也是热力学第二定律更一般、更概括性的说法. 它表明在能量转化过程中能量数量保持不变, 但能量的品质只能降低不能升高, 在极限条件下保持不变.

　　例 3.2　处于饱和状态的水被封于气缸活塞中(图 3.24), 水温 100℃. 水在叶轮的搅拌下从饱和水变成了饱和蒸汽, 该过程中活塞是自由的, 且系统与外界没有热量交换. 求单位工质所需的净功及熵产. 已知饱和蒸汽与饱和水的内能差为 $\Delta u = +2087.56\text{kJ/kg}$, 熵差为 $\Delta s = 6.048\text{kJ}/(\text{kg}\cdot\text{K})$.

　　解　这个系统是一个封闭系统, 与外界没有热量交换, 根据第一定律, 有

$$q = \Delta u + w = 0$$

所以

$$w = -\Delta u = -2087.56\text{kJ}/\text{kg}$$

负号表示外界输入的功大于活塞的膨胀功.

　　根据封闭系统的熵平衡方程

$$\Delta s = \int_1^2 \frac{\delta q}{T} + \Delta s_{\text{g}}$$

所以

$$\Delta s_{\text{g}} = \Delta s = 6.048\text{kJ}/(\text{kg}\cdot\text{K})$$

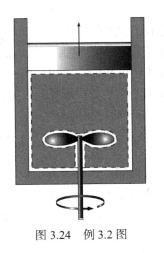

图 3.24　例 3.2 图

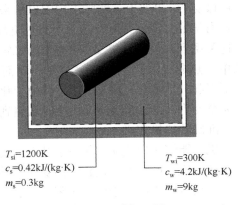

T_{si}=1200K
c_{s}=0.42kJ/(kg·K)
m_{s}=0.3kg

T_{wi}=300K
c_{w}=4.2kJ/(kg·K)
m_{w}=9kg

图 3.25　例 3.3 图

例 3.3 一根 0.3kg 不锈钢初温1200K 被放入一个保温的水箱中，水箱中装水 9kg，温度为300K. 水的比热为 $c_w = 4.2\text{kJ}/(\text{kg}\cdot\text{K})$，不锈钢的比热 $c_s = 0.42\text{kJ}/(\text{kg}\cdot\text{K})$. 假定比热为常数，求：(1)系统的平衡温度；(2)系统的过程熵产.

解 (1) 求系统的平衡温度.

水箱与不锈钢组成孤立系统，系统与外界无能量交换，所以系统内能不变，即有

$$\Delta U = Q - W = 0$$

因此

$$\Delta U_w + \Delta U_s = 0$$

假定系统的平衡温度为T_m，那么

$$m_w c_w (T_m - T_w) + m_s c_s (T_m - T_s) = 0$$

这里，T_w 和 T_s 分别是水和不锈钢棒的初温.

$$T_m = \frac{m_w c_w T_w + m_s c_s T_s}{m_w c_w + m_s c_s} = 302.99\text{K}$$

(2) 求系统的过程熵产.

对孤立系统

$$\Delta S = \Delta S_g$$

所以

$$\Delta S_w + \Delta S_s = \Delta S_g$$

最后

$$\Delta S_g = \int_{T_w}^{T_m} \frac{\delta Q_w}{T} + \int_{T_s}^{T_m} \frac{\delta Q_s}{T} = \int_{T_w}^{T_m} \frac{m_w c_w \mathrm{d}T}{T} + \int_{T_s}^{T_m} \frac{m_s c_s \mathrm{d}T}{T}$$
$$= (0.907 - 0.367)(\text{kJ/K}) = 0.54(\text{kJ/K})$$

3.10 关于卡诺定理的讨论

卡诺定理是经典热力学的基石，任何违反卡诺定理的行为和装置都是不可以被接受的. 事实上，实际工程中也从来没有发现违反卡诺定理的事例.

热力学第二定律并没有指出所有热机都不能突破卡诺热机效率的限制，因为这关系到对热机的定义. 热力学第二定律的开尔文表述告诉我们：不可以从单一热源吸取热量使之完全变为功而不引起其他变化. 这里要特别注意：不引起其他变化. 如果引起了其他变化，是可以从单一热源吸取热量并使之完全变为功的. 亦即是说，这时从热到功的转换效率可以达到 100%. 因此，这里有必要给出更准确的热机定义.

卡诺定理成立
的条件

热机：能够实现热能和机械能相互转化的热力装置或者机器.

循环热机：通过循环过程，能够实现热能和机械能连续不断地相互转化的热力装置.

卡诺热机：通过卡诺循环过程，能够实现热能和机械能连续不断地相互转化的热力装置.

可见，上述不同热机的定义是不完全相同的.

卡诺用他的思想实验证明了他的卡诺定理. 我们知道，他的证明过程基于了一个循环，并

假设高温热源和低温热源的温度是固定的. 但在卡诺定理的证明过程中没有对环境和工质的质量是否有变化进行规定, 只是 "想当然" 地认为系统所处的环境是不变的, 系统内部工质的量是不变的. 因此在满足这些条件下, 卡诺定理无疑是绝对正确的, 实际工程中不可能出现违反卡诺定理的情况. 那么, 在这些条件之外, 卡诺定理就不一定正确了.

现实热机的情况更加复杂, 有些情况并不满足卡诺定理的条件. 比如随着地理高度的不同, 外界空气压力逐渐变低, 到了外太空, 外部环境压力甚至变成了零. 那么活塞内部气体膨胀对外做功, 和在压缩过程中外界对气体做功就不相等, 就可能出现效率大于卡诺热机效率的情况. 另外, 在实际热机循环过程中, 由于燃油、固体燃料在燃烧过程中会产生大量气体, 所以循环中工质的质量会逐渐增加, 成为一个变质量过程. 更有部分内燃机的实际工作循环, 由于排气过程是直接将气体排入环境的, 并没有构成完整的动力循环, 所以也不完全满足卡诺定理的条件.

卡诺定理指出, 对任何循环热机, 可逆卡诺热机的效率是最高的! 卡诺定理给出了基于完整循环的热机的功热转化效率极限, 而不关心具体什么过程, 与过程无关. 但根据上述分析, 卡诺定理成立的条件也是很严苛的, 首先热机必须具有完整循环过程, 其次热机所处环境是不变的, 再次工质的质量是不变的. 如果某种实际热机不满足上述过程, 就可以不遵守卡诺定理的限制. 这就为实际热机突破卡诺定理效率限制提供了正确方向.

举例来说, 比如某外太空发动机, 它在真空环境中运行, 燃烧固体含氧燃料, 所以它不需要进气, 其气体工质全部来自固体燃烧产生的气体, 所以只有如图 3.26 所示的三个过程. 在做功过程 1—2—3 中, 气体工质的质量也逐渐变大, 是一个变质量过程. 由于外界是真空, 所以它的排气过程也不耗功, 只是一个等容过程. 显然, 这个热机就可能具有比卡诺热机还要高的效率. 总之, 如果希望设计出一个超级效率的实际热机, 该热机必须是基于不完整循环的, 而且耗功过程越少, 效率越高. 诚然, 传统内燃机的效率距离卡诺热机的效率仍有很大的距离, 发展的空间依然很大, 如果能够设计出接近卡诺热机效率的内燃机, 就是巨大的突破.

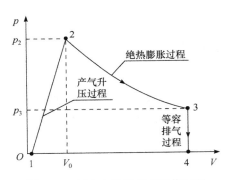

图 3.26　某太空发动机的工作过程

再比如, 如果我们能够设计出一种周期性变化的热机运行环境, 始终让热机在膨胀做功阶段外界具有较低的环境压力, 而在压缩耗功阶段外界具有较大的压力, 使得热机推挤环境所做的无用功变小, 而在热机压缩阶段环境对热机所做的功变大, 这样总体来看, 热机的总输出功变大, 就可能使实际热机的效率超过理想卡诺热机的效率.

总之, 热机不等于循环, 它们是两个概念, 而且热机也不必具有完整的循环. 任何具有完整循环、工质质量不变, 并且在环境不变条件下工作的热机, 其效率都必须小于或等于可逆卡诺循环的效率.

本 章 小 结

本章基于能量传递与转换具有方向性的事实, 提出了能量品质问题, 指出热过程总是向着品质降低的方向发展的, 这就是能的贬值原理. 热力学第二定律是基于无数经验事实的总结, 它有多种表述.

热力学中的熵和㶲

克劳修斯表述：热不可能从低温热源传至高温热源，而不引起其他变化.

开尔文表述：不可能从单一热源吸收热量使之完全变成功而不引起其他变化.

热力学第二定律的各种表述是等价的，实质是相同的. 卡诺循环由两个等温过程和两个绝热过程组成，理想卡诺循环的效率为

$$\eta_c = 1 - \frac{T_L}{T_H}$$

卡诺定理指出，任何在相同热源之间工作的热机，可逆的热机具有相同的效率，等于卡诺循环效率，只与热源的温度有关而与采用的工质无关. 任何不可逆热机的效率总是低于可逆热机的效率.

利用卡诺定理和卡诺循环可以证明状态参数熵表示为

$$dS = \frac{\delta Q}{T}$$

同时可以导出克劳修斯不等式

$$\oint \frac{\delta Q}{T} \leqslant 0$$

根据封闭系统的能量平衡方程，可以导出第一和第二 TdS 方程

$$TdS = dU + pdV$$

$$TdS = dH - Vdp$$

提出了熵由熵流和熵产两部分组成，即

$$dS = dS_g + dS_f$$

熵流是由系统与外界传热引起的，可以正，可以负，也可以为零，但熵产是由系统的不可逆性引起的，只能取正，可逆时是零. 由于孤立系统的熵只有熵产，所以孤立系统的熵永不减小，这就是熵增原理，即

$$dS_g \geqslant 0$$

熵增原理可以用来判断过程是否可行和可逆，它是第二定律的数学表达式之一.

问题与思考

3-1　热力学第二定律的实质是什么？试写出其一种数学表达式.

3-2　试讨论"任何实际的自发过程都是不可逆的". 描述一个符合能量守恒定律，但并不真正存在于自然界中的过程.

3-3　为什么热力学第二定律会有多种表述？统一用一种表述可以吗？

3-4　一个热泵从 0℃ 的环境吸热，并将热量输送到 20℃ 用户中，这违反克劳修斯的第二定律表述吗？解释之.

3-5　什么是热机？什么是循环热机？卡诺定理只对哪种热机成立？

3-6　某发明家提出一款热机，其工作在 27℃ 温暖的海洋表层和 7℃ 的海洋表面几米深处之间. 该发明家声称：该热机可抽取一定量的海水获得热量 1400kJ，同时可实现对外做功 100kJ. 这可能吗？为什么？

3-7　有很多学者认为，卡诺定理中包含有热力学第一定律的元素，或者说，热力学第一定律是在得到卡诺定理的启示下才提出来的. 请问，在卡诺定理的哪些地方体现了热力学第一定律的含义？

3-8　为什么可以从卡诺定理中定义热力学温标，是卡诺定理中哪些特点给我们定义热力学温标提供了条件.

3-9　请说明第一类永动机和第二类永动机的基本概念及主要区别.

3-10　可以有不同的方式引进熵，它们是等价的吗？

3-11　熵概念除了在热力学中有重要意义之外，在其他领域也有广泛的应用，请查阅资料，给出熵概念在其他领域应用的例子．

3-12　试判断下列说法是否正确并说明原因：

(1) 闭口系经历一吸热过程，其熵一定增加；

(2) 经历一放热过程，其熵一定减小；

(3) 熵增大的过程必为不可逆过程；

(4) 熵产的过程必为不可逆过程．

3-13　我们知道熵是一个状态参数，那么熵流和熵产是状态参数吗？

3-14　实际热机的效率一定低于可逆卡诺热机的效率吗？要使这个结论正确，需要哪些条件？

3-15　为什么对一个热机循环来说，除了循环效率是一个重要评价参数外，功产率也是一个非常重要的参数？说说两者的异同．

3-16　热力学中一般所指的热机，比如奥托(Otto)热机、狄塞尔(Diesel)热机等，一般要具有哪些特征？

3-17　有两个动力循环，它们从高温热源接受的热量均为 Q_{in}，二者的低温热量都排入相同的湖水中，记为 Q_{out}，如果两个循环的热效率不同，哪个循环的 Q_{out} 更大一些？

3-18　我们学习了第二定律和第一定律，哪些内容可以说明，能量不但有数量的大小之分，还有品质的高低之别？

3-19　一个由一杯水和置于其中的方形冰块组成的系统，冰块不断融化并最终与水达到平衡，如何才有可能让它们做出功来，设想一种机器．

本 章 习 题

3-1　某卡诺热机的效率为 65%，已知它从高温热源吸收热量为 1000kJ，并向温度为 27℃ 的低温热源放热．求它向低温热源的放热量．如果它向高温热源吸热的速率为 1800kJ/h，则该热机的输出功的功率是多少？

3-2　两卡诺机 A、B 串联工作．A 热机在 627℃ 下得到热量，并对温度为 T 的热源放热．B 热机从温度为 T 的热源吸收 A 热机排出的热量，并向 27℃ 的冷源放热．在下述情况下计算温度 T：

(1) 两热机输出功相等；

(2) 两热机效率相等．

3-3　闭口系中工质在某一热力过程中从热源(300K)吸取热量 750kJ．在该过程中工质熵变为 5kJ/K，此过程是否可行？是否可逆？

3-4　某物体的初温为 T_H，冷源温度为 T_L．现有一热机在此物体和冷源间工作，直至物体的温度降至 T_L 为止．若热机从物体中吸取的热量为 Q_H，物体的质量为 m，比热容为 c，试用熵增原理证明此热机所能输出的最大功为

$$W_{0,max} = Q_H - T_L mc\ln\frac{T_H}{T_L}$$

3-5　气体在气缸中被压缩，压缩功为 186kJ/kg，气体的热力学能变化为 56kJ/kg，熵变化为 $-0.293kJ/(kg\cdot K)$，温度为 20℃ 的环境可与气体发生热交换，试确定每压缩 1kg 气体时的熵产．

3-6　两个质量相等、比热容相同且为定值的物体 A 和 B，初温各为 T_A 和 T_B．用它们分别作热源和冷源使可逆机在其间工作，直到两物体温度相等为止．

(1) 试证明平衡时的温度为 $T_m = \sqrt{T_A T_B}$；

(2) 求可逆机做功的总量；

(3) 如果两物体直接接触进行热交换，直至温度相等，求此时的平衡温度及两物体的总熵增．

3-7　一位发明家声称他发明了一个热机循环，可以用 1000kJ 的传热量做出 410kJ 的净功．该系统在循环中从 500K 的热气体中获得热量，并对 300K 的环境释放热量．请你评价这位发明家的热机循环．

3-8　当室外气温为 10℃ 时，平均每日需要 5×10^5 kJ 的热量将居民室内温度维持在 22℃．若使用电热泵提供这部分能量，则每日使其运行的最小输入功为多少？

3-9　一位发明家声称他发明了一种机器，可在两个温度源之间进行热力循环. 该机器在冷源获得能量 Q_C，并在热源释放能量 Q_H，同时可对环境做净功. 除此之外，该机器与环境之间没有其他的热量交换. 请利用热力学第二定律对该发明家的发明做出评价.

3-10　请判断对错.

(1) 某过程若违背热力学第二定律，则其一定也同时违背热力学第一定律.

(2) 当对一个闭口系统做净功，使其经历了一个内部可逆过程时，闭口系统也对外界产生净传热量.

(3) 只有一定量的净熵传至闭口系统时，该系统才能熵增.

(4) 一个系统中熵的变化量仅取决于初末状态，不取决于过程.

3-11　将一个质量为 1kg 的金属物体投入装有 9kg 水的绝热容器中，已知金属物体的初温为 1000K，水的初温为 300K. 金属物体与水的比热容分别是 1.5kJ/(kg·K)和 4.2kJ/(kg·K). 求系统终温和系统的总熵变.

3-12　刚性绝热容器内有 1kg、压力为 101.3kPa 的空气，可以通过叶轮搅拌，或者用 283℃ 的热源加热与搅拌联合作用，而使空气温度由 7℃ 上升到 317℃. 已知空气的定容比热容为 0.732kJ/(kg·K). 求：(1)导出联合作用下的熵产计算方程；(2)系统可能的最小和最大熵产.

3-13　若在冷源与热源之间运行的可逆热机热效率为 $\eta_{\max}$，请用 $\eta_{\max}$ 分别表示下面两种情况下的 COP.

(1) 两个相同冷源与热源之间运行的可逆制冷循环；

(2) 两个相同冷源与热源之间运行的热泵循环.

3-14　已知某个可逆热机循环在热源和冷源温度分别为 1000K 和 500K 时的热效率，热源与冷源温度分别为温度 T 和 1000K 时的热效率相等. 请问 T 为多少(K)？

3-15　已知某可逆热机的热效率为 50%，其在 1800K 的热源与温度 T 的冷源之间运行. 请问 T 为多少？

3-16　一位发明家声称设计出了一种在 800K 的热源与 300K 的冷源之间进行热力循环的热机，其热效率为：(1)56%；(2)40%. 请对这两个热效率分别进行评价.

3-17　图 3.27 为一个收集并利用太阳能，并通过热机循环发电的装置. 每平方米的太阳能集热器可收集 0.315 kW 的太阳辐射，并将此能量供给储能单元，使储能单元的温度维持在 220℃. 热机循环单元通过传热，从储能单元获得 0.5MW 的热量，并通过传热对 20℃ 的环境传热释放热量. 对于稳定运行状态下而言：

(1) 理论上所需太阳能集热器的面积至少为多少(m²)？

(2) 集热器效率为入射能量中被储存的比例，假定太阳辐照度为 800W/m². 请写出所需集热器面积随热机效率 η 以及集热器效率的变化关系. 请绘制当集热器效率分别为 1.0、0.75、0.5 时集热器面积随热机效率 η 的变化关系曲线.

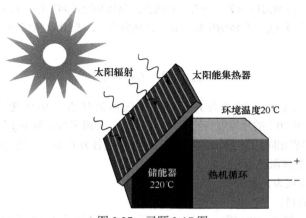

图 3.27　习题 3-17 图

3-18　1kg 可被视为理想气体的空气参与热效率为 60% 的卡诺循环. 在等温膨胀过程中，对空气的传热量为 40kJ. 等温膨胀结束时，空气压力为 0.56MPa，体积为 0.3m³.

(1) 请问该循环的最高及最低温度分别为多少(K)？

(2) 请问在等温膨胀开始时，压力为多少？体积为多少？

(3) 请问循环中各过程的传热量分别为多少?

(4) 请绘制该循环的 *p-v* 曲线图.

3-19 某内燃机在排气阀门打开那一刻, 气缸中含有 2450cm³ 的气态燃烧产物, 其压力为 0.7MPa, 温度为 867℃. 已知 $T_0 = 300\text{K} (27℃)$, $p_0 = 101.3 \text{ kPa}$. 若忽略重力以及运动的影响, 该气体的比烟为多少?

3-20 一系统中含有 5kg 的温度为 10℃、压力为 0.1MPa 的水. 若该系统处于静止状态, 相对于 $T_0=20℃$, $p_0 = 0.1 \text{MPa}$ 的烟参考环境, 请问其烟为多少?

3-21 若 2m³ 的储存箱中装满:

(1) 可视为理想气体的 400℃, 35 kPa 的空气;

(2) 400℃, 35 kPa 的水蒸气.

若忽略运动及重力的影响. $T_0=17℃$, $p_0 = 1\text{atm}$. 请分别确定所含物质的烟为多少.

3-22 某可逆热机与三个恒温热源交换热量并输出 800kJ 的功率(图 3.28). 其中热源 A 的温度为 500K, 并向热机供热 3000kJ, 热源 B 和 C 的温度分别为 400K 和 500K. 试计算热机分别与热源 B 和 C 交换热量的数值与方向.

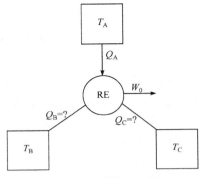

3-23 已知三个刚性物体 A、B、C 的温度和热容量分别为

$$T_A=200\text{K}, \quad (mc)_A=8\text{kJ/K}$$
$$T_B=400\text{K}, \quad (mc)_B=2\text{kJ/K}$$
$$T_A=600\text{K}, \quad (mc)_C=5\text{kJ/K}$$

(1) 如果三物体通过直接接触而达到热平衡, 试求平衡温度及过程中的熵产;

(2) 如果三物体通过可逆热机可逆变化到热平衡, 试求平衡温度及可逆热机输出的功率.

图 3.28 习题 3-22 图

3-24 一个封闭系统可能经历了如下过程, 请指出它们是否可能或不能确定.

	熵变	熵流	熵产
(1)	>0	0	
(2)	<0		>0
(3)	= 0	>0	
(4)	>0	>0	
(5)	=0	<0	
(6)	>0		<0
(7)	<0	<0	

3-25 一个动力循环稳定运行在高温热源 $T_H =1000\text{K}$ 和低温热源 $T_L =300\text{K}$ 之间, 已知它的吸热和放热速率可以分别用 $\dot{Q}_H$ 和 $\dot{Q}_L$ 表示. 对于如下情况, 试决定哪种情况是可逆的、不可逆的或者不可能的.

(1) $\dot{Q}_H =500\text{kW}$, $\dot{Q}_L =100\text{kW}$;

(2) $\dot{Q}_H =500\text{kW}$, $\dot{Q}_L =200\text{kW}$, $\dot{W}_{\text{cycle}} =250\text{kW}$;

(3) $\dot{Q}_L =150\text{kW}$, $\dot{W}_{\text{cycle}} =350\text{kW}$;

(4) $\dot{Q}_H =500\text{kW}$, $\dot{Q}_L =200\text{kW}$.

3-26 一个动力机运行在温度为 T 的热源与 280K 的冷源之间, 在稳定状态下, 动力机输出功率为 40kW, 排除余热至冷源的速度为 1000kJ/min. 试决定热源所需的最低温度.

第4章 理想气体热力过程

气体是热机中最常用的工质，人们对气体工质情有独钟，因为气体工质具有可压缩、热容低和比较稳定的特点．但气体的种类很多，有蒸汽、混合有机气体和空气等，有时候它们又处在不同的状态下．一般来说，气体的性质是很复杂的，为了抓住主要矛盾，先对最简单的气体进行分析．

4.1 理想气体性质及状态方程

在热力学中，理想气体是一个很重要的概念，是研究其他工质的基础．理想气体有着严格的定义，它必须满足如下两个条件：

(1) 气体分子是不占据体积的弹性质点；

(2) 气体分子之间没有任何相互作用力．

基于这两个假设，可以从分子运动论导出理想气体的状态方程

$$pv = R_g T \tag{4.1}$$

称为克拉珀龙方程．式中，R_g 称为普适气体常量，单位为 J/(kg·K)，与具体气体性质有关．理想气体状态方程给出了理想气体三个基本状态参数之间的数量关系．根据这个关系，还可以求出理想气体的熵、焓和内能等重要状态参数．

工程中，常采用物质的量(又叫摩尔数)描述工质量的多寡，这时理想气体状态方程变为

$$pv_m = RT \tag{4.2}$$

这里，v_m 是摩尔容积；R 是与气体种类和气体状态无关的常数，称为通用气体常数，单位为 J/(mol·K)．R 与 R_g 的关系为

$$R_g = \frac{R}{M} \tag{4.3}$$

M 是气体的摩尔质量．

阿伏伽德罗定律指出，在同温同压下任何气体的摩尔体积都相等．利用标准状态下气体的摩尔容积是 $v_{m,0} = 22.4135 \times 10^{-3} \text{m}^3 / \text{mol}$，有

$$R = \frac{p_0 v_{m,0}}{T_0} = \frac{101325 \times 22.4135 \times 10^{-3}}{273.15} = 8.314 (\text{J} / (\text{mol} \cdot \text{K}))$$

对于质量为 m(kg)的气体，理想气体的状态方程为

$$pV = mR_g T \tag{4.4}$$

对于物质量为 n(mol)的气体，理想气体状态方程为

$$pV = nRT \tag{4.5}$$

值得指出,理想气体只是一个理想的概念,实际气体分子不可能不占据体积,分子之间也不可能没有相互作用力. 当实际气体压力较小,比容较大,而温度较高时,实际气体接近理想气体.

4.1.1　理想气体的内能和焓

一般来说,实际气体的内能只涉及气体分子的动能和势能,分子的内动能 u_k 仅与分子的热运动强度有关,它是温度的函数. 内部势能 u_p 与分子间的平均距离有关,所以它是气体比容的函数. 因此,气体的内能可以表示为气体温度和比容的函数,即

$$u = u_k + u_p = u(T, v) \tag{4.6}$$

根据理想气体假设,理想气体没有分子间的相互作用力,所以 $u_p = 0$,于是

$$u = u_k = u(T) \tag{4.7}$$

说明理想气体的内能只是温度的单值函数. 这个结论是非常重要的,为我们进一步分析理想气体性质带来了巨大方便. 根据焓的定义

$$h = u + pv = u(T) + R_g T = h(T) \tag{4.8}$$

说明理想气体的焓也仅是温度的单值函数.

4.1.2　理想气体的比热容

单位工质升高温度 1℃ 或 1K 所需要的热量称为该工质的比热容,简称比热. 对固体或液体工质,由于它们的可压缩性很小,所以一般只有一个比热值,令 c 代表工质比热,那么工质的热容量的变化量表示为 $dQ = mcdT$,这里 m 是质量,dT 是温度的变化量. 但对于气体工质,由于使它温度升高 1℃ 有无数种方法,所以从理论上讲,气体有无限多个比热值. 但对于通常的热力学系统而言,有两种比热容是特别有意义的,一种是定容比热 c_v ,另一种是定压比热 c_p . 顾名思义,它们分别是在固定容积和固定压力的条件下测到的.

上述的比热容的定义必须严格限制在可逆的非流动过程中,因为不可逆过程使温度升高 1℃ 很难区别是加热还是做功的结果. 在可逆定容和定压的条件下,分别给出定容比热 c_v 和定压比热 c_p 的定义如下:

$$c_v = \left(\frac{\delta q}{dT} \right)_v \tag{4.9}$$

$$c_p = \left(\frac{\delta q}{dT} \right)_p \tag{4.10}$$

下标 v、p 分别代表定容和定压过程. 根据热力学第一定律,可将上两式进一步写成

$$c_v(T, v) = \left(\frac{du + pdv}{dT} \right)_v = \left(\frac{\partial u}{\partial T} \right)_v \tag{4.11}$$

$$c_p(T, p) = \left(\frac{dh - vdp}{dT} \right)_p = \left(\frac{\partial h}{\partial T} \right)_p \tag{4.12}$$

定压比热和定容比热是同一状态下具有不同含义的两个状态参数,都是强度量. 定容比热

不仅与温度有关，还与比容有关. 同样，定压比热不仅与温度有关还与压力的大小有关.

有了比热的定义，就可以利用比热和有关参数计算出非流动可逆过程的热容变化

$$\mathrm{d}Q = m \cdot c_v \cdot \mathrm{d}T \quad \text{（对定容过程）} \tag{4.13}$$

$$\mathrm{d}Q = m \cdot c_p \cdot \mathrm{d}T \quad \text{（对定压过程）} \tag{4.14}$$

对理想气体而言，由于内能和焓都只是温度的单值函数，所以式(4.11)和式(4.12)可以转化为

$$c_v = \left(\frac{\partial u}{\partial T} \right)_v = \frac{\mathrm{d}u}{\mathrm{d}T} = c_v(T) \tag{4.15}$$

$$c_p = \left(\frac{\partial h}{\partial T} \right)_p = \frac{\mathrm{d}h}{\mathrm{d}T} = c_p(T) \tag{4.16}$$

说明理想气体的定压比热和定容比热均只是温度的函数，当温度确定之后，比热容的数值就确定了，与该温度下气体所处的状态无关. 但比热容与气体的种类有关，不同的气体有不同的比热容.

在对计算精度要求不高的情况下，一般取定值比热容进行计算，常把 25℃时的气体比热容实验数据作为定值比热容. 常见气体工质的定值比热容如表 4.1 所示，方便查阅. 从分子运动论也能推导出理想气体的比热容值，此时比热容与温度无关，是定值常数，但与分子种类有关，其值见表 4.2. 表中 $c_{p,M}$ 和 $c_{v,M}$ 分别代表定压和定容状态下的摩尔比热容，表示加热 1mol 工质升高 1℃所需要的热量，简称摩尔比热.

表 4.1　常用气体的热力特性

物质	$c_p / \left[\mathrm{kJ/(kg \cdot K)} \right]$	$c_{p,M} / \left[\mathrm{J/(mol \cdot K)} \right]$	$c_v / \left[\mathrm{kJ/(kg \cdot K)} \right]$	$c_{v,M} / \left[\mathrm{J/(mol \cdot K)} \right]$	$R_g / \left[\mathrm{kJ/(kg \cdot K)} \right]$
氩 Ar	0.523	20.89	0.315	12.57	0.208
氦 He	5.200	20.81	3.123	12.50	2.077
氢 H_2	14.32	28.86	10.19	20.55	4.124
氮 N_2	1.038	29.08	0.742	20.77	0.297
氧 O_2	0.917	29.34	0.657	21.03	0.260
一氧化碳 CO	1.042	29.19	0.745	20.88	0.297
空气	1.004	29.09	0.718	20.78	0.287
水蒸气 $H_2O(g)$	1.867	33.64	1.406	25.33	0.461
二氧化碳 CO_2	0.845	37.19	0.656	28.88	0.189
二氧化硫 SO_2	0.644	41.26	0.54	32.94	0.130
甲烷 CH_4	2.227	35.72	1.709	27.41	0.518
丙烷 C_3H_8	1.691	74.56	1.502	66.25	0.189

表 4.2　理想气体定值比热和摩尔比热

	单原子气体	双原子气体	多原子气体
$c_v(c_{v,M})$	$\frac{3}{2}R_g, \left(\frac{3}{2}R \right)$	$\frac{5}{2}R_g, \left(\frac{5}{2}R \right)$	$\frac{7}{2}R_g, \left(\frac{7}{2}R \right)$
$c_p(c_{p,M})$	$\frac{5}{2}R_g, \left(\frac{5}{2}R \right)$	$\frac{7}{2}R_g, \left(\frac{7}{2}R \right)$	$\frac{9}{2}R_g, \left(\frac{9}{2}R \right)$

　　值得指出,虽然大部分常见气体的比热容随温度的变化都不是太大,但当气体的温度变化范围巨大时,还是不得不考虑温度的影响. 在要求不是太高时,通常可以假定气体的比热容随温度呈线性关系,即温度对比热容的影响可以表示为

$$c = a + bt \tag{4.17}$$

这里,a 和 b 是两个经验常数,一般的气体的数值见表 4.3. 在高温段,气体某一温度范围的平均比热容可以利用式(4.17)分别计算两端温度下的 c 值,然后求平均值得到. 更高精度要求的 c 值,可以将 c 展开为温度的多项式,分别确定多项式系数得到,参阅更专业的书籍.

表 4.3　气体的平均比热容(直线关系式)

$c = a + bt$,　$kJ/(kg \cdot K)$,　$0 \sim 1500℃$

气体工质	计算定容比热参数		计算定压比热参数	
	a	b	a	b
空气	0.7088	0.000186	0.9959	0.000186
H_2	10.12	0.001189	14.33	0.001189
N_2	0.7304	0.000179	1.032	0.000179
O_2	0.6594	0.000213	0.919	0.000213
CO	0.7331	0.000194	1.035	0.000194
$H_2O(g)$	1.372	0.000622	1.833	0.000622
CO_2	0.6837	0.000481	0.8725	0.000481

4.1.3　定容比热容和定压比热容的关系

　　定容比热容和定压比热容是同一种气体经历不同过程时需要的热量,两者应该有一定关系. 对理想气体经历可逆定压过程,根据热力学第一定律,得

$$\delta q = \delta w + du = pdv + du \tag{4.18}$$

根据式(4.15)并考虑是定压过程,上式变为

$$\delta q = d(pv) + c_v dT = R_g dT + c_v dT \tag{4.19}$$

从另外的角度,根据定压比热的定义给出

$$\delta q = c_p dT \tag{4.20}$$

　　联合式(4.19)和式(4.20),得到

$$R_g dT + c_v dT = c_p dT \tag{4.21}$$

最后得到

$$c_p - c_v = R_g \tag{4.22}$$

这就是定压比热容与定容比热容的关系,也称迈耶公式.

　　定压比热容与定容比热容之比称为比热容比,用符号 γ 表示,即

$$\gamma = \frac{c_p}{c_v} \tag{4.23}$$

从 $c_p - c_v = R_g$ 知道，$c_p > c_v$，所以 $\gamma > 1$. 对式(4.22)两边除以 c_v 得

$$\frac{c_p}{c_v} - 1 = \frac{R_g}{c_v} = \gamma - 1 \tag{4.24}$$

因此，最后得到

$$c_v = \frac{R_g}{\gamma - 1} \tag{4.25}$$

$$c_p = \frac{\gamma R_g}{\gamma - 1} \tag{4.26}$$

式(4.25)和式(4.26)给出了 c_p、c_v、γ 及 R_g 的关系，知道其中任意两个参数就可以求出其他两个参数，因此应当牢记这些公式. 一些常见气体的比热容比 γ 有时也称绝热系数，如表 4.4 所示.

表 4.4　一些常见气体的比热容比

物质	γ
氩 Ar	1.67
氦 He	1.67
氢 H_2	1.40
氮 N_2	1.40
氧 O_2	1.39
一氧化碳 CO	1.40
空气	1.40
水蒸气 H_2O	1.33
二氧化碳 CO_2	1.29
二氧化硫 SO_2	1.25
甲烷 CH_4	1.30
丙烷 C_3H_8	1.13

4.1.4　理想气体的内能、焓和熵的计算

理想气体的内能、焓和熵是描述理想气体特性的重要参数，它们都是状态参数，变化量的大小都仅与初始和终了状态有关，而与经历的过程无关. 理想气体的内能和焓又仅是温度的函数，所以它们的变化只与初终状态的温度有关. 从上面的讨论我们知道，理想气体的比热容也只是温度的函数，因此，只要给出比热容随温度的变化关系，就可以通过对温度的积分求得内能和焓，这也是计算内能和焓的一般方法. 根据式(4.15)和式(4.16)，可以得到

$$\mathrm{d}u = c_v(T)\mathrm{d}T \tag{4.27}$$

$$dh = c_p(T)dT \tag{4.28}$$

当温度从 T_1 变化到 T_2 时，内能和焓的变化分别为

$$\Delta u = u_2 - u_1 = \int_1^2 c_v(T)dT \tag{4.29}$$

$$\Delta h = h_2 - h_1 = \int_1^2 c_p(T)dT \tag{4.30}$$

如果取定值比热，则

$$\Delta u = u_2 - u_1 = c_v(T_2 - T_1) \tag{4.31}$$
$$\Delta h = h_2 - h_1 = c_p(T_2 - T_1) \tag{4.32}$$

比热容虽然是由式(4.15)和式(4.16)给出，但它作为一个物质的特性参数，比较容易确定，也比较容易测量给出，所以常把它作为一个已知数，进一步求得内能、焓和熵.

热力学第二定律指出，对于闭口系统可逆过程，传热与熵变的关系为

$$ds = \frac{\delta q}{T} \tag{4.33}$$

熵也是一个状态参数，当初始和终了状态确定后，熵变也就确定了，无需考虑变化的过程，所以可以采用最简单的闭口系统可逆过程来计算它.

根据理想气体性质和热力学第一定律，上式可以进一步表示为

$$ds = \frac{\delta q}{T} = \frac{du + pdv}{T} = c_v \frac{dT}{T} + R_g \frac{dv}{v} \tag{4.34}$$

$$ds = \frac{\delta q}{T} = \frac{dh - vdp}{T} = c_p \frac{dT}{T} - R_g \frac{dp}{p} \tag{4.35}$$

上述方程的推导思路明确，利用了闭口系统可逆过程的条件. 当闭口系统经历了一个可逆过程从初态 1 变化到了终态 2 时，可以对上述方程积分得到熵变，如果比热容为定值，可以得到比较简单的结论.

$$\Delta s_{12} = s_2 - s_1 = c_v \ln \frac{T_2}{T_1} + R_g \ln \frac{v_2}{v_1} \tag{4.36}$$

$$\Delta s_{12} = s_2 - s_1 = c_p \ln \frac{T_2}{T_1} - R_g \ln \frac{p_2}{p_1} \tag{4.37}$$

上述方程是计算理想气体熵变的一般关系式，两式计算得到的结果是一样的，使用时可以根据已知条件做合理选择. 根据理想气体状态方程，还可以得到另一个由 p, v 表达的熵变方程，为

$$ds = c_p \frac{dv}{v} + c_v \frac{dp}{p} \tag{4.38}$$

$$\Delta s_{12} = s_2 - s_1 = c_p \ln \frac{v_2}{v_1} + c_v \ln \frac{p_2}{p_1} \tag{4.39}$$

在实际计算过程中，为了提高精度，有时用平均比热容代替上述公式中的定值比热容.

值得指出的是，在可逆绝热过程中，由于传热量等于零，所以 $\Delta s_{12} = 0$，于是从式(4.39)可得

$$\gamma \ln \frac{v_2}{v_1} + \ln \frac{p_2}{p_1} = 0 \qquad (4.40)$$

变化方程得到

$$\frac{p_2}{p_1} = \left(\frac{v_1}{v_2}\right)^{\gamma} \qquad (4.41)$$

或写成

$$p_1(v_1)^{\gamma} = p_2(v_2)^{\gamma} = 常数 \qquad (4.42)$$

进一步得到

$$pv^{\gamma} = 常数 \qquad (4.43)$$

这就是可逆绝热条件下理想气体必须满足的状态参数关系式，是一个重要的方程.

4.2 理想气体混合物

实际工程中遇到的气体工质一般都是混合物，如空气是由氮气、氧气和二氧化碳等气体混合组成的. 燃气是由氮气、二氧化碳、水蒸气和一氧化碳等气体组成的. 组成混合物的各单一气体称为组分或组元. 当各组分均为理想气体时，根据理想气体的微观解释可知，混合气体也必为理想气体. 因此，前述理想气体的热力性质均适用于理想气体的混合物. 当理想气体混合物处于平衡态时，内部没有势差，故理想气体混合物的温度与各组元的温度相同. 又由于理想气体的分子之间没有相互作用，所以当各组元气体分别单独占据混合气体容积时，状态不会发生改变，如同各自单独存在一样，如图 4.1 所示.

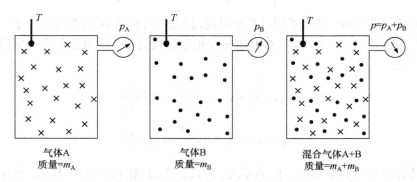

气体A
质量$=m_A$

气体B
质量$=m_B$

混合气体A+B
质量$=m_A+m_B$

图 4.1　混合理想气体的温度和压力

设有 r 种气体组成的理想气体混合物处在平衡状态，T、p、V 分别表示在该状态下混合气体的温度、压力及容积. 此时，各组分气体的质量 m_i 或物质的量 n_i 是完全确定的，比容 v_i 也随之确定. 于是 i 组分气体的压力 p_i 可用理想气体方程表示为

$$p_i = \frac{R_{g,i}T}{v_i} = \frac{m_i R_{g,i} T}{V} = \frac{n_i R T}{V} \qquad (4.44)$$

它表示在混合气体的温度下，该组分气体单独占有混合气体容积时所具有的压力.

4.2.1　道尔顿定律

理想气体混合物的压力等于各组成气体分压力的总和, 称为道尔顿定律, 即有

$$p = \sum_{i=1}^{r} p_i \tag{4.45}$$

这个定律是好理解的, 因为气体压力是气体分子撞击器壁的平均结果, 各组元的气体分子的热运动不受其他组元气体的影响, 与各组元单独占据总体积的热运动一样, 所以器壁上所受的撞击应该是所有组元的撞击的和, 于是总压力等于分压力的代数和, 如图 4.2 所示.

根据质量守恒定律, 混合气体的总物质的量 n, 必定等于各组成气体物质的量的总和, 有

$$n = \sum_{i=1}^{r} n_i \tag{4.46}$$

4.2.2　阿马加定律

理想气体混合物的容积等于各组分气体分容积的总和, 称为阿马加(Amagat)定律. 即有

$$V = \sum_{i=1}^{r} V_i \tag{4.47}$$

其中, V_i 为 i 种组分气体的分容积, 有

$$V_i = \frac{n_i R T}{p} = \frac{m_i R_{g,i} T}{p} \tag{4.48}$$

它表示在混合气体的温度及压力下组成气体单独存在时所占有的容积. 它与分压力之间有如下关系:

$$p V_i = p_i V \tag{4.49}$$

混合气体的总体积与分容积之间的关系示于图 4.3 中.

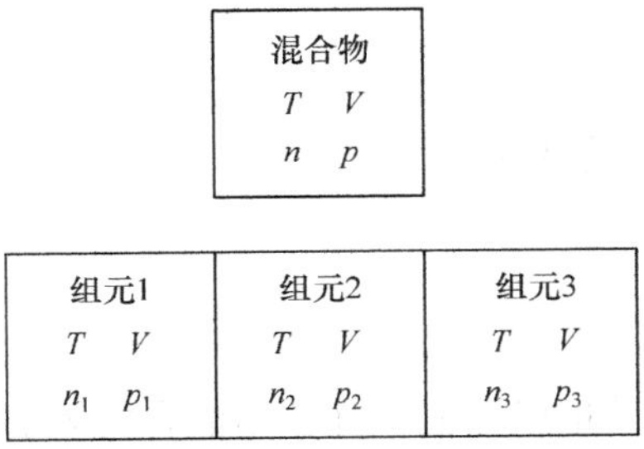

混合物		
T　V		
n　p		

组元1	组元2	组元3
T　V	T　V	T　V
n_1　p_1	n_2　p_2	n_3　p_3

图 4.2　混合理想气体分压力

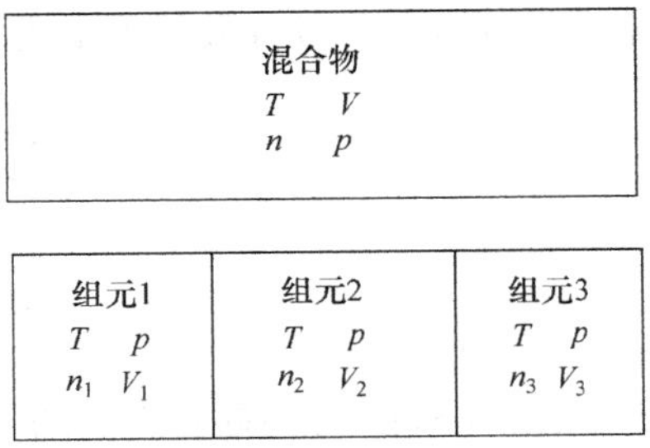

混合物		
T　V		
n　p		

组元1	组元2	组元3
T　p	T　p	T　p
n_1　V_1	n_2　V_2	n_3　V_3

图 4.3　混合理想气体分容积

4.2.3　理想气体混合物的成分

各组元气体的含量与混合气体总量的比值, 称为混合气体的成分或分数. 根据物质量的计量方式不同, 混合气体的成分可分为质量分数及摩尔分数; 若以 m 及 n 分别表示混合气体的总质量及总物质的量, m_i 及 n_i 分别表示第 i 种组元的质量及物质的量, 则组元 i 的质量分数可表示为

$$x_i = \frac{m_i}{m} \tag{4.50}$$

组元 i 的摩尔分数可表示为

$$y_i = \frac{n_i}{n} \tag{4.51}$$

显然有

$$\sum x_i = 1, \quad \sum y_i = 1$$

根据质量与物质的量之间的关系,有

$$M = \frac{m}{n} = \frac{R}{R_g} \tag{4.52}$$

可以建立质量分数与摩尔分数之间的关系,有

$$x_i = \frac{m_i}{m} = \frac{n_i M_i}{nM} = y_i \frac{M_i}{M} = y_i \frac{R_g}{R_{g,i}} \tag{4.53}$$

式中, M 及 R_g 分别表示混合气体的折合摩尔质量及折合气体常数,它们的计算公式在下文中介绍; M_i 及 $R_{g,i}$ 分别表示 i 种组元的摩尔质量及气体常数.

4.2.4　混合气体的折合摩尔质量及折合气体常数

混合气体的摩尔质量及气体常数是随组成气体的种类及成分的不同而变化的. 根据质量守恒定律,有

$$m = \sum m_i, \quad nM = \sum n_i M_i \tag{4.54}$$

$$R_g = \frac{R}{M} = \frac{R}{\sum y_i M_i} \tag{4.55}$$

由式(4.54)及式(4.55),可以根据各组元的摩尔质量 M_i 及摩尔成分 y_i,计算出混合气体的折合摩尔质量 M 及折合气体常数 R_g.

根据摩尔分数与质量分数的关系式(4.53),可以得出

$$\sum y_i = \sum \frac{x_i R_{g,i}}{R_g} = 1, \quad R_g = \sum x_i R_{g,i} \tag{4.56}$$

$$M = \frac{R}{R_g} = \frac{R}{\sum x_i R_{g,i}} \tag{4.57}$$

由式(4.56)及式(4.57),可根据各组元的气体常数 $R_{g,i}$ 及质量成分 x_i,计算出混合气体的折合气体常数 R_g 及折合摩尔质量 M.

4.2.5　混合气体的比热容

对于混合气体及组成气体,热力学能变化的计算公式分别为

$$dU = mc_v dT, \quad dU_i = m_i c_{v,i} dT \tag{4.58}$$

混合气体的温度及温度变化总是与各组成气体的温度及温度变化相同,混合气体的热力学能变化总是等于各组元热力学能变化总和,可写成

$$mc_v\mathrm{d}T = \sum m_i c_{v,i}\mathrm{d}T \tag{4.59}$$

上式两边除以 m ，即得到

$$c_v = \sum x_i c_{v,i} \tag{4.60}$$

式(4.60)说明，混合气体的定容比热容等于各组成气体相应的定容比热容与相应成分乘积的总和. 同理，混合气体的定压比热容等于各组成气体相应的定压比热容与相应成分乘积的总和. 可以表示为

$$c_p = \sum x_i c_{p,i} \tag{4.61}$$

上述混合气体比热容公式，对于定值比热容及平均比热容都适用.

4.2.6　混合气体的热力学能、焓及熵

热力学能、焓、熵都是广延参数，具有可加性，因此有

$$U = mu = \sum m_i u_i, \quad u = \sum x_i u_i \tag{4.62}$$

$$H = mh = \sum m_i h_i, \quad h = \sum x_i h_i \tag{4.63}$$

$$S = ms = \sum m_i s_i, \quad s = \sum x_i s_i \tag{4.64}$$

$$\mathrm{d}u = \sum x_i c_{v,i}\mathrm{d}T \tag{4.65}$$

$$\mathrm{d}h = \sum x_i c_{p,i}\mathrm{d}T \tag{4.66}$$

值得指出，熵不仅仅是温度的函数，还是压力的函数，所以各组元的熵 s_i 是温度 T 和组元压力 p_i 的函数

$$s_i = f(T, p_i) \tag{4.67}$$

于是，第 i 组元的熵变量为

$$\mathrm{d}s_i = c_{p,i}\frac{\mathrm{d}T}{T} - R_{\mathrm{g},i}\frac{\mathrm{d}p_i}{p_i} \tag{4.68}$$

$$\mathrm{d}s = \sum x_i \mathrm{d}s_i \tag{4.69}$$

混合物中的分压力可以通过方程(4.44)或(4.48)求得.

4.3　理想气体的基本热力过程

热力过程是建立热力循环的关键要素，只有建立了热力循环才能连续不断地实现热与功的相互转换，在热机中才能不断地产生动力，从而为人类服务. 在实际过程中采用的大多是气体工质，它们在很多时候可以当作理想气体对待，因此研究理想气体的热力过程是非常重要的. 实际过程中由于不可逆性的大量存在，过程往往是非常复杂的，尽管如此，不同的过程仍然能够找到不同的特点，根据这些特点并作一些大致的假设仍然可以对过程进行深入研究，这就是本节内容的目的.

为了突出能量转化的主要矛盾，在初步的理论研究中可以暂时不考虑系统的不可逆性，认为过程是可逆的. 另外，要积极寻找过程的特点，抓住这些特点，使问题得到简化，进而建立

起能量转换的基本关系，这是本节讨论问题的基本方法. 比如，刚性容器中的变化过程，可以认为是容积不变的过程；换热器中工质流动缓慢，压力下降不多，可以认为是等压过程；燃气轮机中的燃气流动过程由于工质流动速度快，向外传热与工质内能和对外做功的大小比较起来可以忽略不计，所以可以认为是绝热过程等. 这些过程的特点为我们列出状态参数之间的关系提供了条件，这就是所谓的过程方程. 依据过程方程并联合理想气体状态方程，就可以求解出工质终了状态的状态参数.

理想气体热力过程的研究步骤如下：

(1) 发现过程特点，列出过程方程；

(2) 根据过程方程和理想气体状态方程，导出过程中基本状态参数之间的关系；

(3) 根据热力学第一定律 $\delta q = du + \delta w$ 和可逆过程中 $\delta w = pdv$ 和 $\delta w_t = -vdp$，计算过程功量和热量. 同时特别注意理想气体内能、焓和熵的计算公式 $du = c_v dT$，$dh = c_p dT$ 和 $ds = c_v \dfrac{dT}{T} + R_g \dfrac{dv}{v}$.

(4) 在 p-v 图或 T-s 图中表示该过程并指出过程方向.

下面根据这些步骤对几种典型的热力学过程进行讨论. 注意，假设过程是可逆的，系统是封闭系统，比热容取定值.

4.3.1 定容过程

比容保持不变的过程称为定容过程.

(1) 过程特点是比容不变，过程方程为 $v = $ 定值，$dv = 0$，$v_1 = v_2$.

(2) 联合理想气体方程，$pv = R_g T$，得到

$$\frac{T_2}{T_1} = \frac{p_2}{p_1} \tag{4.70}$$

(3) 过程功量和热量的计算如下：

定容过程的膨胀功为

$$w = \int_1^2 p dv = 0 \tag{4.71}$$

定容过程的技术功为

$$w_t = -\int_1^2 v dp = v(p_1 - p_2) \tag{4.72}$$

可见，定容过程如果压力变小，则系统对外输出技术功，膨胀功为零. 根据比热容的定义，定容过程吸热量为

$$q = \int_1^2 c_v dT = c_v \Delta T = c_v (T_2 - T_1) \tag{4.73}$$

由热力学第一定律，$q = \Delta u + w$，得到过程的内能变化为

$$\Delta u = q - w = q = c_v \Delta T \tag{4.74}$$

根据理想气体焓变与温度变化的关系，得

$$\Delta h = c_p \Delta T = c_p (T_2 - T_1) \tag{4.75}$$

(4) 在 $p\text{-}v$ 图或 $T\text{-}s$ 图中表示定容过程.

根据过程方程，$v=$ 定值，所以它在 $p\text{-}v$ 图中是一条与 p 轴平行的直线，如图 4.4(a)所示，升温过程指向 p 增大的方向，降温过程为指向 p 减小的方向.

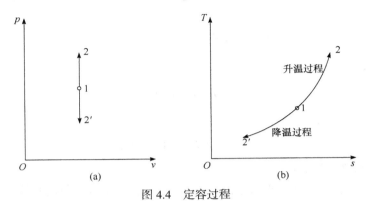

图 4.4　定容过程

根据式(4.34)，得到当 $\mathrm{d}v=0$ 时熵变的方程

$$\mathrm{d}s = c_v \frac{\mathrm{d}T}{T} \tag{4.76}$$

对上式进行定积分得到熵随温度的变化关系方程，即

$$\Delta s_v = c_v \ln \frac{T_2}{T_1} \tag{4.77}$$

$$T = \mathrm{e}^{\frac{s-s_0}{c_v}} \tag{4.78}$$

显然 T 与 s 的关系在 $T\text{-}s$ 图中是一条指数曲线，并由于

$$\left(\frac{\partial T}{\partial s}\right)_v = \frac{T}{c_v} > 0, \quad \left(\frac{\partial^2 T}{\partial s^2}\right)_v = \frac{T}{c_v^2} > 0 \tag{4.79}$$

所以在 $T\text{-}s$ 图中过程线向上凹，如图 4.4(b)所示，s_0 是一个积分常数.

4.3.2　定压过程

压力保持不变的过程称为定压过程.

(1) 过程特点是压力保持不变，过程方程为 $p=$ 定值，$\mathrm{d}p=0$，$p_1=p_2$.

(2) 联合理想气体方程，得到

$$\frac{T_2}{T_1} = \frac{v_2}{v_1} \tag{4.80}$$

(3) 过程功量和热量的计算如下：

定压过程的膨胀功为

$$w = \int_1^2 p\mathrm{d}v = p(v_2 - v_1) \tag{4.81}$$

定压过程的技术功为

$$w_t = -\int_1^2 v\mathrm{d}p = 0 \tag{4.82}$$

可见定压过程如果比容变大，则系统对外输出膨胀功，技术功为零. 根据比热容的定义，定压过程吸热量为

$$q = \int_1^2 c_p \mathrm{d}T = c_p \Delta T = c_p\left(T_2 - T_1\right) \tag{4.83}$$

理想气体的焓变为

$$\Delta h = q = c_p \Delta T \tag{4.84}$$

内能变化仍然可以表示为

$$\Delta u = c_v \Delta T = c_v\left(T_2 - T_1\right) \tag{4.85}$$

(4) 在 $p\text{-}v$ 图或 $T\text{-}s$ 图中表示定压过程.

根据过程方程，$p = $ 定值，所以它在 $p\text{-}v$ 图中是一条与 v 轴平行的直线，如图 4.5(a)所示，升温过程指向 v 增大的方向，降温过程为指向 v 减小的方向.

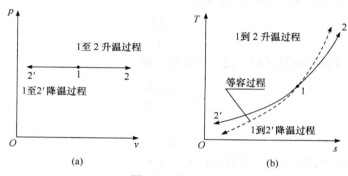

图 4.5　定压过程

根据式(4.35)，得到当 $\mathrm{d}p = 0$ 时熵变的方程

$$\mathrm{d}s = c_p \frac{\mathrm{d}T}{T} \tag{4.86}$$

对上式进行不定积分得到熵随温度的变化关系方程，即

$$\Delta s_p = c_p \ln \frac{T_2}{T_1} \tag{4.87}$$

$$T = \mathrm{e}^{\frac{s-s_0}{c_p}} \tag{4.88}$$

显然 T 与 s 的关系在 $T\text{-}s$ 图中是一条指数曲线，并由于

$$\left(\frac{\partial T}{\partial s}\right)_p = \frac{T}{c_p} > 0, \quad \left(\frac{\partial^2 T}{\partial s^2}\right)_p = \frac{T}{c_p^2} > 0$$

所以在 $T\text{-}s$ 图中过程线向上凹，如图 4.5(b)所示，s_0 是一个积分常数.

例 4.1　1kg 空气从相同初态 $p_1 = 0.1\mathrm{MPa}$、$t_1 = 27℃$ 分别经定容和定压两过程至相同终温 $t_2 = 135℃$，试求两过程终态压力、比容、吸热量、膨胀功、技术功和初终态焓差，并将两过程表示在同一 $p\text{-}v$ 图和 $T\text{-}s$ 图上(比热容采用定值计算).

解 对空气有

$$c_p = 1.004 \text{kJ} / (\text{kg} \cdot \text{K})$$

$$c_v = 0.717 \text{kJ} / (\text{kg} \cdot \text{K})$$

$$R_g = 0.287 \text{kJ} / (\text{kg} \cdot \text{K})$$

(1) 定容过程

$$v_2 = v_1 = \frac{R_g T_1}{p_1} = \frac{0.287 \times 10^3 \times (27 + 273)}{0.1 \times 10^6} = 0.861 (\text{m}^3 / \text{kg})$$

$$\frac{p_2}{p_1} = \frac{T_2}{T_1}$$

$$p_2 = p_1 \frac{T_2}{T_1} = 0.1 \times \frac{135 + 273}{27 + 273} = 0.136 (\text{MPa})$$

$$q = c_v (t_2 - t_1) = 0.717 \times (135 - 27) = 77.44 (\text{kJ} / \text{kg})$$

$$w = 0$$

$$w_t = v_1 (p_1 - p_2) = 0.861 \times (0.1 - 0.136) \times 10^6 \times 10^{-3} = -31.0 (\text{kJ} / \text{kg})$$

$$\Delta h = c_p (t_2 - t_1) = 1.004 \times (135 - 27) = 108.4 (\text{kJ} / \text{kg})$$

(2) 定压过程

$$p_2 = p_1 = 0.1 \text{MPa}$$

$$\frac{v_2}{v_1} = \frac{T_2}{T_1}$$

$$v_2 = v_1 \frac{T_2}{T_1} = 0.861 \times \frac{135 + 273}{27 + 273} = 1.171 (\text{m}^3 / \text{kg})$$

$$q = c_p (t_2 - t_1) = 1.004 \times (135 - 27) = 108.4 (\text{kJ} / \text{kg})$$

$$w = p_1 (v_2 - v_1) = 0.1 \times (1.171 - 0.861) \times 10^6 \times 10^{-3} = 31.0 (\text{kJ} / \text{kg})$$

$$\Delta h = c_p (t_2 - t_1) = 1.004 \times (135 - 27) = 108.4 (\text{kJ} / \text{kg})$$

(3) 两过程在 p-v 图和 T-s 图上的表示如图 4.6 所示. 图中 1—2v 表示定容过程, 1—2p 表示定压过程.

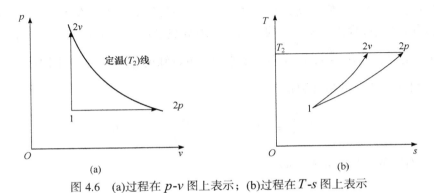

图 4.6 (a)过程在 p-v 图上表示；(b)过程在 T-s 图上表示

本例告诉我们, 由于过程不同, 比热容不同, 尽管初、终温度相同, 但吸热量却不相同. 这也再一次说明热量是过程量, 与路径有关. 而焓是状态参数, 理想气体的焓仅与温度有关,因此初、终态温度分别相同的两过程，其初、终态焓差相同. 由图也可以看出，理想气体的定压过程吸热量大于定容过程吸热量.

4.3.3 定温过程

温度保持不变的过程称为定温过程.

(1) 过程特点是温度保持不变，过程方程为 $T=$ 定值，$\mathrm{d}T=0$，$T_1=T_2$.

(2) 联合理想气体方程，得到 $pv=$ 定值，也有

$$p_1 v_1 = p_2 v_2 \tag{4.89}$$

(3) 过程功量和热量的计算如下：

定温过程的膨胀功为

$$w = \int_1^2 p\mathrm{d}v = \int_1^2 p_1 v_1 \frac{\mathrm{d}v}{v} = p_1 v_1 \ln \frac{v_2}{v_1} \tag{4.90}$$

根据状态参数之间的关系，也可以得到

$$w = p_1 v_1 \ln \frac{p_1}{p_2} = R_{\mathrm{g}} T_1 \ln \frac{p_1}{p_2} \tag{4.91}$$

由于 $pv=$ 定值，所以 $\mathrm{d}(pv)=0$，于是 $-v\mathrm{d}p = p\mathrm{d}v$，所以定温过程的技术功为

$$w_{\mathrm{t}} = -\int_1^2 v\mathrm{d}p = \int_1^2 p\mathrm{d}v = w \tag{4.92}$$

可见，定温过程系统对外输出的膨胀功等于技术功. 根据理想气体性质，内能和焓都只是温度的单值函数，所以定温过程内能和焓的变化都为零，即 $\Delta u = c_v \Delta T = 0$，$\Delta h = c_p \Delta T = 0$. 根据热力学第一定律，$q = \Delta u + w$，定温过程吸热量为

$$q = w = R_{\mathrm{g}} T_1 \ln \frac{p_1}{p_2} \tag{4.93}$$

因此理想气体定温过程中，膨胀功、技术功和热量是相等的.

(4) 在 p-v 图或 T-s 图中表示定温过程.

根据过程方程，$T=$ 定值，所以它在 T-s 图中是一条与 s 轴平行的直线，如图 4.7(b)所示，压力下降的膨胀吸热过程指向 s 增大的方向，压缩放热过程为指向 s 减小的方向.

根据 $pv=$ 定值，得 $p = \dfrac{C}{v}$，C 代表一个常数，可以知道等温线在 p-v 图中是一条等轴双曲线. 在定温条件下，求 v 的偏导数得

$$\left(\frac{\partial p}{\partial v}\right)_T = -\frac{p}{v} < 0, \quad \left(\frac{\partial^2 p}{\partial v^2}\right)_T = \frac{2p}{v^2} > 0 \tag{4.94}$$

说明曲线是向右凹的，如图 4.7(a)所示.

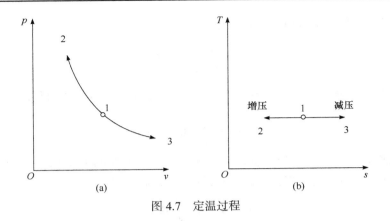

图 4.7 定温过程

4.3.4 定熵过程

理想气体经历可逆绝热过程，熵保持不变，称为定熵过程. 注意，定熵过程与绝热过程是两个概念，只有可逆绝热过程才是定熵过程. 不可逆绝热过程不是定熵过程，因为它的熵产将增加. 等熵过程在气体透平过程中有重要意义.

(1) 过程特点是熵保持不变，过程方程为 $s = $ 定值 ， $\mathrm{d}s = 0$ ， $s_1 = s_2$.

根据方程(4.38)可以得到 p、v 满足的过程方程

$$\mathrm{d}s = c_p \frac{\mathrm{d}v}{v} + c_v \frac{\mathrm{d}p}{p} = 0 \tag{4.95}$$

令 $c_p / c_v = \gamma$ ，称为比热容比，则上式变为

$$\gamma \frac{\mathrm{d}v}{v} + \frac{\mathrm{d}p}{p} = 0 \tag{4.96}$$

积分上式得到

$$\ln(pv^{\gamma}) = 定值$$

$$pv^{\gamma} = 定值 \tag{4.97}$$

如果状态从 1 变化到 2，过程方程可以表示为

$$\frac{p_1}{p_2} = \left(\frac{v_2}{v_1}\right)^{\gamma} \tag{4.98}$$

式(4.97)和式(4.98)是非常重要的状态参数关系式，它是定熵过程特有的过程方程.

(2) 联合理想气体方程，得到 p 与 T、v 之间的进一步关系

$$\frac{T_2}{T_1} = \left(\frac{v_1}{v_2}\right)^{\gamma-1} = \left(\frac{p_2}{p_1}\right)^{\frac{\gamma-1}{\gamma}} \tag{4.99}$$

(3) 过程功量和热量的计算如下.

定熵过程的膨胀功为

$$w = \int_1^2 p\mathrm{d}v = \int_1^2 p_1 v_1^{\gamma} \frac{\mathrm{d}v}{v^{\gamma}} = \frac{1}{\gamma-1}(p_1 v_1 - p_2 v_2) \tag{4.100}$$

根据理想气体状态方程，上式可进一步表述为

$$w = \frac{R_{\mathrm{g}}}{\gamma - 1}(T_1 - T_2) \tag{4.101}$$

由于 $pv^\gamma =$ 定值，所以 $\mathrm{d}(pv^\gamma) = 0$，于是 $-v\mathrm{d}p = \gamma p\mathrm{d}v$，所以定熵过程的技术功为

$$w_{\mathrm{t}} = -\int_1^2 v\mathrm{d}p = \gamma w \tag{4.102}$$

即技术功是膨胀功的 γ 倍，因为 γ 总是大于1，所以技术功的大小总是大于膨胀功的大小.

可逆定熵过程即为绝热过程，所以过程的吸热量为零，即

$$\delta q = 0, \quad q = \int T\mathrm{d}s = 0 \tag{4.103}$$

定熵过程的焓变和内能变化仍可以表示为

$$\Delta u = c_v(T_2 - T_1) \quad \text{和} \quad \Delta h = c_p(T_2 - T_1) \tag{4.104}$$

(4) 在 p-v 图或 T-s 图中表示定熵过程.

根据过程方程，$pv^\gamma =$ 定值，所以

$$\left(\frac{\partial p}{\partial v}\right)_s = -\gamma \frac{p}{v} \tag{4.105}$$

它在 p-v 图中是一条幂函数曲线，比容增加则压力下降，如图 4.8(a)所示. 比较等温过程中的方程(4.94)，发现式(4.94)与式(4.105)非常类似，只是多了一个 γ，因为 γ 是一个大于1的参数，所以在 p-v 图中绝热线是一条比等温线更加陡峭的曲线，图 4.8(a)中也给出了等温线作为比较.

由于过程中始终 $s =$ 定值，因此在 T-s 图中过程线是一条平行于 T 轴的直线，熵始终保持不变，如图 4.8(b)所示.

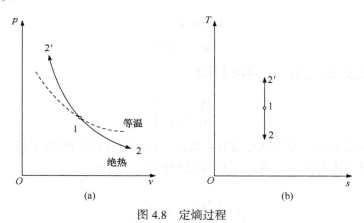

图 4.8 定熵过程

例 4.2 在活塞式气缸中有 0.1kg 空气，初态的压力为 0.5MPa，温度为 600K. 假定空气经历一个可逆绝热过程膨胀到终态压力 0.1MPa. 试求终态温度和容积以及膨胀过程的容积变化功(按定值比热容计算，空气的有关参数为 $R_{\mathrm{g}} = 0.2871\mathrm{kJ}/(\mathrm{kg}\cdot\mathrm{K})$，$\gamma = 1.4$，$c_v = 0.716\mathrm{kJ}/(\mathrm{kg}\cdot\mathrm{K})$).

解 根据理想气体状态方程，可以求得

$$v_1 = \frac{R_g T_1}{p_1} = \frac{0.2871 \times 600}{0.5 \times 1000} = 0.3445(\mathrm{m^3 / kg})$$

已知过程为可逆绝热过程，熵是常数，因此可以利用定熵过程的过程方程求其他参数，得

$$T_2 = T_1 \left(\frac{p_2}{p_1} \right)^{(\gamma-1)/\gamma} = 600 \left(\frac{0.1}{0.5} \right)^{0.4/1.4} = 378.8(\mathrm{K})$$

$$v_2 = v_1 \left(\frac{p_1}{p_2} \right)^{1/\gamma} = 0.3445 \left(\frac{0.5}{0.1} \right)^{1/4} = 1.088(\mathrm{m^3 / kg})$$

$$V_2 = mv_2 = 0.1 \times 1.088 = 0.1088(\mathrm{m^3})$$

在闭口、绝热的条件下，并忽略动、势能的变化，根据热力学第一定律，可以得到膨胀功为

$$Wv = -\Delta U = mc_v(T_1 - T_2) = 0.1 \times 0.716 \times (600 - 378.8) = 15.84(\mathrm{kJ})$$

4.3.5 多变过程

我们知道，在准静态过程中，只有两个状态参数是彼此独立的，其他状态参数可以由已知的两个状态参数求出. 上面讨论的热力过程有一个共同特点，就是在过程中始终有一个状态参数保持不变，这为讨论过程方程提供了很大方便，因为只要再确定一个状态参数，整个状态就确定了. 但实际过程是复杂的，可能所有参数都会发生变化. 比如，在多级压气机中，气体在被压缩的同时还被中间冷却，所以它的压力、温度和比容都在变化. 对于这些过程，是不能简化为上述四种简单的热力过程的.

从另外的角度看，已知理想气体比热容是温度的函数，因此比热容比 $c_p / c_v = \gamma$ 也应该是随温度变化的，即它是一个变数. 为了进一步强调这个变数对气体过程的影响，称满足如下过程方程的热力过程为多变过程，这里 n 称为多变指数.

$$pv^n = 定值$$

实验研究发现，实际过程气体状态参数的关系普遍都遵守这一规律. 在特定的多变过程中，n 是定值，但在不同的多变过程中，n 可以在 0 到 $\pm\infty$ 之间变化.

上述多变过程的设想并不是没有道理的，由于多变指数 n 可以在 0 到 $\pm\infty$ 之间变化，所以上述四种典型的热力学过程完全可以包括在多变过程的特例中：

当 $n = 0$ 时，$p = 定值$，为定压过程；

当 $n = 1$ 时，$pv = 定值$，为定温过程；

当 $n = \gamma$ 时，$pv^\gamma = 定值$，为定熵过程；

当 $n = \pm\infty$ 时，$v = 定值$，为定容过程. 注意，此时过程方程可以写成 $p^{\frac{1}{n}}v = 定值$，$n \to \pm\infty$，所以 $\frac{1}{n} \to 0$，从而有 $v = 定值$.

由于多变过程的过程方程具有与绝热过程相同的形式，不同的只是指数发生了变化，从 γ 变成了 n. 因此，参照定熵过程，做类似的讨论，可以得到多变过程的基本状态参数之间的关系为

$$\frac{T_2}{T_1} = \left(\frac{v_1}{v_2}\right)^{n-1} = \left(\frac{p_2}{p_1}\right)^{\frac{n-1}{n}} \tag{4.106}$$

同理，可得多变过程膨胀功和技术功的表达式，即

$$w = \int_1^2 p\,\mathrm{d}v = \frac{1}{n-1}(p_1v_1 - p_2v_2) \tag{4.107}$$

$$w = \frac{R_g}{n-1}(T_1 - T_2) \tag{4.108}$$

$$w_t = -\int_1^2 v\,\mathrm{d}p = nw \tag{4.109}$$

根据热力学第一定律，可得可逆多变过程的热量为

$$q = \Delta u + w = c_v(T_2 - T_1) + \frac{R_g}{n-1}(T_1 - T_2) \tag{4.110}$$

根据 $c_p - c_v = R_g$ 及 $c_p / c_v = \gamma$ ，推得 $R_g = c_v(\gamma - 1)$ ，所以上式可以进一步写成

$$q = c_v(T_2 - T_1) + \frac{\gamma - 1}{n-1}c_v(T_1 - T_2) \tag{4.111}$$

最后得到

$$q = \frac{n-\gamma}{n-1}c_v(T_2 - T_1) = c_n(T_2 - T_1) \tag{4.112}$$

c_n 为理想气体多变过程的比热容，简称多变比热容，表示为

$$c_n = \frac{n-\gamma}{n-1}c_v \tag{4.113}$$

为了在 p-v 图或 T-s 图中表示多变过程，以便分析过程中状态参数的变化趋势，图 4.9 中分别给出了包括了四种基本热力过程的参数变化曲线. 从图中可以看到，随着 n 的增大，曲线的位置做顺时针的旋转，在 T-s 图中也有类似的情况.

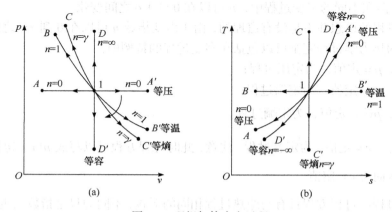

图 4.9 理想气体多变过程

例 4.3 一台压气机在绝热条件下稳定工作，吸入的空气状态为 290K、0.1MPa，出口的空气压力为 0.9MPa，假定进出口的动、势能变化及摩擦都忽略不计，试求每压缩 1kg 空气压

气机所需的轴功. 按定值比热容计算，并且 $c_p = 1.004\text{kJ}/(\text{kg}\cdot\text{K})$，$\gamma = 1.40$．

解　在不考虑动能和势能的变化时，由开口系统的稳定流动方程可以知道，轴功就是系统的技术功. 工质在开口系统中稳定无摩擦的绝热流动过程即是定熵过程，利用定熵过程的参数关系，可得

$$T_2 = T_1\left(\frac{p_2}{p_1}\right)^{(\gamma-1)/\gamma} = 290\left(\frac{0.9}{0.1}\right)^{0.4/1.4} = 543.3(\text{K})$$

在稳定、绝热及忽略动、势能变化的条件下，热力学第一定律普遍表达式可以简化成

$$w_{\text{sh}} = h_1 - h_2 = c_p(T_1 - T_2) = 1.004\times(290 - 543.3) = -254.3(\text{kJ}/\text{kg})$$

这就是每压缩 1kg 空气所需的轴功，负值表示外界向压气机输入的轴功.

4.4　实际气体及其状态方程

上述对理想气体的讨论，都是在气体的分子体积可以忽略不计和假设分子之间没有相互作用的条件下得到的. 实际工程中，很多气体由于分子稠密，分子的体积不能忽略不计，比如水蒸气或者其他有机气体，由于它们离液相区不远，分子之间非常靠近，分子之间的相互作用力往往不能忽略，因此采用理想气体方程去描述它们，往往产生较大的误差.

实际气体方程的
物理和数学思考

当气体的状态不满足理想气体条件时，应对方程进行修正. 数学上修正理想气体状态方程最简单的方式是定义压缩因子为

$$Z = \frac{pv}{R_g T} \tag{4.114}$$

很显然，当压缩因子 $Z = 1$ 时，上式即是理想气体状态方程；当 Z 偏离 1 时，表明该气体已经不是理想气体，偏离越远，离理想气体就越远. 为了解释 Z 的物理意义，对上式稍加改造，变为

$$Z = \frac{v}{R_g T / p} = \frac{v}{v_{\text{id}}} \tag{4.115}$$

因此，压缩因子是实际气体在相同温度和压力下的实际体积与理想气体的体积之比. 注意，Z 既可以大于 1 也可以小于 1. 压缩因子不仅与气体种类有关，还与压力和温度有关，图 4.10 给出了几种气体压缩因子随压力的变化关系. 有了压缩因子的概念之后，可以通过测量实际气体的压缩因子，判断其偏离理想气体的程度，也可直接将压缩因子展开为比容的级数或者压力的级数，从而得到实际气体的状态方程，下面要讨论的维里方程，正是通过展开压缩因子得到的.

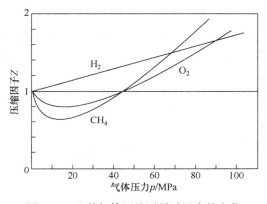

图 4.10　几种气体压缩因子随压力的变化

4.4.1 范德瓦耳斯方程

1873 年，范德瓦耳斯(van der Waals)从分子运动论出发，对理想气体方程进行了改造.

他认为：实际气体分子本身占据体积，使气体分子的活动空间减小，所以理想气体的比容要比实际气体比容小一些，即 $v_{id}=v-b$. 此时，理想气体的状态方程变为

$$p = \frac{R_g T}{v - b} \tag{4.116}$$

这里，b 是一个经验常数，为气体分子不可接近的体积. 另外，考虑到气体分子在较远距离时有吸引力，分子有会聚在一起的趋势，所以当分子去碰撞容器壁时，会有分子力向后拉它，使它对容器壁的碰撞力减少了. 因此，分子力有减少气体压力的趋势，于是理想气体压力要比实际气体的压力大. 而分子间的距离与 v 的平方成反比，所以

$$p_{id} = p + \frac{a}{v^2} \tag{4.117}$$

这里，a 也是一个经验常数. 最后，将 v_{id} 和 p_{id} 代入理想气体方程，即得到范德瓦耳斯方程

$$\left(p + \frac{a}{v^2}\right)(v - b) = R_g T \tag{4.118}$$

该方程是第一个对理想气体进行修正的方程，每一项都有明确的物理意义，在偏离理想状况不大时，能得出较好结果，但在高密度区结果偏离较大.

将范德瓦耳斯方程展开，发现它是比容 v 的三次方程，即

$$v^3 - v^2\left(\frac{R_g T}{p} + b\right) + v\frac{a}{p} - \frac{ab}{p} = 0 \tag{4.119}$$

对该方程改进后，可得到另一个三次方程

$$p = \frac{R_g T}{v - b} - \frac{a}{v^2 + ubv + wb^2} \tag{4.120}$$

其中，a、u、b、w 是常数. 但实践证明，如果把 a 当作是温度的函数，该方程可以得到更准确的计算值. 显然，当常数 $a=b=0$ 时，范德瓦耳斯方程趋于理想气体方程.

4.4.2 雷德利希–邝方程

范德瓦耳斯方程是半经验的状态方程，虽然在定性上能够较好地解释实际气体对理想气体的偏离，但在定量上还不够准确，特别是对一些蒸汽或者有机气体. 雷德利希(Redlich)和邝(Kwong)于 1949 年在范德瓦耳斯方程的基础上，对方程的一些常数进行了变温化处理，提出了雷德利希–邝(R-K)方程

$$p = \frac{R_g T}{v - b} - \frac{a}{v(v + b)\sqrt{T}} \tag{4.121}$$

这里，a 和 b 是经验常数. R-K 方程虽然只用了两个由实验数据拟合的常数，但在相当广的压力范围内对气体的计算都获得了满意的结果，但不能用于饱和气相的计算，有一定局限性.

4.4.3 维里方程

从范德瓦耳斯方程(4.120)可以知道，压力与比容可以展开为某种级数关系，从数学上将压力展开为$1/v$的无穷级数，称为维里方程

$$p = \frac{R_g T}{v} + \frac{B(T)}{v^2} + \frac{C(T)}{v^3} + \frac{D(T)}{v^4} + \cdots \tag{4.122}$$

这里，$B(T)$、$C(T)$、$D(T)$分别称为第二、第三和第四维里系数. 对纯物质流体来说，维里系数只是温度的函数. 特别是对于给定的气体，它们只是温度的单值函数，可用实验测定. 后来发现，第二维里系数与两个分子或两个分子集团间的互相作用有关，第三维里系数与三个分子或三个分子集团间的相互作用有关. 维里方程的显著特点是适应性广，便于根据实际精度要求截取不同的项数，也便于实验数据整理. 比如，在低压下，只要截取方程的前两项就能获得满意的精度. 由于高级维里系数的计算相当复杂，一般取到第三维里系数，很少取到第四项及以上项.

例 4.4 根据下列不同要求，计算水蒸气在 500℃时的压力 p，已知此时水蒸气密度为$\rho = 24\text{kg}/\text{m}^3$.(1) 利用理想气体方程；(2) 利用范德瓦耳斯方程($a=1.703$，$b=0.00169$)；(3) 利用雷德利希–邝方程($a=43.9$，$b=0.00117$)；(4) 利用压缩因子($Z=0.93$)；(5)利用水蒸气表.

解 对水蒸气，$R_g = 0.462\text{kJ}/(\text{kg·K})$，$T = 773\text{K}$.

(1) 利用理想气体方程计算

$$p = \rho R_g T = 24\times 0.462\times 773 = 8570(\text{kPa})$$

(2) 利用范德瓦耳斯方程计算

$$p = \frac{R_g T}{v-b} - \frac{a}{v^2} = \frac{0.462\times 773}{1/24 - 0.00169} - \frac{1.703}{(1/24)^2} = 7950(\text{kPa})$$

(3) 利用雷德利希–邝方程计算

$$p = \frac{R_g T}{v-b} - \frac{a}{v(v+b)\sqrt{T}} = \frac{0.462\times 773}{1/24 - 0.00117} - \frac{43.9}{(1/24)(1/24+0.00117)\sqrt{773}} = 7930(\text{kPa})$$

(4) 利用压缩因子计算

$$p = \frac{Z R_g T}{v} = \frac{0.93\times 0.462\times 773}{1/24} = 7970(\text{kPa})$$

(5) 利用水蒸气表获得.

水蒸气表直接从实验中来，因此水蒸气表的结果是最准确的. 利用温度$T=500℃$和比容$v=1/24 = 0.0417(\text{m}^3/\text{kg})$，查表得$p = 8000\text{kPa}$. 可以发现，利用理想气体方程计算，结果偏差7.1%，而采用其他方程计算，偏差都小于1%.

本 章 小 结

理想气体是热机中最常用到的工质，也是其性质可以理论计算和预测的工质，因此有必要对理想气体的性质进行深入的理解.

理想气体的状态方程为

$$pV = mR_g T \quad (\text{以 kg 为质量单位})$$

$$pV = nRT \quad (\text{以 mol 为计算单位})$$

理想气体的内能和焓都是温度的单值函数. 当温度变化时, 其内能、焓变可以分别表示为

$$du = c_v(T)dT$$

$$dh = c_p(T)dT$$

当温度从 T_1 变化 T_2 时, 内能和焓的变化分别为

$$\Delta u = u_2 - u_1 = \int_1^2 c_v(T)dT$$

$$\Delta h = h_2 - h_1 = \int_1^2 c_p(T)dT$$

如果取定值比热, 则

$$\Delta u = u_2 - u_1 = c_v(T_2 - T_1)$$

$$\Delta h = h_2 - h_1 = c_p(T_2 - T_1)$$

理想气体的熵变可以表示为

$$ds = c_v \frac{dT}{T} + R_g \frac{dv}{v}$$

$$ds = c_p \frac{dT}{T} - R_g \frac{dp}{p}$$

$$ds = c_p \frac{dv}{v} + c_v \frac{dp}{p}$$

当闭口系统经历了一个可逆过程从初态 1 变化到了终态 2 时, 熵变为

$$\Delta s_{12} = s_2 - s_1 = c_v \ln \frac{T_2}{T_1} + R_g \ln \frac{v_2}{v_1}$$

$$\Delta s_{12} = s_2 - s_1 = c_p \ln \frac{T_2}{T_1} - R_g \ln \frac{p_2}{p_1}$$

$$\Delta s_{12} = s_2 - s_1 = c_p \ln \frac{v_2}{v_1} + c_v \ln \frac{p_2}{p_1}$$

这里, c_p 和 c_v 分别是理想气体的定容比热和定压比热, 它们的关系为

$$c_p - c_v = R_g$$

$$c_v = \frac{R_g}{\gamma - 1}$$

$$c_p = \frac{\gamma R_g}{\gamma - 1}$$

这里, γ 是理想气体的比热容比, 并有 $\gamma = c_p / c_v$. 对可逆绝热过程, 有 $pv^\gamma =$ 常数.

混合理想气体的气体常数、比热容、内能、焓和熵可分别表示为

$$R_{\mathrm{g}} = \frac{R}{\sum y_i M_i}$$

$$c_v = \sum x_i c_{v,i}$$

$$c_p = \sum x_i c_{p,i}$$

$$U = mu = \sum m_i u_i, \quad u = \sum x_i u_i$$

$$H = mh = \sum m_i h_i, \quad h = \sum x_i h_i$$

$$S = ms = \sum m_i s_i, \quad s = \sum x_i s_i$$

式中，x_i 是组元气体的质量分数；y_i 是组元气体的摩尔分数.

理想气体热力过程是完成热力学循环的重要步骤，典型的热力学过程有定容过程、定压过程、定温过程和定熵过程，更为复杂的有多变过程. 各过程中，由于过程特点不同，它们的做功与传热量各不相同，这正是一个完整热机循环能对外做功的根本原因.

定容过程：$\mathrm{d}v = 0$

膨胀功　$w = 0$

技术功　$w_{\mathrm{t}} = v(p_1 - p_2)$

吸热量　$q = c_v(T_2 - T_1)$

内能变化　$\Delta u = q = c_v \Delta T$

焓变化　$\Delta h = c_p \Delta T = c_p(T_2 - T_1)$

熵变化　$\Delta s_v = c_v \ln(T_2 / T_1)$

定压过程：$\mathrm{d}p = 0$

膨胀功　$w = p(v_2 - v_1)$

技术功　$w_{\mathrm{t}} = 0$

吸热量　$q = c_p(T_2 - T_1)$

内能变化　$\Delta u = c_v(T_2 - T_1)$

焓变化　$\Delta h = c_p(T_2 - T_1)$

熵变化　$\Delta s_v = c_p \ln(T_2 / T_1)$

定温过程：$\mathrm{d}T = 0$

膨胀功　$w = p_1 v_1 \ln \dfrac{v_2}{v_1}$

技术功　$w_{\mathrm{t}} = w$

吸热量　$q = w = w_{\mathrm{t}}$

内能变化　$\Delta u = 0$

焓变化　$\Delta h = 0$

熵变化　$\Delta s_v = R_{\mathrm{g}} \ln \dfrac{p_1}{p_2}$

定熵过程：$pv^{\gamma} = $ 定值

膨胀功　$w = \dfrac{R_{\mathrm{g}}}{\gamma - 1}(T_1 - T_2)$

技术功　　$w_t = \gamma w$

吸热量　　$q = 0$

内能变化　　$\Delta u = c_v (T_2 - T_1)$

焓变化　　$\Delta h = c_p (T_2 - T_1)$

熵变化　　$\Delta s_v = 0$

多变过程是对实际热力学过程的总结，它的显著特征是 $pv^n =$ 定值. 从过程特征上看，它与定熵过程类似，因此多变过程中的热力学参数的变化可以借助定熵过程得到，即为

膨胀功　　$w = \dfrac{R_g}{n-1}(T_1 - T_2)$

技术功　　$w_t = n \cdot w$

吸热量　　$q = \dfrac{n - \gamma}{n - 1} c_v (T_2 - T_1)$

内能变化　　$\Delta u = c_v (T_2 - T_1)$

焓变化　　$\Delta h = c_p (T_2 - T_1)$

熵变化　　$\Delta s_n = \dfrac{n - \gamma}{n - 1} c_v \ln(T_2 / T_1)$

当气体的状态不满足理想气体条件时，应对气体方程进行修正. 定义压缩因子为

$$Z = \frac{pv}{R_g T}$$

当压缩因子 $Z = 1$ 时，上式即是理想气体状态方程. 压缩因子可以被改造为

$$Z = \frac{v}{R_g T / p} = \frac{v}{v_{id}}$$

可见，压缩因子是实际气体在相同温度和压力下的实际体积与理想气体的体积之比.

范德瓦耳斯方程是描述偏离理想气体不远的实际气体方程

$$\left(p + \frac{a}{v^2} \right)(v - b) = R_g T$$

a 和 b 是两个经验常数. 将范德瓦耳斯方程展开，发现它是比容 v 的三次方程，即

$$v^3 - v^2 \left(\frac{R_g T}{p} + b \right) + v \frac{a}{p} - \frac{ab}{p} = 0$$

$$p = \frac{R_g T}{v - b} - \frac{a}{v^2 + ubv + wb^2}$$

其中 a、u、b、w 是常数.

(1) 雷德利希–邝方程：雷德利希和邝于 1949 年在范德瓦耳斯方程的基础上，对方程的一些常数进行了变温化处理，提出了雷德利希–邝方程

$$p = \frac{R_g T}{v - b} - \frac{a}{v(v + b)\sqrt{T}}$$

这里，a 和 b 是经验常数.

(2) 维里方程：将压力展开为 $1/v$ 的无穷级数，称为维里方程

$$p = \frac{R_g T}{v} + \frac{B(T)}{v^2} + \frac{C(T)}{v^3} + \frac{D(T)}{v^4} + \cdots$$

这里，$B(T)$、$C(T)$、$D(T)$ 分别称为第二、第三和第四维里系数.

问题与思考

4-1　理想气体与实际气体的关键差别是什么？什么情况下实际气体逐渐趋近于理想气体？

4-2　如何说明理想气体的热力学能、焓都是温度的单值函数.

4-3　理想气体过程都有其特点或特征，试写出四个典型过程的过程特征.

4-4　迈耶公式 $c_p - c_v = R_g$ 适用于高压水蒸气吗？

4-5　关于理想气体混合物的道尔顿定律和阿马加定律，它们成立的条件是什么？

4-6　由 0.08 kmol 氧气、0.65 kmol 氮气和 0.3 kmol 二氧化碳组成混合气体，问该混合气体的摩尔质量为多少？气体常数为多少？

4-7　在一个氮气与氧气等摩尔分子数混合的体系中，体系中氮气与氧气的质量分数相等吗？

4-8　有没有可能有一种双组分的混合气体，其质量分数与摩尔分数相同？

4-9　如何评估一个理想混合气体物分别在条件为 T_1，p_1 和 T_2，p_2 的熵值变化？

4-10　在相同温度和压力下，两相同气体经绝热混合，会不会产生熵变？

4-11　已知理想气体某定温过程吸热量为 10kJ，它的内能变化是多少？

4-12　等容过程的膨胀功是多少？等压过程的技术功是多少？

4-13　用 $\Delta u = u_2 - u_1 = \int_1^2 c_v \mathrm{d}T$ 和 $\Delta h = h_2 - h_1 = \int_1^2 c_p \mathrm{d}T$ 计算气体的内能变化和焓变时，条件是什么？

4-14　理想气体的内能、焓和熵的零点可以任意确定吗？

4-15　从什么地方可以发现，$p\text{-}v$ 图上绝热膨胀过程线要比等温膨胀过程线更加陡峭？

4-16　为什么说理想气体多变过程的过程方程能概括四个基本的热力过程？

4-17　如果某种气体的状态方程式为 $pv = R_g T$，那么这种气体的比定容热容、热力学能、焓仅仅是温度的函数吗？

4-18　如图 4.11 所示，1—2 为定容过程，1—3 为定压过程，状态点 2 和 3 位于一定熵过程线上. 试比较过程 1—2 和 1—3 的吸热量 q_{12} 和 q_{13} 的相对大小.

4-19　试简述压缩因子的物理含义，其是否为常数？

4-20　使气体等压膨胀，需要外加什么条件？并将这一过程用 $T\text{-}s$ 图表示出来.

4-21　说明下列论断正确与否.

　　(1) 气体吸热后一定膨胀，内能一定增加；

　　(2) 气体膨胀时一定对外做功；

　　(3) 气体压缩时一定消耗外功.

4-22　解释范德瓦耳斯方程中两个经验常数的物理意义.

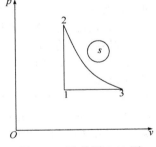

图 4.11　思考题 4-18 图

4-23　维里方程是将压力展开为比容的级数，当只取前三项时，比较它与范德瓦耳斯方程的异同.

本 章 习 题

4-1　摩尔质量为 30g/mol 的某理想气体，在定容下由 275℃加热到 845℃，若热力学能变化为 400kJ/kg，问焓变化了多少？

4-2　CO_2 气体 2kg，由 $p_1 = 800$kPa、$t_1 = 900$℃，膨胀到 $p_2 = 120$kPa，$t_2 = 600$℃，试利用定值比热求其热力学能、焓和熵的变化.

4-3　试证明理想气体定熵过程的过程方程为 $pv^\gamma = C$，其中 $\gamma = c_p / c_v$ 为比热容比，C 为常数.

4-4　某理想气体初温 $T_1 = 470K$，质量为 2.5kg，经可逆定容过程，其热力学能变化为 $\Delta U = 295.4kJ$，求过程功、过程热量以及熵的变化. 设该气体 $R_g = 0.4kJ/(kg \cdot K)$，$\gamma = 1.35$，并假定比热容为定值.

4-5　一容积为 $0.2m^3$ 的储气罐，内装氮气，其初压力 $p_1 = 0.5MPa$，温度 $t_1 = 37℃$. 若对氮气加热，其压力、温度都升高. 储气罐上装有压力控制阀，当压力超过 $0.8MPa$ 时，阀门便自动打开，放走部分氮气，即罐中维持最大压力为 $0.8MPa$. 问：当储气罐中氮气温度为 287℃时，对罐内氮气共加入多少热量？设氮气比热容为定值.

4-6　空气进行可逆压缩的多变过程，多变指数 $n = 1.3$，耗功量为 67.8kJ，求热量和热力学能变化.

4-7　一个封闭系统中含有 5kg 的气体. 该系统在从初状态：$p_1 = 0.1MPa$，$v_1 = 0.2m^3/kg$ 到达末状态 $p_2 = 0.025MPa$ 的过程中，始终满足 $pv^{1.3} = $ 常数这一关系. 试求该系统最终的体积(以 m^3 为单位表示)，并绘制该过程压力随比容的变化曲线.

4-8　1kg 的空气经历了如下面三个过程组成的热力学循环：

过程 1—2：等比容

过程 2—3：等温膨胀

过程 3—1：等压压缩

状态 1 时的温度为 300K，压力为 0.1MPa. 状态 2 的压力为 0.2MPa. 该空气可视为理想气体，则：

(1) 请绘制该循环的 p-v 图；

(2) 状态 2 时的温度为多少(K)？

(3) 状态 3 的比容为多少？

4-9　一个活塞–气缸装置中含有温度为 300K、压力为 0.1MPa 的 0.9kg 空气. 该空气被压缩至温度为 470K，压力为 0.6MPa. 在压缩过程中，空气向环境散失了 20kJ 的热量. 请使用空气的理想气体模型确定该过程所耗的功.

4-10　两个箱体通过阀门连接. 一个箱体中含有 2 kg 温度为 77℃，压力为 70kPa 的一氧化碳. 另一箱体同样含有 8 kg 的一氧化碳，其温度为 27℃，压力为 120kPa. 阀门打开后，两气体混合，同时获得环境的热量，最终平衡温度为 42℃. 请使用理想气体模型，确定：

(1) 最终平衡压力；

(2) 该过程中外界对一氧化碳的传热量.

4-11　空气在活塞–气缸装置中经历了一个从 $p_1 = 0.1MPa$，$T_1 = 22℃$ 到 $p_2 = 0.5MPa$ 的多变压缩过程. 请使用理想气体模型，确定当 $n=1.3$ 时，单位质量空气所做的功及传热量(以 kJ/kg 为单位表示).

4-12　一个刚体圆桶中含有压力为 1.04bar 的 $0.006m^3$ 的氮气(摩尔质量为 28kg/kmol)，其温度为 15℃. 该氮气被可逆加热到温度为 90℃. 试计算该过程中所提供的热量以及熵的变化，并绘制 T-s 示意图. 在此题中，氮气的等熵指数 γ 为 1.4，并假设氮气为理想气体.

4-13　已知某个 $\gamma=1.26$ 的理想气体的摩尔质量为 26kg/kmol. 其 T-s 图遵循线性规律，从温度为 727℃，体积为 $0.003m^3$ 可逆膨胀到温度为 2℃，体积为 $0.6m^3$. 试画出该过程的 T-s 图，并计算对每千克气体所做的功.

4-14　102 kPa 下，20℃的 1kg 空气经历了某一过程后压力上升到 612kPa，其体积变为 $0.25m^3$. 请计算该过程的熵变，并在 T-s 图上标明初始状态及最终状态.

4-15　在 300K 的温度条件下，如果已知氮气、氧气、二氧化碳混合物中的摩尔分数，如何求比热容比 γ？

4-16　已知某混合气体的相对分子质量 33，其初状态的压力为 0.3MPa，温度为 300K，体积为 $0.1m^3$. 该混合气体经历了一个压力–体积满足 $pV^{1.3} = $ 常数的膨胀过程. 在膨胀同时，有 3.84 kJ 的热量传递给气体. 假设理想气体模型中，$c_v = 0.6 + (2.5 \times 10^{-4})T$，其中，$T$ 的单位为 K，c_v 的单位为 kJ/(kg·K). 若动能及势能的影响可忽略不计，请问：

(1) 末状态时的温度为多少(K)？

(2) 末状态时的压力为多少？

(3) 末状态时的体积为多少？

(4) 做的功为多少？

4-17　某温度为 30℃，压力为 0.2 MPa 的混合气体的摩尔分数为：40% N_2，50% CO_2，10% CH_4. 请问：

(1) 该分数如何用质量分数表示？

(2) 各成分的分压力分别为多少？

(3) 50kg 的此气体的体积为多少？

4-18　23℃，0.1MPa 的天然气进入火炉时，其成分的摩尔比为：40%丙烷(C_3H_8)，40%乙烷(C_2H_6)，20%甲烷(CH_4). 请确定：

(1) 各成分的质量分数分别为多少？

(2) 各成分的分压分别为多少？

(3) 若已知天然气的体积流量为 20m^3/s，其质量流量为多少？

4-19　氦气(He)的初状态为 0.2MPa，200K. 在经历了一个 $n = \gamma$ 的多变过程后到达末状态，其末状态压力为 1.4 MPa. 假设氦气为理想气体，请问该过程中每千克氦气的传热量与所做的功分别为多少？

4-20　一个封闭系统由质量为 m 的理想气体构成. 其气体的比热容比为γ. 若动能及势能的变化可忽略不计，试证明对于任意绝热过程，系统所做的功为

$$W = \frac{mR_g(T_2 - T_1)}{1 - \gamma}$$

4-21　二氧化碳 CO_2 的相对分子质量为 44. 在一次实验中可知 CO_2 的γ为 1.3. 假设 CO_2 为理想气体，试计算气体常数 R，以及在等压与等容条件下的比热容 c_p 与 c_v.

4-22　一个刚性气缸中含有压力为 0.5MPa，温度为 15℃的氦气(摩尔质量为 4kg/kmol). 现将该气缸与另一个压力为 1.0MPa、温度为 15℃的巨大的氦气源相连接. 当刚性气缸中压力升高到 0.8MPa 时，连接气缸的阀门关闭. 假设传热对该过程无影响，试计算气缸中氦气的最终温度. 已知氦气的 c_v 为 3.12kJ/(kg·K).

4-23　一个标准空气奥托循环的压缩比为 8.5. 压缩初始时，$p_1 = 100$ kPa，$T_1 = 300$K. 单位质量空气的加热量为 1400 kJ/kg. 请确定：

(1) 单位质量空气的净功(以 kJ/kg 为单位表示)；

(2) 该循环的热效率；

(3) 平均有效压力(以 kPa 为单位表示)；

(4) 该循环中的最高温度(以 K 为单位表示)；

(5) 为了研究压缩比与净功的关系，请绘制当压缩比从 1 到 12 时，净功随压缩比的变化关系图.

4-24　一个标准空气奥托循环的压缩比为 7.5. 压缩初始时刻，$p_1 = 85$ kPa，$T_1 = 32$℃. 空气的质量为 2g. 该循环的最高温度为 960K. 请确定该循环：

(1) 放出的热量为多少？

(2) 净功为多少？

(3) 热效率为多少？

4-25　一个标准空气狄塞尔循环在压缩初始时压力与温度分别为 95kPa 和 300K. 在加热过程结束时刻，压力为 7.2MPa，温度为 2150K. 请确定该循环的：

(1) 压缩比；

(2) 预膨比；

(3) 热效率.

4-26　一个标准空气狄塞尔循环的最高温度为 1800K. 压缩初始时刻，$p_1 = 95$ kPa，$T_1 = 300$K. 空气质量为 12g. 请绘制压缩比从 15 到 25 时，下列各项随压缩比的变化关系：

(1) 该循环的净功(以 kJ 为单位表示)；

(2) 热效率；

(3) 平均有效压力(以 kPa 为单位表示).

4-27　一个标准空气混合循环的压缩比为 16，预膨比为 1.15. 压缩初始时刻，$p_1 = 95$ kPa，$T_1 = 300$K. 在等容加热过程中，压力增长了 2.2 倍. 若空气质量为 0.04 kg. 请问：

(1) 等容加热量与等压加热量分别为多少？

(2) 该循环的净功为多少?

(3) 放出热量为多少?

(4) 热效率为多少?

4-28　有两个容器, 其中一个的体积是另一个的 2 倍. 两个容器通过阀门相连接, 并将它们全部浸入恒温水浴中. 小容器中含有氢气(摩尔质量为 2kg/kmol), 另一个容器内完全真空. 假设氢气为理想气体, 计算当上述一切准备完毕, 阀门打开后每千克气体的熵变. 并绘制 T-s 图.

4-29　压力为 500kPa 的 550℃气体进入汽轮机后, 离开时压力降为 100kPa. 虽然该过程可近似为绝热过程, 但气体的熵变化了 0.174kJ/(kg·K). 假设该气体为理想气体, 其 γ=1.333, c_p=1.11kJ/(kg·K). 计算气体离开汽轮机时的温度, 并绘制此过程的 T-s 图.

4-30　计算氮气在 220K、比容为 0.04m³/kg 时的压力. (1) 用理想气体方程; (2) 用范德瓦耳斯方程; (3)用 R-K 方程.

4-31　10kg、600℃的蒸汽被装在 182L 的罐内, 计算它的压力: (1) 用理想气体方程; (2) 用范德瓦耳斯方程; (3) 用 R-K 方程; (4) 用压缩因子. 一些参数在例题中寻找.

第 5 章 水蒸气及其热力过程

5.1 纯物质的相变过程

要实现热功转换,离不开工作媒介物质. 比如,在水泵中以水作为工质;在燃气轮机中以燃气作为工质;在蒸汽轮机中以水蒸气作为工质;在空调压缩机中以氟利昂等有机物蒸气作为工质等. 因此,对工质的热物理性质进行了解是非常必要的. 一般物质有三种集态形式,分别是固态、液态和气态,国际上称为相,所以物质有三相:固相、液相和气相. 在热力学中最重要的工质形态是液相和气相,对固相的讨论不多.

物质的相之间可以互相转化也可以互相共存,固相可以转变为液相,液相也可以转变为气相,物质相的存在形式与物质的基本状态参数密切相关,即它受到其承受的压力和温度的强烈影响,而且这种影响是一一对应的,是状态参数的单值函数. 于是,可以在状态参数图上对相及相变过程进行描述,这类图俗称相图. 图 5.1 给出了在 p-T 坐标系中物质三相的相互变化关系.

图 5.1 中存在三条曲线,分别是升华线、溶解线和蒸发线. 升华线将固相与气相分开;溶解线将固相与液相分开;蒸发线将液相与气相分开. 于是,图中存在三个明显的区域:固态区、液态区和气态区. 图中,还有两个非常重要的点,分别是三相点和临界点. 三相点是固、液、气共存的点,在这一点上水蒸气、水和冰三相共同存在. 在三相点上有确定的压力和温度,所以它对某一确定纯物质来说是确定的. 临界点是蒸发线的上端点,在这一点之上,气态与液态没有区别. 下面的深入研究也证明,临界点正是饱和液体线与饱和蒸汽线的交点.

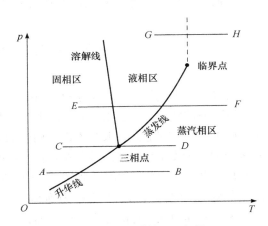

图 5.1 纯物质的 p-T 相图

如果状态参数发生变化,那么原有的相平衡将被打破. 比如,原来处于固态区 A 点的物质,在等压下提高物质的温度,那么状态可以直接跨过升华线到达气态区的 B 点,发生了固–气相变. 同样,原来处于 C 点的物质经等压升温后,跨越三相点直接到达气态区的 D 点,也实现了固–气相变. 对于常见物质来说,升华过程是相对困难的,易于实现的是 E—F 过程,在等压升温过程中,固体首先变成液体,然后再转变为气体,所以 E—F 线跨越了固、液、气三个区. 图 5.1 中的 G—H 线处于临界点之上,在这个区域,无论压力多大,物质永远都处于气体状态,或者说在这个区域,气态与液态是没有多大区别的.

前面已经提到,热力学中最关注的是液态和气态物质,因此气液相变过程受到格外重视. 对比态原理告诉我们,在状态参数相图上,各种纯物质有着基本类似的形状和特点,这为进一步研究气液相变过程带来了方便.

在气–液或液–气相变过程中出现了诸多特殊的状态,为了熟识和了解这些状态,首先对几个重要的基本概念进行介绍.

饱和温度:在给定压力条件下,气–液即将发生相变过程的温度.

饱和压力:与饱和温度对应的压力称为饱和压力. 即在饱和压力下达到饱和温度,液体就会出现蒸发过程,或者蒸汽就会出现冷凝过程.

饱和液体:在饱和温度和饱和压力下的液态物质.

饱和蒸汽:在饱和温度和饱和压力下的气态物质.

过冷液体:温度低于饱和温度的液态物质.

过热蒸汽:温度高于饱和温度的蒸汽物质.

蒸汽干度:蒸汽的质量与气液混合物总质量的比.

有了上述基本概念之后,5.2 节将以水作为典型工质,对液–气相变过程的特性进行全面研究,研究中虽以水作为对象,但其结果可以类比到其他工质中.

5.2　定压下水蒸气的发生过程

假设一个大气压下 20℃的纯水被包围在气缸中,如图 5.2 中状态 1 所示. 在此条件下,水处于过冷液体状态,不会发生汽化过程,所以是过冷水. 现在,给水加热,那么水的温度将上升,并随着温度的上升,水的体积有稍微的膨胀,所以比容稍微增加了,作为结果,活塞稍微上移. 但压力保持为常数,因为外界和重物的压力都没有变化. 随着热量的继续加入,温度不断上升,直到 100℃,此时达到图 5.2 中的状态 2,水仍然为液体,但任何多余的热量加入都会有水蒸气产生,所以这个点称为饱和点,处于这个点上的水叫饱和水.

热量继续加入,有部分水变成了蒸汽,但温度不再上升,继续加热,气缸中变成蒸汽的部分越来越多,水越来越少,但温度和压力仍然保持不变,体积显著增加,这个阶段称为湿蒸汽阶段. 在这个阶段中,水仍然是饱和水,蒸汽也是饱和的,但由于是蒸汽与水共存,所以叫湿蒸汽,表明是与水共存的,与此对应的温度叫饱和温度,它是与压力一一对应的. 一旦气缸中的水全部变成了蒸汽,达到状态 4,这时气缸中水的质量为 0,但蒸汽仍然是饱和的,所以叫干饱和蒸汽.

一旦越过了状态 4,继续加热将使气缸中水蒸气的温度升高,成为在此压力下的过热蒸汽. 当水全部变为过热蒸汽后,工质将满足气体的状态方程. 但值得指出的是,由于蒸汽距离液态比较近,微观粒子之间的作用力大,分子本身占据的体积也不能忽略,所以蒸汽一般是不能够当作理想气体对待的,它的物理性质较理想气体复杂得多,它的状态方程、焓、内能和熵的计算式都不像理想气体的那么简单,一般要借助工程图表进行计算.

由上述讨论可以发现,蒸汽在定压下的发生过程共分为三个阶段和五种状态,加温过程中,三个阶段分别是过冷阶段、湿蒸汽阶段和过热蒸汽阶段,五种状态分别是过冷水、饱和水、湿蒸汽、干饱和蒸汽和过热蒸汽. 过程的状态变化在 T-v 图中的表示如图 5.2 下部的折线表示. 如果系统经历一个降温过程,上述阶段和状态也依然存在,只是出现的次序相反.

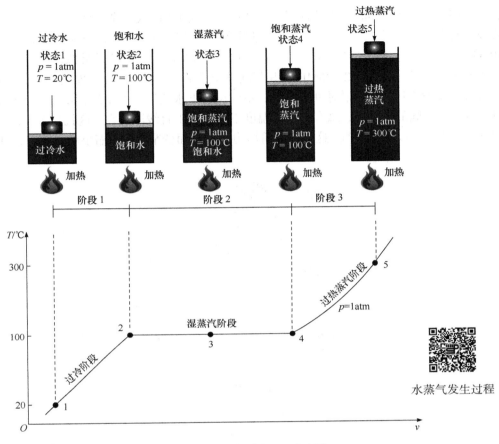

图 5.2　水蒸气发生过程及在 T-v 上表示

为了表示水蒸气的发生过程，除了用 T-v 图表示外，也常用 T-s 图表示，它的优势是，过程曲线向 s 轴的投影所包围的面积就是过程吸收的热量，这一特点可以很容易计算出汽化过程的汽化潜热，如图 5.3 所示. 事实上，相变潜热依赖于过程的温度和压力，因为温度和压力不同，湿蒸汽区包围的面积不同.

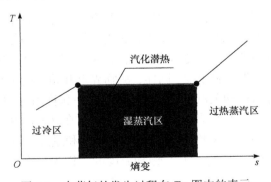

图 5.3　水蒸气的发生过程在 T-s 图中的表示

图 5.2 中给出了水在 1atm 压力下的蒸汽发生过程，表明它存在三个阶段、五种状态. 如果在更高或者更低的压力下做同样的加热过程，情况会怎么样呢？比如，将压力提高到 1MPa，这时在相同的温度 20℃下，液态水的比容稍微有一些减少，因为它被压缩了，但这个压缩量

非常有限. 当给水加热时, 实验证明, 与 1atm 时的过程曲线完全类似, 也产生一条经历三个阶段五种状态的过程曲线, 但会发现, 过程在湿蒸汽阶段变窄了, 对应的饱和温度也不再是99.634℃, 而是上升到了 179.916℃. 当压力加到 20MPa, 情况还是类似, 只是湿蒸汽阶段进一步变窄. 直到压力等于 22.06MPa, 湿蒸汽段变成了一个点, 称为临界点. 跨过了这个点, 液态与气体将没有区别, 或称永恒的气体. 不同压力下水蒸气的发生过程示于图 5.4 中. 从图可以发现, 在不同的压力下, 总有压力和温度不变的水平直线段存在, 这就是湿蒸汽区, 水与蒸汽共同存在, 所以称湿蒸汽. 这个区随着压力的升高而变窄, 最后缩小成一个点, 叫做临界点.

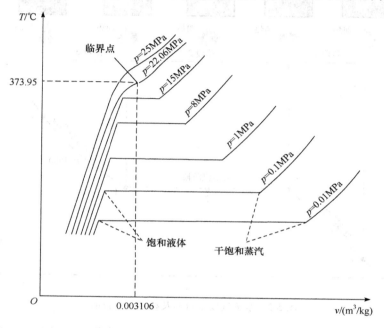

图 5.4 不同压力下水蒸气的发生过程

5.3 水蒸气的 T-v 图和 p-v 图

从 5.2 节的讨论知道, 定压下水蒸气的发生过程存在三个阶段、五种状态, 而且不同压力下得到的曲线基本类似, 如图 5.4 所示. 过冷水加热段与湿蒸汽加热段的交点是饱和水状态, 湿蒸汽加热段与过热蒸汽段的交点是饱和蒸汽状态, 从临界点开始, 连接所有不同压力下的饱和水状态得到一条曲线, 称为饱和水线. 同样, 从临界点开始, 连接所有不同压力下的饱和蒸汽状态得到一条曲线, 称为饱和蒸汽线. 两条曲线合在一起称为饱和曲线, 如图 5.5 所示. 当然, 在 p-v 图上饱和曲线也有类似结构, 如图 5.6 所示. 在 T-v 图和 p-v 图上饱和曲线将图分成了三个区域: 过冷液体区(或称未饱和水区)、湿蒸汽区和过热蒸汽区. 在过冷液体区(过冷水区)液体水的温度都低于饱和温度 T_s, 它与饱和温度的差称为过冷度, 用 L 表示.

$$L = T_s - T \tag{5.1}$$

从过冷水加热到饱和水所需要的热量可以用下式计算:

$$Q = mc_p(T_s - T) \tag{5.2}$$

这里, c_p 是水的定压比热. 也可以用饱和水的焓减去过冷水的焓来计算, 即

$$Q = m(h' - h) \tag{5.3}$$

饱和水的焓和过冷水的焓都可以在水蒸气表中查到. 注意，除了压力和温度外，国际上规定所有处于饱和水状态下的参数均在右上角标加 "′"，以示和其他状态区别，如 h'、v' 和 s' 等.

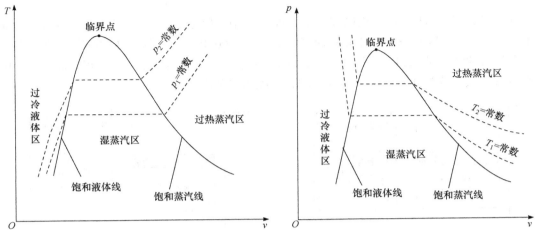

图 5.5　水–水蒸气的饱和曲线 T-v 图　　　图 5.6　水–水蒸气的饱和曲线 p-v 图

当蒸汽到达饱和蒸汽线上的状态后，如果继续对它加热，蒸汽的温度将会上升，比容增加，熵和焓值也将增加. 这时蒸汽的温度高于同压下饱和蒸汽的温度，故称过热蒸汽. 过热蒸汽的温度与同压下饱和蒸汽的温度差称为过热度，用 D 表示

$$D = T - T_s \tag{5.4}$$

在这一阶段吸收的热量称为过热热，用 Q_D 表示

$$Q_D = m(h - h'') \tag{5.5}$$

式中，h 是过热蒸汽的焓. 同样，除了压力和温度外，国际上规定，在饱和蒸汽线上的状态参数均在右上角标加 "″"，以示和其他状态区别，如 h''、s'' 和 v'' 等.

饱和曲线上有一个非常特殊的点 C，称为临界点. 几乎所有的纯物质都有一个临界点，而且临界点的参数是确定的. 表 5.1 给出了几种纯物质的临界点参数.

表 5.1　几种纯物质的临界点参数

	临界温度/℃	临界压力/MPa	临界比容/(m³/kg)
水	374.14	22.064	0.003155
二氧化碳	31.05	7.39	0.002143
氧	−118.35	5.08	0.002438
氢	−239.85	1.30	0.032192

临界状态的出现说明，当压力提高到临界压力时，汽化过程不再存在两相共存的湿蒸汽区，而是在温度达到临界温度时，液态将连续地转变为气态，即汽化过程缩短为一个点，汽化在一瞬间完成. 这时，汽化过程不需要汽化潜热，或者说这时气体和液体不再有区别. 如果继续提高压力，汽化过程将不再有湿蒸汽区，而且只要温度大于临界温度 T_C，不论压力多大，

气体永远不可能变成液体, 成为永久气体.

5.4 湿蒸汽的干度及状态参数计算

现在来考察湿蒸汽区. 湿蒸汽区起于饱和水线, 结束于饱和蒸汽线, 其间的长度视压力而定, 压力越大, 这个区间越短. 图 5.7(a)示出了压力为 100kPa 时的湿蒸汽区的情况. 在湿蒸汽区, 一个显著的情况是水和水蒸气共存. 观察图 5.2 中状态 3 的活塞也可以发现, 此时活塞中既有水也有蒸汽, 认为此时的蒸汽是潮湿的, 因此叫湿蒸汽状态.

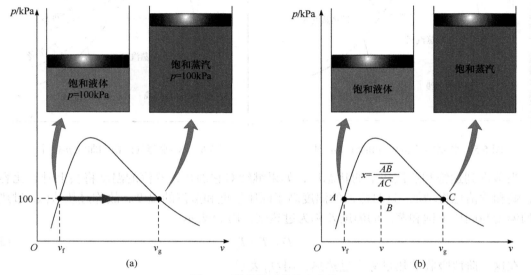

图 5.7 湿蒸汽区的状态变化

处于湿蒸汽区的工质是水和水蒸气的混合物, 虽然在这个区中的压力和温度是相同的, 而且压力与温度一一对应, 称为饱和压力和饱和温度, 但在湿蒸汽线上不同点的状态是不同的, 水和蒸汽的比例是不同的. 在饱和水线上, 水占 100%, 而在饱和蒸汽线上, 蒸汽占 100%, 其间比例不断变化. 为了说明湿蒸汽中饱和蒸汽的含量, 以确定湿蒸汽的状态, 引入干度的概念. 所谓干度就是湿蒸汽的干燥程度, 用 x 表示, 通俗地讲它就是饱和水蒸气占混合物的质量百分数, 即

$$x = \frac{m_g}{m_g + m_f} \tag{5.6}$$

这里, m_g 和 m_f 分别是湿蒸汽中饱和蒸汽的质量和饱和水的质量. 干度在湿蒸汽区是不断变化的, 事实上它也可以表示为偏离饱和水状态的相对长度, 如图 5.7(b)所示. 显然, 饱和水的干度 $x = 0$, 干饱和蒸汽的干度 $x = 1$.

值得进一步指出, 饱和压力与饱和温度对特定纯物质来说是一一对应的, 给定了压力, 与之对应的饱和温度就确定了; 反之, 如果知道了饱和温度, 也可以查到与之对应的饱和压力. 水是一种古老的工质, 人们对它的研究很多, 所以水的饱和压力与温度的关系最为清楚. 表 5.2 给出了水在不同温度下的饱和压力, 同时在图 5.8 中给出了水的饱和温度与饱和压力的关系曲线，方便读者查阅.

表 5.2　水的沸点及对应饱和压力

温度 T/℃	饱和压力 p_{sat}/kPa
−10	0.26
−5	0.40
0	0.61
5	0.87
10	1.23
15	1.71
20	2.34
25	3.17
30	4.25
40	7.39
50	12.35
100	101.4
150	467.2
200	1555
250	3976
300	8588

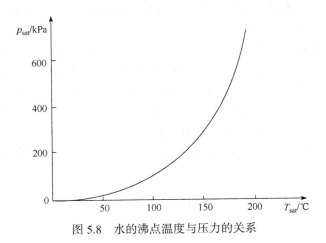

图 5.8　水的沸点温度与压力的关系

另外，为了给读者一个感性认识，表 5.3 也给出了地表上空不同海拔水的沸点及与之对应的饱和压力.

表 5.3　不同海拔的大气压力及水的沸点温度

海拔/m	大气压力/kPa	沸点温度/℃
0	101.33	100.0
1000	89.55	96.5

续表

海拔/m	大气压力/kPa	沸点温度/℃
2000	79.50	93.3
3000	67.57	89.02
4000	59.87	85.94
5000	54.05	83.3
10000	26.50	66.3
20000	5.53	34.7

5.5　水蒸气的热力性质表

水蒸气一般不能当作理想气体，因此它的状态方程极为复杂，所以工程中一般采用查表或查图的方法获得相关数据. 查图一般只能做定性分析，所以越来越少使用. 由于水是古老的工质，并且应用广泛，目前国际上已有统一的水和水蒸气表，本书附录也附有水和水蒸气的热力性质表，方便查阅. 它是根据 1985 年国际水蒸气表统一规定，以水的三相点的液相水作为基准点，并令三相点饱和水的内能和熵为零来制定的.

由于压力和温度在工程上比较容易测得，因此水和水蒸气热力性质表一般以压力 p 或温度 T 为自变量，比体积 v、比焓 h 和比熵 s 为因变量进行排列. 比内能 u 在需要时可由 $u = h - pv$ 求取. 饱和线上的压力和温度以及湿蒸汽状态下的压力和温度之间是相互关联的，实际上只有一个是独立变量. 而未饱和水和过热蒸汽的压力和温度之间是相互独立的，因此水蒸气热力性质表被分为"饱和水和饱和蒸汽表"及"未饱和水和过热蒸汽表". 利用这些表可分别对水蒸气发生过程的三个阶段进行查询.

在实际工程中，有时先知道的是压力，压力是整数，有时先知道的是温度，温度是整数，所以为了方便，饱和水和饱和蒸汽表又分为按饱和温度 T 排列的表和按饱和压力 p 排列的表，依次列出不同饱和温度 T (或饱和压力 p) 下的 p (或 T)、v'、v''、h'、h''、r、s' 和 s''. 表 5.4 和表 5.5 分别给出了按饱和温度 T 排列和按饱和压力 p 排列的表例，以方便读者熟识此类表格. 对于处在湿蒸汽状态下的水和水蒸气的混合物，如果已知干度是 x，那么湿蒸汽混合物的状态参数可由同一 T (或 p) 下的饱和水和饱和蒸汽的状态参数利用下列公式求取，即

$$v = xv'' + (1-x)v' \tag{5.7}$$

$$h = xh'' + (1-x)h' \tag{5.8}$$

$$s = xs'' + (1-x)s' \tag{5.9}$$

表 5.4　饱和水及饱和蒸汽表(按饱和温度排列)的结构

T /℃	p / MPa	v'/(m³ /kg)	v''/(m³ /kg)	h'/(kJ/kg)	h''/(kJ / kg)	r/(kJ / kg)	s'/(kJ /(kg·K))	s''/(kJ /(kg·K))
100	0.101 325	0.001 043 44	1.673 6	419.06	2 675.71	2 256.6	1.306 9	7.354 5
120	0.198 483	0.001 060 31	0.892 2	503.76	2 706.18	2 202.4	1.527 7	7.129 7
140	0.361 190	0.001 079 72	0.509 0	589.21	2 733.81	2 144.6	1.739 3	6.930 2

表 5.5　饱和水及饱和蒸汽表(按饱和压力排列)的结构

p / MPa	T /℃	v'/(m³/kg)	v''/(m³ /kg)	h' /(kJ/kg)	h'' /(kJ / kg)	r /(kJ / kg)	s' /(kJ / (kg·K))	s'' /(kJ / (kg·K))
0.60	158.863	0.001100 6	0.315 63	670.67	2756.66	2 086.0	1.931 5	6.760 0
0.80	170.444	0.0011148	0.240 37	721.20	2768.86	2 047.7	2.046 4	6.662 5
1.00	179.916	0.001127 2	0.194 38	762.84	2777.67	2 014.8	2,138 8	6.585 9

　　未饱和水和过热蒸汽表列出了各种压力及温度下的未饱和水和过热蒸汽的比体积 v、比焓 h 和比熵 s 值,如附录表 2 所示. 表中的黑线是未饱和水和过热蒸汽的分界线,线的上方为未饱和水,线的下方为过热蒸汽. 表头上的饱和水和饱和蒸汽参数仅供使用该表时参考之用. 表 5.6 给出了未饱和水和过热蒸汽表的表例.

　　注意,由于水和水蒸气热力性质表有多个,使用时必须先知道某些确定参数的状态,以决定所要使用的表. 另外,表中给出的参数有限,有时不能直接给出我们所需的精确数值,查表时可以利用一定范围的参数通过简单的线性内插法求取.

　　例 5.1　利用水蒸气热力学性质表,按题目要求确定下列各状态的参数值:

　　(1) $t=100℃$,$h=2200kJ/kg$,查表求 s 值.

　　(2) $p=5.0MPa$,$t=262℃$,查表求 s 值.

　　解　(1) 由饱和水与饱和水蒸气热力性质表(见附录表 1)查得:$t=100℃$ 时,$h'=419.06kJ/kg$,$h''=2675.71kJ/kg$,可见 $h'<h<h''$,说明该蒸汽状态是湿蒸汽. 根据式(5.8)得

$$x=\frac{h-h'}{h''-h'}=\frac{(2200-419.06)kJ/kg}{(2675.71-419.06)kJ/kg}=0.789$$

查饱和水与饱和水蒸气热力性质表得知

$$s'=1.3069kJ/(kg\cdot K),\quad s''=7.3545kJ/(kg\cdot K)$$

故

$$s=xs''+(1-x)s'=0.789\times7.3545kJ/(kg\cdot K)+(1-0.789)\times1.3069kJ/(kg\cdot K)$$
$$=6.0785kJ/(kg\cdot K)$$

表 5.6　未饱和水及过热蒸汽表的结构

p	0.10MPa($t_s=99.634℃$)			0.20MPa($t_s=120.24℃$)			0.50MPa($t_s=151.867℃$)		
T /℃	v /(m³/kg)	h /(kJ/kg)	s/(kJ/(kg/K))	v /(m³/kg)	h /(kJ/kg)	s/(kJ/(kg·K))	v /(m³/kg)	h /(kJ/kg)	s/(kJ/(kg/K))
100	1.696 1	2 675.9	7.360 9	0.001043	419.14	1.306 8			
120	1.793 1	2 716.3	7.466 5	0.001060	503.76	1.527 7	0.010176		
140	1.888 9	2 756.2	7.565 4	0.935 11	2 748.0	7.230 0		589.3	1.739 2
160	1.983 8	2 795.8	7.659 0	0.984 07	2 789.0	7.327 1	0.38358	2 767.2	6.864 7

　　(2) 查未饱和水与过热蒸汽热力性质表知,$p=5.0MPa$,$t=262℃$ 的状态处于 250℃ 和 300℃之间. 在 250℃ 和 300℃间黑粗线是未饱和水和过热蒸汽的分界线. $t=250℃$ 和 $t=300℃$

的状态分属未饱和水和过热蒸汽两个状态，中间有三个状态，因而不能用 $t=250℃$ 和 $t=300℃$ 的 s 值进行内插. 由于 $t=262℃<t_s=263.98℃$，其属于未饱和水，因此，应该用 $t=250℃$ 的熵与饱和水的熵进行内插.

查表：$p=5.0\text{MPa}$，有

$$t=250℃时，\quad s_1=2.7901\text{kJ}/(\text{kg}\cdot\text{K})$$

$$t_s=263.98℃时，\quad s'=2.9200\text{kJ}/(\text{kg}\cdot\text{K})$$

$$\begin{aligned}s&=s_1+\frac{t-t_1}{t_s-t_1}(s'-s_1)\\&=2.7901\text{kJ}/(\text{kg}\cdot\text{K})+\frac{262-250}{263.98-250}\times(2.9200-2.7901)\text{kJ}/(\text{kg}\cdot\text{K})\\&=2.902\text{kJ}/(\text{kg}\cdot\text{K})\end{aligned}$$

例题讨论：本例说明湿蒸汽状态参数 v、h 和 s 的求取需要知道湿蒸汽的干度 x. 若 x 未知，则需要通过已知参数先求得 x，然后再进行其他参数计算.

例 5.2　饱和水占据体积 1.2m^3，加热使它完全汽化. 如果压力始终保持在 600kPa，计算它的最终体积.

解　查饱和水及水蒸气表，得 600kPa 时饱和水的比容为 $v_f=0.0011\text{m}^3/\text{kg}$，所以体积 1.2m^3 的饱和水的总质量为

$$m=\frac{V}{v_f}=\frac{1.2}{0.0011}=1091(\text{kg})$$

当完全汽化时，属于饱和蒸汽，查表得此压力下饱和蒸汽的比容为

$$v_g=0.3157\text{m}^3/\text{kg}$$

因此，完全汽化的体积为

$$V_g=m\cdot v_g=1091\times0.3157=344.4(\text{m}^3)$$

即为此问题的解.

5.6　水蒸气的焓熵图

5.5 节讨论的水蒸气表对定量计算是非常方便的，也特别精确，但有时候我们只是判断一下过程的性质和大致的变化趋势，水蒸气表就显得有些繁琐. 这时，采用水蒸气的焓熵图就要简单得多. 另外，等压过程交换的热量等于过程前后的焓差，等熵过程的技术功也等于前后的焓差，水蒸气的定压发生过程及它在各部件的流动过程，与外界交换的技术功或者热量，都可以用过程前后的焓差表示，所以水蒸气的焓熵图是很方便的. 过程前后的焓差就是图中的线段的长度.

图 5.9 给出了一个简单的水蒸气焓熵图，或称 h-s 图，主要用于说明该图的结构和绘制方法. 一般较精细的焓熵图涵盖了 10kPa 到 100MPa 的压力范围和从常温到 800℃ 的温度范围，足可以满足一般工程问题的设计要求. 它主要包括等温线、等压线和等干度线. 注意，一般的焓熵图不显示蒸汽的比容，也不给出饱和水的焓.

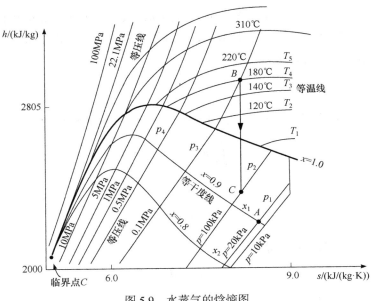

图 5.9　水蒸气的焓熵图

　　h-s 图中有一条特别粗的黑色曲线，正是 $x = 1$ 的饱和水蒸气线，线的上部是过热蒸汽区，下部为湿蒸汽区. 在湿蒸汽区压力与温度一一对应，所以等压线与等温线重合，湿蒸汽区还有等干度线. 在过热蒸汽区，有等压线和等温线，它们的弯曲方向不同. 根据第二 TdS 方程，可得 $\left(\dfrac{\partial h}{\partial s}\right)_p = T$，所以等压线的斜率正是温度 T，在湿蒸汽区，定压即是定温，所以等压线是一条直线. 但在过热蒸汽区，定压加热过程，将使温度上升，所以变成了越来越陡的曲线. 在过热蒸汽区，等温线是向右侧倾斜的曲线，表明蒸汽的焓不但与温度有关还与压力有关. 但当等温线远离饱和蒸汽线之后，逐渐变得平坦，最后变成基本水平的直线，表明过热度高时水蒸气的性质逐渐趋于理想气体.

　　在 h-s 图中，任意两个状态参数可以确定一个状态，比如，p_1 和 T_1 决定了状态点 A，可以读出 A 点的焓 h_A. 在过热区，已知压力和温度也可以确定一个状态点，比如 p_3 和 T_4 决定了状态点 B，可以读出 B 点的焓 h_B. 一条等熵线，从 B 点出发到达 C 点，决定了一个过程，过程的焓变就是 BC 线段的长度，也等于该过程对外输出的技术功，正如在汽轮机中的绝热膨胀过程.

5.7　水蒸气的热力过程

　　水蒸气是一种古老的工质，但在现代动力电厂中却广泛使用，因为水具有储量丰富，储能密度大，化学性质非常稳定的显著特点，在 800℃ 以内基本不分解，所以用它来做热功转化的工质是再合适不过了. 在蒸汽工质热电站中，蒸汽逐次流过不同部件，状态依次变化，最终实现热功转化. 因此，在绝大部分蒸汽利用设备中，都可以看作是开口系统. 但在储存或生产蒸汽的设备中，由于暂时没有蒸汽的进出，也可以视为闭口系统.

　　蒸汽的热力过程分析、计算在于实现预期的能量转换和获得预期的工质状态. 由于蒸汽性质的复杂性，一般都以图表呈现，难有简明的状态方程，因此蒸汽的热力过程计算一般只能用热力学第一定律和第二定律,并辅以蒸汽的热力性质图或表. 通过查图或表求得状态参数值,然后应用热力学第一定律和第二定律的基本方程计算过程 q、w、Δh、Δu、Δs 和 Δs_g 等. 下面分别对几种典型的热力过程进行讨论.

5.7.1 等压过程

等压过程中,p 始终保持不变,所以 $\mathrm{d}p = 0$. 于是,过程的膨胀功为

$$w = \int_1^2 p\mathrm{d}v = p(v_2 - v_1) \tag{5.10}$$

技术功为

$$w_t = -\int_1^2 v\mathrm{d}p = 0 \tag{5.11}$$

根据热力学第一定律,对开口系 $q = \Delta h + w_t$,所以

$$q = \Delta h \tag{5.12}$$

对闭口系 $q = \Delta u + w$,所以

$$q = \Delta u + w = \int_1^2 c_v \mathrm{d}T + p(v_2 - v_1) \tag{5.13}$$

定压过程的熵变为

$$\Delta s = s_2 - s_1 \tag{5.14}$$

通过查表得到过程前后的熵值,相减即得到过程熵变. 对于可逆过程,$\Delta s_g = 0$.

5.7.2 等容过程

等容过程中,v 始终保持不变,所以 $\mathrm{d}v = 0$. 于是,过程的膨胀功为 0,技术功为

$$w_t = -\int_1^2 v\mathrm{d}p = -v(p_2 - p_1) \tag{5.15}$$

对开口系 $q = \Delta h + w_t$,所以

$$q = \Delta h - v(p_2 - p_1) \tag{5.16}$$

对闭口系 $q = \Delta u + w$,所以

$$q = \Delta u + w = \Delta u = \int_1^2 c_v \mathrm{d}T \tag{5.17}$$

如果是液态水,比热容 c_v 可以认为是常数,所以

$$q = c_v(T_2 - T_1) \tag{5.18}$$

定容过程的熵变为

$$\Delta s = s_2 - s_1 \tag{5.19}$$

通过查表得到过程前后的熵值,相减即得到过程熵变. 对于可逆过程,$\Delta s_g = 0$.

5.7.3　等温过程

等温过程中，T 始终保持不变，所以 $\mathrm{d}T=0$. 但对于蒸汽，不是理想气体，其焓和内能不是温度的单值函数，所以它的内能和焓的变化不一定为零. 查表可以得到过程前后的焓变和熵变，但得到内能变化、膨胀功和技术功的具体数值比较困难，还必须匹配其他条件. 但膨胀功和技术功仍可用下式计算：

$$w=\int_1^2 p\,\mathrm{d}v \tag{5.20}$$

$$w_\mathrm{t}=-\int_1^2 v\,\mathrm{d}p \tag{5.21}$$

内能可用下式计算：

$$\Delta u=\Delta h-\Delta(pv)=\Delta h+w_\mathrm{t}-w \tag{5.22}$$

如果是液体的话，由于液体的可压缩性很小，可以认为 $\mathrm{d}v=0$，所以膨胀功为零，技术功等于

$$w_\mathrm{t}=-\int_1^2 v\,\mathrm{d}p=-v(p_2-p_1) \tag{5.23}$$

液体水的内能变化为

$$\Delta u=\Delta h-\Delta(pv)=\Delta h-v(p_2-p_1) \tag{5.24}$$

定温过程的熵变仍为

$$\Delta s=s_2-s_1$$

通过查表得到过程前后的熵值，相减即得到过程熵变. 对于可逆过程，$\Delta s_\mathrm{g}=0$.

5.7.4　绝热过程

在蒸汽和水的流动过程中，绝热过程是比较常见的，比如在汽轮机中的膨胀做功过程，水泵中的泵水过程，以及管道中的流动过程等. 在可逆绝热过程中，有

$$q=0,\quad \Delta s=0$$

对开口系 $q=\Delta h+w_\mathrm{t}$，所以

$$w_\mathrm{t}=-\Delta h \tag{5.25}$$

对闭口系 $q=\Delta u+w$，所以

$$w=-\Delta u \tag{5.26}$$

液体水的内能变化为

$$\Delta u=\Delta h-\Delta(pv)=\Delta h-v(p_2-p_1) \tag{5.27}$$

从上述典型过程可以看出，对于绝热过程，系统的技术功是过程前后的焓差，对等压过程，系统的吸热量等于过程前后的焓差，这对分析系统来说是非常方便的，因为在电厂的蒸汽动力循环中，主要包含了这两个过程.

例 5.3　图 5.10 中活塞装有 0.1kg 水工质，压力 1000kPa，温度 500℃. 活塞被定压冷却直到它的一半体积，之后活塞被停止在阻止点继续被冷却至 25℃，求终态水的压力和总过程所做的功，并在 p-v 图上表示其过程.

解 从装置的结构可以知道，总过程分为两步，第一步为等压过程 1—2，第二步是等容过程 2—3.

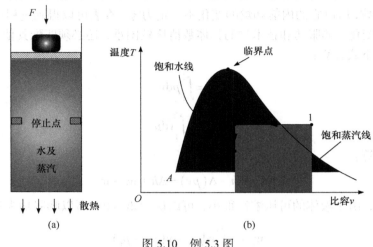

图 5.10 例 5.3 图

确定状态 1：由题条件已知 $p_1 = 1000 \text{kPa}$，$T_1 = 500℃$，查表得 $v_1 = 0.35411 \text{m}^3/\text{kg}$，是过热蒸汽.

进行过程 1—2，$p_1 = p_2$，等压过程，直到容积为原来的一半，所以 $v_1 = 2v_2$.

进行过程 2—3，等容过程，$v_3 = v_2$，并已知 $T_3 = 25℃$.

查饱和蒸汽表，可以发现，$v_3 < v_3''$，说明终态处于湿蒸汽状态，据此查 25℃ 下的饱和压力即是终态压力

$$p_3 = 3.169 \text{kPa}$$

最后，计算过程功量

$$W = m \int_1^3 p \mathrm{d}v = m \int_1^2 p \mathrm{d}v = m p_1 (v_2 - v_1)$$

所以

$$W = 0.1 \times 1000 \times (0.17706 - 0.35411) \approx -17.7 (\text{kJ})$$

负号表示外界对系统做功.

本 章 小 结

在热功转换过程中，许多热机仍然采用水或水蒸气作为工质，比如现代大型蒸汽动力电厂仍然采用水和水蒸气作为吸热和膨胀做功的媒介. 水是地球上分布最广泛的物质之一，像其他物质一样，它有三种聚集态：固相、液相和气相.

定压下液态的水被转变成水蒸气的过程需要经历三个阶段：过冷阶段、湿蒸汽阶段和过热阶段. 在这三个阶段中，水或者水蒸气会出现五种状态：过冷水、饱和水、湿蒸汽、饱和蒸汽和过热蒸汽. 在饱和水、湿蒸汽和饱和蒸汽状态下，压力和温度一一对应，只要压力给定，则整个湿蒸汽阶段温度保持不变. 当压力发生变化时，饱和温度也随着变化. 将饱和水状态用线连接起来就构成了饱和水线，将饱和蒸汽状态用线连接起来就构成了饱和蒸汽线. 饱和水线与

饱和蒸汽线相交的点就是临界点.

当水的温度低于饱和温度 T_s 时，称为过冷水，过冷度为

$$L = T_s - T$$

当蒸汽的温度高于饱和蒸汽温度时，称为过热蒸汽，过热度为

$$D = T - T_s$$

湿蒸汽中饱和蒸汽占总质量的百分数用干度表示

$$x = \frac{m_g}{m_g + m_f}$$

显热，饱和水的干度 $x = 0$，干饱和蒸汽的干度 $x = 1$.

由水蒸气的性质表可以查到各种压力或温度下的比容、比焓、比熵以及其他参数. 不同干度下的比容、比焓和比熵可以用如下公式计算：

$$v = xv'' + (1-x)v'$$
$$h = xh'' + (1-x)h'$$
$$s = xs'' + (1-x)s'$$

这里要特别注意什么参数是蒸汽的，什么参数是饱和水的，以免在计算时弄错.

水蒸气绝热过程或等压过程从一个状态点变化到另一个状态点，其传热或做功可以利用两个状态点的焓差来计算，水或蒸汽的比焓可以基于温度或压力在水蒸气特性表中查到.

问题与思考

5-1　简述定压下水蒸气的发生过程的阶段和状态,并在水蒸气的饱和曲线图上标出各阶段和状态所处的位置.

5-2　什么叫物质的临界点？它有什么特征.

5-3　临界点处物质的汽化潜热是多少？

5-4　在湿蒸汽区，为什么压力和温度可以一一对应？它的干度是如何定义的？

5-5　在湿蒸汽区，虽然压力和温度都保持不变，但工质的内能和焓都是变化的，解释为什么？

5-6　为什么食物在压力锅中烹饪比在一个敞口的锅中更易熟？

5-7　如果已知湿蒸汽的干度和温度，湿蒸汽的比容、比焓和比熵如何计算？

5-8　水蒸气中是否也存在等容过程或者等压过程？

5-9　水蒸气的热力过程与理想气体的热力过程在分析方法上有什么不同？

5-10　水蒸气表或者 h-s 图中的焓、熵和内能的基准状态是如何确定的？它与理想气体的计算基准相同吗？

5-11　请在水蒸气 h-s 图中的湿蒸汽区和过热蒸汽区，从某点出发，画出下列过程的过程线：定压加热、定容放热、绝热节流、定温压缩及定熵膨胀.

5-12　在水蒸气 T-s 图中如何确定水汽化潜热？如何从图中判断水的汽化潜热会随温度的升高逐渐变小？

5-13　如何使用内插法和水蒸气表，获得不是整数点的参数值.

5-14　水在−40℃能变成蒸汽吗？在这个温度下可能存在液态水吗？

5-15　对一个包含 1kg 气液两相混合物的平衡态，已知温度 T 和比容积 v，那么气相和液相各自的质量(单位 kg)能够确定吗？同样，对于三相混合物"气–液–固"处于平衡态(T, v)，各相的质量能确定吗？

本 章 习 题

5-1　湿饱和蒸汽的 $p = 0.9MPa$，$x = 0.85$，试由水蒸气表求 t_s、h、v、s 和 u.

5-2　一个体积为 0.5m³ 的刚性闭口容器放置于一个电热板上. 最初，该容器中含有饱和水蒸气与饱和水的两

相混合物, 已知干度 $x_1 = 0.5$, 其压力 $p_1 = 0.1\mathrm{MPa}$. 加热后, 容器中的压力变为 $p_2 = 0.15\mathrm{MPa}$. 请在 T-v 图上标明初末状态, 并:

(1) 分别确定两个状态的温度(以℃为单位表示);

(2) 分别确定两个状态的蒸汽质量;

(3) 若继续加热, 请计算当容器内全为饱和蒸汽时的压力为多少.

5-3　在一个绝热的体积为 $0.25\mathrm{m}^3$ 的刚性水箱中含有温度为 100℃的饱和水蒸气. 水箱中的水蒸气被搅拌至压力为 0.15MPa. 试确定末状态的温度, 以及搅拌器对水蒸气所做的功(以 kJ 为单位表示).

5-4　水蒸气在压力 0.7MPa, 温度 250℃的状态下流入管道, 并在等压条件下流动. 若该水蒸气向环境稳定散热, 多少摄氏度时开始产生水滴? 请使用稳流能量方程, 并忽略水蒸气流速变化, 试计算每千克水蒸气流动时释放的热量.

5-5　一个 $0.0076\mathrm{m}^3$ 的刚性容器中含有 1.5MPa 下 0.05kg 的蒸汽. 该蒸汽的温度是多少? 若该容器被冷却, 试求当蒸汽恰好为干饱和时的温度. 若其一直被冷却直到容器内压力为 1.1MPa, 试计算最终蒸汽的干度, 以及从初始状态到最终状态过程中释放的热能.

5-6　活塞–气缸装置中含有压力为 1MPa, 温度为 400℃的水蒸气. 该水蒸气连续经历了下述两个过程:

过程 1—2: 水蒸气被冷却的同时, 在压力始终等于 1MPa 的条件下压缩, 直至饱和蒸汽状态.

过程 2—3: 水蒸气在等容条件下冷却至 150℃.

(1) 请绘制上述两个过程的 T-v 与 p-v 变化曲线图.

(2) 整个过程的所做的功为多少?

(3) 整个过程的传热率为多少?

5-7　一个刚性闭口容器中含有初始状态为 20MPa, 520℃的水蒸气. 容器放置于冰块上, 被冷却直至温度降到 400℃. 请利用蒸汽表确定:

(1) 初始状态水蒸气的比容(单位: m^3/kg);

(2) 末状态的压力(单位: MPa).

5-8　一个 $0.2\mathrm{m}^3$ 的刚性封闭水箱中含有初压力为 0.5MPa, 干度为 50%的水. 外界不断向水箱传递热量直到水箱中仅含饱和蒸汽. 请问末状态时水箱中含有多少千克的蒸汽? 蒸汽压力为多少?

5-9　压力为 1.5MPa 的水蒸气通过节流阀后压力降为 100kPa, 温度为 150℃. 请计算水蒸气最初的干度以及这一过程的比熵变. 绘制 T-s 图并指出对节流过程计算所做的假设.

5-10　160℃的饱和水蒸气在一个封闭的刚性水箱中被加热到末状态为 400℃. 请问初状态及末状态的压力分别为多少? 请绘制该过程的 T-v 及 p-v 曲线图.

5-11　一个活塞–气缸装置中含有初始状态为 1MPa, 400℃的水蒸气. 该装置的水蒸气在等容条件下被冷却到温度为 150℃. 接着, 又在等温条件下被压缩至饱和水. 若将水和水蒸气视为系统, 请问功为多少?

5-12　一刚性闭口水箱中含有 2kg 水, 其初温度为 80℃, 初干度为 0.6. 传热使得水箱中最终仅含有饱和蒸汽. 在此过程中, 动能及势能的影响可忽略不计. 若将水视为系统, 请问该过程传热量为多少?

5-13　已知活塞可在气缸中移动无阻力. 水在活塞–气缸装置中最初为 100℃的饱和液体, 经历某过程后变为 100℃的饱和蒸汽状态. 若此状态改变是通过加热气缸中的水, 使其在等压等温条件下经历一个内部可逆过程来实现. 请问单位质量水的功和传热量分别为多少?

5-14　初状态为 160℃, 0.15MPa 的 1kg 水蒸气经历了一个内部可逆等温压缩过程后变为饱和液体状态. 请问这一过程中功和传热量分别为多少? 并绘制该过程的 p-v 与 T-s 图, 并在图中标出功与传热量代表的面积.

5-15　一个体积为 $0.85\mathrm{m}^3$ 的水箱中最初含有温度为 260℃, 干度为 0.7 的水气两相混合物. 260℃的饱和水蒸气通过水箱上端的压力调节阀被缓慢释放, 同时传热使得水箱内部压力保持不变, 直到水箱内全为 260℃的饱和蒸汽. 若忽略动能及势能的影响, 该过程传热量为多少?

5-16　一个体积为 $1\mathrm{m}^3$ 的刚性容器中含有压力为 2.0MPa、温度为 400℃的水蒸气. 冷却该器皿直到其中的水蒸气达到干饱和. 请计算器皿中水蒸气的质量、水蒸气的最终压力以及该冷却过程中释放的热量.

5-17　压力为 0.7MPa, 干度为 0.9 的水蒸气, 在等压条件下可逆膨胀到温度为 200℃, 试计算这一过程中的输入功以及单位质量水蒸气所消耗的热量.

5-18　0.7MPa 的干饱和蒸汽在带活塞的气缸中可逆膨胀, 直到其压力下降到 10kPa. 若在此过程中, 为使气体温度保持不变, 不断有热量传递给气体. 试计算单位质量蒸汽的内能变化.

5-19　一根蒸汽总管内的压力为 1.2MPa, 一蒸汽样品被抽出并使之通过节流量热器. 蒸汽在量热器出口处的压力与温度分别为 0.1MPa 和 140℃. 请计算蒸汽在总管中的干度, 并指明在这一节流过程的计算中所需的假设.

5-20　在过热器中的水蒸气的温度为 300℃、压力为 0.7MPa, 它与压力为 0.7MPa、干度为 0.9 的水蒸气稳流绝热混合. 若使它们混合生成压力为 0.7MPa 的干饱和水蒸气, 每千克过热蒸汽应与多少千克的湿蒸汽混合?

5-21　一个完全隔热的 1m³ 容器内含有压力为 0.22MPa 的 1.25kg 水蒸气. 该容器通过阀门与一个巨大的含有压力 2.0MPa 的水蒸气源相连接. 阀门打开后, 容器内压力逐渐升高. 当检测到容器压力上升为 0.4MPa 时, 内部蒸汽恰为干饱和蒸汽, 此时关闭阀门. 试计算水蒸气源中水蒸气的干度.

5-22　2.0MPa 压力下有干度为 0.9 的 1kg 水蒸气. 它在等压条件下可逆加热到 300℃. 试计算为加热该水蒸气所提供的热量, 水蒸气熵的变化. 并画出该加热过程的 T-s 示意图, 在图中指出加热热量所代表的区域.

5-23　水被装在 5m³ 的刚性容器中, 已知其干度为 0.8, 压力为 2MPa, 如果通过给容器降温, 使压力降低到 400kPa, 试问终了时刻容器中饱和水和饱和蒸汽的质量分别是多少?

5-24　质量为 0.01kg 的蒸汽被封装在气缸活塞中, 干度为 0.9, 如图 5.11 所示. 开始时, 弹簧刚好处在自由状态, 将热量加入活塞中, 活塞上移压缩弹簧 15.7cm. 计算最终温度. 注意, 部分参数已在图中给出.

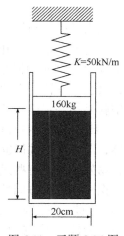

图 5.11　习题 5-24 图

第6章 㶲概念及㶲分析

热力学第一与第二定律是工程热力学的两大基本定律,是热力学的两大支柱,其他内容都是围绕这两个定律展开的.热力学第一定律的实质是能量守恒定律,它指出,任何能量发展或者运动过程都必须满足能量在总数量上的守恒.在热力学中的具体应用就是,功可以转变为热,热也可以转变为功,但整个过程中,功热的总量保持不变.然而,能量守恒定律,在热力学中就是第一定律,只是必要条件,不是充分条件.即满足热力学第一定律的过程不一定能够发生.比如,高温物体的热能会自动地流入低温物体,但低温物体的热能不会自动地流入高温物体,即使这个过程也满足能量守恒定律.也就是说,热过程的发展是有方向性的,有些过程是容易发生的,有些过程是不容易发生的,有些甚至是不可能发生的.

揭示热过程方向性的是热力学第二定律,它指出,自发的热过程总是向着熵增加的方向发展.至此,我们知道,热力学第一定律着眼于能量的数量分析,热力学第二定律着眼于过程的不可逆性分析.热力学第二定律指出能量之间的转换是有条件的,受到某些限制,不同的能量有不同的转换能力,具有明显的方向性,有些能量完全不具备转换能力.

6.1 能量的可用性及能量的品质

现代社会更需要能够让物体运动起来的能量,比如动能、势能或电力等机械能,它们统称为功.而实际上,人们容易获得的却是热能,比如燃烧石油、煤炭和木柴等,就很容易获得热能.但卡诺定理告诉我们,工作在高温热源 T_1 与低温热源环境 T_0 之间的任何热机,当从高温热源吸取数量为 Q_1 的热量时,最多可转化为有用功的部分为 $Q_1\left(1-\dfrac{T_0}{T_1}\right)$,而在热量 Q_1 中,除去可转变为有用机械功的这部分外,将有 $Q_1\left(\dfrac{T_0}{T_1}\right)$ 这部分热能需要放给周围环境而无法转变为功,成为了废热.

从卡诺定理我们看到,当 T_1 变得越来越高时,热量转换为功的比例越大,说明同样是热能,温度越高的热能转换性越好,可用性越强,价值越高.当 T_1 趋于 T_0 时,热量转化为功的比例越小,可用性越差,甚至当 $T_1=T_0$ 时,热量将不再有转变为功的能力.现实情况也确实如此,地球上海洋、大地和大气环境,蕴藏有无数的热能,但我们却不能通过热力循环将它们转化为功,只能望热兴叹.

如图6.1所示一个罐子内装有空气,罐子是静止的,因此罐内空气没有动能和势能.如果罐内压力和温度与外界环境相同,那么,罐内气体所包含的热能没有任何用处,因为它与环境没有温差和压差,人们不能将它包含的热能转化为功.然而,当环境温度在冬天降低之后,比如降低到-30℃,那么罐内空气由于温度高于环境温度,又具有了做功能力.这说明能量的可用性是与环境温度相关的.

从卡诺定理和热力学第二定律我们可以总结得到: 热过程是具有方向性的, 总是朝着熵增加的方向发展. 也就是说能量的转变过程是受到某种约束的, 根据受约束程度不同, 可以将能量分成三类: ①具有无限转换能力的能量. 在环境条件下, 理论上可以全部连续地转换为有用功的能量, 如机械能、电能、技术功、轴功、循环净输出功等. ②具有有限转换能力的能量. 在环境条件下, 只能部分地转换为有用功的能量, 如热量、内能、焓等. ③完全不可转换的能量. 在

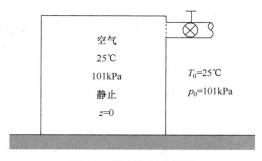

图 6.1　装有空气的罐子

环境条件下, 这些能量不可能转换成有用的功. 如环境下的内能、在环境温度 T_0 下交换的热量、克服环境压力的容积功及处于环境状态下一切系统的储存能等.

站在人类需要功的角度考虑, 显然第一类能量的可用性最好, 第二类能量的可用性次之, 第三类能量则完全没有可用性. 于是, 人们就依据这个划分方式, 将能量划分为高品质能量和低品质能量. 可用性越好, 可转换能力越强的能量, 属于高品质能量; 反之, 可用性越差, 可转换能力越弱的能量, 属于低品质能量. 当然, 能量的品质也是与能量所处的环境相关的, 环境变了, 能量的品质也会变化. 能量做功能力的强弱, 除了与环境条件有关外, 还与转换过程的性质是否可逆有关. 不可逆性越大, 耗损的做功能力越多, 因此做出的有用功就越少. 因此, 为了评价能量的品质, 必须给出共同的比较基础, 因此必须附加两个约束条件: ①以给定的环境为基准; ②以可逆条件下最大限度(又称"理论上的最大限度")为前提.

值得特别指出的是, 这里能量品质的划分完全是以它能有多少比例可以转化为有用功来作为标准的. 可用性为零的能量, 并不是它真的"无用"了, 是指它不能通过转化为功来为人类所用了, 但在其他领域它还是有用的. 比如海洋中海水和大气环境中包含的能量, 品位很低, 在许多情况下被当成零品位能量来处理, 但它不等于完全无用, 只是不能直接用于转化为功, 而它在与其他高品位能源结合使用时, 却可以作为真实有用的能量提供给对能量品位要求不高的场合使用. 一个很好的例子是, 用热泵从空气中吸收热量, 制取温度适中的热水或热空气, 用于采暖或生活用能, 可以节约可贵的高品质能量.

6.2　烟概念的提出

早在 1824 年卡诺(Carnot)就指出, 从高温热源取得的热量, 经任何热机循环, 都只能将其一部分转换为功, 而总有一部分热能被释放到低温热源而成为废热. 这一思想为热力学第二定律的建立提供了思想土壤, 也为后来提出烟概念提供了理论基础.

1868 年, 英国科学家泰特(Tait)第一次使用了能量可用性(availability)概念. 1871~1875 年间, 麦克斯韦(Maxwell)第一次提出了可用能(available energy)的概念, 并于 1873 年用封闭系统达到死态时的可逆净功表示为系统的可用能. 1873 年, 吉布斯(Gibbs)第一次导出了封闭系统内能中包含可用能大小的公式, 即把净功扣除对环境的容积功以后的封闭系统总功输出作为物质的可用能. 1889 年, 高乌(Giuy)用总可逆轴功分析了可用能, 得出了可用能损失和熵增的关系. 1898 年, 斯托多拉(Stodola, 瑞士)研究了工程实践上有重要意义的稳定物质流, 导出了稳定物

质流的最大技术功，并定义为㶲. 至此，关于㶲的概念和理论被完整地建立起来.

近年来，人们对㶲在系统或过程中的变化，甚至㶲流动过程，都做了大量工作，并产生了深刻影响. 㶲概念物理意义明确，可计算性强，对分析热力学系统能量流动过程并做到按质用能有很强的指导意义.

㶲是从能量可用性问题引申来的概念，因此它与能量的可用性密切相关，但它还与环境相关，这是它的最大特点.

为此，给出㶲的定义：

(1) 在给定环境下，能量中理论上可以转化为有用功的那部分，称为㶲(exergy)，常用符号 Ex 表示.

(2) 在给定环境下，能量中理论上不可以转换为有用功的那部分，称为㶲(anergy)，常用符号 An 表示.

或者简单点说，在给定环境下，能量中可以转化为有用功的那部分能量称为㶲，其余部分称为㶲. 因此，任何能量 E 都由㶲(Ex)和㶲(An)两部分组成，㶲是可以转变为有用功的部分，㶲是不能转变为有用功的部分，即

$$E = Ex + An \tag{6.1}$$

有了㶲和㶲的概念，可以对热力学第一定律和热力学第二定律进行重新表述.

热力学第一定律可表述为：在任何过程中，㶲和㶲的总量保持不变.

热力学第二定律可表述为：在可逆过程中，㶲保持不变；在一切不可逆过程中，必然有㶲"蜕化"为㶲；在相同环境条件下，将㶲转变为㶲是不可能的.

熵增原理的㶲概念表述为：孤立系统的㶲永不增加，即系统总是朝着总㶲减少的方向发展的.

值得指出的是，㶲是与参考环境密切相关的，没有指定环境状态，就不可能给出㶲的具体数值. 还有，㶲值的大小是以可逆条件下最大限度为前提的，它是理论上的最大限度值，也是系统所包含能量潜在转化为功的能力. 于是，㶲具有如下特点：

(1) 㶲是与环境状态有关的，它是系统偏离环境的一个测度. 但是，当环境状态确定后，系统的㶲值是唯一的，因此系统的㶲也是一个状态参数.

(2) 㶲永远不是负的. 只要系统偏离环境状态，它都有对外做功的能力. 比如温度低于环境温度的冷源，它也有正的㶲值，因为我们可以在环境与冷源之间架设一个热机，让它做出正功来.

(3) 㶲在能量运动过程中不是守恒的，在不可逆过程中，它可以被消灭.

(4) 当系统与环境达到热平衡和力平衡之后，系统就失去了做功能力，此时系统的㶲值为零.

6.3 㶲的计算与㶲平衡方程

㶲是一个状态参数，但它又与其他状态参数，比如压力、温度、熵和内能等有显著不同，因为㶲还是与环境因素相关的，在不同的环境条件下，有不同的㶲值. 因此，在计算㶲值之前，必须对环境状态进行规定.

任何系统都是处在某个环境中的，但不同的系统有不同的环境，但为了比较不同系统的㶲

值，在此定义一个特殊的环境：**死态或者寂态**，这是一个在任何情况下都不能产生功的状态. 也可以这样说，任何系统只要与死态达到了热平衡、力平衡和化学平衡，那么系统就将失去做功能力.

有了死态或者环境状态的定义，人们就能够具体地计算出系统的㶲值. 大多情况下，都假定死态或环境是一个无限大的热源，温度为 T_0，压力为 p_0，并永远保持不变.

6.3.1　功的㶲

功可分为在环境条件下，技术上有用的功和技术上无法利用的功. 只有技术上有用的功称为㶲. 实际工程中，如动能、势能、机械能和电能等都是技术上可以利用的功，它们的可转换性最好，可以完全相互转换，也可以完全地转化为热能，所以这些能量的本身就是㶲.

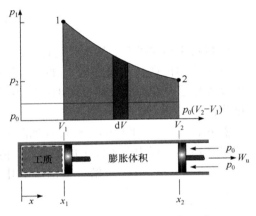

图 6.2　活塞膨胀所做的有用功

如果在热力过程中，系统的容积没有变化，或与环境交换的净功量为零，则通过边界所做的功全部是有用功，都是㶲. 此时，功的㶲即功的本身. 然而，在实际做功装置中系统往往存在容积变化，比如传统的活塞式发动机，存在气体的膨胀过程，而这个过程克服周围环境压力所做的推挤功是技术上无法利用的，计算㶲时，应将这部分的无用功排除掉. 如图 6.2 所示为一个活塞的对外做功过程，p_0 是环境压力，V_1 和 V_2 是系统变化前后的容积，推挤环境所做的功为

$$W_0 = p_0 (V_2 - V_1) \tag{6.2}$$

在计算活塞对外做的有用功时，应该将这部分无用功去掉，所以活塞膨胀对外做功的㶲为

$$Ex_{\mathrm{w}} = W - p_0 (V_2 - V_1) = \int_1^2 p \mathrm{d}V - \int_1^2 p_0 \mathrm{d}V = \int_1^2 (p - p_0) \mathrm{d}V \tag{6.3}$$

对单位工质来说，功的㶲可以表示为

$$ex_{\mathrm{w}} = \int_1^2 (p - p_0) \mathrm{d}v \tag{6.4}$$

6.3.2　热量的㶲

热量与功量类似，不但与初、终状态有关，还与过程有关，即它们是传递中的能量. 在某环境状态下，要计算某热量的㶲，必须给出该热量当时所处的温度状态. 如果热量来自某热源，那么需要给出热源的温度. 根据㶲的定义，在某环境状态下，该热能所能做的最大有用功就是该热量的㶲.

如果已知热量所处的温度状态，并已知环境的温度状态，那么根据卡诺定理，很容易计算得到该热量的㶲. 假设该热量所处的温度为 T，或者它来自温度为 T 的热源，并没有经历温度变化过程，如果 T 高于环境温度 T_0，则热量 Q 具有做功能力. 通过可逆卡诺热机，则做功量最大，这个最大值即为热量的㶲. 所以热量 Q 的㶲可以表示为

$$Ex_Q = Q \cdot \left(1 - \frac{T_0}{T}\right) = \eta_c Q \tag{6.5}$$

这里，η_c 称为卡诺系数. 而热量中剩余的部分称为炻，即热量中的炻为

$$An_Q = Q - Ex_Q = Q \cdot \frac{T_0}{T} \tag{6.6}$$

对于单位工质来说，热量的㶲和炻可以分别表示为

$$ex_Q = q \cdot \left(1 - \frac{T_0}{T}\right) = \eta_c q \tag{6.7}$$

$$an_Q = q \cdot \left(\frac{T_0}{T}\right) \tag{6.8}$$

值得特别指出的是，热量是传递中的能量，传递中它的温度是会发生变化的，比如热量在一个导热棒中传递，从温度为 T_1 的一端传递到了温度为 T_2 的一端，热量的数量虽然没有变，但温度发生了变化，所以热量的㶲也发生了变化. 因此，计算热量的㶲必须以当时当地所处的温度为准.

例 6.1 已知一平板的导热过程如图 6.3(环境温度为 T_0)所示，平板的导热系数为 λ，试分析热量在传热过程中两界面上的㶲变化. 传热过程熵产增加是多少？

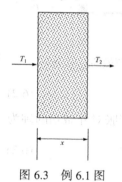

图 6.3　例 6.1 图

解 根据傅里叶导热定律，可以计算得到平板单位面积的导热传热量为

$$q = \lambda \cdot \frac{T_1 - T_2}{x}$$

由于该平板内部没有热源也没有热汇，所以热量在传导过程中保持不变. 已知环境温度为 T_0，那么可以计算得到热量在穿越板前的㶲值为

$$Ex_{q1} = \lambda \cdot \frac{T_1 - T_2}{x} \cdot \left(1 - \frac{T_0}{T_1}\right)$$

在穿过平板后的㶲值为

$$Ex_{q2} = \lambda \cdot \frac{T_1 - T_2}{x} \cdot \left(1 - \frac{T_0}{T_2}\right)$$

由此可以计算得到由于不等温传热，在两界面上的㶲变化为

$$\Delta Ex = Ex_{q1} - Ex_{q2} = \lambda \cdot \frac{T_1 - T_2}{x} \cdot \left[\left(1 - \frac{T_0}{T_1}\right) - \left(1 - \frac{T_0}{T_2}\right)\right] = \lambda \cdot \frac{T_1 - T_2}{x} \cdot \left(\frac{1}{T_2} - \frac{1}{T_1}\right) \cdot T_0$$

传热过程引起的熵产为

$$\Delta S_g = \frac{\Delta Ex}{T_0} = \lambda \cdot \frac{T_1 - T_2}{x} \cdot \left(\frac{1}{T_2} - \frac{1}{T_1}\right)$$

6.3.3　冷能的㶲

冷能是一个俗称，所谓冷能，是指温度低于环境温度的系统，具有做功能力的热量. 它也是低于环境温度的系统通过边界所传递的热量. 因此，冷量的㶲就是温度低于环境温度时的热

量烟. 但要注意, 这里的冷量或者冷能是指离开冷源的热量, 这个热量是保持冷源温度低于环境温度的主要原因. 在现实系统中, 这个冷能一般是由制冷机产生的.

设冷源温度为 T_c, 环境温度为 T_0, 并有 $T_0 > T_c$. 要使热量 Q_0 从冷源传至环境, 外界要做功, 一般用制冷机才能实现. 此时冷源放出热量 Q_0, 制冷机消耗了功 W. 为了得到了冷量 Q_0, 采用可逆制冷机需要消耗的功最少, 且没有损失, 功全部转化为冷量的烟. 因此, 设法计算出这个最小功 $W_{R,min}$, 就间接计算出了冷量的烟(图 6.4).

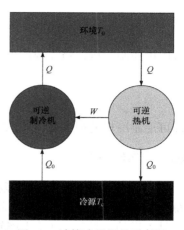

图 6.4　计算冷量烟的示意图

在环境温度 T_0 下要制取温度 T_c 下的冷量 Q_0, 根据能量守恒定律, 该制冷机必然向环境放热 $Q = W + Q_0$. 设想在环境与冷源之间架设一台可逆的卡诺热机, 并设该热机从温度为 T_0 的环境中吸热量 $Q = W + Q_0$, 向温度为 T_c 的冷源放出热量 Q_0, 由于热机是可逆的, 能够对外做出最大有用功, 并有

$$W_{e,max} = \left(1 - \frac{T_c}{T_0}\right)Q \tag{6.9}$$

另外, 已知卡诺热机是可逆的, 所以有

$$\frac{Q_0}{T_c} = \frac{Q}{T_0} \tag{6.10}$$

于是可以得到 Q 与 Q_0 的关系为

$$Q = Q_0 \frac{T_0}{T_c} \tag{6.11}$$

最后得到

$$W_{e,max} = \left(\frac{T_0}{T_c} - 1\right)Q_0 \tag{6.12}$$

显然, 只要 $W_{R,min} = W_{e,max}$, 那么冷源和热源就可以实现能量平衡, 得到的热量与失去的热量一样多, 这时制冷机所需要的最少功就是冷量 Q_0 的烟, 为

$$Ex_{Q_0} = \left(\frac{T_0}{T_c} - 1\right)Q_0 \tag{6.13}$$

由上式可见, 由于 $T_0 > T_c$, 所以 Ex_{Q_0} 总是大于零的, 也就是说冷量的烟也是正的, 并且 T_c 越低, 冷量的烟越大.

例 6.2　已知一冷库工作温度为零下 23℃, 试计算该冷库向储存物品提供 1000kJ 冷量时的冷量烟. 已知环境温度为 27℃. 此时, 制冷机的最大 COP 是多少?

解　已知 $T_c = 273 - 23 = 250(K)$, $T_0 = 273 + 27 = 300(K)$, $Q_0 = 1000kJ$.
根据冷量烟的计算公式, 得到

$$Ex_{Q_0} = \left(\frac{T_0}{T_c} - 1\right)Q_0 = \left(\frac{300}{250} - 1\right) \cdot 1000 = 200(\text{kJ})$$

采用可逆制冷机，将需要的电功最少，COP 最大，并有 $W_{R,\min} = Ex_{Q_0}$，所以

$$\text{COP}_{\max} = \frac{Q_0}{W_{R,\min}} = \frac{1000}{200} = 5$$

即可逆制冷机的最大 COP 为 5.

6.3.4 系统的㶲

任何偏离平衡态或者环境状态的系统，包括热偏离、力偏离或者化学组成偏离，都有向环境状态变化的趋势，这种趋势就有做功的潜力. 假设系统从现在状态逐渐变化到环境状态的过程是可逆的，那么它理论上能够做出的有用功最大，这个最大的有用功就称为系统的㶲. 或者说，系统在与环境相互作用时，从当前状态过渡到与环境相平衡的状态理论上所能完成的最大有用功量称为热力系的㶲.

1. 封闭系统的㶲

设某封闭系统在环境中具有参数：V、U、S，假定它相对于环境来说还有动能和势能，分别为 $\frac{1}{2}mc^2$ 和 mgz，那么该封闭系统的总能量为

$$E = U + \frac{1}{2}mc^2 + mgz \tag{6.14}$$

这里，c 是系统相对环境的运动速率；z 是系统相对环境的位置高度.

假定系统与环境相互作用并最后达到与环境的平衡，这时系统的容积、内能和熵分别为 V_0、U_0、S_0，环境参数为 T_0、p_0. 有多种方式可以求出封闭系统的㶲，下面介绍典型的两种.

方法一：能量平衡法.

考虑将封闭系统与环境一起组成一个复合系统，如图 6.5 所示. 这个复合系统唯一向外界提供了有用功量 W_u.

根据能量守恒定律，复合系统向外界提供的有用功量一定等于复合系统的总能量减少量，所以

$$W_u = -\Delta E_c \tag{6.15}$$

这里，ΔE_c 代表复合系统总能量的增加量. 在这个过程中，ΔE_c 包括两部分：一部分为封闭系统的能量增加量，另一部分为环境的能量增加量. 所以

$$\Delta E_c = (U_0 - E) + \Delta U_e \tag{6.16}$$

其中，$(U_0 - E)$ 为封闭系统的能量增量；ΔU_e 为环境的能量增量. 这时再对环境做单独讨论，根据热力学第一 TdS 方程，可以得到环境的内能变化为

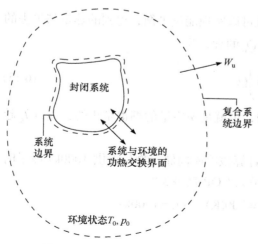

图 6.5 系统与环境组成复合系统

$$\Delta U_e = T_0 \Delta S_e - p_0 \Delta V_e \tag{6.17}$$

这里，ΔV_e 是环境的容积变化量. 代入上式，可以得到

$$\Delta E_c = (U_0 - E) + T_0 \Delta S_e - p_0 \Delta V_e \tag{6.18}$$

于是，得到复合系统对外做的有用功为

$$W_u = (E - U_0) - (T_0 \Delta S_e - p_0 \Delta V_e) \tag{6.19}$$

注意，环境的容积变化 ΔV_e 正好是封闭系统容积变化的负值，即 $\Delta V_e = -(V_0 - V)$. 另外，复合系统由于不再与外界换热，所以熵流等于零，此时封闭系统与环境的总熵变就是复合系统的熵产，即 $\Delta S_g = (S_0 - S) + \Delta S_e$. 前一项为封闭系统的熵变，后一项为环境的熵变. 由于这里计算㶲是指系统的理论上的最大有用功量，此时应该是可逆过程，熵产为零，所以对外做的有用功为

$$W_{u,max} = (E - U_0) + p_0(V - V_0) - T_0(S - S_0) \tag{6.20}$$

此即为封闭系统的㶲值，$Ex = W_{u,max}$. 如果忽略系统的动能和势能，那么上式可简化为

$$W_{u,max} = (U - U_0) + p_0(V - V_0) - T_0(S - S_0) \tag{6.21}$$

方法二：可逆过程法.

封闭系统在与环境相互作用过程中，对任意可逆过程应该满足热力学第一定律，即有

$$\delta Q = dU + \delta W_{max} = dU + p_0 dV + \delta W_{u,max} \tag{6.22}$$

上式忽略了系统的动能和势能，$p_0 dV$ 为系统膨胀推挤环境所做的功，为无用功. 当系统吸热时，环境就放热，故 $\delta Q = \delta Q_{sur}$. 又由于是可逆过程，系统的熵变与环境熵变之和为零，即

$$dS + dS_{sur} = 0 \tag{6.23}$$

于是可以得到

$$dS = -dS_{sur} \tag{6.24}$$

由于环境的温度是常数，所以环境熵变比较容易得到，为

$$dS_{sur} = \frac{\delta Q_{sur}}{T_0} = -\frac{\delta Q}{T_0} = -dS \tag{6.25}$$

于是得到

$$\delta Q = T_0 dS \tag{6.26}$$

最后得到系统所能做出的最大有用功为

$$\delta W_{u,max} = -dU - p_0 dV + T_0 dS \tag{6.27}$$

从任意状态到环境状态积分，得到

$$W_{u,max} = (U + p_0 V - T_0 S) - (U_0 + p_0 V_0 - T_0 S_0) \tag{6.28}$$

此即在环境 T_0、p_0 下，系统可能提供的最大有用功，叫㶲，于是

$$Ex = W_{u,max} = (U - U_0) + p_0(V - V_0) - T_0(S - S_0) \tag{6.29}$$

对于单位工质，并考虑其动能与势能，比㶲为

$$ex = w_{u,max} = (u - u_0) + p_0(v - v_0) - T_0(s - s_0) + \frac{c^2}{2} + gz \tag{6.30}$$

例 6.3 如图 6.6 所示，单位质量饱和蒸汽 120℃，从环境状态提升到具有速率 30m/s 和 6m 高度状态，已知环境状态 $T_0=298$K，$p_0=1$atm，$g=9.8$m/s². 对于 120℃的水蒸气，查表得 $v=0.8919$m³/kg，$u=2529.3$kJ/kg，$s=7.1296$kJ/(kg·K)。在环境状态时，水是液体，故 $v_0 = 1.0029 \times 10^{-3}$m³/kg，$u_0 = 104.88$kJ/kg，$s_0 = 0.33674$kJ/(kg·K)。

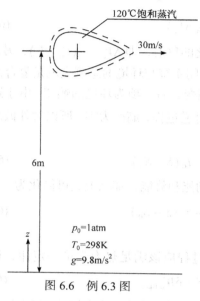

图 6.6 例 6.3 图

解 这是一个非常典型的工质比㶲的计算问题，根据上面比㶲的计算公式

$$ex = (u - u_0) + p_0(v - v_0) - T_0(s - s_0) + \frac{c^2}{2} + gz$$

得

$$\begin{aligned}
ex = &(2529.3 - 104.88) + 1.01325 \times 10^2 \\
&\times (0.8919 - 1.0029 \times 10^{-3}) - 298 \\
&\times (7.1296 - 0.33674) \\
&+ \left(\frac{30^2}{2} + 9.8 \times 6\right) \times 10^{-3} = 500 (\text{kJ/kg})
\end{aligned}$$

2. 开放系统的㶲

开放系统常被称为控制容积系统. 对于一个控制容积系统，可能有工质流进与流出，并携带有㶲、动能和势能，因此在计算开放系统的㶲时，不得不考虑这些工质的㶲变化.

开放系统的㶲定义为：一定质量的工质从当前状态的进口流到与环境处于平衡状态的出口理论上能够完成的最大功量，叫开系的㶲.

在 p_0、T_0 环境中，有一个稳态稳流控制容积系统如图 6.7 所示，系统参数为 p、T、H、S，工质进入系统的速率为 c，进口工质的势能高度为 z. 假设系统从现在状态可逆地变化到环境状态.

根据稳态稳流的能量平衡方程，可得

$$\delta Q_{re} = dH + \delta W_{t,max} \tag{6.31}$$

图 6.7 开放系统的㶲

这里，δQ_{re} 是系统一个微元过程与环境可逆交换的热量；$\delta W_{t,max}$ 是微元过程对外界提供的最大技术功，包括动能和势能；dH 是微元过程的焓变. 由于热量交换不但与初终状态有关，还与过程有关，因此在方程中保留热量项是很不方便计算的. 但在可逆过程中，传热量与熵流有关，于是可以得到

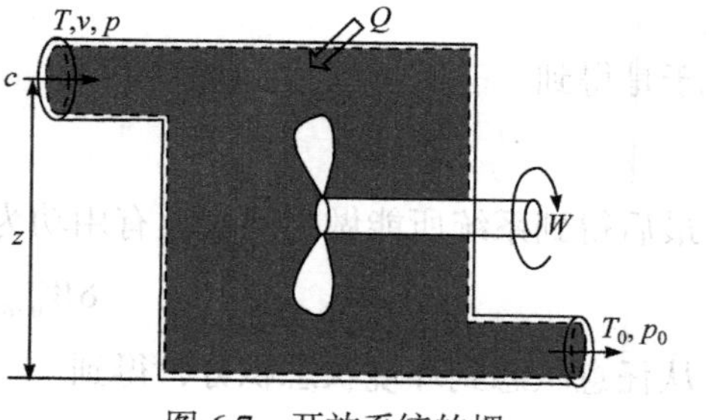

$$\delta Q_{re} = T_0 dS \tag{6.32}$$

与闭系时一样，利用可逆条件可导得最大的技术功为

$$\delta W_{t,max} = -dH + T_0 dS \tag{6.33}$$

从现在状态到环境状态积分得

$$W_{t,max} = (H - H_0) - T_0(S - S_0) = (H - T_0 S) - (H_0 - T_0 S_0) \tag{6.34}$$

注意，上式的最大技术功中直接包括了进口工质的动能和势能，因为环境状态下的动能和势能都为零. 这是开系从当前状态可逆变化到环境状态所能做出的最大技术功. 已知动能和势能中包含的烟，就是动能和势能本身，所以开系的烟为

$$Ex = (H - H_0) - T_0(S - S_0) + \frac{1}{2}mc^2 + mgz \tag{6.35}$$

单位工质的烟可以写为

$$ex = (h - h_0) - T_0(s - s_0) + \frac{1}{2}c^2 + gz \tag{6.36}$$

如果忽略动能和势能的影响，开系的烟可以简单写为

$$Ex = (H - H_0) - T_0(S - S_0) = \Delta H - T_0 \Delta S \tag{6.37}$$

如果系统只是从 1 状态变化到 2 状态，系统可以完成的最大理论功即为两个状态的烟差

$$\Delta W_{t,max} = Ex_1 - Ex_2 \tag{6.38}$$

因此，有了系统的烟概念后，利用烟概念来计算系统的最大有用功输出是很方便的.

也可以用能量平衡法讨论开系的烟，但分析方法与讨论闭系时一模一样，在此不赘述.

例 6.4　过热蒸汽以压力 3.2MPa 和 320℃的温度状态进入阀门，如图 6.8 所示，阀门出口压力为 0.5MPa，蒸汽流经阀门可以看作为一个绝热节流过程. 试计算阀门进口和出口状态下单位工质的烟，以及工质流经阀门后的做功能力的损失. 已知环境状态为 $p_0 = 0.1$MPa 和 $T_0 = 25$ ℃.

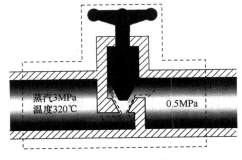

图 6.8　例 6.4 图

解　做如图 6.8 虚线所示的控制容积系统，并假定流动为稳态稳流过程，忽略流体的动能. 已知蒸汽流经阀门可以看作为一个绝热节流过程，所以过程中传热和做功都为零，并已知

$$h_2 = h_1$$

查过热蒸汽表，可以得到 $h_1 = 3043.4$kJ/kg，$s_1 = 6.6245$kJ/(kg·K)，又根据压力 $p_2 = 0.5$MPa 和 $h_2 = h_1$，查得 $s_2 = 7.4223$kJ/(kg·K). 环境状态为 $p_0 = 0.1$MPa 和 $T_0 = 25$ ℃的液态水，所以 $h_0 = 104.89$kJ/kg，$s_0 = 0.3$.

根据开系的烟计算方程，单位工质的烟可以用如下公式计算：

$$ex = (h - h_0) - T_0(s - s_0)$$

所以，进口状态的比烟为

$$ex_i = (3043.4 - 104.89) - 298 \times (6.6245 - 0.3674) = 1073.89 (\text{kJ/kg})$$

出口状态的比烟为

$$ex_o = (3043.4 - 104.89) - 298 \times (7.4223 - 0.3674) = 836.15 (\text{kJ/kg})$$

工质流经阀门后的做功能力损失就是阀门进出口的㶲差，所以单位工质的做功能力损失为

$$\Delta w_a = ex_i - ex_o = 1073.89 - 836.15 = 237.7 (\text{kJ/kg})$$

6.3.5 可用能利用程度的评价

起初，人们只注重能量在数量上被利用的份额，所以设计一个热力机器都非常注意其能源利用的效率. 一般来说，某系统能量利用效率越高，则系统性能越好. 也非常注意系统内部各部件能量损失的计算，哪个部件损失能量越多，就设法提高哪个部件的效率. 后来人们更注意到能量在"质量"上的被利用程度，提出了梯级用能和按质用能的概念.

事实上，在改善系统性能方面，能效率和㶲效率的衡算将可能给出不同的意见. 比如说，在一个蒸汽动力系统中，锅炉的效率为 90%，只损失了 10%的能量到环境，而冷凝器损失了所有能量的 53%，它将总能量的 53%排向了环境. 单从能效率来看，似乎应该进一步改善冷凝器的效率. 然而，通过㶲分析发现，锅炉的㶲损失达到 54%以上，而冷凝器的㶲损失只有 3.5%. 这里明确指出，最应该改善的却是锅炉. 事实确实如此，改善锅炉的效率可以更大地提升系统的发电效率.

对于可用能利用程度的评价，通常用热力学完善度和㶲效率作为判断标准. 所谓热力学完善度就是该热力学系统与它理想状态的偏离程度，热力学完善度越高，它运行时就越接近其理想程度.

对于产功装置来说，热力学完善度定义为

$$\eta_R = \frac{\text{实际过程输出的有用功}}{\text{可逆过程输出的有用功}}$$

比如，一个工作在 500K 和 300K 两个热源之间的实际热机，当从高温热源吸收 1000kJ 热量，输出有用功为 200kJ 时，热机效率为 20%. 而如果采用一个可逆卡诺热机在相同热源间工作，则可以做 $1000 \times \left(1 - \dfrac{300}{500}\right) = 400 (\text{kJ})$ 的有用功，所以该实际热机的完善度为

$$\eta_R = \frac{200}{400} = 50\%$$

也就是说，该热机只达到理想热机 50%的程度.

对耗功装置来说，其热力学完善度则为

$$\eta_R = \frac{\text{可逆过程输入的有用功}}{\text{实际过程输入的有用功}}$$

像空调系统、水泵和压缩机等都是耗功机械，衡算它们的热力学完善度是很有必要的. 一般来说，实际热机的完善度都不可能达到 100%，作为产功装置的氢–氧燃料电池的效率一般在 50%～90%之间，算是比较高的了.

也用㶲效率来作为装置的评价指标，定义为

$$\eta_{ex} = \frac{\text{装置中被实际利用的㶲}}{\text{输入装置的㶲}}$$

㶲效率的计算是建立在对热力系统进行㶲平衡分析基础上的，㶲效率越高，系统性能越好，表

明系统内部损失的烟较少. 因为烟既不能转化也不能产生, 但可以在不可逆过程中被损失或者消灭, 所以在热力学过程中烟是不守恒的, 自发过程总是向着烟减小的方向发展.

例 6.5 一个储热水箱, 可以储水 1500kg. 储热前, 水箱中的水温 30℃, 加热让其从 30℃升高到 90℃. 储存 90 天后, 水箱向外放热, 现在放热有两种方式:

(1) 放热把 1500kg 的水加热从 30℃升高到 35℃;

(2) 放热把 500kg 的水加热从 30℃升高到 75℃.

求这两种情况下系统储存的能效率和烟效率. 已知环境温度为 30℃.

解　1500kg 水被从 30℃升高到 90℃, 外界输入系统的热量为

$$Q_i = mc_p\Delta T = 1500 \times 4.18 \times 60 = 376200 (\text{kJ})$$

在计算水的烟值时要特别注意, 水箱的水获得热量的温度是不同的, 所以水获得的烟值应该用积分计算. 相对于环境, 该热量的烟值为

$$Ex_i = \int_{303K}^{363K}\left(1-\frac{303}{T}\right)\times mc_p \text{d}T = mc_p \times \left[60 - 303 \times \ln\left(\frac{363}{303}\right)\right] = 32917.5(\text{kJ})$$

以第一种方式放热, 1500kg 的水被加热从 30℃升高到 35℃, 得到热量为

$$Q_{o,1} = 1500 \times 4.18 \times 5 = 31350(\text{kJ})$$

相对于环境, 该热量的烟值为

$$Ex_{o,1} = \int_{303K}^{308K}\left(1-\frac{303}{T}\right)\times mc_p \text{d}T = mc_p \times \left[5 - 303 \times \ln\left(\frac{308}{303}\right)\right] = 255.9(\text{kJ})$$

所以第一种放热方式的能效率和烟效率分别为

$$\eta_{e,1} = \frac{Q_{o,1}}{Q_i} = \frac{31350}{376200} = 8.33\%$$

$$\eta_{ex,1} = \frac{Ex_{o,1}}{Ex_i} = \frac{255.9}{32917.5} = 0.78\%$$

以第二种方式放热, 把 500kg 的水加热从 30℃升高到 75℃, 得到热量为

$$Q_{o,2} = 500 \times 4.18 \times 45 = 94050(\text{kJ})$$

相对于环境, 该热量的烟值为

$$Ex_{o,2} = \int_{303K}^{348K}\left(1-\frac{303}{T}\right)\times \frac{1}{3}mc_p \text{d}T = \frac{1}{3}mc_p \times \left[45 - 303 \times \ln\left(\frac{348}{303}\right)\right] = 6361.3(\text{kJ})$$

所以, 第二种放热方式的能效率和烟效率分别为

$$\eta_{e,2} = \frac{Q_{o,2}}{Q_i} = \frac{94050}{376200} = 25\%$$

$$\eta_{ex,2} = \frac{Ex_{o,2}}{Ex_i} = \frac{6361.3}{32917.5} = 19.3\%$$

可见, 第二种放热方式虽然被加热的水量变小了, 但被加热温度提高了, 这时能效率和烟效率都有所提高.

6.3.6　稳定流动系统的㶲平衡方程

无论是控制质量系统还是控制容积系统，都可能因为系统内部的不可逆过程而引起㶲损失，比如有限温差的传热、摩擦和节流等，都可能使原来有用的功转化为炕. 我们知道，㶲不能被转化，不能被产生，但可以经不可逆过程被消灭. 这在分析系统的㶲效率或㶲平衡时尤其值得注意.

1. 封闭系统的㶲平衡方程

封闭系统由于没有工质穿越系统边界，所以系统的㶲变化就等于传热和做功产生的㶲变化，但要减去系统膨胀推动环境所做的无用功. 所以㶲平衡方程可以表示为

系统储存㶲的增加量=输入系统热量㶲−输出系统功的㶲−系统内部的㶲损失

用数学方程表示为

$$\Delta \dot{E}x = \dot{E}x_Q - \dot{E}x_w - \dot{A}n \tag{6.39}$$

对于稳态过程，系统内部的㶲变化为零，并注意功的㶲就是有用功本身，当系统从 1 状态变化到 2 状态时，系统所能对外做的有用功为

$$W = \int_1^2 \left(1 - \frac{T_0}{T}\right)\delta Q + \left[(U_1 - U_2) + p_0(V_1 - V_2) - T_0(S_1 - S_2)\right] - T_0\Delta S_g \tag{6.40}$$

这里，ΔS_g 是不可逆过程的熵产；$T_0\Delta S_g$ 是不可逆过程引起的㶲损失.

2. 开放系统的㶲平衡方程

对于一个开放系统，经某热力过程的㶲平衡方程可写为

系统储存㶲的增加量=输入系统的㶲−输出系统的㶲−系统内部的㶲损失

用数学方程表示为

$$\Delta \dot{E}x = \dot{E}x_i - \dot{E}x_o - \dot{A}n \tag{6.41}$$

这里，$\dot{A}n$ 是系统内部的不可逆损失，即㶲损失. 根据㶲损失的计算方程，如果已知系统内部不可逆过程的熵产为 ΔS_g，环境温度为 T_0，那么系统经不可逆过程产生的㶲损失为 $T_0\Delta S_g$，所以开放系统的㶲平衡方程变为

$$\Delta \dot{E}x = \dot{E}x_i - \dot{E}x_o - T_0\Delta \dot{S}_g \tag{6.42}$$

对于稳态稳流过程，则系统内部的㶲变化为零，所以㶲平衡方程为

输入系统的㶲=输出系统的㶲+系统内部的㶲损失

实际系统的㶲输入可能包括热量输入和工质输入带进系统的㶲，输出系统的㶲可能包括对外做功和工质流出带出的㶲. 图 6.9 所示为一个稳态稳流开放系统的㶲流动过程，系统与环境交换的热量不包含㶲值. 根据㶲平衡关系，可以写出该系统的㶲平衡方程为

$$Ex_Q + Ex_{f1} = Ex_{f2} + Ex_w + T_0\Delta S_g \tag{6.43}$$

这里，Ex_Q 是通过传热进入系统的㶲；Ex_{f1} 是工质携带进入系统的㶲；Ex_{f2} 是工质携带流出系统的㶲；Ex_w 是系统对外做功输出的㶲；$T_0\Delta S_g$ 是由于系统的不可逆性造成的㶲损失. 并注意

$$Ex_Q = Q\left(1 - \frac{T_0}{T}\right) \tag{6.44}$$

$$Ex_w = W \tag{6.45}$$

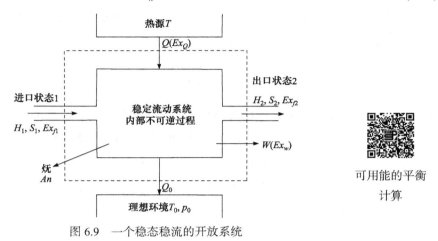

可用能的平衡
计算

图 6.9 一个稳态稳流的开放系统

本 章 小 结

在给定环境下，理论上能量中可以转化为有用功的那部分，称为烟；理论上不可以转换为有用功的那部分，称为炕.

1. 功的烟

技术上有用功称为烟. 实际工程中，如动能、势能、机械能和电能等都是技术上可以利用的功，它们的可转换性也最好，所以这些能量的本身就是烟. 如果在热力过程中，系统的容积没有变化，或与环境交换的净功量为零，则通过边界所做的功全部是有用功，都是烟. 此时，功的烟即功的本身. 推挤环境所做的功是无法利用的，计算功的烟时必须把无用功去除.

2. 热量的烟

热量 Q 的烟表示式为

$$Ex_Q = Q \cdot \left(1 - \frac{T_0}{T}\right) = \eta_c Q$$

η_c 称为卡诺系数. 而热量中剩余的部分称为炕，即热量中的炕为

$$An_Q = Q - Ex_Q = Q \cdot \frac{T_0}{T}$$

3. 冷能的烟

冷能是一个俗称，世界上没有冷的能量. 所谓冷能，是指温度低于环境温度的系统，具有做功能力的热量. 因此，冷量的烟就是温度低于环境温度时的热量烟. 冷量 Q_0 的烟为

$$Ex_{Q_0} = \left(\frac{T_0}{T_c} - 1\right) Q_0$$

由上式可见，由于 $T_0 > T_c$，所以 Ex_{Q_0} 总是大于零的，并且 T_c 越低，冷量的㶲越大.

4. 封闭系统的㶲

设某封闭系统在环境中具有参数：V、U、S，假定它相对于环境来说还有动能和势能，分别为 $\frac{1}{2}mc^2$ 和 mgz. 那么该封闭系统的总能量为

$$E = U + \frac{1}{2}mc^2 + mgz$$

这里，c 是系统相对环境的运动速率；z 是系统相对环境的位置高度. 那么封闭系统的㶲为

$$Ex = (E - U_0) + p_0(V - V_0) - T_0(S - S_0)$$

如果忽略系统的动能和势能，那么封闭系统的㶲为

$$Ex = (U - U_0) + p_0(V - V_0) - T_0(S - S_0)$$

5. 开放系统的㶲

动能和势能中包含有㶲，开系的㶲为

$$Ex = (H - H_0) - T_0(S - S_0) + \frac{1}{2}mc^2 + mgz$$

如果忽略动能和势能的影响，开系的㶲简单写为

$$Ex = (H - H_0) - T_0(S - S_0) = \Delta H - T_0 \Delta S$$

6. 可用能利用的评价

对于产功装置来说，热力学完善度定义为

$$\eta_R = \frac{\text{实际过程输出的有用功}}{\text{可逆过程输出的有用功}}$$

对耗功装置来说，其热力学完善度定义为

$$\eta_R = \frac{\text{可逆过程输入的有用功}}{\text{实际过程输入的有用功}}$$

㶲效率定义为

$$\eta_{ex} = \frac{\text{装置中被实际利用的㶲}}{\text{输入装置的㶲}}$$

㶲效率的计算是建立在对热力系统进行㶲平衡分析基础上的，㶲效率越高，系统性能越好，表明系统内部损失的㶲较少.

7. 封闭系统的㶲平衡方程

封闭系统由于没有工质穿越系统边界，所以系统的㶲变化就等于传热和做功产生的㶲变化，但要减去系统膨胀推动环境所做的无用功. 所以㶲平衡方程可以表示为

系统储存㶲的增加量=输入系统热量㶲-输出系统功的㶲-系统内部的㶲损失

用数学方程表示为

$$\Delta \dot{E}x = \dot{E}x_Q - \dot{E}x_w - \dot{A}n$$

对于稳态过程，系统内部的㶲变化为零，并注意功的㶲就是有用功本身，当系统从 1 状态变化到 2 状态时，系统所能对外做的有用功为

$$W = \int_1^2 \left(1 - \frac{T_0}{T}\right)\delta Q + \left[(U_1 - U_2) + p_0(V_1 - V_2) - T_0(S_1 - S_2)\right] - T_0\Delta S_g$$

这里，ΔS_g 是不可逆过程的熵产；$T_0\Delta S_g$ 是不可逆过程引起的㶲损失.

8. 开放系统的㶲平衡方程

对于一个开放系统，经某热力过程的㶲平衡方程式可写为

系统储存㶲的增加量=输入系统的㶲-输出系统的㶲-系统内部的㶲损失

用数学方程表示为

$$\Delta \dot{E}x = \dot{E}x_i - \dot{E}x_o - \dot{A}n$$

这里，$\dot{A}n$ 是系统内部的不可逆损失，即㶲损失. 如果已知系统内部不可逆过程的熵产为 ΔS_g，环境温度为 T_0，那么系统经不可逆过程产生的㶲损失为 $T_0\Delta S_g$，所以开放系统的㶲平衡方程变为

$$\Delta \dot{E}x = \dot{E}x_i - \dot{E}x_o - T_0\Delta \dot{S}_g$$

对于稳态稳流过程，则系统内部的㶲变化为零，所以㶲平衡方程为

输入系统的㶲=输出系统的㶲+系统内部的㶲损失

实际系统的㶲输入可能包括热量输入和工质输入带进系统的㶲，输出系统的㶲可能包括对外做功和工质流出带出的㶲.

问题与思考

6-1　如何说明㶲是状态参数？它有什么显著特点？

6-2　为什么能量的品质会与环境相关？

6-3　用㶲概念重新表述热力学第一和第二定律.

6-4　冷量的㶲与热量的㶲有什么异同？冷量的㶲和开系稳定流动系统的㶲如何计算.

6-5　为什么我们常常用环境的熵变来计算系统的熵变？

6-6　何谓热力学完善度？它与卡诺定理有什么联系？

6-7　熵平衡方程与㶲平衡方程的联系是什么？

6-8　试举例说明㶲概念可以应用到其他科学领域.

6-9　在媒体上我们经常听到能源危机这样的新闻，你是否认识到，其实正是"㶲危机".

6-10　㶲是否可能是负的？㶲变化是负的可能吗？

6-11　对于一个填充氢气的飞艇，如果它的温度和压力都与环境相同，它包含有㶲值吗？如果没有，为何它能提升重物至高空？

6-12　是否有能量传递的方向与㶲传递的方向相反的情况？

6-13　两个具有不同温度的物体相互接触，最后达到热平衡. 假设它们与外界没有热量交换，那么这个过程有㶲损失吗？

本 章 习 题

6-1　一个系统包含 5kg 水，温度是 10℃，压力与大气压相同，忽略其动能和势能，计算在环境温度为 20℃ 时它包含的㶲值.

6-2　确定下述 2m³ 气体的㶲值，已知环境状态为 0.1MPa 和 17℃，并忽略动能和势能的变化.
　　(1) 如果填充的是理想气体，压力和温度分别是 0.35MPa 和 400℃.
　　(2) 如果填充的是水蒸气，压力和温度分别是 0.35MPa 和 400℃.

6-3　试估算 1kJ 太阳光在地球表面温度 300K 时的㶲值，已知太阳光来自温度为 5700K 的太阳表面.

6-4　用㶲概念表述热力学第一和第二定律. 当从温度为 900K 高温热源提取的热量为 1000kJ 时，该热量的㶲 (有效能)为多少？ 㶲(无效能)为多少？ 假设环境温度为 290K.

6-5　在环境温度为 300K 时，从温度为 250K 的冷源提取 Q_0=1000kJ 的冷量，那么 Q_0 中包含的冷量㶲是多少？

6-6　一个储热水箱储有温度为 400K、质量为 100kg 的热水，当环境温度为 300K 时，求水箱中水所包含的㶲值.

6-7　已知燃料燃烧提供给活塞中气体的热量为 1000kJ，活塞中气体温度为 1200K. 当气体经可逆等温膨胀过程从 V_1=0.04m³ 到 V_1=0.08m³，已知环境温度为 300K，环境压力为 p_0 = 0.1MPa. 试用㶲分析法计算活塞对外做的有用功.

6-8　一风力制热装置，已知风机系统提供给该制热装置的功量为 1000kJ，制热装置的制热温度为 400K，问：该制热装置引起的㶲损失是多少？ 㶲效率是多少？ 已知环境温度是 300K，并假设装置没有热损失.

6-9　如图 6.10 所示一个活塞内部包含有 0.245m³ 空气，其压力为 0.1MPa，温度为 867℃，计算该状态下气体的比㶲，忽略气体的动能和势能. 这里空气可以当作理想气体，取环境状态的温度为 300K，压力为 p_0 =101.3kPa. 提示：空气的状态参数可以查表.

图 6.10　习题 6-9 图

6-10　单位质量 100℃ 的饱和水，经搅拌器摩擦生热将水加热到水全部变为相同压力下的饱和蒸汽为止. 求水的㶲变化值和该过程的㶲损失. 饱和水和饱和水蒸气的参数查表得到.

6-11　两块铁板的温度分别是 600K 和 400K，两者直接接触直至相同温度，已知环境温度是 300K. 问前后的㶲变是多少？ 已知铁板的质量均为 1kg，铁的比热容为 2.0kJ/(kg·K).

6-12　写出开系非稳态的㶲平衡方程，并考虑动能和势能的变化.

6-13　一个热机工作在 600K 和 300K 两个热源之间，当它向高温热源获取热量为 1000J 时，对外做的功为 400J，计算该系统的完善性系数.

6-14　锅炉的热量收、支情况如图 6.11 所示. 已知燃料燃烧平均温度 2000K，产生 1kg 蒸汽需要供入热量 q=3704.1kJ，排烟和散热的平均温度 412K，给水带入能量 h_4=121kJ/kg，给水温度 320K，产生蒸汽的焓 h_1=3455kJ/kg，温度为 800K. 已知环境温度为 300K. 求锅炉的能效率和㶲效率.

6-15　100kg 的冰块，在温度为 320K 和 1atm 的环境中融化，求此融化过程冷量㶲的变化. 已知冰的溶解热近似为 q=333kJ/kg.

6-16　两个物体的质量和比热相同，分别是 m 和 c，已知它们的初始温度分别是 T_1 和 T_2，让它们彼此接触，最后达到热平衡. 假设它们与外界没有热量交换.
　　(1) 推导该过程的㶲损失的表达式. 环境温度是 T_0.
　　(2) 证明它们的㶲损失不可能是负的，解释产生㶲损失的原因.

6-17　一个气球填充了 20℃ 的氦气，此时其压力和容积分别为 0.1MPa、0.5m³. 它在 500m 的高空以 15m/s 的速度运动. 已知地下环境温度和压力分别是 20℃ 和 0.1MPa. 采用理想气体模型，计算氦气的比㶲.

6-18　环境空气以 0.3kg/s 的质量流率进入稳态运行并与外界绝热的压缩机，出口状态为 0.3MPa 和 147℃. 计算压缩机所需要的功和系统的㶲损失率，忽略动能和势能的变化. 已知环境状态为 0.1MPa 和 17℃.

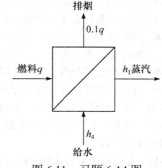

图 6.11　习题 6-14 图

第 7 章   不可逆过程与有限时间热力学

前面章节所介绍的热力学理论都只考虑了平衡或准平衡过程，即认为所有过程都是可逆的，这对分析理想化的热力学系统是非常有效的，但实际的系统并不只包含了可逆过程，它还可能包含不可逆过程，比如实际的柴油机和汽油机都包含了具有巨大不可逆性的燃烧过程. 分析和掌握不可逆过程的熵产和功损失问题，对了解热机的实际工作过程与效率有重要意义. 另外，实际的热机循环都是在有限时间内完成的，比如目前常用汽油机的一个循环过程在 20ms 内就完成了. 在如此短的时间内，系统不可能总是处在平衡状态下，那么非平衡状态下热机的效率如何计算？有哪些因素对它造成了影响？这些问题也非常值得我们去了解和探索.

本章将对不可逆过程中功损失问题及有限时间内的热机效率问题进行初步探讨，为对实际热力学系统的分析打下基础.

7.1   热量传递过程的不可逆性

初步的传热学理论告诉我们，热量传递过程无外乎三种：传导、对流和辐射，分别利用傅里叶导热定律、牛顿冷却定律和斯特藩–玻尔兹曼定律对它们进行描述. 传统热机中，热能的供应还包括燃烧、蒸发与冷凝. 有限温差条件下，上述传热或供热过程都是不可逆的，都有可能产生熵产，同时也伴随着做功能力的损失. 下面分别对几种典型的热量传递过程的不可逆性及熵产问题进行讨论.

首先，对热传导问题进行讨论. 我们知道，有限温差驱动下的热传导过程一定是不可逆的，因为它有热量从高温传递到了低温. 假设有如图 7.1 所示的一维稳态传热问题，热量从系统温度 T_1 的一端传递到了 T_2 的另一端，传热面积为 A，传热速率为 Q，单位是 W. 先以传热棒体为研究对象，并假设除了传热棒体的两端外，它的周围是绝热的，显然单位时间内流入物体的熵为 Q/T_1，单位时间内流出物体的熵为 Q/T_2，假定棒体内单位时间产生的熵为 ΔS_g. 那么，对于稳态过程，棒体内部不再有状态变化，因此熵也不随时间变化，这样很容易根据熵平衡方程得到：流入系统的熵加上系统内部熵的产生等于流出系统的熵，于是单位时间整个棒体内部的熵产为

$$\Delta S_\mathrm{g} = \frac{Q}{T_2} - \frac{Q}{T_1} \tag{7.1}$$

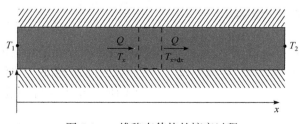

图 7.1   一维稳态传热的熵产过程

这里，由于 $T_1 > T_2$，所以 ΔS_g 是正的，说明传热过程使系统的熵产不为零，表示该过程为不可逆过程.

根据导热定律，该系统的传热速率为

$$Q = A \cdot \lambda \cdot \frac{T_1 - T_2}{L} \tag{7.2}$$

这里，λ 为物体的导热系数；A 为传热面积；L 为传热距离. 代入式(7.1)，可以得到系统的熵产为

$$\Delta S_g = A \cdot \lambda \cdot \frac{T_1 - T_2}{L} \cdot \left(\frac{1}{T_2} - \frac{1}{T_1} \right) \tag{7.3}$$

由式(7.3)可以看出，系统的熵产全部由可以测量的参数给出.

利用上述方法，还可以分析系统内部局部的熵产情况. 假定热量的传递仍然在一维的方向上进行，那么根据热传导的傅里叶定律，可知单位时间通过单位面积传递的热量为

$$q = -\lambda \frac{dT}{dx} \tag{7.4}$$

这里，λ 仍为物体的导热系数；$\dfrac{dT}{dx}$ 为传热物质的温度梯度，负号表示热量总是从高温传递到低温的，即传热方向与温度梯度方向相反. 与此对应的熵流为

$$S_f = \frac{q}{T} = -\frac{\lambda}{T} \frac{dT}{dx} \tag{7.5}$$

式中，T 为热传递工质的温度. 对于稳定运行的热系统，q 是一个与时间无关的常数. 对于一维稳态问题，熵只在 x 方向上变化，所以系统在单位长度上熵产率可表示为

$$\dot{S}_g = \frac{d}{dx}(S_f) = -\frac{q}{T^2}\left(\frac{dT}{dx}\right) = \frac{\lambda}{T^2}\left(\frac{dT}{dx}\right)^2 \tag{7.6}$$

上式表明，只要有传热温差或说有温度梯度存在，熵产永远不会为零. 也可以认为是热阻的存在引起了熵的产生.

同样，如果系统的传热是由对流过程引起的，那么根据对流传热的定义，知道它是由固体壁面与流体之间存在温差引起的. 一个简单的对流传热系统可以表示为如图 7.2 所示.

根据传热学的牛顿冷却定律，可以知道对流传热速率表示为

$$Q_c = Ah(T_s - T_\infty) \tag{7.7}$$

这里，A 和 h 分别是对流传热面积和对流传热系数. 同样，根据熵的流进流出，并考虑在过程中产生的熵，很容易得到这一过程的熵产率为

$$\Delta \dot{S}_g = Ah(T_s - T_\infty) \cdot \left(\frac{1}{T_\infty} - \frac{1}{T_s} \right) \tag{7.8}$$

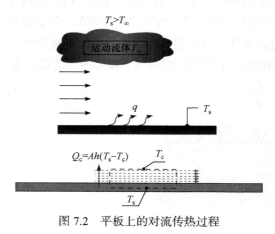

图 7.2 平板上的对流传热过程

上式给出的熵产总是正的，是一个不可逆过程.

最后，如果传热方式只有辐射传热过程，在辐射源与辐射接受体之间也一定有熵产生. 图 7.3 给出了两块大黑平板之间的辐射传热过程. 根据辐射传热定律，可以知道两平面之间的辐射传热率为

$$Q = A\sigma\left(T_1^4 - T_2^4\right) \tag{7.9}$$

图 7.3　大平板之间的辐射传热

这里，A 和 σ 分别是辐射传热面积和斯特藩-玻尔兹曼常量.

同样，把两块平板及其之间的空间作为考虑的系统，根据熵平衡方程，并考虑在过程中产生的熵，也很容易得到这一过程的熵产为

$$\Delta \dot{S}_g = A\sigma\left(T_1^4 - T_2^4\right) \cdot \left(\frac{1}{T_2} - \frac{1}{T_1}\right) \tag{7.10}$$

上式给出的熵产也总是正的，表明仍然是一个不可逆过程.

值得指出的是，传热过程是复杂的，它很可能是多种传热过程的复合体，一个过程包含多种传热方式. 在热力学中更多关注的是平衡状态，热量或功的单位是焦或者千焦. 但在传热学中更多关注的是过程，热量的单位是瓦或者千瓦. 因此，在计算熵产时要注意区分传热过程和传热的方式，这里计算得到的熵产是单位时间内的熵产，其实是熵产率，要特别注意.

*7.2　不可逆过程与功损失

不可逆过程的功损失

实际系统都包含有不可逆过程，比如热差传热、管道摩擦以及热机内部的不可逆性等，难以避免. 我们知道，任何不可逆过程都将造成㶲损失，但不可逆性与功损失之间的量化关系如何，值得我们深入研究. 实际上，任何系统实际向外输出的有用功都将小于它可能输出的最大理论功，原因就是系统在运行时存在各种内部和外部损失. 我们容易判断直接的外部损失，但由不可逆性引起的内部或外部损失则容易被忽视.

本节将对不可逆过程造成的功损失进行分析，把由于不可逆性产生的功损和熵增联系起来，并给出各种情况下功损的定量计算公式.

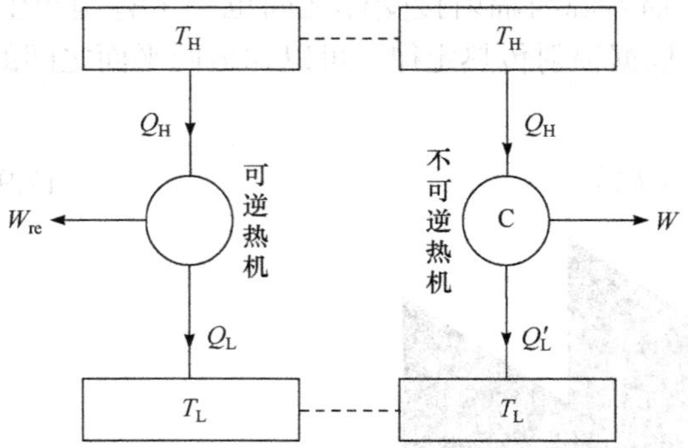

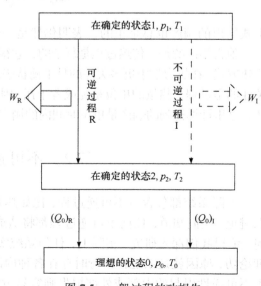

图 7.4　可逆热机和不可逆热机的功损失

7.2.1　不可逆热机的功损失

对于一个不可逆的热机，如果给它提供与可逆热机相同的热量，工作的温度区间也相同，由于它内部的不可逆性，它给外界提供的有用功是不同的. 图 7.4 给出了可逆与不可逆热机工作过程和能量平衡的比较示意图.

对于可逆热机有

$$Q_H - Q_L = W_{re} \tag{7.11}$$

$$\frac{Q_L}{T_L} - \frac{Q_H}{T_H} = 0 \tag{7.12}$$

这里，W_{re} 是可逆热机对外输出的有用功. 对于不可逆热机有

$$Q_H - Q_L' = W \tag{7.13}$$

$$\Delta S_g = \frac{Q_L'}{T_L} - \frac{Q_H}{T_H} > 0 \tag{7.14}$$

这里，W 是不可逆热机对外输出的有用功；Q_L' 是不可逆热机向低温热源放出的热. 联合式 (7.11) 与式 (7.13) 得到

$$W_{re} - W = Q_L' - Q_L \tag{7.15}$$

这说明，可逆过程减少的功或损失的功增加了对低温热源的散热. 联合式 (7.12) 和式 (7.14)，得到功的损失或者散热量的增加为

$$\Delta W = W_{re} - W = Q_L' - Q_L = T_L \Delta S_g \tag{7.16}$$

ΔS_g 是不可逆过程的熵产. 这表明熵产的出现直接导致了功损失和对低温热源放热的增加. 熵产与不可逆性是直接相关的，说明不可逆性越大，熵产越大，热机循环效率越低，功损失越大.

7.2.2　不可逆过程的功损失

上述讨论已经表明，不可逆性会造成热机输出功损失，损失量的大小与熵产的大小有关，即 $\Delta W = T_L \Delta S_g$. 这一法则是否在一般过程中也同样成立，下面定量讨论在确定的稳定端态之间的有限过程中由于不可逆性而引起的输出总功损失(对耗功机械即为输入功的增加).

设在两个确定的稳定端态①和②之间有两个不同的过程，过程 R 是可逆的，输出功为 W_R，向环境放热 $(Q_0)_R$；过程 I 是不可逆的，输出功为

图 7.5　一般过程的功损失

W_I，向环境放热$(Q_0)_I$；如图 7.5 所示.

　　系统处于理想环境中，根据热力学第一定律，并根据上述两个过程都是在相同的初态 1 和终态 2 之间进行的，因而可以得到计算功损的关系式

$$W_R - W_I = (Q_0)_I - (Q_0)_R \tag{7.17}$$

　　为了集中讨论不可逆性对功损的影响，我们对系统的边界做这样的规定：系统与理想环境间的传热的任何不可逆性都发生在系统内部，系统边界处于温度 T_0 条件下. 在不可逆过程 I 中从环境进入系统的热熵流为

$$(\Delta S_Q)_I = -\frac{(Q_0)_I}{T_0} \tag{7.18}$$

令 ΔS_g 代表不可逆过程的熵产，那么不可逆过程的总熵变为

$$\Delta S_I = \Delta S_g + (\Delta S_Q)_I \tag{7.19}$$

在可逆过程 R 中，系统没有熵产，全部熵变 ΔS 等于环境流入系统的热熵流，即

$$\Delta S = (\Delta S_Q)_R = -\frac{(Q_0)_R}{T_0} \tag{7.20}$$

由于熵是状态参数，不管是可逆过程还是不可逆过程，从 1 状态到环境的总熵变为一个定值，应该有

$$\Delta S = \Delta S_I = \Delta S_R \tag{7.21}$$

因此，由式(7.15)～式(7.21)，可以得到两种过程的功损可以转换为

$$W_R - W_I = T_0 \left[\Delta S - (\Delta S)_I \right] = T_0 \cdot \Delta S_g \tag{7.22}$$

表明当系统经历不可逆过程 I 从状态①变化到状态②时，由于不可逆性引起的总功损失为

$$\Delta W = W_R - W_I = T_0 \cdot \Delta S_g \tag{7.23}$$

上式即为著名的高邬公式，有时也称为**第一功损定律**.

　　从另一角度看，封闭或稳定流动系统在两个确定的状态之间的可逆过程与不可逆过程的总功输出之差，数值上等于输出的有用功之差，也等于㶲差，即

$$W_R - W_I = Ex_R - Ex_I = An \tag{7.24}$$

An 为由于内部的不可逆性引起的㶲损，或称为炕. 于是可得

$$An = T_0 \Delta S_g \tag{7.25}$$

可见，炕直接表现为㶲损失.

　　上述高邬功损法则所讨论的仅是两个确定的稳定端态间的单一过程，但实际系统要复杂得多，因为实际装置中往往包含许多子过程，而这些子过程是在可以辨认的中间状态之间进行的，如图 7.6 所示.

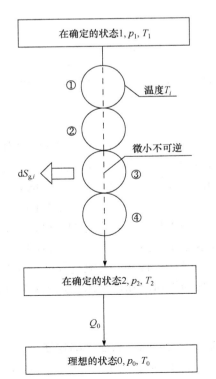

图 7.6　过程中包含多个可辨认的子过程

通过与上述类似的推导，很容易得到如下结论：处于理想环境(T_0，p_0)下包含多个子过程的系统工作于确定的稳定端态间，而它所包含的各个子过程又都处于可以辨认的相应中间状态之间，那么整个装置由于不可逆性引起的输出总功损失(或耗功热机输入总功增加)等于每个子过程分别引起的各输出功损失(或输入总功增加)之和，也等于理想环境温度 T_0 与过程总熵产的乘积. 总熵产等于各子过程熵产之和，即

$$\Delta W_t = \sum_{i=1}^{n} \Delta W_i = T_0 \sum_{i=1}^{n} \Delta S_{g,i} \tag{7.26}$$

这里，ΔW_t 是系统的总功损失；$\Delta S_{g,i}$ 是第 i 个子系统的熵产. 有时把这个结论称为**第二功损定律**.

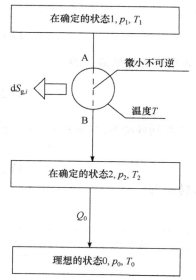

图 7.7　内部存在微小不可逆过程的系统

如果一个系统的内部大部分情况是可逆的，只是在某些局部存在不可逆过程，那么情况如何呢？也就是说，不可逆性发生在系统的内部，虽然系统是处在环境 T_0 的条件下，但不可逆过程并不直接与环境发生作用，因为它发生在系统内部. 即使这样，我们一定还是可以判断这个不可逆性过程的存在，一定也会引起功的损失.

图 7.7 给出了一个包含不可逆微元过程 A—B 的宏观过程，系统内部的温度为 T. 假定系统是在理想环境温度 T_0 下工作的. 此时，系统的微小过程 A—B 由于不可逆过程造成的内功损失为 $\mathrm{d}W_i$. 注意内功与外功的区别. 由于 A—B 过程仍然在系统内部，而且该过程仅是一个微小过程，所以可以把系统温度 T 当作它的环境温度. 假定该微小不可逆过程造成的熵产为 $\mathrm{d}S_{g,i}$，那么根据高邬公式，很容易得到该过程造成的内功损失为

$$\mathrm{d}W_i = T \cdot \mathrm{d}S_{g,i} \tag{7.27}$$

这个功损失仍然是内部的，就比如说，一台优良的柴油机，仅仅是供油泵有点小问题，但这点小问题造成的不可逆性最终也会影响整个柴油机的对外输出功. 内部微小不可逆性造成的内功损失，等于不可逆过程的熵产乘上系统温度，这个结论有时被称为**第三功损定律**.

事实上，任何系统的内部不可逆损失最终都将导致系统对外做功能力的减弱. 对于在确定的端态 1 和 2 之间进行的不可逆的有限过程，其不可逆性仅局限在其内部某个微小的过程内，而这个微小过程是在可以辨认的两个固定的中间状态 A 和 B 之间进行的，其局部温度为 T. 除该微小过程外，其他过程是可逆的. 则在 A—B 子过程中，由于内部不可逆性所产生的输出外功损失 δW_g 和输出内功损失 δW_i 间的关系为

$$\delta W_g = \frac{T_0}{T} \cdot \delta W_i \tag{7.28}$$

这个结论被称为**第四功损定律**.

有多种方法可以导出这一数学表达式，熵产分析法是一种较为简单的方法，分析如下.

对如图 7.7 所示过程，由于 A、B 两个状态固定不变，在这个微小过程中不可逆性引起的

内功减少，必然等于它给系统其他部分放热量的增加，即

$$\delta Q_i = -\delta W_i \tag{7.29}$$

注意，这部分热量仍然在系统内部. 根据高邬公式，由此产生的熵产为

$$dS_{g,i} = \frac{\delta W_i}{T} \tag{7.30}$$

由于系统其他过程都是可逆的，所以系统由于微小过程造成的总熵产亦即为 $dS_{g,i}$. 由此造成的外功损失由高邬公式表达为

$$\delta W_g = T_0 dS_{g,i} \tag{7.31}$$

结合式(7.30)与式(7.31)，立即得到内功损失与外功损失的关系为

$$\delta W_g = \frac{T_0}{T} \cdot \delta W_i \tag{7.32}$$

这个公式将内功损失与外功损失联系起来，对分析复杂系统的功损失非常有利.

　　例 7.1　如图 7.8 所示具有微小温差传热过程，试导出由不可逆性引起的输出内功损失与输出总功损失的关系. 设两种流体的温度分别为 T 和 $T-\Delta T$.

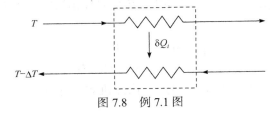

图 7.8　例 7.1 图

　　解　冷流体与热流体的熵变分别为

$$(dS)_l = \frac{\delta Q_i}{T - \Delta T}, \quad (dS)_h = -\frac{\delta Q_i}{T}$$

因换热过程与外界是绝热的，所以不可逆性所产生的熵增为

$$(dS)_g = \frac{\delta Q_i}{T - \Delta T} - \frac{\delta Q_i}{T} \approx \frac{\Delta T}{T^2} \delta Q_i$$

于是，从第一功损定律可得

$$输出总功损失 = T_0 (dS)_g = \frac{T_0}{T} \left(\frac{\Delta T}{T} \delta Q_i \right)$$

　　从另一个角度考虑，我们知道，从工作在温度 T 和 $T-\Delta T$ 间的一台可逆热机可以得到净输出功为

$$\delta W = \frac{\Delta T}{T} \delta Q_i$$

因而这就是由不可逆性所产生的输出内功损失，即

$$输出内功损失 = \frac{\Delta T}{T} \delta Q_i$$

进一步可以得出

$$输出总功损失 = 输出内功损失 \times \frac{\Delta T}{T}$$

可见，结果符合第四功损定律.

*7.3　实际热机的有限时间过程

有限时间热力学

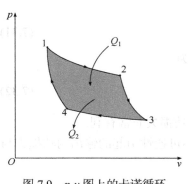

图 7.9　$p\text{-}v$ 图上的卡诺循环

　　我们知道，任何实际发生的能量运动过程都是不可逆的，因此任何实际热机也不可能是完全可逆的. 热能进入热机或从热机排入环境，都不可能在一瞬间完成，它需要一定时间. 也就是说，任何实际热机都不可能像理想热机那样在完全的平衡态下运行，我们必须考虑热能的传递速度.

　　如图 7.9 所示的卡诺循环，它由两个等温过程和两个绝热过程组成. 在实际过程中，循环中的每个过程都需要时间. 假设每个过程完成所需要的时间分别是 t_1、t_2、t_3 和 t_4，那么完成一个循环所需要的时间就是 $t = t_1 + t_2 + t_3 + t_4$. 假设在一个循环中，热机对外输出的功为 W，那么热机对外输出的功率就是

$$\dot{W} = \frac{W}{t} = \frac{W}{t_1 + t_2 + t_3 + t_4} \tag{7.33}$$

　　如果该卡诺热机的效率仍然可以用可逆卡诺热机效率计算，那么该热机的输出功率可以表示为

$$\dot{W} = \frac{Q_1}{t_1 + t_2 + t_3 + t_4} \cdot \left(1 - \frac{T_2}{T_1}\right) \tag{7.34}$$

可见，若每个过程花费的时间越长，则热机输出的功率越小. 但如果每个过程花的时间越短，那么该过程就越可能偏离平衡态或者偏离准静态过程，这需要找到一个合理的区间.

　　在有限的时间内，系统哪些因素将对系统的效率产生重要影响，近年来吸引了越来越多研究者的目光. 对于实际运行的热机系统进行不可逆性分析，可以给出系统各个部件熵产率和㶲损失率，这对有针对性地对各个部件采取措施是十分必要的. 当然对这类系统的分析往往是非常困难的，因为不同的热力学系统都各有特点，特别是热机的内部存在各种各样不同的不可逆性，而且这种不可逆性往往是很难计算的. 目前，一种简化的方式是将热机内部的不可逆性转移到外部，而认为热机的内部是可逆的，有时也称这种热机为内可逆热机. 这样，就可以认为热机的不可逆性都是由外部因素引起的，比如有限温差的传热和摩擦等. 从而通过计算这些传热阻力和摩擦阻力，可以计算得到热机的不可逆性，最终计算得到热机的功损失率和实际热机的效率.

7.3.1　内可逆热机模型

　　实际热机循环是多种多样的，它们的过程不可逆性也各不相同，为了找到统一的分析方法，提出了内可逆热机模型. 该模型的基本思想是假设热机的内部是可逆的，所有的不可逆性都转移到了系统的外部. 它认为热机的不可逆性都是由于当热量从高温热源传递给热机和从

热机传给低温热源时存在热阻而产生的. 也就是说, 当一个热机在高温热源 T_1 和低温热源 T_2 之间工作时, 热量传递给热机和从热机传给低温热源并不是完全自由的, 而是存在一个非零的热阻, 从而引起了温度的降低, 如图 7.10 所示.

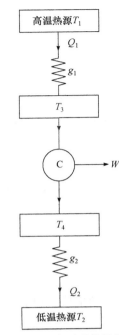

由于非零热阻的存在, 热量的传递产生了熵, 降低了热能做功的能力. 为了定量分析热机的不可逆性, 可以先讨论一种简单的情况, 即假定传热是由传导或对流产生的, 这时传热速率与温度呈一次方关系, 可将传热速率表示为

$$Q_1 = g_1 (T_1 - T_3) \tag{7.35}$$

$$Q_2 = g_2 (T_4 - T_2) \tag{7.36}$$

这里, T_3 和 T_4 是两个中间温度; g_1 和 g_2 分别是热机与高温热源和低温热源之间的总传热系数, 与传热面积有关. 这里同样可以定义一个功损失率, 为

$$\Delta \dot{W} = T_0 \Delta S_g \tag{7.37}$$

其中, T_0 是环境温度; ΔS_g 是系统总过程中的熵产率.

对于内可逆热机, 系统的高温热源到热机和热机到低温热源的熵产率可以分别计算如下:

$$\Delta S_g = \Delta S_{g,1} + \Delta S_{g,2} \tag{7.38}$$

$$\Delta S_{g,1} = Q_1 \left(\frac{1}{T_3} - \frac{1}{T_1} \right) \tag{7.39}$$

$$\Delta S_{g,2} = Q_2 \left(\frac{1}{T_2} - \frac{1}{T_4} \right) \tag{7.40}$$

图 7.10　内可逆热机模型

将式(7.35)和式(7.36)的结果分别代入式(7.39)和式(7.40), 立即得到热机与高温热源和低温热源之间的不可逆传热生产的功损失率为

$$\Delta \dot{W}_1 = \frac{T_0 g_1 (T_1 - T_3)^2}{T_3 T_1} \tag{7.41}$$

$$\Delta \dot{W}_2 = \frac{T_0 g_2 (T_4 - T_2)^2}{T_4 T_2} \tag{7.42}$$

对于一个真实的热机, 当它的不可逆性逐渐减弱之后, 它的效率将逐步提高, 其最大的可能效率就是可逆卡诺热机的效率, 为

$$\eta_c = \frac{W_{out}}{Q_1} = 1 - \frac{T_2}{T_1} \tag{7.43}$$

由于不可逆性的存在, 热机的许多参数都发生了变化, 特别是它的效率选择必须谨慎, 因为这时热机的效率并不是越高越好了, 它需要考虑功率输出的大小. 为此, 可以做如下仔细分析. 考虑到热机内部仍然是可逆的, 所以仍然有

$$\frac{Q_1}{T_3} = \frac{Q_2}{T_4} \tag{7.44}$$

因此

$$\frac{g_1(T_1 - T_3)}{T_3} = \frac{g_2(T_4 - T_2)}{T_4} \tag{7.45}$$

由于热机内部仍然是可逆的，所以该热机的效率可以计算如下：

$$\eta = 1 - \frac{T_4}{T_3} \tag{7.46}$$

与上式联立，可以求解出 T_3 和 T_4，分别为

$$T_3 = \frac{g_1}{g_1 + g_2} T_1 + \frac{g_2}{g_1 + g_2} \frac{1}{1 - \eta} T_2 \tag{7.47}$$

$$T_4 = \frac{g_1}{g_1 + g_2} (1 - \eta) T_1 + \frac{g_2}{g_1 + g_2} T_2 \tag{7.48}$$

将 T_3 的结果代入 Q_1 的计算式，得

$$Q_1 = \frac{(1 - \eta) T_1 - T_2}{(1 - \eta) \left(\frac{1}{g_1} + \frac{1}{g_2} \right)} = \frac{\eta_c - \eta}{(1 - \eta) \left(\frac{1}{g_1} + \frac{1}{g_2} \right)} T_1 \tag{7.49}$$

这里，η_c 是可逆卡诺热机的效率，用式(7.43)表示。上式表明，如果 $\eta = \eta_c$，那么 $Q_1 = 0$。令 g 代表系统的总传热系数，并等于

$$g = \frac{g_1 g_2}{g_1 + g_2} \tag{7.50}$$

那么，公式(7.49)变为

$$Q_1 = \frac{\eta_c - \eta}{1 - \eta} g T_1 \tag{7.51}$$

对式(7.51)进行分析，可以找到 Q_1 与热机效率之间的关系，如图 7.11 所示。从图 7.11 中可以看出，卡诺热机的效率 η_c 对 Q_1 有重要影响。卡诺热机的效率越大，要求的 Q_1 也越大。

根据 $W = \eta Q_1$，并将式(7.51)代入，可以得到系统做功与效率的关系为

$$W = \frac{\eta_c - \eta}{1 - \eta} \cdot \eta \cdot g T_1 \tag{7.52}$$

上式也表明，当 $\eta = \eta_c$ 时，系统做功亦为零。图 7.12 给出了系统输出功量与内可逆热机效率的关系。从图 7.12 可以看出，功输出与系统所采取的效率有很大关系，但并不是效率越高越好，总可以寻找到合适的内可逆热机的效率，使总系统的输出功量取最大值，这是非常有意思的。

很显然，上述热机是不可逆的，不可逆热机一定会引起熵的增加，同时一定会造成功的损失。对于一个闭循环，很容易计算出系统的熵增为

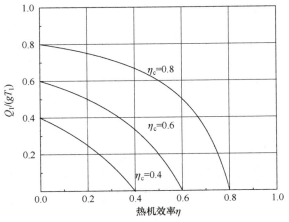

图 7.11 耗热量与热机效率的关系

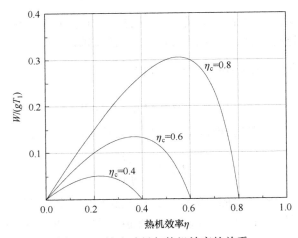

图 7.12 输出功量与热机效率的关系

$$\Delta S = \frac{-Q_1}{T_1} + \frac{+Q_2}{T_2} \tag{7.53}$$

上式中 Q_1 前的负号表示该热量是进入系统的，而不是离开系统的.

进一步推算得

$$\Delta S = \frac{-Q_1}{T_1} + \frac{+Q_1 - W}{T_2} = \frac{Q_1}{T_2} - \frac{Q_1}{T_1} - \frac{Q_1 \eta}{T_2} = \left(\eta_c - \eta\right)\frac{Q_1}{T_2} \tag{7.54}$$

代入 Q_1 的解，得到

$$\Delta S = \frac{\left(T_1 - T_2 - T_1 \eta\right)^2}{T_1 T_2 \left(1 - \eta\right)\left(\dfrac{1}{g_1} + \dfrac{1}{g_2}\right)} = \frac{\left(\eta_c - \eta\right)^2}{\left(1 - \eta\right)\left(1 - \eta_c\right)\left(\dfrac{1}{g_1} + \dfrac{1}{g_2}\right)} \tag{7.55}$$

这也说明，当 $\eta = \eta_c$ 时，$\Delta S = 0$，当 $T_1 \gg T_2$ 时，

$$\Delta S \approx \frac{g_1 g_2}{g_1 + g_2} \frac{1 - \eta}{1 - \eta_c} \tag{7.56}$$

图 7.13 给出了系统熵增与热机效率的关系. 从图中可以发现，对于某一给定的卡诺热机效率，总可以选择内可逆热机效率使得熵产取最小值，这是非常有意思的.

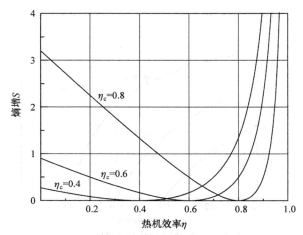

图 7.13   系统熵增与热机效率的关系

由上述讨论知道，由于总系统不是完全可逆的，一定有损失存在，为了得到最大的有用功，需要对热机的效率进行选择，并不是热机的效率越高越好，而是有一个最合适的值. 为此，令 $\dfrac{\partial W}{\partial \eta}=0$ ，不难导出热机效率必须满足如下方程：

$$T_1\eta^2 - 2T_1\eta + (T_1 - T_2) = 0 \tag{7.57}$$

这是一个一元二次方程，很容易获得该系统产生最大功时的效率为

$$\eta_{\text{opt}} = 1 - \sqrt{\frac{T_2}{T_1}} \tag{7.58}$$

从式(7.58)可以知道，此时系统的效率低于卡诺热机的效率，但与中间热源的温度 T_3 和 T_4 无关，而且也与系统的结构和材料性能参数 g_1 和 g_2 无关. 这似乎不好理解，怎么可能与这些参数无关呢？其实，这是假定了热机内部是可逆的，而且还假定了系统产生的功最大，现实情况是不可能实现的. 实际的系统一定与系统的结构和材料性能参数有关. 内可逆热机效率与卡诺热机的效率比较见图 7.14.

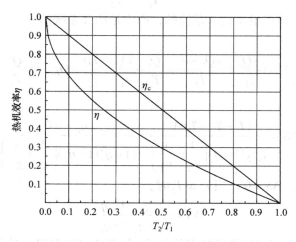

图 7.14   内可逆热机与卡诺热机的效率比较

在系统获得最大功量的条件下，将 η 的解代入 Q_1、W 和 ΔS 方程，得到

$$Q_1 = g\sqrt{T_1}\left(\sqrt{T_1} - \sqrt{T_2}\right) \tag{7.59}$$

$$W_{\text{mux}} = g\left(\sqrt{T_1} - \sqrt{T_2}\right)^2 \tag{7.60}$$

$$\Delta S = g\left(\sqrt{T_1} - \sqrt{T_2}\right)^2 / \sqrt{T_1 T_2} \tag{7.61}$$

值得指出的是，当内可逆热机的效率取 $\eta_{\text{opt}} = 1 - \sqrt{\dfrac{T_1}{T_2}}$ 时，仅是获取最大有用功时的效率，实际系统还必须从经济角度加以考虑，这时往往不取 η_{opt}，而是取 η_{opt} 与 η_{c} 之间的一个值，如图 7.15 所示. 从图中可以看出，当 η 由 η_{opt} 向 η_{c} 方向变化一点点时，做功量的减少可以忽略. 但系统的效率可以更加接近卡诺效率，有利于能量的有效利用. 因此，实际电厂的最佳效率应该是

$$\eta_{\text{opt}} < \eta_{\text{opt}} < \eta_{\text{c}}$$

值得讨论的是，很多实际热机是与环境直接相通的，比如实际的柴油机和汽油机，都是把废热废气直接排到环境，这时热机与环境的传热阻力很小，相当于式(7.25)中的 g_2 很大，意味着 $T_4 = T_2$，这时内可逆热机系统就转换成了如图 7.16 所示的简化结构. 求得的简化的内可逆热机的最佳效率为

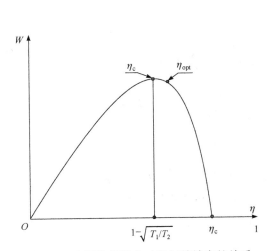

图 7.15　实际热机输出功量与其效率的关系

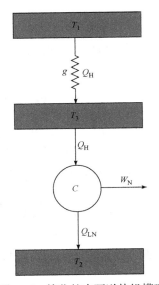

图 7.16　简化的内可逆热机模型

$$\eta_{\text{N,opt}} = 1 - \sqrt{\frac{T_2}{T_1}} \tag{7.62}$$

进一步求得此时热机热端最佳供热温度为

$$T_{3,\text{opt}} = \sqrt{T_1 T_2} \tag{7.63}$$

最大功输出为

$$W_{\max} = g_1 \left(\sqrt{T_1} - \sqrt{T_2} \right)^2 \tag{7.64}$$

综上所述，内可逆热机的效率会影响到其功率输出，对于固定热阻的系统，当要求输入系统的热流增加时，效率会下降，其结果会产生一个最佳输出功率点. 因此，对于内逆热机，不能盲目追求高效率.

7.3.2 斯特藩–玻尔兹曼热机

如果热量送入热机和从热机中排出废热的过程都是通过热辐射过程完成的，那么上述内可逆热机就转化成了斯特藩–玻尔兹曼热机. 此时

$$Q_1 = g_1 \left(T_1^4 - T_3^4 \right) \tag{7.65}$$

$$Q_2 = g_2 \left(T_4^4 - T_2^4 \right) \tag{7.66}$$

假设斯特藩–玻尔兹曼热机的效率为 η，此时仍有 $W = \eta \cdot Q_1$ 及 $Q_1 = Q_2 + W$，由于热机是内可逆的，所以满足

$$\frac{g_1 \left(T_1^4 - T_3^4 \right)}{T_3} = \frac{g_2 \left(T_4^4 - T_2^4 \right)}{T_4} \tag{7.67}$$

$$\eta = 1 - \frac{T_4}{T_3} \tag{7.68}$$

联立上面的方程，可以求解得到

$$T_3^4 = \frac{g_1}{g_1 + g_2 (1-\eta)^3} T_1^4 + \frac{g_2}{g_1 + g_2 (1-\eta)^3} \cdot \frac{1}{1-\eta} T_2^4 \tag{7.69}$$

$$T_4^4 = \frac{g_1}{g_1 + g_2 (1-\eta)^3} (1-\eta)^4 T_1^4 + \frac{g_2}{g_1 + g_2 (1-\eta)^3} \cdot (1-\eta)^3 T_2^4 \tag{7.70}$$

将 T_3 的结果代入 Q_1 的方程中，得到

$$Q_1 = g_1 g_2 \frac{(1-\eta)^4 T_1^4 - T_2^4}{g_1 (1-\eta) + g_2 (1-\eta)^4} = g_1 g_2 \frac{(1-\eta)^4 - (1-\eta_c)^4}{g_1 (1-\eta) + g_2 (1-\eta)^4} \cdot T_1^4 \tag{7.71}$$

因此，也不难导出系统产生的功量与实际系统效率 η 的关系为

$$W = g_1 g_2 \frac{(1-\eta)^4 - (1-\eta_c)^4}{g_1 (1-\eta) + g_2 (1-\eta)^4} \cdot \eta T_1^4 \tag{7.72}$$

上述方程很显然有，当 $\eta = \eta_c$ 时，$Q_1 = 0$；当 $\eta \to 1$ 时，$Q_1 \to \infty$.

由于总系统不再是由完全可逆的过程构成，所以它的熵将会增加，由流经系统边界的热量可以计算得到系统的熵增为

$$\Delta S_{SB} = \frac{-Q_1}{T_1} + \frac{Q_2}{T_2} = (\eta_c - \eta)\frac{Q_1}{T_2}$$

$$= (\eta_c - \eta) \cdot g_1 g_2 \frac{(1-\eta)^4 - (1-\eta_c)^4}{g_1(1-\eta) + g_2(1-\eta)^4} \cdot \frac{T_1^4}{T_2}$$

$$= g_1 g_2 (\eta_c - \eta) \frac{(1-\eta)^4 - (1-\eta_c)^4}{g_1(1-\eta) + g_2(1-\eta)^4} \cdot \frac{1}{1-\eta_c} \cdot T_1^3 \tag{7.73}$$

从上述方程可以看到，Q_1、W 和 ΔS_{SB} 与 η 的关系都不是线性的，在 g_1 和 g_2、T_1 和 T_2 等参数给定后，图 7.17(a)、(b)和(c)分别给出了 Q_1、W 和 ΔS_{SB} 与 η 的变化关系曲线. 它们在形式上与 7.3.1 节给出的曲线类似.

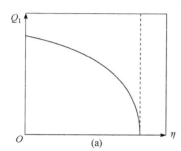 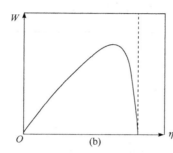 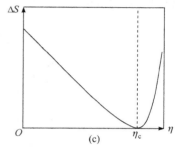

图 7.17　斯特藩–玻尔兹曼热机热力学参数随效率的变化关系

为了讨论系统产生的最大功量，令 $\dfrac{\partial W}{\partial \eta} = 0$，系统产生最大功时对应的最佳效率与 T_1 和 T_2 的关系为

$$g_2 T_1^4 (1-\eta)^8 + 4g_1 T_1^4 (1-\eta)^5 + 3\left(g_2 T_2^4 - g_1 T_1^4\right)(1-\eta)^4 - 4g_2 T_2^4 (1-\eta)^3 - g_1 T_2^4 = 0$$

$$\tag{7.74}$$

这是一个高次方程，一般没有解析解，但可以数值求解，作为初步的讨论，可作如下假设：当 $g_1 \ll g_2$，即 $g_1 \to 0$ 时，上式变为

$$T_1^4 (1-\eta)^5 + 3T_2^4 (1-\eta) - 4T_2^4 = 0 \tag{7.75}$$

当 $g_1 \gg g_2$，即 $g_2 \to 0$ 时，上式变为

$$4T_1^4 (1-\eta)^5 - 3T_1^4 (1-\eta)^4 - T_2^4 = 0 \tag{7.76}$$

当 $g_1 = g_2$ 时，上式变为

$$T_1^4 (1-\eta)^8 + 4T_1^4 (1-\eta)^5 + 3\left(T_2^4 - T_1^4\right)(1-\eta)^4 - 4T_2^4 (1-\eta)^3 - T_2^4 = 0 \tag{7.77}$$

作为实际系统来说，很想知道热源的温度如何对系统最佳效率进行影响，经过推导可以得到，当 $g_1 = g_2$ 时，有

$$\frac{T_2}{T_1} = \sqrt[4]{\frac{(1-\eta)^8 + 4(1-\eta)^5 - 3(1-\eta)^4}{1 + 4(1-\eta)^3 - 3(1-\eta)^4}} \tag{7.78}$$

当 $g_1 \ll g_2$ 时

$$\frac{T_2}{T_1} = \sqrt[4]{\frac{(1-\eta)^5}{4-3(1-\eta)}} \qquad (7.79)$$

当 $g_1 \gg g_2$ 时

$$\frac{T_2}{T_1} = \sqrt[4]{4(1-\eta)^5 - 3(1-\eta)^4} \qquad (7.80)$$

式(7.78)、式(7.79)和式(7.80)给出的 T_2/T_1 对系统效率的影响关系曲线如图 7.18 所示. 由图 7.18 可见, 为了获得系统的最大输出功, 根据热源的温度, 可以选取不同的内可逆热机的效率, 但如果 $g_1=g_2$, 这个效率最大只能取 0.3 左右. 这时热源的温度大约为冷源温度的 5 倍. 如果要选择更高的效率, 那么系统输出的功将会减少.

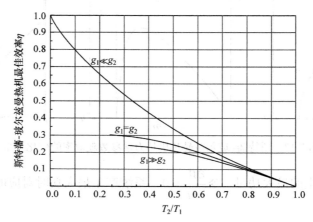

图 7.18 T_2/T_1 对斯特潘–玻尔兹曼热机最佳机效率的影响曲线

本 章 小 结

基础热力学都只讨论理想的可逆过程, 认为过程都是在平衡和准平衡条件下完成的, 也不考虑达到平衡所需要的时间. 但实际的热力学过程都是不可逆的, 不可逆过程会有熵产和功损失问题, 因此了解热机的实际工作过程及有限时间内的热机效率是很有意义的.

1. 有限温差的热传导过程是不可逆的

传热产生的熵产为

$$\Delta S_g = \frac{Q}{T_2} - \frac{Q}{T_1}$$

这里, 由于 $T_1 > T_2$, 所以 ΔS_g 是正的.

对于一维稳态导热问题, 熵只在 x 方向上变化, 所以系统在单位长度上熵产率可表示为

$$\dot{S}_g = \frac{d}{dx}(S_f) = -\frac{q}{T^2}\left(\frac{dT}{dx}\right) = \frac{\lambda}{T^2}\left(\frac{dT}{dx}\right)^2$$

只要有温度梯度存在, 熵产率永远不会为零.

对于对流传热的熵产率为

$$\Delta \dot{S}_g = Ah\left(T_s - T_\infty\right) \cdot \left(\frac{1}{T_\infty} - \frac{1}{T_s}\right)$$

两块平板之间的辐射传热的熵产率为

$$\Delta \dot{S}_g = A\sigma\left(T_1^4 - T_2^4\right) \cdot \left(\frac{1}{T_2} - \frac{1}{T_1}\right)$$

2. 不可逆热机的功损失

对于一个不可逆的热机，如果给它提供与可逆热机相同的热量，工作的温度区间也相同，由于它内部的不可逆性，它给外界提供的有用功是不同的.

不可逆热机的功损失为

$$\Delta W = W_{re} - W = T_L \Delta S_g$$

其中，ΔS_g 是不可逆过程的熵产；T_L 是低温热源温度.

3. 不可逆过程的功损失

第一功损定律：不可逆过程的功损失等于环境温度乘以过程的熵产，即著名的高邬公式

$$\Delta W = W_R - W_I = T_0 \cdot \Delta S_g$$

从另一角度看，系统在两个确定的状态之间的可逆过程与不可逆过程的总功输出之差也等于两个状态下是㶲差，即

$$W_R - W_I = Ex_R - Ex_I = An$$

An 为由于内部的不可逆性引起的㶲损，或称为妩. 于是可得

$$An = T_0 \cdot \Delta S_g$$

第二功损定律：总熵产等于各子过程熵产之和，即

$$\Delta W_t = \sum_{i=1}^n \Delta W_i = T_0 \sum_{i=1}^n \Delta S_{g,i}$$

这里，ΔW_t 是系统的总功损失；$\Delta S_{g,i}$ 是第 i 个子系统的熵产.

第三功损定律：如果一个系统，它的内部大部分情况是可逆的，只是在某些局部存在不可逆过程，那么该过程造成的内功损失为

$$\delta W_i = T \cdot dS_{g,i}$$

这个功损失仍然是内部的，即内部微小不可逆性造成的内功损失等于不可逆过程的熵产乘上系统温度.

第四功损定律：任何系统的内部不可逆损失最终都将导致系统对外做功能力的减弱. 由于内部不可逆性所产生的输出外功损失 δW_g 和输出内功损失 δW_i 间的关系为

$$\delta W_g = \frac{T_0}{T} \cdot \delta W_i$$

4. 有限时间热力学

实际热机循环是多种多样的，它们的过程不可逆性也各不相同，为了找到统一的分析方法，提出了内可逆热机模型. 该模型的基本思想是假设热机的内部是可逆的，所有的不可逆性都转移到了系统的外部. 它认为，热机的不可逆性都是由于当热量从高温热源传递给热机和从热机传给低温热源时存在热阻而产生的. 也就是说，当一个热机在高温热源 T_1 和低温热源 T_2 之间工作时，热量传递给热机和从热机传给低温热源并不是完全自由的，而是存在一个非零的热阻，从而引起了温度的降低. 内可逆热机的 Q_1、W 和 ΔS 分别是

$$Q_1 = g\sqrt{T_1}\left(\sqrt{T_1} - \sqrt{T_2}\right)$$

$$W = g\left(\sqrt{T_1} - \sqrt{T_2}\right)^2$$

$$\Delta S = g\left(\sqrt{T_1} - \sqrt{T_2}\right)^2 / \sqrt{T_1 T_2}$$

简化的内可逆热机的最佳效率为

$$\eta_{N,opt} = 1 - \sqrt{\frac{T_2}{T_1}}$$

热机热端最佳供热温度为

$$T_{3,opt} = \sqrt{T_1 T_2}$$

如果热量送入热机和从热机中排出废热的过程都是通过热辐射过程完成的，那么内可逆热机就转化成了斯特藩-玻尔兹曼热机. 此时

$$Q_1 = g_1\left(T_1^4 - T_3^4\right)$$

$$Q_2 = g_2\left(T_4^4 - T_2^4\right)$$

当 $g_1 = g_2$ 时，热源的温度对系统最佳效率的影响为

$$\frac{T_2}{T_1} = \sqrt[4]{\frac{(1-\eta)^8 + 4(1-\eta)^5 - 3(1-\eta)^4}{1 + 4(1-\eta)^3 - 3(1-\eta)^4}}$$

当 $g_1 \ll g_2$ 时

$$\frac{T_2}{T_1} = \sqrt[4]{\frac{(1-\eta)^5}{4 - 3(1-\eta)}}$$

当 $g_1 \gg g_2$ 时

$$\frac{T_2}{T_1} = \sqrt[4]{4(1-\eta)^5 - 3(1-\eta)^4}$$

为了获得系统的最大输出功，根据热源的温度，可以选取不同的内可逆热机的效率. 如果 $g_1 = g_2$，这个效率最大只能取 0.3 左右. 这时热源的温度大约为冷源温度的 5 倍.

问题与思考

7-1 传热过程引起的熵产有什么特点?

7-2　不可逆热机的功损失一般与哪些因素有关？

7-3　解释第一功损定律与第四功损定律的相互关系.

7-4　什么是内功损失和外功损失？它们之间有什么联系？

7-5　实际热机的循环中，总是需要耗费时间的，这个时间决定了循环输出的功率. 试说明越理想的热机，输出功率越小.

7-6　何谓内可逆热机？说明引进内可逆热机概念的现实意义.

7-7　为什么内可逆热机中，其效率越接近卡诺热机的效率，输出功率越小？

7-8　什么是斯特潘-玻尔兹曼热机？它有什么特点？

7-9　为什么当进入热机的热流受到阻力之后，不能过分追求热机的效率，而是要选择合理的实际热机效率.

7-10　为什么实际过程中各微小过程的熵产可以被累加而最终得到总过程的熵产.

本 章 习 题

7-1　何谓有限时间热力学，它与传统的热力学的区别是什么？

7-2　某内可逆热机经历了如图 7.19 所示热机过程，其中高温热源 T_1 是以辐射换热的方式向 T_3 供热，换热面积为 A，T_1 和 T_3 之间近似为无限大平行平板，已知内可逆热机的效率为 η. 试写出最大产功量时热机效率应该满足的方程，用 T_1 和 T_2 表示.

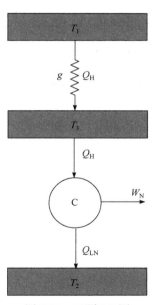

图 7.19　习题 7-2 图

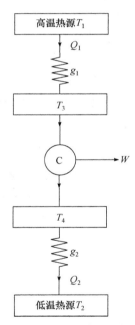

图 7.20　习题 7-3 图

7-3　某内可逆热机经历了如图 7.20 所示热机过程，其中高温热源 T_1=900K 是以对流换热的方式向 T_3=300K 供热，已知 T_1=900K，g_1=g_2=60kW/K，内可逆热机的循环采用卡诺循环. 假设循环中绝热过程很快，忽略时间过程，但每个等温过程所需要的时间为 1s，要求该系统的产功的功率 100kW，试确定用 T_3、T_4 和系统效率.

7-4　如果地球作为一个热机，地表空气是它的工质，质量大约为 m=8.1×10^{11}kg，太阳给它供热(T_s=5700K)，宇宙背景的温度为 T_0=3K，已知地球半径 6370km，大气层外表面的太阳常数是 1370W/m^2. 估算地表平均风速的最大值.

7-5　如图 7.21 所示的有限时间热力学系统，热机 C 仍然可以认为是可逆的，高温热源通过一块导热板给热机供热. 导热板的导热系数及厚度均为已知值. 通过导热板后, 以温度 T_3 给热机供热, T_0 是环境温度. 试计算该系统的㶲效率、导热板所产生的㶲损失. 如果导热板面积为 A, 那么系统所能输出的功率为多少? (图中所示温度均为已知量)

7-6　设工质在 T_H =1000K 的恒温热源和 T_L = 300K 的恒温冷源间按循环 a-b-c-d-a 工作, 如图 7.22 所示. 工质从热源吸热和向冷源放热都存在 50K 的温差.

(1) 计算循环的热效率;

(2) 设体系的最低温度即环境温度 T_0=300K, 求热源每供给 1000kJ 热量时两处不可逆传热引起的㶲损失 I_1 和 I_2 及总㶲损失.

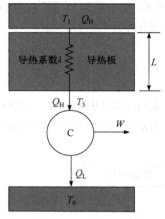

图 7.21　习题 7-5 图

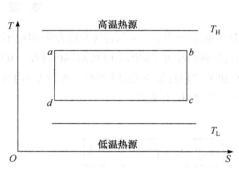

图 7.22　习题 7-6 图

7-7　如图 7.23 所示的具有微小摩擦压降的绝热稳定流动过程中, 试计算不可逆性引起的输出内功损失与输出总功损失. 设流体温度为 T.

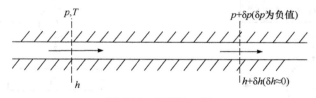

图 7.23　习题 7-7 图

第8章 热力学一般关系式及热物性系数

热力学产生于欧洲工业革命时期,热力学第一定律和热力学第二定律构成了热力学的主体. 然而,第一定律和第二定律的产生源于当时的工程问题,是为当时的工程问题服务的. 特别是第二定律,它是大量经验的总结,无法利用实验对其进行验证. 因此,当时很多科学家都认为,热力学只是一门经验科学,无法建立起完备的数学理论.

热力学第一定律引进了内能的概念,从而建立起属于热力学第一定律的完整数学方程. 热力学第二定律引进了状态参数熵,从而使第二定律的量化表述得以实现. 加上在开放系统中引进焓的概念,对简单可压缩系统总共就有了六个状态参数,但我们知道只有两个是完全独立的,当两个完全独立的参数确定后,简单系统的平衡态就可以完全确定,其他的状态参数就可以计算出来. 对于准静态过程,这些状态参数之间的关系如何? 它们之间关系的数学完备性如何? 一直都是数学家和热物理学家关注的重点. 在简单热力系中,状态参数与工质无关,与过程和路径无关,它们之间的关系,特别是热力学的微分方程,是状态参数之间最一般的关系,也是热力学从经验走向科学的最根本代表. 本节就是要讨论这些热力学状态参数之间函数的一般形式,为热力学从经验走向科学奠定基础.

8.1 状态参数的一般微分方程

热力学第二定律引进了熵的概念,定义在可逆过程中,熵可以表示为

$$\mathrm{d}S = \frac{\delta Q}{T} \tag{8.1}$$

于是,在可逆过程中的传热可以表示为

$$\delta Q = T\mathrm{d}S \tag{8.2}$$

用这个方程改造闭口系和开口系的第一定律方程,分别得

$$T\mathrm{d}S = \mathrm{d}U + p\mathrm{d}V \tag{8.3}$$

$$T\mathrm{d}S = \mathrm{d}H - V\mathrm{d}p \tag{8.4}$$

分别称为第一和第二 $T\mathrm{d}S$ 方程. 对于单位工质,系统的内能和焓当然就能表达成如下形式:

$$\mathrm{d}u = T\mathrm{d}s - p\mathrm{d}v \tag{8.5}$$

$$\mathrm{d}h = T\mathrm{d}s + v\mathrm{d}p \tag{8.6}$$

为了便于讨论有化学反应参与的定温定容系统和定温定压系统,定义两个特殊函数:亥姆霍兹(Helmholtz)函数和吉布斯(Gibbs)函数,分别为

$$f \equiv u - Ts \tag{8.7}$$

$$g \equiv h - Ts \tag{8.8}$$

将亥姆霍兹函数和吉布斯函数分别展开为微分形式，并利用方程(8.5)和(8.6)的结果，得到

$$df = -sdT - pdv \tag{8.9}$$

$$dg = -sdT + vdp \tag{8.10}$$

从上述公式可以看出，在热力学第零、第一、第二定律中，分别引进了三个状态参数 T、u、s；加上压力 p、比容 v 两个基本状态参数，共有五个基本的状态参数；再加上焓 h、自由能 f 和自由焓 g 等三个所谓组合参数，共有八个常用的状态参数. 但只有 p、v、T 是易于测量的. 因此，有必要导出各参数之间的函数关系，以便计算其他参数.

8.2　二元函数的全微分条件

简单系统具有两个独立参数，如选定的两个独立参数为 x 和 y，则任意第三个状态参数 z 是 x 和 y 的函数，即

$$z = f(x, y) \tag{8.11}$$

状态函数的全微分为

$$dz = \left(\frac{\partial z}{\partial x}\right)_y dx + \left(\frac{\partial z}{\partial y}\right)_x dy \tag{8.12}$$

写成简化形式

$$dz = Mdx + Ndy \tag{8.13}$$

这里，$M = \left(\frac{\partial z}{\partial x}\right)_y$ 和 $N = \left(\frac{\partial z}{\partial y}\right)_x$ 分别是 x 和 y 的偏微分. 如果 M 和 N 仍然是连续可微的，那么它们对 x 和 y 的偏微分应该是与次序无关的，即有

$$\frac{\partial}{\partial y}\left[\left(\frac{\partial z}{\partial x}\right)_y\right]_x = \frac{\partial}{\partial x}\left[\left(\frac{\partial z}{\partial y}\right)_x\right]_y \tag{8.14}$$

或者有

$$\left(\frac{\partial M}{\partial y}\right)_x = \left(\frac{\partial N}{\partial x}\right)_y \tag{8.15}$$

也可以写成

$$\frac{\partial^2 z}{\partial y \partial x} = \frac{\partial^2 z}{\partial x \partial y} \tag{8.16}$$

即两个连续的同阶混合偏导数的值与求导的次序无关，这是 dz 全微分的充要条件. 事实上，对简单系统各个状态参数之间必然都满足这个条件.

满足全微分条件的函数，如果保持 $z(dz = 0)$ 不变，那么根据方程(8.12)，可以得到

$$\left(\frac{\partial z}{\partial x}\right)_y dx_z + \left(\frac{\partial z}{\partial y}\right)_x dy_z = 0 \tag{8.17}$$

上式两边除以 $\left(\frac{\partial z}{\partial y}\right)_x dy_z$ 整理得

$$\left(\frac{\partial z}{\partial x}\right)_y\left(\frac{\partial x}{\partial y}\right)_z\left(\frac{\partial y}{\partial z}\right)_x=-1 \tag{8.18}$$

式中包含 z、x、y 三个参数的循环求导，称为循环关系.

如果函数是连续可微的，按照函数求导法则，有下述关系：

$$\left(\frac{\partial z}{\partial x}\right)_y\left(\frac{\partial x}{\partial z}\right)_y=1 \tag{8.19}$$

设 α 为第四个状态参数，并且也是 x 和 y 的函数，那么就有

$$\left(\frac{\partial z}{\partial x}\right)_y\left(\frac{\partial x}{\partial \alpha}\right)_y\left(\frac{\partial \alpha}{\partial z}\right)_y=1 \tag{8.20}$$

这是在同一参数 y 保持不变时，一些参数$(z,x,\alpha,\cdots)$循环求导所得偏导数之间的关系，称为链式关系.

上述已经指出，传统的热力学中共有八个状态参数，但只有 p、v、T 是易于测量的. 因此，有强烈的需求将其他热力学参数用 p、v、T 及其偏导数表示出来.

例 8.1 对范德瓦耳斯方程，(1)求用 v，T 表示的全微分 $\mathrm{d}p$；(2)验证 $\mathrm{d}p$ 全微分中的二阶偏导数与求导次序无关；(3)导出 $(\partial v/\partial T)_p$ 的表达式.

解 已知范德瓦耳斯方程可表示为

$$\left(p+\frac{a}{v^2}\right)(v-b)=R_{\mathrm{g}}T$$

(1) 根据全微分条件，压力 p 可以表示为(T,v)的函数，$p=(T,v)$，于是

$$\mathrm{d}p=\left(\frac{\partial p}{\partial T}\right)_v\mathrm{d}T+\left(\frac{\partial p}{\partial v}\right)_T\mathrm{d}v$$

利用范德瓦耳斯方程，对上式中的偏导数进行求解得

$$M=\left(\frac{\partial p}{\partial T}\right)_v=\frac{R_{\mathrm{g}}}{v-b}$$

$$N=\left(\frac{\partial p}{\partial v}\right)_T=-\frac{R_{\mathrm{g}}T}{(v-b)^2}+\frac{2a}{v^3}$$

所以，对 p 的全微分表达式为

$$\mathrm{d}p=\frac{R_{\mathrm{g}}}{v-b}\mathrm{d}T+\left[\frac{-R_{\mathrm{g}}T}{(v-b)^2}+\frac{2a}{v^3}\right]\mathrm{d}v$$

(2) 计算二阶偏导数

$$\left(\frac{\partial M}{\partial v}\right)_T=\frac{\partial}{\partial v}\left[\left(\frac{\partial p}{\partial T}\right)_v\right]_T=-\frac{R_{\mathrm{g}}}{(v-b)^2}$$

$$\left(\frac{\partial N}{\partial T}\right)_v=\frac{\partial}{\partial T}\left[\left(\frac{\partial p}{\partial v}\right)_T\right]_v=-\frac{R_{\mathrm{g}}}{(v-b)^2}$$

可见，混合二阶偏导数与微分次序无关.

(3) 在上述方程(8.18)中，令 $x = p, y = v, z = T$，那么由方程(8.18)给出

$$\left(\frac{\partial T}{\partial p}\right)_v \left(\frac{\partial p}{\partial v}\right)_T \left(\frac{\partial v}{\partial T}\right)_p = -1$$

所以有

$$\left(\frac{\partial v}{\partial T}\right)_p = -\frac{1}{\left(\frac{\partial T}{\partial p}\right)_v \left(\frac{\partial p}{\partial v}\right)_T}$$

再由函数连续可微的条件，可以得到

$$\left(\frac{\partial T}{\partial p}\right)_v = \frac{1}{\left(\frac{\partial p}{\partial T}\right)_v}$$

于是，得到

$$\left(\frac{\partial v}{\partial T}\right)_p = -\frac{\left(\frac{\partial p}{\partial T}\right)_v}{\left(\frac{\partial p}{\partial v}\right)_T} = -\frac{M}{N}$$

将分子分母分别代入 M 和 N 的已知计算值，最后得到

$$\left(\frac{\partial v}{\partial T}\right)_p = -\frac{\dfrac{R_g}{v-b}}{\dfrac{2a}{v^3} - \dfrac{R_g T}{(v-b)^2}}$$

此即问题的所有求解.

8.3 状态函数与麦克斯韦方程

在 8.1 节中，我们得到了四个非常重要的热力学关系式

$$du = Tds - pdv \tag{8.21}$$

$$dh = Tds + vdp \tag{8.22}$$

$$df = -sdT - pdv \tag{8.23}$$

$$dg = -sdT + vdp \tag{8.24}$$

上述函数都是由一个热学参数(T 或者 s)和一个力学参数(p 或者 v)作为独立变量的热力学函数，如该函数确定了，系统的平衡状态就完全确定，具有这种特性的热力学函数称为特性函数.

对于完全可微的函数来说，上述四式显然就是分别以(s, v)、(s, p)、(T, v)、(T, p)为自变量的全微分，于是分别可以写成

$$du = Tds - pdv = \left(\frac{\partial u}{\partial s}\right)_v ds + \left(\frac{\partial u}{\partial v}\right)_s dv \tag{8.25}$$

$$dh = Tds + vdp = \left(\frac{\partial h}{\partial s}\right)_p ds + \left(\frac{\partial h}{\partial p}\right)_s dp \tag{8.26}$$

$$df = -sdT - pdv = \left(\frac{\partial f}{\partial T}\right)_v dT + \left(\frac{\partial f}{\partial v}\right)_T dv \tag{8.27}$$

$$dg = -sdT + vdp = \left(\frac{\partial g}{\partial T}\right)_p dT + \left(\frac{\partial g}{\partial p}\right)_T dp \tag{8.28}$$

对比等式两端不难发现

$$T = \left(\frac{\partial u}{\partial s}\right)_v = \left(\frac{\partial h}{\partial s}\right)_p \tag{8.29}$$

$$p = -\left(\frac{\partial u}{\partial v}\right)_s = -\left(\frac{\partial f}{\partial v}\right)_T \tag{8.30}$$

$$s = -\left(\frac{\partial f}{\partial T}\right)_v = -\left(\frac{\partial g}{\partial T}\right)_p \tag{8.31}$$

$$v = \left(\frac{\partial h}{\partial p}\right)_s = \left(\frac{\partial g}{\partial p}\right)_T \tag{8.32}$$

这些方程给出了利用特性函数的偏微分得到状态参数的方法，也建立了特性函数偏导数之间的关系. 另外，将(8.21)、(8.22)、(8.23)和(8.24)四个方程分别与方程(8.13)对比，立即可以得到四个重要的微分方程，称为麦克斯韦方程. 麦克斯韦方程建立过程如下：

将方程(8.21)与方程(8.13)放在一起对比

$$du = Tds - pdv \tag{8.21}$$

$$dz = Mdx + Ndy \tag{8.13}$$

很容易发现，式(8.21)中 u 相当于式(8.13)中的 z，T 相当于 M，$-p$ 相当于 N，s 相当于 x，v 相当于 y. 根据连续可微函数与偏导数次序无关的条件

$$\left(\frac{\partial M}{\partial y}\right)_x = \left(\frac{\partial N}{\partial x}\right)_y \tag{8.33}$$

立即可以得到

$$\left(\frac{\partial T}{\partial v}\right)_s = -\left(\frac{\partial p}{\partial s}\right)_v \tag{8.34}$$

同理，再将(8.22)、(8.23)和(8.24)三个方程分别与方程(8.13)对比，并利用连续可微函数与偏导数次序无关的条件，分别得到如下偏微分方程：

$$\left(\frac{\partial T}{\partial p}\right)_s = \left(\frac{\partial v}{\partial s}\right)_p \tag{8.35}$$

$$\left(\frac{\partial p}{\partial T}\right)_v = \left(\frac{\partial s}{\partial v}\right)_T \tag{8.36}$$

$$\left(\frac{\partial v}{\partial T}\right)_p = -\left(\frac{\partial s}{\partial p}\right)_T \tag{8.37}$$

上述(8.34)、(8.35)、(8.36)和(8.37)四个方程就是工程热力学中著名的麦克斯韦方程组. 据此，我们可以总结得到工程热力学中几组重要的热力学关系式，如表 8.1 所示.

表 8.1 热力学中几组重要的热力学关系方程

基本的热力学方程	
$\delta q = Tds$ $du = Tds - pdv$ $dh = Tds + vdp$	$\delta w = pdv$ $df = -sdT - pdv$ $dg = -sdT + vdp$
从特性函数 $u = u(s,v)$	从特性函数 $h = h(s,p)$
$T = \left(\dfrac{\partial u}{\partial s}\right)_v$ $p = -\left(\dfrac{\partial u}{\partial v}\right)_s$	$T = \left(\dfrac{\partial h}{\partial s}\right)_p$ $v = \left(\dfrac{\partial h}{\partial p}\right)_s$
从特性函数 $f = f(v,T)$	从特性函数 $g = g(T,p)$
$p = -\left(\dfrac{\partial f}{\partial v}\right)_T$ $s = -\left(\dfrac{\partial f}{\partial T}\right)_v$	$s = -\left(\dfrac{\partial g}{\partial T}\right)_p$ $v = \left(\dfrac{\partial g}{\partial p}\right)_T$
麦克斯韦方程组	
$\left(\dfrac{\partial T}{\partial v}\right)_s = -\left(\dfrac{\partial p}{\partial s}\right)_v$ $\left(\dfrac{\partial T}{\partial p}\right)_s = \left(\dfrac{\partial v}{\partial s}\right)_p$	$\left(\dfrac{\partial p}{\partial T}\right)_v = \left(\dfrac{\partial s}{\partial v}\right)_T$ $\left(\dfrac{\partial v}{\partial T}\right)_p = -\left(\dfrac{\partial s}{\partial p}\right)_T$
其他关系式	
$\left(\dfrac{\partial u}{\partial s}\right)_v = \left(\dfrac{\partial h}{\partial s}\right)_p$ $\left(\dfrac{\partial u}{\partial v}\right)_s = \left(\dfrac{\partial f}{\partial v}\right)_T$	$\left(\dfrac{\partial f}{\partial T}\right)_v = \left(\dfrac{\partial g}{\partial T}\right)_p$ $\left(\dfrac{\partial h}{\partial p}\right)_s = \left(\dfrac{\partial g}{\partial p}\right)_T$

表 8.1 中包括 22 组方程，基本囊括了热力学中最主要的偏微分方程. 利用这些方程，可以求解不易直接测量参数，比如，u、h、s、f 或者 g 等在某些过程的变化量，并用最基本的热力学状态参数 p、v、T 及其变化量表示出来.

8.4 热力学能、焓及熵的一般关系式

我们知道，对于一个简单可压缩系统，一个平衡态对应有八个状态参数，但只有两个是独立的，而且八个状态参数中，只有三个是易于测量的，它们是状态参数 p、v、T. 如果能够利用上面得到的热力学关系式，将不易测量的热力学参数用易于测量的热力学参数表示出来，无疑是有意义的. 特别是在某些特殊的过程中，如果能用基本的热力学状态参数 p、v、T 及其变化量将某些特性函数的变化量表示出来，无疑是研究特性函数随过程变化的好方法.

8.4.1　以 T 和 v 为独立变量

以温度 T 和比容 v 为独立变量，可以将熵和内能分别表示为如下形式：

$$s = s(T, v) \tag{8.38}$$

$$u = u(T, v) \tag{8.39}$$

根据状态参数的全微分关系，熵和内能的全微分形式可以表示为

$$ds = \left(\frac{\partial s}{\partial T}\right)_v dT + \left(\frac{\partial s}{\partial v}\right)_T dv \tag{8.40}$$

$$du = \left(\frac{\partial u}{\partial T}\right)_v dT + \left(\frac{\partial u}{\partial v}\right)_T dv \tag{8.41}$$

从表 8.1 中的麦克斯韦方程可知

$$\left(\frac{\partial s}{\partial v}\right)_T = \left(\frac{\partial p}{\partial T}\right)_v \tag{8.42}$$

利用表 8.1 中的关系式，也可以做如下变化：

$$\left(\frac{\partial s}{\partial T}\right)_v = \left(\frac{\partial s}{\partial u}\right)_v \left(\frac{\partial u}{\partial T}\right)_v = \frac{\left(\frac{\partial u}{\partial T}\right)_v}{\left(\frac{\partial u}{\partial s}\right)_v} = \frac{c_v}{T} \tag{8.43}$$

注意，上式中使用了定容比热的定义式：$\left(\frac{\partial u}{\partial T}\right)_v = c_v$. 最后，式(8.40)可转化为

$$ds = \frac{c_v}{T} dT + \left(\frac{\partial p}{\partial T}\right)_v dv \tag{8.44}$$

此即用 T 和 v 及其变化量表示的全微分熵变，又称第一 ds 方程. 同理，式(8.41)可以写为

$$du = c_v dT + \left(\frac{\partial u}{\partial v}\right)_T dv \tag{8.45}$$

注意，$du = Tds - pdv$，两边求定温下 v 的偏微分，得

$$\left(\frac{\partial u}{\partial v}\right)_T = T\left(\frac{\partial s}{\partial v}\right)_T - p \tag{8.46}$$

又从表 8.1 中麦克斯韦方程可知

$$\left(\frac{\partial s}{\partial v}\right)_T = \left(\frac{\partial p}{\partial T}\right)_v$$

代入式(8.46)得

$$\left(\frac{\partial u}{\partial v}\right)_T = T\left(\frac{\partial p}{\partial T}\right)_v - p \tag{8.47}$$

最后，得到 du 方程为

$$\mathrm{d}u = c_v \mathrm{d}T + \left[T \left(\frac{\partial p}{\partial T} \right)_v - p \right] \mathrm{d}v \qquad (8.48)$$

此即用 T 和 v 及其变化量表示的全微分内能，又称第一 $\mathrm{d}u$ 方程.

这里，方程(8.44)和方程(8.48)分别是以 T 和 v 作自变量时熵和内能的全微分. 公式的右边都只有基本状态参数 p、v、T 及 c_v. 据此，可以测量某些过程中状态参数熵和内能的变化量.

焓的全微分表达式，可以通过方程 $\mathrm{d}h = T\mathrm{d}s + v\mathrm{d}p$，将上述式(8.44)直接代入，并考虑将 $\mathrm{d}p$ 以 T、v 为独立变量展开，即

$$\mathrm{d}p = \left(\frac{\partial p}{\partial T} \right)_v \mathrm{d}T + \left(\frac{\partial p}{\partial v} \right)_T \mathrm{d}v \qquad (8.49)$$

最后经整理得

$$\mathrm{d}h = \left[c_v + v \left(\frac{\partial p}{\partial T} \right)_v \right] \mathrm{d}T + \left[T \left(\frac{\partial p}{\partial T} \right)_v + v \left(\frac{\partial p}{\partial v} \right)_T \right] \mathrm{d}v \qquad (8.50)$$

此即用 T 和 v 及其变化量表示的全微分焓，又称第一 $\mathrm{d}h$ 方程.

例 8.2 试证明理想气体内能仅是温度的函数.

证明 已知理想气体方程为

$$pv = R_g T$$

那么

$$\left(\frac{\partial p}{\partial T} \right)_v = \frac{R_g}{v}$$

根据方程(8.47)，

$$\left(\frac{\partial u}{\partial v} \right)_T = T \left(\frac{\partial p}{\partial T} \right)_v - p = T \cdot \frac{R_g}{v} - p = 0$$

这说明理想气体的内能当温度不变时，与比容无关，仅是温度的单值函数.

例 8.3 已知雷德利希–邝方程为

$$p = \frac{R_g T}{v - b} - \frac{a}{T^{0.5} v(v + b)}$$

它是一个改进的范德瓦耳斯方程，其中 a 和 b 是常数. 在一个等温过程中，比容从 v_1 变化到了 v_2. 试求该过程的熵变.

解 已知过程的温度不变，只变化了比容，因此选择温度和比容作为独立参数的熵变全微分方程计算更为方便.

在等温过程中，根据式(8.44)，熵变的全微分可以表示为

$$\mathrm{d}s = \left(\frac{\partial p}{\partial T} \right)_v \mathrm{d}v$$

所以，该过程的熵变可以通过积分上式得到，即

$$s_2 - s_1 = \int_{v_1}^{v_2} \left(\frac{\partial p}{\partial T} \right)_v \mathrm{d}v$$

利用雷德利希–邝方程

$$\left(\frac{\partial p}{\partial T}\right)_v = \frac{R_g}{v-b} + \frac{a}{2v(v+b)T^{3/2}}$$

代入熵变的积分公式得

$$s_2 - s_1 = \int_{v_1}^{v_2}\left[\frac{R_g}{v-b} + \frac{a}{2v(v+b)T^{3/2}}\right]dv$$

最后得到

$$s_2 - s_1 = R_g \ln\left(\frac{v_2-b}{v_1-b}\right) + \frac{a}{2bT^{3/2}}\ln\left[\frac{v_2(v_1+b)}{v_1(v_2+b)}\right]$$

这就是该等温过程中工质的熵变大小. 计算内能和焓变大小也可以采用类似方法.

8.4.2　以 T 和 p 为独立变量

以温度 T 和压力 p 为独立变量，可以将熵和焓分别表示为如下形式：

$$s = s(T, p)$$
$$h = h(T, p)$$

将熵和焓展开为全微分形式

$$ds = \left(\frac{\partial s}{\partial T}\right)_p dT + \left(\frac{\partial s}{\partial p}\right)_T dp \tag{8.51}$$

$$dh = \left(\frac{\partial h}{\partial T}\right)_p dT + \left(\frac{\partial h}{\partial p}\right)_T dp \tag{8.52}$$

从表 8.1 中麦克斯韦方程可知

$$\left(\frac{\partial s}{\partial p}\right)_T = -\left(\frac{\partial v}{\partial T}\right)_p$$

利用表 8.1 中的关系式，也可以做如下变化：

$$\left(\frac{\partial s}{\partial T}\right)_p = \left(\frac{\partial s}{\partial h}\right)_p\left(\frac{\partial h}{\partial T}\right)_p = \frac{\left(\frac{\partial h}{\partial T}\right)_p}{\left(\frac{\partial h}{\partial s}\right)_p} = \frac{c_v}{T} \tag{8.53}$$

注意，上式中使用了定压比热的定义式：$\left(\frac{\partial h}{\partial T}\right)_p = c_p$. 最后，式(8.51)可转化为

$$ds = \frac{c_p}{T}dT - \left(\frac{\partial v}{\partial T}\right)_p dp \tag{8.54}$$

此即用 T 和 p 及其变化量表示的全微分熵变，又称第二 ds 方程. 同理，式(8.52)可以写为

$$dh = c_p dT + \left(\frac{\partial h}{\partial p}\right)_T dp \tag{8.55}$$

注意, $dh = Tds + vdp$ ，两边求定温下 p 的偏微分，得

$$\left(\frac{\partial h}{\partial p}\right)_T = T\left(\frac{\partial s}{\partial p}\right)_T + v \tag{8.56}$$

又从表 8.1 中麦克斯韦关系可知

$$\left(\frac{\partial s}{\partial p}\right)_T = -\left(\frac{\partial v}{\partial T}\right)_p$$

代入式(8.56)得

$$\left(\frac{\partial h}{\partial p}\right)_T = v - T\left(\frac{\partial v}{\partial T}\right)_p \tag{8.57}$$

最后，得到 dh 方程为

$$dh = c_p dT + \left[v - T\left(\frac{\partial v}{\partial T}\right)_p\right]dp \tag{8.58}$$

此即用 T 和 p 及其变化量表示的全微分焓变，又称第二 dh 方程.

这里，方程(8.54)和方程(8.58)分别是以 T 和 p 作自变量时熵和焓的全微分. 公式的右边都只有基本状态参数 p、v、T 及 c_p. 据此，可以测量某些过程中状态参数熵和焓的变化量.

类似地，以温度 T 和压力 p 为独立变量内能的全微分表达式，可以通过方程 $du = Tds - pdv$，将上述式(8.54)直接代入，并考虑将 dv 按以 T、p 为独立变量展开，得到

$$du = \left[c_p - p\left(\frac{\partial v}{\partial T}\right)_p\right]dT - \left[T\left(\frac{\partial v}{\partial T}\right)_p + p\left(\frac{\partial v}{\partial p}\right)_T\right]dp \tag{8.59}$$

此即用 T 和 p 及其变化量表示的全微分内能，又称第二 du 方程.

8.4.3　以 v 和 p 为独立变量

以温度 v 和压力 p 为独立变量，可以将内能、熵和焓分别表示为如下形式：

$$u = s(v, p) \tag{8.60}$$

$$s = s(v, p) \tag{8.61}$$

$$h = h(v, p) \tag{8.62}$$

做上述完全类似的推导，可以得到内能、熵和焓的全微分形式，在此直接给出如下：

$$du = c_v\left(\frac{\partial T}{\partial p}\right)_v dp + \left[c_p\left(\frac{\partial T}{\partial v}\right)_p - p\right]dv \tag{8.63}$$

$$ds = \frac{c_v}{T}\left(\frac{\partial T}{\partial p}\right)_v dp + \frac{c_p}{T}\left(\frac{\partial T}{\partial v}\right)_p dv \tag{8.64}$$

$$dh = \left[v + c_v \left(\frac{\partial T}{\partial p} \right)_v \right] dp + c_p \left(\frac{\partial T}{\partial v} \right)_p dv \tag{8.65}$$

上述三式分别称为第三 du、ds 和 dh 方程.

可见，上述表达式都比较复杂，所以在实际计算中，可以根据全微分的复杂程度，具体选择两个便于计算的基本状态参数. 为了便于总结和方便查询，将内能、焓和熵的全微分关系总结如表 8.2 中.

表 8.2　以基本状态参数表示的内能、焓和熵

以 T 和 v 为独立变量

$$du = c_v dT + \left[T \left(\frac{\partial p}{\partial T} \right)_v - p \right] dv$$

$$dh = \left[c_v + v \left(\frac{\partial p}{\partial T} \right)_v \right] dT + \left[T \left(\frac{\partial p}{\partial T} \right)_v + v \left(\frac{\partial p}{\partial v} \right)_T \right] dv$$

$$ds = \frac{c_v}{T} dT + \left(\frac{\partial p}{\partial T} \right)_v dv$$

第一 du 方程
第一 dh 方程
第一 ds 方程

以 T 和 p 为独立变量

$$du = \left[c_p - p \left(\frac{\partial v}{\partial T} \right)_p \right] dT - \left[T \left(\frac{\partial v}{\partial T} \right)_p + p \left(\frac{\partial v}{\partial p} \right)_T \right] dp$$

$$dh = c_p dT + \left[v - T \left(\frac{\partial v}{\partial T} \right)_p \right] dp$$

$$ds = \frac{c_p}{T} dT - \left(\frac{\partial v}{\partial T} \right)_p dp$$

第二 du 方程
第二 dh 方程
第二 ds 方程

以 v 和 p 为独立变量

$$du = c_v \left(\frac{\partial T}{\partial p} \right)_v dp + \left[c_p \left(\frac{\partial T}{\partial v} \right)_p - p \right] dv$$

$$ds = \frac{c_v}{T} \left(\frac{\partial T}{\partial p} \right)_v dp + \frac{c_p}{T} \left(\frac{\partial T}{\partial v} \right)_p dv$$

$$dh = \left[v + c_v \left(\frac{\partial T}{\partial p} \right)_v \right] dp + c_p \left(\frac{\partial T}{\partial v} \right)_p dv$$

第三 du 方程
第三 dh 方程
第三 ds 方程

例 8.4　对于遵循范德瓦耳斯状态方程的气体，试导出其在定熵过程中 T 与 v 的关系式(假定 c_v 是定值).

解　对于范德瓦耳斯状态方程，有

$$\left(\frac{\partial p}{\partial T} \right)_v = \frac{R_g}{v - b}$$

因此，遵循该状态方程的气体的第一 ds 方程为

$$ds = \frac{c_v}{T} dT + \frac{R_g}{v - b} dv$$

对于定熵过程($ds = 0$)，有

$$\frac{c_v}{T}\mathrm{d}T + \frac{R_\mathrm{g}}{v-b}\mathrm{d}v = 0$$

式中，R_g、b 均为常数；c_v 亦假定为定值. 将上式积分得

$$c_v\ln T + R_\mathrm{g}\ln(v-b) = 常数$$

进一步整理得到 T 与 v 的关系为

$$T(v-b)^{R_\mathrm{g}/c_v} = 常数$$

8.5 热系数及其特性

从表 8.2 中的热力学关系式中可以发现，这些方程中大量存在偏微分关系，但这些偏微分关系都是来自状态方程 $F(p,v,T)=0$ 在某个状态量保持不变时其他两个状态量之间的相互偏微分关系.

事实上，状态函数的某些偏导数具有明确的物理意义，表征工质特定的热力性质，尤其当它们的数值可以由实验测定时，就成为研究工质热力性质的重要数据. 这些偏导数称为热系数. 常用的热系数有热膨胀系数、定温压缩系数、绝热压缩系数、压力的温度系数、定容比热、定压比热和绝热节流系数.

热系数大都来自基本状态参数之间的偏微分，比如用压力和温度做独立自变量时，比容可以表示为 $v=v(T,p)$，于是它的全微分关系可以写为

$$\mathrm{d}v = \left(\frac{\partial v}{\partial T}\right)_p\mathrm{d}T + \left(\frac{\partial v}{\partial p}\right)_T\mathrm{d}p \tag{8.66}$$

据此，可以定义两个与上式中偏微分有关的热系数. 当用其他基本状态参数做独立变量时，也可以得到其他热系数，下面也一并给出.

8.5.1 热膨胀系数 α

热膨胀系数有时又叫体积膨胀系数，其定义为

$$\alpha = \frac{1}{v}\left(\frac{\partial v}{\partial T}\right)_p \tag{8.67}$$

α 表征物质在定压下的热膨胀性质，或者说是在定压下物质的比容随温度的变化关系，单位为 K^{-1}.

8.5.2 定温压缩系数 β_T

定温压缩系数定义为

$$\beta_T = -\frac{1}{v}\left(\frac{\partial v}{\partial p}\right)_T \tag{8.68}$$

β_T 表征物质在恒定温度下的压缩性质. 对所有物质 $\left(\dfrac{\partial v}{\partial p}\right)_T$ 恒为负，故在公式中引入负号，表

示 β_T 恒为正，单位为 Pa^{-1}.

8.5.3　定熵压缩系数 β_s

定熵压缩系数又叫绝热压缩系数，是指在绝热条件下比容随压力的变化关系，其定义为

$$\beta_s = -\frac{1}{v}\left(\frac{\partial v}{\partial p}\right)_s \tag{8.69}$$

β_s 恒为正，单位为 Pa^{-1}. β_T 和 β_s 之间，除了过程条件不同以外，其他性质都相同，它们都是可以测量的强度参数. 它们的倒数，称为体积弹性模量，具有与压力相同的单位.

值得指出的是，绝热压缩系数通常与物质内的声速有联系，经常可以用来测定声速. 一般来说，当地声速 c 可以表示为

$$c = \sqrt{-v^2\left(\frac{\partial p}{\partial v}\right)_s} \tag{8.70}$$

利用前面给出的全微分关系

$$\left(\frac{\partial z}{\partial x}\right)_y\left(\frac{\partial x}{\partial z}\right)_y = 1 \tag{8.71}$$

很容易得到

$$\left(\frac{\partial p}{\partial v}\right)_s = \frac{1}{\left(\dfrac{\partial v}{\partial p}\right)_s} = -\frac{1}{v\beta_s} \tag{8.72}$$

代入方程(8.70)立即得到

$$c = \sqrt{v/\beta_s} \tag{8.73}$$

因此，知道了物质比容和绝热压缩系数，就可以计算声速. 为了便于大家有个基本的印象，表 8.3 给出一个大气压下液体水的热膨胀系数和等温压缩系数随温度的变化关系.

表 8.3　液体水在一个大气压下 α 和 β_T 随温度的数值

$T/°C$	密度/(kg/m³)	$\alpha/(\times 10^6\,\mathrm{K}^{-1})$	$\beta_T/(\times 10^6\,\mathrm{bar}^{-1})$
0	999.84	−68.14	50.89
10	999.70	87.90	47.80
20	998.21	206.6	45.90
30	995.65	303.1	44.77
40	992.22	385.4	44.24
50	988.04	457.8	44.18

8.5.4　压力的温度系数 κ

压力的温度系数是指在定容条件下，压力随温度的变化率除上该状态下压力的数值，定义为

$$\kappa = \frac{1}{p}\left(\frac{\partial p}{\partial T}\right)_v \tag{8.74}$$

压力的温度系数是可以测量的，是一个强度参数，单位为 K^{-1}，一般仍然是温度和比容的函数.

8.5.5 绝热节流系数 μ_{JT}

绝热节流系数又称焦耳–汤姆孙系数(Joule-Thomson coefficient)，是根据绝热节流原理获得的热物性参数.

流体流经通道中的阀门、孔板或多孔塞等障碍物时，由于局部阻力作用而使流体的压力降低，这种现象称为节流. 前面我们已经学习过，如果节流过程与外界的热交换可以忽略，而且其动能和势能变化也可以忽略的话，节流前后的焓值保持不变. 但注意，这个过程不能看成是等焓过程，因为节流过程是一个非常不可逆的过程，过程中流体处于非平衡态，状态参数都没有确定的值，更无定焓可言. 在稳定的绝热节流过程中，流体的压力下降、熵值增加、焓值不变.

节流前后流体的温度变化称为绝热节流的温度效应. 绝热节流后温度可能升高，可能降低，也可能不变. 这由流体性质、节流程度和节流前的状态等条件决定. 如果节流程度和入口状态相同，那么节流的温度效应完全取决于物质的性质.

为了表征这种绝热节流的温度效应，定义绝热节流系数如下：

$$\mu_{JT} = \left(\frac{\partial T}{\partial p}\right)_h \tag{8.75}$$

上式表明，焦耳–汤姆孙系数是状态的单值函数，是一个强度量，数值上等于定焓下温度对压力的偏导数. 由于过程中压力总是下降的，即 $\mathrm{d}p$ 恒为负值，所有焦耳–汤姆孙系数的正负就有明显的物理意义. 即

当 $\mu_{JT} > 0$ 时，$\mathrm{d}T < 0$，将产生节流冷效应；

当 $\mu_{JT} < 0$ 时，$\mathrm{d}T > 0$，将产生节流热效应；

当 $\mu_{JT} = 0$ 时，$\mathrm{d}T = 0$，将产生节流零效应.

根据绝热节流的性质，节流前后的焓值不变，在入口焓值确定的条件下，所有节流过程的终态焓值都落在同一条等焓线上，但在节流的过程中焓值是不确定的. 根据第二 $\mathrm{d}h$ 方程

$$\mathrm{d}h = c_p \mathrm{d}T + \left[v - T\left(\frac{\partial v}{\partial T}\right)_p\right]\mathrm{d}p \tag{8.76}$$

令 $\mathrm{d}h = 0$，上式可以整理为

$$\mu_{JT} = \left(\frac{\partial T}{\partial p}\right)_h = \frac{T\left(\frac{\partial v}{\partial T}\right)_p - v}{c_p} \tag{8.77}$$

又根据热膨胀系数的定义，$\alpha = \frac{1}{v}\left(\frac{\partial v}{\partial T}\right)_p$，上式可以变成

$$\mu_{JT} = \frac{v(T\alpha - 1)}{c_p} \tag{8.78}$$

上式建立了焦耳-汤姆孙系数与其他可测量参数之间的一般关系，可以通过不同的实验来测定它.

例 8.5　对于遵循范德瓦耳斯状态方程的气体，导出焦耳-汤姆孙系数的表达式.

解　应用焦耳-汤姆孙系数的一般关系式(8.78)得到

$$\mu_{\mathrm{JT}} = \frac{v(T\alpha - 1)}{c_p} = \frac{v}{c_p}\left[\frac{R_g T v^2 (v - b)}{R_g T v^3 - 2a(v - b)^2} - 1\right]$$

此即范德瓦耳斯气体的焦耳-汤姆孙系数表达式.

*8.6　比热容的一般关系式

8.6.1　定压比热与定容比热

在准平衡过程中，物质温度升高 1℃ 所吸收的热量称为物质的热容. 单位物质的热容称为比热容，简称比热.

在热力学中，将定压下焓对温度的偏导数作为定压比热的定义，为

$$c_p = \left(\frac{\partial h}{\partial T}\right)_p = c_p(T, p) \tag{8.79}$$

说明定压比热仍然是温度和压力的函数.

以 (T, p) 为独立变量时，根据第二 $\mathrm{d}s$ 方程

$$\mathrm{d}s = \frac{c_p}{T}\mathrm{d}T - \left(\frac{\partial v}{\partial T}\right)_p \mathrm{d}p \tag{8.80}$$

根据全微分的性质，二阶偏导数与求导次序无关，所以

$$\left[\frac{\partial}{\partial p}\left(\frac{c_p}{T}\right)\right]_T = -\left(\frac{\partial^2 v}{\partial T^2}\right)_p \tag{8.81}$$

最后得到

$$\left(\frac{\partial c_p}{\partial p}\right)_T = -T\left(\frac{\partial^2 v}{\partial T^2}\right)_p \tag{8.82}$$

上式是定压比热容普遍关系式的微分形式. 利用上式，可以求得当压力变化时定压比热容随压力的变化规律. 当压力从 p_0 变化到 p 时，通过对方程(8.82)积分，可以求得最终的定压比热容：

$$c_p = c_{p_0} - T\int_{p_0}^{p}\left(\frac{\partial^2 v}{\partial T^2}\right)_p \mathrm{d}p \tag{8.83}$$

对定容比热容，可以做上述类似讨论. 定容比热容定义为在比容不变条件下内能对温度的偏导数，为

$$c_v = \left(\frac{\partial u}{\partial T}\right)_v = c_v(T, v) \tag{8.84}$$

说明定容比热仍然是温度和比容的函数.

以 (T, v) 为独立变量时，根据第一 $\mathrm{d}s$ 方程

$$ds = \frac{c_v}{T}dT + \left(\frac{\partial p}{\partial T}\right)_v dv \tag{8.44}$$

根据全微分的性质，二阶偏导数与求导次序无关，所以

$$\left[\frac{\partial}{\partial v}\left(\frac{c_v}{T}\right)\right]_T = -\left(\frac{\partial^2 p}{\partial T^2}\right)_v \tag{8.85}$$

最后得到

$$\left(\frac{\partial c_v}{\partial v}\right)_T = -T\left(\frac{\partial^2 p}{\partial T^2}\right)_v \tag{8.86}$$

上式是定容比热容普遍关系式的微分形式. 利用上式，可以求得定容比热容随比容的变化规律. 当比容从 v_0 变化到 v 时，通过对方程(8.86)积分，可以求得最终的定容比热容

$$c_v = c_{v_0} - T\int_{v_0}^{v}\left(\frac{\partial^2 p}{\partial T^2}\right)_v dv \tag{8.87}$$

8.6.2　比热容差的一般关系式

根据第一 ds 方程和第二 ds 方程，两式相减可以得到

$$dT = \frac{T}{c_p - c_v}\left(\frac{\partial p}{\partial T}\right)_v dv + \frac{T}{c_p - c_v}\left(\frac{\partial v}{\partial T}\right)_p dp \tag{8.88}$$

类似地，以 (p, v) 为独立自变量，将温度 $T(p, v)$ 展开为全微分形式

$$dT = \left(\frac{\partial T}{\partial v}\right)_p dv + \left(\frac{\partial T}{\partial p}\right)_v dp \tag{8.89}$$

比较(8.88)和(8.89)两式，其中对应的系数必定相等，所以有

$$c_p - c_v = T\left(\frac{\partial p}{\partial T}\right)_v\left(\frac{\partial v}{\partial T}\right)_p \tag{8.90}$$

根据全微分的循环关系

$$\left(\frac{\partial v}{\partial T}\right)_p = -\left(\frac{\partial p}{\partial T}\right)_v\left(\frac{\partial v}{\partial p}\right)_T \tag{8.91}$$

最后，将上式代入式(8.90)得到

$$c_p - c_v = -T\left(\frac{\partial p}{\partial T}\right)_v^2\left(\frac{\partial v}{\partial p}\right)_T \tag{8.92}$$

类似地，还可以推导得到

$$c_p - c_v = -T\left(\frac{\partial v}{\partial T}\right)_p^2\left(\frac{\partial p}{\partial v}\right)_T \tag{8.93}$$

这是比热容差的一般关系式，利用这些关系式，根据已知的定压比热容，计算出相应的定容比热容，因为定容比热容一般是更难测定的.

值得指出的是，对于气体工质来说，$\left(\dfrac{\partial v}{\partial p}\right)_T$ 恒为负值，所以 $c_p-c_v>0$. 对于液体或者固体工质，$\left(\dfrac{\partial v}{\partial p}\right)_T\approx 0$，因此有 $c_p\approx c_v$. 由于式(8.93)右边都是基本状态参数的偏微分，都是物性参数的表现形式，所以可以写成利用其他热物性参数的表达形式，即

$$c_p-c_v=-Tv\frac{\alpha^2}{\beta_T} \tag{8.94}$$

8.6.3　比热容比的一般关系式

比热容比常用符号 γ 表示，又称绝热系数，定义为定压比热容与定容比热容之比，即

$$\gamma=\frac{c_p}{c_v} \tag{8.95}$$

根据第一 $\mathrm{d}s$ 方程和第二 $\mathrm{d}s$ 方程，并分别利用 s、T、v 和 s、T、p 的偏导数循环关系，可以得到

$$\frac{c_v}{T}=\left(\frac{\partial s}{\partial T}\right)_v=\frac{-1}{\left(\dfrac{\partial v}{\partial s}\right)_T\left(\dfrac{\partial T}{\partial v}\right)_s} \tag{8.96}$$

$$\frac{c_p}{T}=\left(\frac{\partial s}{\partial T}\right)_p=\frac{-1}{\left(\dfrac{\partial p}{\partial s}\right)_T\left(\dfrac{\partial T}{\partial p}\right)_s} \tag{8.97}$$

两式相除得到

$$\frac{c_p}{c_v}=\frac{\left(\dfrac{\partial v}{\partial s}\right)_T\left(\dfrac{\partial T}{\partial v}\right)_s}{\left(\dfrac{\partial p}{\partial s}\right)_T\left(\dfrac{\partial T}{\partial p}\right)_s} \tag{8.98}$$

注意，对于连续可微的函数来说，应该满足

$$\left(\frac{\partial p}{\partial s}\right)_T=\frac{1}{\left(\dfrac{\partial s}{\partial p}\right)_T} \tag{8.99}$$

$$\left(\frac{\partial T}{\partial p}\right)_s=\frac{1}{\left(\dfrac{\partial p}{\partial T}\right)_s} \tag{8.100}$$

所以，式(8.98)可以被改写成

$$\frac{c_p}{c_v}=\left(\frac{\partial v}{\partial s}\right)_T\left(\frac{\partial s}{\partial p}\right)_T\left(\frac{\partial T}{\partial v}\right)_s\left(\frac{\partial p}{\partial T}\right)_s \tag{8.101}$$

再依据连续可微函数的偏微分特点，上式可以进一步简化为

$$\frac{c_p}{c_v}=\left(\frac{\partial v}{\partial p}\right)_T\left(\frac{\partial p}{\partial v}\right)_s \tag{8.102}$$

利用热物性参数，上式进一步写为

$$\gamma = \frac{c_p}{c_v} = \frac{\beta_T}{\beta_s} \tag{8.103}$$

知道了比热容比之后，当地声速式(8.70)可以用比热容比进一步表示为

$$c = \sqrt{-\gamma v^2 \left(\frac{\partial p}{\partial v}\right)_T} = \sqrt{\gamma v / \beta_T} \tag{8.104}$$

对于理想气体，当地声速为

$$c = \sqrt{\gamma R_g T} \tag{8.105}$$

这是一个很有意义的公式.

例 8.6 对于压力为 1atm、温度为 20℃的液体水，已知其定压比热为 $c_p = 4.188\text{kJ/(kg·K)}$，问：(1)如果认为 $c_p = c_v$，c_v 将产生多大的百分误差？ (2)计算此状态下的声速.

解 已知液体水在 1atm、20℃条件下.

(1) 求百分误差.

根据比热容差的公式(8.94)和表 8.3 中的数值，

$$c_p - c_v = -Tv\frac{\alpha^2}{\beta_T} = 293\text{K} \cdot \frac{1}{998.21\text{kg/m}^3} \cdot \left(\frac{206.6 \times 10^{-6}}{\text{K}}\right)^2 \cdot \left(\frac{\text{bar}}{45.9 \times 10^{-6}}\right) = 0.027\text{kJ/(kg·K)}$$

又已知，$c_p = 4.188\text{kJ/(kg·K)}$，所以

$$c_v = 4.188 - 0.027 = 4.161\text{kJ/(kg·K)}$$

如果认为 $c_p = c_v$，将产生的百分误差为

$$\frac{c_p - c_v}{c_v} = \frac{0.027}{4.161} = 0.6\%$$

(2) 求当地声速.

根据上面的计算数值，可以求得比热容比为

$$\gamma = \frac{c_p}{c_v} = \frac{4.188}{4.161} = 1.006$$

当地声速为

$$c = \sqrt{\gamma v / \beta_T} = \sqrt{1.006 \times 10^6 \times (1/998.21 \times 45.90) \times 10^5} = 1482\text{(m/s)}$$

上式计算中要注意单位的变换.

*8.7 相变区的克拉珀龙方程

上面的讨论基本都不涉及相变过程，但相变过程在热力学领域经常遇见，比如水的汽化、冰的融化，金属的融化等. 这些过程的显著特点是压力和温度不再是彼此独立的，它们有一一对应关系. 在这些过程中，如何计算工质的熵变或者焓变，是我们特别感兴趣的. 克拉珀龙方

程在完成这些工作中扮演了极其重要的角色,它建立了相变过程中不可测参数的变化量(ds、du 及 dh)与可测参数的变化量(dp、dv 及 dT)之间的一般关系式,也可以说是上述热力学关系式在相变领域中应用得很好的例子.

考虑一个从饱和液体到饱和蒸汽的相变过程,这个过程中温度保持不变,压力也保持为常数. 所以,工质的焓变为

$$\mathrm{d}h = T\mathrm{d}s + v\mathrm{d}p = T\mathrm{d}s \tag{8.106}$$

积分上式,得到从饱和液体到饱和蒸汽的焓变关系方程为

$$h_\mathrm{g} - h_\mathrm{f} = T\left(s_\mathrm{g} - s_\mathrm{f}\right) \tag{8.107}$$

这个方程建立了等温相变过程中焓变与熵变的关系式. 当然,根据焓与内能的关系式 $h = u + pv$,也可以推导得到内能变化与熵变之间的关系式

$$u_\mathrm{g} - u_\mathrm{f} = T\left(s_\mathrm{g} - s_\mathrm{f}\right) - p\left(v_\mathrm{g} - v_\mathrm{f}\right) \tag{8.108}$$

这些关系式为我们计算相变过程中不易测量参数之间的变化提供了方便.

导出克拉珀龙方程最便捷的方式是利用麦克斯韦方程中的式(8.36),即

$$\left(\frac{\partial p}{\partial T}\right)_v = \left(\frac{\partial s}{\partial v}\right)_T \tag{8.36}$$

相变过程既是等温过程也是等压过程,两者一一对应,因此压力只决定于温度,与比容无关. 所以上式中压力对温度的偏导数可以改为全微分,于是式(8.36)变为

$$\left(\frac{\partial p}{\partial T}\right)_v = \frac{\mathrm{d}p}{\mathrm{d}T} = \left(\frac{\partial s}{\partial v}\right)_T \tag{8.109}$$

注意,上式的全微分只在饱和状态才成立. 另外,表 8.1 中的特性函数关系给出

$$T = \left(\frac{\partial h}{\partial s}\right)_p \tag{8.110}$$

根据相变过程中压力只决定于温度的特点,上式可以进一步写为

$$\mathrm{d}s = \frac{\mathrm{d}h}{T} \tag{8.111}$$

将式(8.111)代入式(8.109),立即得到

$$\frac{\mathrm{d}p}{\mathrm{d}T} = \left(\frac{\partial s}{\partial v}\right)_T = \frac{\mathrm{d}s}{\mathrm{d}v} = \frac{1}{T}\frac{\mathrm{d}h}{\mathrm{d}v} \tag{8.112}$$

最后得到克拉珀龙方程的微分形式为

$$\frac{\mathrm{d}p}{\mathrm{d}T} = \frac{1}{T}\frac{\mathrm{d}h}{\mathrm{d}v} \tag{8.113}$$

式中,$\dfrac{\mathrm{d}p}{\mathrm{d}T}$ 代表相图(p-T 图)中两相曲线上某点的斜率,仅是温度的单值函数. 当温度一定时,$\dfrac{\mathrm{d}p}{\mathrm{d}T}$ 是一个常数,因此利用式(8.112)对一个完整相变过程(液–气)积分可以得到

$$\frac{\mathrm{d}p}{\mathrm{d}T} = \frac{1}{T} \cdot \frac{h_g - h_f}{v_g - v_f} = \frac{s_g - s_f}{v_g - v_f} \tag{8.114}$$

此即著名的克拉珀龙方程, 也是它的积分形式. 注意, 上式中, 如果温度给定, 由于是相变过程, $\frac{\mathrm{d}p}{\mathrm{d}T}$ 是一个常数, $(v_g - v_f)$ 也是可以测定的参数, 有些工质甚至有表可查, 所以利用式 (8.114), 相变过程中焓变和熵变很容易计算出来. 进一步, 也可以算出相变过程的总内能变化, 这是特别方便的. 根据相变过程的相似性, 式(8.114)也可以适用于液-固和气-固相变区, 方程的形式相同.

值得指出的是, 在实际相变过程中, 特别是低压条件下, 液相的比容可能远远小于气相的比容, 即 $v_g \gg v_f$, 如果压力足够低, 气体可以被当成理想气体, 此时 $v_g = \frac{R_g T}{p}$, 所以式(8.114)可以近似表示为

$$\left(\frac{\mathrm{d}p}{\mathrm{d}T}\right)_{\mathrm{sat}} = \frac{p}{R_g T^2} \cdot \left(h_g - h_f\right) \tag{8.115}$$

还可以被进一步表示为

$$\left(\frac{\mathrm{d}(\ln p)}{\mathrm{d}T}\right)_{\mathrm{sat}} = \frac{1}{R_g T^2} \cdot \left(h_g - h_f\right) \tag{8.116}$$

这个方程又称为克劳修斯-克拉珀龙方程.

例 8.7 已知饱和水在 100℃汽化时, 其 $\left(\dfrac{\mathrm{d}p}{\mathrm{d}T}\right)_{\mathrm{sat}} = 3570\mathrm{N}/(\mathrm{m}^2 \cdot \mathrm{K})$, 并已知蒸汽比容远远大于饱和水的比容, $v_g = 1.673\mathrm{m}^3/\mathrm{kg}$, 试计算该相变过程的焓变.

解 根据克拉珀龙方程(8.114), 得到

$$h_g - h_f = T\left(v_g - v_f\right)\left(\frac{\mathrm{d}p}{\mathrm{d}T}\right)_{\mathrm{sat}}$$

代入参数值, 得到

$$h_g - h_f = 373.15\mathrm{K} \times \frac{1.673\mathrm{m}^3}{\mathrm{kg}} \times \frac{3570\mathrm{N}}{\mathrm{m}^2 \cdot \mathrm{K}} = 2227 \times 10^3 \mathrm{N} \cdot \frac{\mathrm{m}}{\mathrm{kg}} = 2227\mathrm{kJ/kg}$$

此即为问题的解. 注意, 这个结果与查饱和水蒸汽表得到的结果一般有 1%左右误差.

本 章 小 结

本章讨论了全微分条件、亥姆霍兹函数、吉布斯函数、麦克斯韦关系式、热系数方程和克拉珀龙方程等主要内容, 可以总结如表 8.4.

表 8.4 本章讨论的主要热力学关系方程

基本的热力学方程	
$\delta q = T\mathrm{d}s$	$\delta w = p\mathrm{d}v$
$\mathrm{d}u = T\mathrm{d}s - p\mathrm{d}v$	$\mathrm{d}f = -s\mathrm{d}T - p\mathrm{d}v$
$\mathrm{d}h = T\mathrm{d}s + v\mathrm{d}p$	$\mathrm{d}g = -s\mathrm{d}T + v\mathrm{d}p$

续表

全微分条件及变换关系	
$\mathrm{d}z = \left(\dfrac{\partial z}{\partial x}\right)_y \mathrm{d}x + \left(\dfrac{\partial z}{\partial y}\right)_x \mathrm{d}y$ $\mathrm{d}z = M\mathrm{d}x + N\mathrm{d}y$ $\left(\dfrac{\partial M}{\partial y}\right)_x = \left(\dfrac{\partial N}{\partial x}\right)_y$	$\left(\dfrac{\partial z}{\partial x}\right)_y \left(\dfrac{\partial x}{\partial y}\right)_z \left(\dfrac{\partial y}{\partial z}\right)_x = -1$ $\left(\dfrac{\partial z}{\partial x}\right)_y \left(\dfrac{\partial x}{\partial z}\right)_y = 1$ $\left(\dfrac{\partial z}{\partial x}\right)_y \left(\dfrac{\partial x}{\partial \alpha}\right)_y \left(\dfrac{\partial \alpha}{\partial z}\right)_y = 1$
从特性函数 $u = u(s, v)$	从特性函数 $h = h(s, p)$
$T = \left(\dfrac{\partial u}{\partial s}\right)_v$ $p = -\left(\dfrac{\partial u}{\partial v}\right)_s$	$T = \left(\dfrac{\partial h}{\partial s}\right)_p$ $v = \left(\dfrac{\partial h}{\partial p}\right)_s$
从特性函数 $f = f(v, T)$	从特性函数 $g = g(T, p)$
$p = -\left(\dfrac{\partial f}{\partial v}\right)_T$ $s = -\left(\dfrac{\partial f}{\partial T}\right)_v$	$s = -\left(\dfrac{\partial g}{\partial T}\right)_p$ $v = \left(\dfrac{\partial g}{\partial p}\right)_T$
麦克斯韦方程组	
$\left(\dfrac{\partial T}{\partial v}\right)_s = -\left(\dfrac{\partial p}{\partial s}\right)_v$ $\left(\dfrac{\partial T}{\partial p}\right)_s = \left(\dfrac{\partial v}{\partial s}\right)_p$	$\left(\dfrac{\partial p}{\partial T}\right)_v = \left(\dfrac{\partial s}{\partial v}\right)_T$ $\left(\dfrac{\partial v}{\partial T}\right)_p = -\left(\dfrac{\partial s}{\partial p}\right)_T$
其他关系式	
$\left(\dfrac{\partial u}{\partial s}\right)_v = \left(\dfrac{\partial h}{\partial s}\right)_p$ $\left(\dfrac{\partial u}{\partial v}\right)_s = \left(\dfrac{\partial f}{\partial v}\right)_T$	$\left(\dfrac{\partial f}{\partial T}\right)_v = \left(\dfrac{\partial g}{\partial T}\right)_p$ $\left(\dfrac{\partial h}{\partial p}\right)_s = \left(\dfrac{\partial g}{\partial p}\right)_T$
热系数关系式	
$\alpha = \dfrac{1}{v}\left(\dfrac{\partial v}{\partial T}\right)_p$ $\beta_T = -\dfrac{1}{v}\left(\dfrac{\partial v}{\partial p}\right)_T$ $\beta_s = -\dfrac{1}{v}\left(\dfrac{\partial v}{\partial p}\right)_s$ $\kappa = \dfrac{1}{p}\left(\dfrac{\partial p}{\partial T}\right)_v$	$\mu_{\mathrm{JT}} = \left(\dfrac{\partial T}{\partial p}\right)_h$ $\mu_{\mathrm{JT}} = \left(\dfrac{\partial T}{\partial p}\right)_h = \dfrac{T\left(\dfrac{\partial v}{\partial T}\right)_p - v}{c_p}$ $c_p - c_v = T\left(\dfrac{\partial p}{\partial T}\right)_v \left(\dfrac{\partial v}{\partial T}\right)_p$ $\dfrac{c_p}{c_v} = \left(\dfrac{\partial v}{\partial p}\right)_T \left(\dfrac{\partial p}{\partial v}\right)_s$
克拉珀龙方程	
$\dfrac{\mathrm{d}p}{\mathrm{d}T} = \dfrac{1}{T}\dfrac{\mathrm{d}h}{\mathrm{d}v}$	$\dfrac{\mathrm{d}p}{\mathrm{d}T} = \dfrac{1}{T}\cdot\dfrac{h_g - h_f}{v_g - v_f} = \dfrac{s_g - s_f}{v_g - v_f}$

表 8.4 包括了 38 组方程, 基本囊括了热力学中最主要的偏微分方程. 利用这些方程, 可

建立起热力学的完备理论体系.

问题与思考

8-1 何谓二元函数的全微分条件?

8-2 什么是状态函数? 内能 $u = u(p, v)$ 是状态函数吗?

8-3 如果 $p = p(T, v)$ 是一个状态方程, $(\partial p / \partial T)_v$ 是一个特性函数吗? 它的自变量是什么?

8-4 在表达式中 $(\partial u / \partial T)_v$, 下标 v 表示什么?

8-5 何谓第一 $\mathrm{d}u$ 方程和第一 $\mathrm{d}s$ 方程?

8-6 写出热膨胀系数 α、定温压缩系数 β_T、定熵压缩系数 β_s、压力的温度系数 κ 和绝热节流系数 μ_{JT} 的定义表达式, 说明它们的物理意义.

8-7 试证明理想气体的热膨胀系数 $\alpha = \dfrac{1}{T}$.

8-8 试用比热容差的一般关系式, 分析水的定容比热与定压比热的关系.

8-9 对于理想气体, 如果已知当地温度, 当地声速如何计算?

8-10 由特性函数导出的内能、焓和熵的一般关系式, 可否用于不可逆过程?

8-11 相变区的克拉珀龙方程建立了哪些状态参数之间的关系?

8-12 工质的比热容比 $\gamma = \dfrac{c_p}{c_v}$ 对计算当地声速有重要作用, 试说明它与声速的关系.

8-13 参考水的 $p\text{-}T$ 图, 解释为什么冰鞋刀刃处的冰会融化?

8-14 你能设想出一种方法直接测量气体的比热容吗?

本 章 习 题

8-1 根据能量方程 $\delta q = \mathrm{d}h - v\mathrm{d}p$, 试证明在可逆过程中热量的一般表达式为

$$\delta q = c_p \mathrm{d}T + \left[\left(\frac{\partial h}{\partial p}\right)_T - v\right]\mathrm{d}p$$

进一步说明热量 δq 不是状态参数. (提示: 证明它不满足全微分条件.)

8-2 根据比焓、比内能及比热容的一般关系式, 证明理想气体的比焓、比内能及比热容都仅是温度的函数, 并证明比热容差等于气体常数.

8-3 试用可测量的状态参数导出 $\left(\dfrac{\partial T}{\partial v}\right)_u$ 及 $\left(\dfrac{\partial h}{\partial s}\right)_v$ 的表达式.

8-4 试用可测量的状态参数导出 $\left(\dfrac{\partial u}{\partial p}\right)_T$ 及 $\left(\dfrac{\partial u}{\partial T}\right)_p$ 的表达式.

8-5 根据热物性参数的定义表达式, 证明

$$\mathrm{d}u = c_v \mathrm{d}T + \left(\frac{T\alpha}{\beta_T} - p\right)_T \mathrm{d}v$$

$$\mathrm{d}h = c_p \mathrm{d}T + (v - Tv\alpha)_T \mathrm{d}p$$

8-6 已知某状态方程对压力的全微分表示为如下方程:

$$\mathrm{d}p = \frac{2(v-b)}{R_g T}\mathrm{d}v + \frac{(v-b)^2}{R_g T^2}\mathrm{d}T$$

试导出该状态方程.

8-7 试证明 $c_p = -T\left(\dfrac{\partial^2 g}{\partial T^2}\right)_p$.

8-8　利用饱和水及饱和蒸汽表中的数据，利用相变条件下的一般关系式，求 50℃温度下的：(1) $(h_g - h_f)$，
(2) $(s_g - s_f)$，并与蒸汽表中数据结果比较.

8-9　基于饱和蒸汽表中的数据，利用最小二乘法，确定如下方程在 20～30℃范围时常数 A 和 B 的数值

$$\ln p_{sat} = A - B / T$$

利用该方程，确定 25℃时 $\mathrm{d}p_{sat}/\mathrm{d}T$ 的大小，并计算该温度下 $(h_g - h_f)$ 的大小，并与蒸汽表中数据结果比较.

8-10　已知某气体的状态方程可近似表示为

$$v = \frac{R_g T}{p} + B - \frac{A}{R_g T}$$

这里，R_g 是气体常数，A 和 B 是常数. 试确定比焓、比内能和比熵在两状态之间的变化关系式，
$\left[h(p_2, T) - h(p_1, T) \right]$，$\left[u(p_2, T) - u(p_1, T) \right]$，$\left[s(p_2, T) - s(p_1, T) \right]$.

8-11　推导热膨胀系数和等温压缩系数的关系方程，已知该气体遵守状态方程：$p(v - b) = R_g T$.

8-12　证明 $\left(\dfrac{\partial \alpha}{\partial p} \right)_T = -\left(\dfrac{\partial \beta_T}{\partial T} \right)_p$.

8-13　液体水在 40℃，1atm，计算：(1) c_v；(2)水中声速. 单位用国际单位.

8-14　在水的三相点，试计算蒸发汽化线与升华线的斜率比.

第 9 章 理想气体动力循环

自然界中存在大量可以燃烧的东西，比如煤、石油和木材等，这些燃料燃烧释放出大量热能，可以满足我们采暖、烹饪和冶炼等需求. 但随着社会的发展，越来越需要动力来为人类服务. 能够将热能连续不断地转化为动力的装置称为热机，或称为热能动力装置. 这些装置源源不断地为人类提供动力，极大地促进了人类的发展. 热机中，工质的状态连续并周而复始地变化，从而实现热功转换目的，这个过程也称为循环过程. 热力学正是在研究热功转换过程的原理、特点、效率及表达方式的基础上产生出来的.

显然，实际的动力循环各不相同，会产生各种各样的不可逆性，摩擦等因素随时随地存在. 但为了抓住热功转换这个主要矛盾，总结出通用普适的规律，可以暂且不考虑种种不可逆因素，而把热功装置的实际过程合理近似为相应的理想过程，并抓住过程的实质进行理论计算，从而得到理想过程的效率及影响因素等有意义的东西，为分析实际过程奠定基础. 显然，这种分析方法得到的结论与实际系统有差别，但仍有很大的指导意义，原因如下：

(1) 对理想过程的分析，给出了该动力装置的最高性能指标，任何要超过这个指标的企图都是徒劳的.

(2) 这种抓住动力装置中最基本特征来分析的方法，可以找到影响动力装置工作性能的主要因素，明确改进方向.

(3) 可以获得对各种动力装置的一般分析方法，得到统一的评价标准，总结出各种实际因素影响的程度.

分析热力循环的一般步骤为：

(1) 简化循环过程，确定循环特征，给出已知点的状态参数，并表示在 p-v 和 T-s 图上.

(2) 根据过程特征和工质随过程变化的特点，计算给出其他典型状态下的状态参数.

(3) 分析和计算各基本过程的热量、功量，建立各过程之间的能量关系.

(4) 对整个循环进行分析，给出系统效率、循环净功和吸热量等基本特性参数.

在实际工程中，实现热功转换的装置是多种多样的，气体动力装置或气体动力循环是实现热功转换的主要手段，因此有必要了解主要的气体动力循环. 气体工质可以有多种，比如蒸汽、空气或其他有机气体，蒸汽和有机气体一般不能当作理想气体，空气由于性能稳定，没有凝结现象，可以看作是理想气体. 下面对几个经典的以空气为介质的热机循环进行介绍.

9.1 卡诺循环及性能分析

卡诺定理告诉我们，在相同热源间工作的任何可逆热机都具有相同的效率，而与工质的性质无关. 进一步，卡诺通过思想实验建立了卡诺循环，并以此循环计算出了可逆热机所具有的最高效率. 以卡诺循环工作的热机称为卡诺热机，它由两个等温过程和两个绝热过程组成，如图 9.1 所示. 由于过程是可逆的，所以它既是绝热过程，也是等熵过程，在 T-s 图中显示为一个长方形. 其中：

过程 1 到 2 是绝热膨胀过程, 过程中熵保持 s_B 不变, 温度从 T_1 变到 T_2;
过程 2 到 3 是等温压缩过程, 熵从 s_B 变到 s_A, 温度保持 T_2 不变;
过程 3 到 4 是绝热压缩过程, 过程中熵保持 s_A 不变, 温度从 T_2 变到 T_1;
过程 4 到 1 是等温膨胀过程, 熵从 s_A 变到 s_B, 温度保持 T_1 不变.

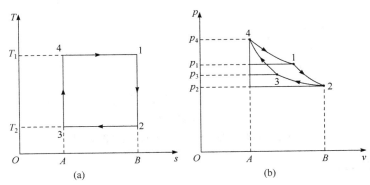

图 9.1　卡诺循环在 $T\text{-}s$ 图和 $p\text{-}v$ 图中表示

热机循环的效率定义为: 得到的净功收益除以付出的热代价, 即

$$\eta_c = \frac{w_{\text{net}}}{q_1} = \frac{\sum w}{q_1} \tag{9.1}$$

对于一个封闭系统的一个封闭循环而言, 根据能量守恒定律有

$$\sum w = \sum q \tag{9.2}$$

即循环净功输出等于循环净热输入. 在 $T\text{-}s$ 图中, 供给热机的热量可以用过程 4-1-2-B-A-3-4 所包围的面积代表, 即

$$q_1 = T_1(s_B - s_A) \tag{9.3}$$

热机放给环境的热量可以用 3-2-B-A-3 所包围的面积代表. 于是, 循环的净热交换量为 4-1-2-3-4 所包围的面积, 即

$$\sum q = (T_1 - T_2)(s_B - s_A) \tag{9.4}$$

所以, 卡诺循环的效率为

$$\eta_c = \frac{(T_1 - T_2)(s_B - s_A)}{T_1(s_B - s_A)} \tag{9.5}$$

亦即

$$\eta_c = \frac{T_1 - T_2}{T_1} = 1 - \frac{T_2}{T_1} \tag{9.6}$$

这是我们在前面章节已经得到的结论. 从上式中很容易发现, 如果低温热源不变, 提高供热源的温度 T_1, 那么循环效率就会增加, 这为提升热机效率指明了方向. 图 9.2 给出了当低温热源为 27℃ 时, 热机效率随高温热源温度变化的情况.

事实上, 反映热机性能好坏的指标不止热效率一个参数, 如下几个指标对评价热机性能的优劣也有很好的指示作用.

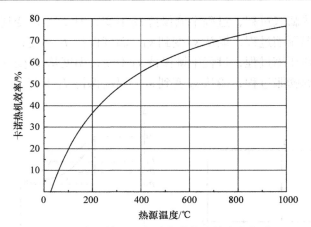

图 9.2 高温热源温度对卡诺热机效率的影响

9.1.1 平均有效压力 $\bar{p}$

观察循环的 p-v 图很容易发现，循环压力对循环的性能也有重要影响. 压力越大，在膨胀容积相等的情况下，膨胀功越大. 在 p-v 图中，任意正循环输出的净功等于循环所包围的面积. 如果有一个定压过程，经历了与该循环相同的容积变化范围，而且这个定压膨胀过程所做的功正好等于该循环的净功，那么这个定压过程的压力称为该循环的平均有效压力，定义为

$$\bar{p} = \frac{w_{\text{net}}}{v_{\max} - v_{\min}} \tag{9.7}$$

这里，$v_{\max}$ 是循环中的最大容积；$v_{\min}$ 是循环中的最小容积. 对于一个卡诺热机来说，它的有效平均压力可以表示为

$$\bar{p}_c = \frac{w_{\text{net}}}{v_B - v_A} \tag{9.8}$$

如果已知卡诺循环的效率和供热量，上式也可以表示为

$$\bar{p}_c = \frac{\eta_c q_1}{v_B - v_A} \tag{9.9}$$

值得指出的是，$\Delta v = v_{\max} - v_{\min}$ 是表征热机特别是活塞式内燃机工作容积大小的结构参数，有效平均压力 $\bar{p}$ 代表了循环净功，是显示内燃机动力性能的重要指标. $\bar{p}$ 越大，说明对于相同结构大小的内燃机，单位工质可以获得更大的循环净功. 换句话说，$\bar{p}$ 越大，热机的动力性越好.

9.1.2 有效产功率 ω

任何封闭的循环都会包含膨胀和压缩两种过程，膨胀过程对外做功，压缩过程需要外界提供功量. 显然，如果膨胀功的比例大，循环的性能就比较好. 为此，定义有效产功率

$$有效产功率\,\omega = \frac{系统净功输出}{系统膨胀功输出}$$

有效产功率 (work ratio) 有时又称为有效产功系数，是表现系统有效功输出占膨胀功比例的一个参数. 一般来说，有效产功率越大越好，表明系统的有用功输出比例越大.

对卡诺循环而言，其净功输出为

$$w_{\text{net}} = (T_1 - T_2)(s_B - s_A) \tag{9.10}$$

它的膨胀功输出包括 4 到 1 过程和 1 到 2 过程两部分. 4 到 1 的过程是等温过程，工质内能没有变化，膨胀功等于吸热量，所以

$$w_{4-1} = (s_B - s_A) \times T_1 \tag{9.11}$$

1 到 2 的过程是绝热过程，工质与外界没有传热量，膨胀功等于内能减少，所以

$$w_{1-2} = u_1 - u_2 = c_v(T_1 - T_2) \tag{9.12}$$

于是，它的有效产功率为

$$\omega = \frac{w_{\text{net}}}{w_{4-1} + w_{1-2}} = \frac{(T_1 - T_2)(s_B - s_A)}{T_1(s_B - s_A) + c_v(T_1 - T_2)} \tag{9.13}$$

9.1.3　平均温度及等效卡诺效率

任何封闭的循环都会包含吸热和放热两种过程，对于一个热机循环，系统将从高温热源吸热，向低温热源放热. 如果高温热源的温度是变化的，那么我们希望高温热源的平均温度高一点为好. 如果低温热源的温度也是变化的，我们希望低温热源的平均温度低一点为好. 掌握了高温热源的平均温度和低温热源的平均温度，就可以采用简单的公式计算出系统的效率.

一个任意循环如图 9.3 所示，如果有一个等温过程，经历了与该循环相同的熵变化范围，而且这个等温过程所吸收的热量正好等于该循环从高温热源吸收的热量，那么这个等温过程对应的温度称为该循环的平均加热温度，定义为

$$\overline{T}_1 = \frac{q_1}{s_B - s_A} \tag{9.14}$$

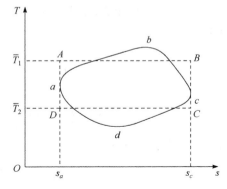

图 9.3　平均温度及等效卡诺效率

这里，q_1 是过程 *a-b-c* 从高温热源吸收的热量；s_B 和 s_A 分别代表吸热过程的最大熵和最小熵，并有 $s_B = s_c$；$s_A = s_a$. 同理，也可定义放热过程的平均温度，即平均放热温度为

$$\overline{T}_2 = \frac{q_2}{s_B - s_A} \tag{9.15}$$

注意，上式中的 q_2 代表系统向低温热源的放热量，已经取了绝对值. 有了平均加热温度和平均放热温度的概念之后，任意循环的效率都可以表示为

$$\eta = \frac{w_{\text{net}}}{q_1} = 1 - \frac{q_2}{q_1} = 1 - \frac{\overline{T}_2}{\overline{T}_1} \tag{9.16}$$

与卡诺循环的效率有相同的形式. 这也说明任何一个热机循环都可以用一个工作于平均加热温度和平均放热温度之间的等效卡诺循环来代替，它们具有相同的循环效率.

例 9.1　已知高温热源温度为 800℃，低温热源为 10℃，卡诺热机工作于其间，工质为空气，质量为 1kg，并已知循环中最高压力和最低压力分别是 210bar 和 1bar. 计算循环效率、有

效产功率和平均有效压力.

解 图 9.4 给出了循环在 $T\text{-}s$ 图和 $p\text{-}v$ 图中的表示.

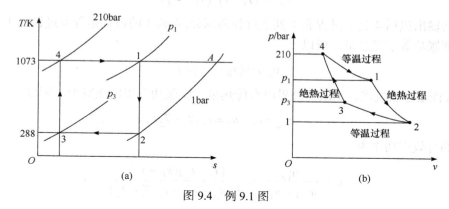

图 9.4 例 9.1 图

计算卡诺热机的效率

$$\eta_c = 1 - \frac{T_2}{T_1} = 1 - \frac{10+273}{800+273} = 0.736$$

即该热机的效率为 73.6%.

为了计算有效产功率, 有必要先计算熵变 $(s_1 - s_4)$. 为此, 在图 9.4 中寻找一个点 A, 使 A 点与 4 在同一等温线上, 与 2 在同一等压线上, 所以 4 到 A 是等温过程, A 到 2 是等压过程, 于是

$$s_A - s_4 = R\ln\left(\frac{p_4}{p_2}\right) = 0.287\ln\left(\frac{210}{1}\right) = 1.535(\text{kJ}/(\text{kg}\cdot\text{K}))$$

$$s_A - s_2 = c_p\ln\left(\frac{T_1}{T_2}\right) = 1.005\ln\left(\frac{1037}{283}\right) = 1.339(\text{kJ}/(\text{kg}\cdot\text{K}))$$

注意, $s_1 = s_2$, 所以

$$s_1 - s_4 = 1.535 - 1.339 = 0.196(\text{kJ}/(\text{kg}\cdot\text{K}))$$

那么, 卡诺循环净功输出为

$$w_{\text{net}} = (T_1 - T_2)(s_1 - s_4) = (1073 - 283)\times 0.196 = 154.8(\text{kJ/kg})$$

膨胀功输出包括两部分, 即

$$w_{4-1} = (s_1 - s_4)\times T_1 = 0.196\times 1073 = 210.3(\text{kJ/kg})$$

1 到 2 的过程是绝热过程, 工质与外界没有传热量, 膨胀功等于内能减少, 所以

$$w_{1-2} = c_v(T_1 - T_2) = 0.718\times(1073 - 283) = 567.2(\text{kJ/kg})$$

因此, 可以计算有效功产率为

$$\omega = \frac{w_{\text{net}}}{w_{4-1} + w_{1-2}} = \frac{154.8}{210.3 + 567.2} = 0.199$$

为了计算平均有效压力, 需要计算 $(v_2 - v_4)$. 根据理想气体方程可得

$$v_2 - v_4 = R\left(\frac{T_2}{p_2} - \frac{T_4}{p_4}\right) = 0.287 \times 10^3 \times \left(\frac{283}{1 \times 10^5} - \frac{1073}{210 \times 10^5}\right)$$

所以,

$$v_2 - v_4 = 0.8 \text{m}^3/\text{kg}$$

最后, 平均有效压力计算为

$$\bar{p}_c = \frac{w_{\text{net}}}{v_2 - v_4} = \frac{154.8}{0.8} = 193.5(\text{bar})$$

9.2　布雷顿循环

9.2.1　理想布雷顿循环及效率

布雷顿(Brayton)循环是非常典型的燃气轮机[①]循环, 它的加热过程和排热过程都发生在等压状态下, 因此又被称为等压循环. 它的膨胀过程和压缩过程可以认为是绝热的, 因此理想的布雷顿循环由两个等压过程和两个等熵过程组成, 在 $p\text{-}v$ 图和 $T\text{-}s$ 图中分别如图 9.5(a)和(b)所示.

一个简单的燃气轮机系统主要由四个部件组成, 如图 9.6 所示, 它们分别是压缩机、燃烧室、气轮机和冷却器. 工作时, 气体工质被压气机压缩升压后送入加热器, 在加热器中等压升温达到最高温度, 后被送入气轮机中膨胀做功, 气轮机排出的工质进入冷却器中冷却, 然后再被送入压气机中压缩, 由此循环往复, 实现连续的功输出. 注意, 循环中工质始终是封闭的, 质量保持不变, 因此又称为闭式布雷顿循环. 压气机中是绝热升压过程, 状态从 1 到 2; 加热器中是等压升温过程, 状态从 2 到 3; 气轮机中是绝热膨胀过程, 状态从 3 到 4; 冷却器中是等压降温过程, 状态从 4 到 1, 从而完成完整循环.

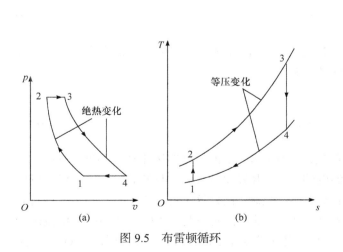

图 9.5　布雷顿循环

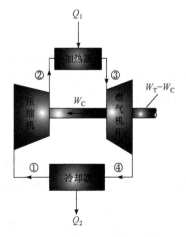

图 9.6　闭式循环燃气轮机

[①] 本节所说的气轮机均指燃气轮机.

值得指出的是，如果采用空气作为循环工质，气轮机系统将变得更为简单，因为气轮机可以直接将乏气排至环境，而压气机可以直接从环境中抽气，从而形成所谓的开式燃气轮机循环．在加热器中也可以直接喷入燃料燃烧产生高温高压的气体，这样系统的主要部件只有三个：压气机、燃烧室和气轮机．其工作过程及系统组成如图 9.7 所示．

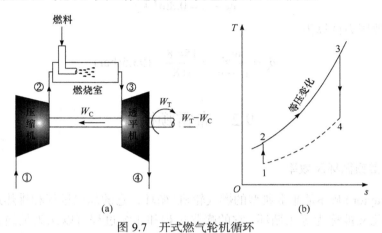

图 9.7　开式燃气轮机循环

工作中，空气被压缩机压缩到一定压力后送入燃烧室，在燃烧室中压缩空气与喷入燃料混合燃烧，实现定压升温过程，然后高温燃气被送入气轮机中膨胀做功，乏气被气轮机直接排向大气．在开式燃气轮机循环中，压气机压缩的是常温空气，气轮机中膨胀做功的是燃气，排向大气的是废气．整个工作过程简单，系统组成也非常简单，因此在实际工程中经常采用开式燃气轮机．

在气轮机系统稳定工作过程中，特别是闭式气轮机系统中，工质稳定流过系统各个部件，如果忽略工质动能和势能的变化，那么系统中各点的状态参数是不变的，因此很容易计算出系统各部件前后的能量变化关系．这里，有两个参数是非常重要的．

(1) 压气机的增压比 π

$$\pi = \frac{p_2}{p_1} \tag{9.17}$$

增压比是表征压气机性能好坏的重要性能参数．增压比越大，表明气轮机膨胀做功的压降范围也越大，显然会对总系统的性能产生重要影响．

(2) 升温比 τ

$$\tau = \frac{T_3}{T_1} \tag{9.18}$$

升温比是系统最高温度与最低温度的比．一般来说，最低温度取决于环境温度，所以变化范围很小，因此升温比是表征系统最高温度的参数．升温比越大，表明 T_3 越高，气轮机可以做出更大的功量．但 T_3 的大小，受气轮机的耐受温度限制，而且这个温度是时刻保持的，这对制造气轮机的选材提出了很大挑战，一般选用耐高温合金．目前一般采用的循环最高温度范围为 1000～1300K．若选用较好的耐热合金，加上采用气膜冷却等措施，最高温度可达 1800K 左右．更高温度的燃气轮机也在探索中．

对于一个理想的布雷顿循环，假定工质为理想气体，根据稳态流动能量方程，可以给出各部件的能量平衡计算，如下：

压气机的耗功量为

$$w_c = h_2 - h_1 = c_p \left(T_2 - T_1 \right) \tag{9.19}$$

加热器的供热量为

$$q_{in} = h_3 - h_2 = c_p \left(T_3 - T_2 \right) \tag{9.20}$$

气轮机的功输出为

$$w_t = h_3 - h_4 = c_p \left(T_3 - T_4 \right) \tag{9.21}$$

冷却器中的排热量为

$$q_{out} = h_4 - h_1 = c_p \left(T_4 - T_1 \right) \tag{9.22}$$

因此，循环净功为

$$w_{net} = w_t - w_c = c_p \left(T_3 - T_4 \right) - c_p \left(T_2 - T_1 \right) \tag{9.23}$$

于是，循环效率为

$$\eta = \frac{w_{net}}{q_{in}} = \frac{c_p \left(T_3 - T_4 \right) - c_p \left(T_2 - T_1 \right)}{c_p \left(T_3 - T_2 \right)} \tag{9.24}$$

化简得

$$\eta = 1 - \frac{T_4 - T_1}{T_3 - T_2} \tag{9.25}$$

注意，气体在压气机和气轮机中都是经历了可逆绝热过程，即过程 1 到 2 和 3 到 4 都是在相同压力区间的绝热过程，根据理想气体状态参数的绝热关系，得

$$\frac{T_2}{T_1} = \left(\frac{p_2}{p_1} \right)^{(\gamma-1)/\gamma} = \frac{T_3}{T_4} = \pi^{(\gamma-1)/\gamma} \tag{9.26}$$

这里，π 是增压比；γ 是气体绝热系数. 于是

$$\eta = 1 - \frac{T_4 - T_1}{T_3 - T_2} = 1 - \frac{1}{\pi^{(\gamma-1)/\gamma}} \tag{9.27}$$

上式说明，对于理想气体布雷顿循环，其效率仅仅依赖于增压比，因此压气机的性能起到了关键作用. 如果工质是空气，$\gamma = 1.4$，效率随增压比的变化如图 9.8 所示.

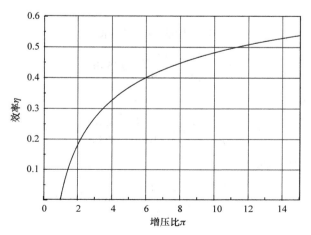

图 9.8　标准空气布雷顿循环效率随增压比的变化

实际系统中，当空气通过压气机和气轮机时，存在大量涡流现象，不可避免地存在大量不可逆性，而且也不是完全绝热的，因此实际系统的效率要比理论效率低得多.

布雷顿循环的有效功产率 ω 可以计算如下：

$$\omega = \frac{w_{\text{net}}}{w_t} = \frac{c_p(T_3-T_4)-c_p(T_2-T_1)}{c_p(T_3-T_4)} = 1 - \frac{T_2-T_1}{T_3-T_4} \tag{9.28}$$

再利用理想气体状态参数的绝热关系

$$\frac{T_2}{T_1} = \frac{T_3}{T_4} = \pi^{(\gamma-1)/\gamma} \tag{9.29}$$

最后得到

$$\omega = 1 - \frac{T_2-T_1}{T_3-T_4} = \frac{T_1}{T_3}\pi^{(\gamma-1)/\gamma} = \frac{\pi^{(\gamma-1)/\gamma}}{\tau} \tag{9.30}$$

因此，布雷顿循环的有效功产率决定于增压比和升温比. 值得指出，上面的计算都是基于闭式布雷顿循环的，对于开式循环也可做类似计算. 但开式循环的空气来自环境，气轮机的排气也直接排向环境. 在燃烧室中的燃烧过程也是连续的，因此实际的开式循环要偏离理想循环更远一些.

例 9.2 空气进入理想布雷顿循环在 100kPa 和 300K，进入的容积流率为 5m³/s. 压气机的增压比为 10，气轮机进口温度为 1400K. 计算循环效率、有效产功率和系统输出功率.

解 已知参数和循环过程如图 9.9 所示. 忽略空气流动的动能和势能变化，并假定系统处于稳态稳流过程. 对空气，$\gamma = 1.4$.

循环热效率

$$\eta = 1 - \frac{1}{\pi^{\frac{\gamma-1}{\gamma}}} = 1 - \frac{1}{10^{0.2857}} = 0.482$$

根据绝热过程状态参数的关系，有

$$\frac{T_2}{T_1} = \frac{T_3}{T_4} = \pi^{(\gamma-1)/\gamma} = 10^{0.2857} = 1.93$$

因此

$$T_2 = 1.93 \times T_1 = 579\text{K}$$

$$T_4 = \frac{T_3}{1.93} = \frac{1400}{1.93} = 725.4(\text{K})$$

所以，循环的有效产功率为

$$\omega = 1 - \frac{T_2-T_1}{T_3-T_4} = 1 - \frac{579-300}{1400-725.4} = 0.586$$

把空气当作理想气体，那么

$$v_1 = \frac{RT_1}{p_1} = \frac{287 \times 300}{100 \times 10^3} = 0.86(\text{m}^3/\text{kg})$$

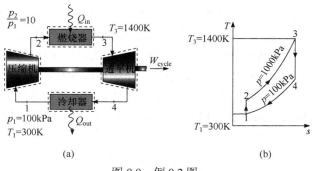

(a)　　　　　　　　(b)

图 9.9　例 9.2 图

所以, 进入系统的空气的质量流率为

$$\dot{m} = \frac{\dot{V}}{v_1} = \frac{5\mathrm{m}^3/\mathrm{s}}{0.86\mathrm{m}^3/\mathrm{kg}} = 5.814\mathrm{kg/s}$$

最后, 算得循环功率为

$$\dot{W}_{\mathrm{cycle}} = \dot{m}[c_p(T_3 - T_4) - c_p(T_2 - T_1)]$$

最终

$$\dot{W}_{\mathrm{cycle}} = 5.814 \times 1.005 \times \left[(1400 - 725.4) - (579 - 300)\right] = 2308.7(\mathrm{kW})$$

9.2.2　不可逆性对循环性能的影响

实际的热力循环都不可能是完全可逆的, 燃气轮机循环肯定也不例外. 特别是在压缩机和燃气轮机中都存在大量不可逆涡流效应, 这些效应就是造成不可逆过程的主要因素. 另外, 在加热器、冷却器和管道中也存在一定的不可逆因素, 比如大温差传热和流动摩擦等. 如果充分考虑这些不可逆因素, 那么真实的布雷顿循环过程将变得不那么规整, 它的各个过程都将往熵增加的方向偏移. 比如, 状态点 2s 变到了 2, 状态点 3s 变到了 3, 状态点 4s 变到了 4, 变化后的循环过程如图 9.10(a) 所示. 当然, 在加热器、冷却器和管道中由摩擦产生的熵产要比在压缩机和透平机中由涡流产生的熵产小得多, 有时为了简化分析, 仍然可以认为在加热器和冷却器中的等压过程是可逆的, 忽略管道中的摩擦阻力, 那么循环过程可以简化为如图 9.10(b) 所示.

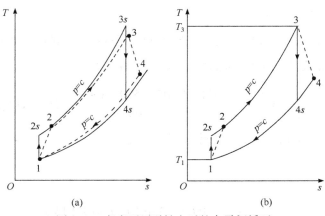

(a)　　　　　　　　(b)

图 9.10　考虑不可逆性之后的布雷顿循环

考虑不可逆性之后，显然系统的功输出将减少，一般情况下，输出功减少量要依照系统各部件的不可逆性大小的具体情况而定. 但如果考虑压缩机和汽轮机是造成不可逆性的主要部件，而忽略加热器、冷却器和管道中的不可逆损失，那么可以采用图 9.10(b)的循环对系统的输出功损失进行初步计算. 由于不可逆性的存在，压缩机的功耗将增加，气轮机输出的膨胀功将减少，这一正一负将会大大降低输出净功的产量. 所以，要极力避免压缩机和气轮机的不可逆损失，目前压缩机和汽轮机的效率可达到 80%～90%. 为了量化分析压缩机和气轮机的性能，定义它们的等熵效率分别为

$$\eta_c = \frac{w_{c,s}}{w_c} = \frac{h_{2s} - h_1}{h_2 - h_1} \tag{9.31}$$

$$\eta_t = \frac{w_t}{w_{t,s}} = \frac{h_3 - h_4}{h_3 - h_{4s}} \tag{9.32}$$

这里，$w_{c,s}$ 是压缩机理想过程时的功耗；w_c 是压缩机实际过程的功耗；w_t 是气轮机实际过程时的膨胀功输出；$w_{t,s}$ 是气轮机理想过程的膨胀功输出. 值得指出的是，尽管燃气轮机系统中各部件都可能造成不可逆损失，但主要的不可逆损失仍然来自不可逆燃烧过程，提高燃烧效率仍然是提高燃气轮机系统效率的关键手段.

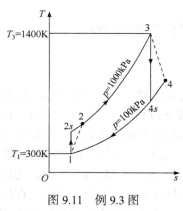

图 9.11 例 9.3 图

例 9.3 在上例中，假设气轮机和压缩机的等熵效率均为 80%，其他部件的不可逆性及工质流动的动能和势能变化可以忽略，再计算系统的热效率和输出功率. 如图 9.11 所示，实际循环的状态点 2 和 4 都偏离了理想循环的状态点 $2s$ 和 $4s$，但状态点 1 和 3 保持不变. 已知气轮机和压缩机的绝热效率均为 80%，即 $\eta_t = \eta_c = 0.8$.

(1) 计算系统的热效率；

(2) 计算系统输出功率.

解 实际系统的热效率定义为

$$\eta = \frac{w_t - w_c}{q_{in}}$$

式中，w_t 是实际系统气轮机输出的膨胀功；w_c 是实际系统压缩机消耗的功. 这两项功均可以通过其绝热效率加以计算，即

$$w_t = \eta_t \cdot w_{t,s} = \eta_t \cdot c_p (T_3 - T_{4,s}) = 0.8 \times 1.005 \times (1400 - 725.6) = 542.4 (\text{kJ}/\text{kg})$$

$w_{t,s}$ 是气轮机在可逆情况下的输出膨胀功，上例已经计算给出.

$$w_c = \frac{w_{c,s}}{\eta_c} = \frac{c_p (T_{2s} - T_1)}{\eta_c} = \frac{1.005 \times (579 - 300)}{0.8} = 350.5 (\text{kJ/kg})$$

另一方面，从状态 1 到状态 2 是绝热过程，因此

$$w_c = h_2 - h_1$$

因此

$$h_2 = w_c + h_1 = 350.5 + 300.19 = 650.7 (\text{kJ/kg})$$

系统的吸热过程发生在等压过程 2 到 3，于是供热量 q_{in} 为

$$q_{in} = h_3 - h_2 = 1407 - 650.7 = 756.3 (kJ/kg)$$

最后，可计算得到系统热效率为

$$\eta = \frac{w_t - w_c}{q_{in}} = \frac{542.4 - 350.5}{756.3} = 0.254$$

(2) 计算系统输出功率

$$W_{cycle} = \dot{m} \cdot (w_t - w_c) = 5.807 \times (542.4 - 350.5) = 1114.4 (kW)$$

从这个例子可以发现，气轮机和压缩机的绝热效率对整个系统的效率有显著影响，从上个例题的 48.2% 下降到了本例的 25.4%，下降幅度达到 47.3%. 可见，提高气轮机和压缩机的绝热效率是多么重要.

9.2.3 回热循环

布雷顿循环的燃气轮机的排气温度 T_4 比压缩机的出口温度还高很多，例 9.2 的结果指出，$T_4 = 725.4K$，比压缩机出口温度 $T_2 = 579K$ 还高出 146.4K，如果将这么高温度的余热直接排向环境，确实太浪费了. 为了提高热效率，采取利用排气的废热加热压缩空气的回热措施，将非常有利于提高汽轮机进口温度并减少燃料的输入. 几种常见的回热措施如图 9.12 所示. 图中，CC 部件代表燃烧室，H 部件代表回热器.

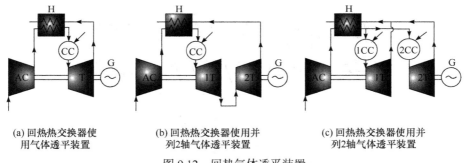

(a) 回热热交换器使   (b) 回热热交换器使用并   (c) 回热热交换器使用并
用气体透平装置   列 2 轴气体透平装置   列 2 轴气体透平装置

图 9.12   回热气体透平装置

图 9.12(a) 代表只有单级透平、单级燃烧室和单级回热，工质回热结束后，进入燃烧室加热，最后通过透平机膨胀做功，这是一种比较简单的情况. 图 9.12(b) 代表具有两级透平、单级燃烧室和单级回热，工质回热结束后，进入燃烧室加热，先通过第一级透平机膨胀做功，出来后再进入第二级透平机膨胀做功. 这种方式可以进一步降低透平机的出口温度，有利于提高系统总效率. 图 9.12(c) 代表具有两级透平、两级燃烧室和单级回热，工质回热结束后，分别进入燃烧室 1 和燃烧室 2 进行加热，经燃烧室 1 和燃烧室 2 加热后，又分别进入透平机 1 和透平机 2 进行膨胀做功，出来后再汇合进入热交换器进行回热. 这种方式的燃烧室和透平机完全是并联的，可以大幅度提高总系统的输出功率.

对于一个如图 9.13(a) 所示的标准布雷顿循环，假设回热器采用的是理想的逆流换热过程，气轮机的乏气经换热器后从状态点 4 变成了 y，压缩机出口气体经回热器后从状态点 2 变成了 x. 工质在系统中的状态变化及在 T-s 图中的表示如图 9.13(b) 所示.

显然，此时的燃烧器加热过程是从 x 点开始的，不再从原来的 2 点开始了，这样就节约了

燃料消耗. 此时，燃烧器提供的热量为

$$\dot{q}_{in} = h_3 - h_x \tag{9.33}$$

由于 $h_2 < h_x$，所以燃烧器提供的热能减少，相应地系统效率升高.

值得指出的是，由于系统中加入了回热器，其实就是一个热交换器. 这个热交换器也必须大小合适，太大没有必要，会造成浪费，太小回热效果不充分. 一般情况下，回热器会采用逆流换热的模式，即换热器中冷热流体的流动方向是相反的. 这时，热流体的温度会随着流动方向逐渐下降，冷流体温度会随流动方向逐渐上升，如图 9.14 所示.

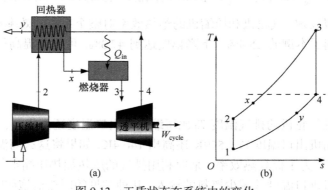

图 9.13　工质状态在系统中的变化

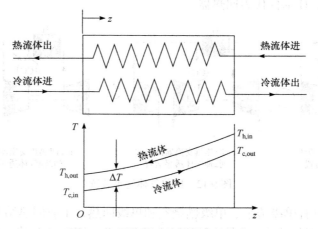

图 9.14　回热器中流体温度的变化

由图 9.14 可以看出，回热器性能越好，冷流体出口温度 T_x 越高，热流体出口温度 T_y 越低. 从理论上讲，如果回热器完全回热，T_x 可以达到的最大值是 T_4. 为此，定义一个回热器的有效度

$$\varepsilon = \frac{h_x - h_2}{h_4 - h_2} \tag{9.34}$$

这里，h_x 是工质在 x 点的比焓；h_4 是冷流体出口所能达到的最大比焓. 所以，有效度的极大值是 1，一般情况下小于 1.

在回热器有效度为 1 时，热交换器冷流体出口温度 T_x 等于 T_4，热流体出口温度 T_y 等于

T_2，如图 9.15 所示.

例 9.4　在例 9.2 中加入一个回热器，已知回热器有效度为 80%，其他参数不变，重新计算系统的热效率.

解　根据空气的比焓与温度的关系表，查得

$$h_1 = 300.19\text{kJ/kg}$$

$$h_2 = 579.9\text{kJ/kg}$$

$$h_3 = 1515.4\text{kJ/kg}$$

$$h_4 = 808.5\text{kJ/kg}$$

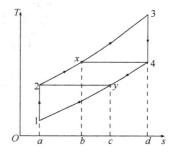

图 9.15　理想回热时各点的温度

注意，从空气的焓值表查得比焓值与采用理想气体焓的计算值略有差别. 本例已知回热器的有效度为 0.8，所以可以计算出 x 点的比焓为

$$h_x = \varepsilon \cdot (h_4 - h_2) + h_2$$

所以

$$h_x = 0.8 \times (808.5 - 579.9) + 579.9 = 762.8(\text{kJ/kg})$$

因此，系统的热效率变为

$$\eta = \frac{(h_3 - h_4) - (h_2 - h_1)}{h_3 - h_x} = \frac{(1515.4 - 808.5) - (579.9 - 300.19)}{1515.4 - 762.8} = 0.568$$

可见，采用回热器后，热效率从例 9.2 的 48.2% 上升到了本例的 56.8%，提升效果非常明显.

*9.2.4　带中间冷却的布雷顿循环

从上文的分析可以发现，布雷顿循环中压缩机消耗的功是影响其热效率的关键因素之一，如果能进一步减小压缩机功耗，无疑对提高整体系统的效率产生积极的作用. 另外，为了提高系统的效率，又必须有较大的压缩比，因为压缩比是决定系统效率的唯一因素.

我们知道，在压缩机中消耗的压缩功就是在开放系统中消耗的技术功. 在 13.1 节已经学习过，绝热压缩耗功最大，等温压缩耗功最小. 而在压缩机中的压缩过程，由于过程很快，往往都是绝热的，所以压缩机中的耗功往往很大. 为了减少压缩机的耗功量，提出了两级压缩、中间冷却的概念，即把原来的一个压缩机分成了两个，在两个压缩机之间利用环境空气进行一次冷却，使得进入两个压缩机的工质流体的温度都不高. 这样，两个压缩机的压缩比要求都不高，减少了对压缩机的性能要求. 两级压缩中间冷却的气体压缩过程及 $p\text{-}v$ 图如图 9.16 所示.

第一个压缩机将气体绝热压缩到一个中间压力 p_i，然后进入中间冷却器进行等压降温，达到温度 T_d，再进入第二级压缩机实现第二次压缩，到达压力 p_2. 具体过程是：

过程 1 到 c 是绝热压缩过程，工质状态从 1 变化到 c，压力变为 p_i；

过程 c 到 d 是等压冷却过程，工质状态从 c 变化到 d，温度变为 T_d；

过程 d 到 2 是绝热压缩过程，工质状态从 d 变化到 2，压力变为 p_2.

经中间冷却之后，压缩机需要消耗的总功在 $p\text{-}v$ 图中即是 1-c-d-2-a-b-1 所包围的面积. 经中间冷却所节约的耗功即为 c-d-2-$2'_s$-c 所包围的面积.

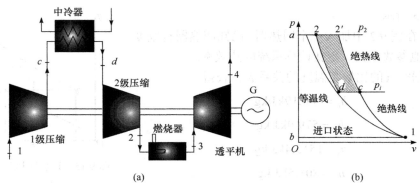

图 9.16　两级压缩中间冷却压缩机系统

　　正是由于中间冷却可以节约功耗，因此一些大型的或高压比的压缩机系统都会采用多级压缩和中间冷却的结构. 具体取多少级，要视具体要求决定. 对于大型燃气轮机系统而言，由于采用了中间冷却，减少了压缩机耗功，相当于增加了系统的净功输出，所以系统的热效率会相应增加. 必须指出，经过中间冷却之后，确实是减少了压缩机功耗，但也使得压缩机出口温度降低了，也就是说，进入燃烧室的空气温度降低了，这对提高燃烧室效率是不利的. 但如果与回热器结合，进入回热器的冷流体温度变低，有利于回热器效率的提高. 所以，总体来说，增加中间冷却器对提高总系统效率是有利的.

　　例 9.5　如果两级压缩中间冷却压缩机系统的进口状态和出口压力 p_2 保持不变，已知每级压缩产生的压比相同，并且压缩过程都是绝热的，中间冷却器中不产生压降，进入压缩机的温度相同，都为 T_1. 忽略工质动能和势能的变化，求该系统的最小功耗. 假设工质为空气，可以当作理想气体.

　　解　依题意，压缩过程在 p-v 图中表示如图 9.17 所示. 压缩总功耗应该是两个压缩机功耗之和，所以

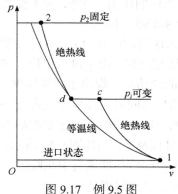

图 9.17　例 9.5 图

$$w_c = (h_c - h_1) + (h_2 - h_d)$$

因为这里工质可以被看为理想气体，所以 c_p 是常数，于是

$$w_c = c_p(T_c - T_1) + c_p(T_2 - T_d)$$

根据题意，$T_1 = T_d$，所以上式转变为

$$w_c = c_p T_1 \left(\frac{T_c}{T_1} + \frac{T_2}{T_1} - 2 \right)$$

已知，压缩机中的压缩过程是绝热的，所以

$$\frac{T_c}{T_1} = \left(\frac{p_i}{p_1} \right)^{(\gamma-1)/\gamma}$$

$$\frac{T_2}{T_d} = \frac{T_2}{T_1} = \left(\frac{p_2}{p_i} \right)^{(\gamma-1)/\gamma}$$

最后，得到

$$w_c = c_p T_1 \left[\left(\frac{p_i}{p_1} \right)^{\frac{\gamma-1}{\gamma}} + \left(\frac{p_2}{p_i} \right)^{\frac{\gamma-1}{\gamma}} - 2 \right]$$

对于 T_1、p_1 和 p_2 都固定的情况，可以合理选择 p_i，使得 w_c 取最小值. 为此令

$$\frac{\partial w_c}{\partial p_i} = 0$$

于是，得到

$$\frac{\partial}{\partial p_i} \left\{ c_p T_1 \left[\left(\frac{p_i}{p_1} \right)^{\frac{\gamma-1}{\gamma}} + \left(\frac{p_2}{p_i} \right)^{\frac{\gamma-1}{\gamma}} - 2 \right] \right\} = c_p T_1 \left(\frac{\gamma-1}{\gamma} \right) \frac{1}{p_i} \left[\left(\frac{p_i}{p_1} \right)^{\frac{\gamma-1}{\gamma}} - \left(\frac{p_2}{p_i} \right)^{\frac{\gamma-1}{\gamma}} \right] = 0$$

最后得到

$$\frac{p_i}{p_1} = \frac{p_2}{p_i}$$

即如果要求压缩机功耗最小，需要选择中间压力为

$$p_i = \sqrt{p_1 p_2}$$

*9.2.5　再热循环

我们知道汽轮机的出口乏气温度 T_4 还远远大于压缩机出口温度 T_2，因此提出了回热循环. 但在回热器中，由于存在大温差传热，所以不可逆损失是巨大的. 另外，为了能在气轮机中产生大的功输出，需要的空气量是巨大的. 尽管在燃烧器中消耗了部分氧气，但在进入气轮机的空气中仍然包含足够的氧气，可供燃料燃烧. 于是，提出了再热过程的增效措施. 即在第一级透平膨胀到某个压力之后，让工质再进入第二级燃烧器中被加热，将温度再次提升，达到某个设定值后，再进入第二级气轮机透平，最后乏气达到状态点 4，如图 9.18 所示.

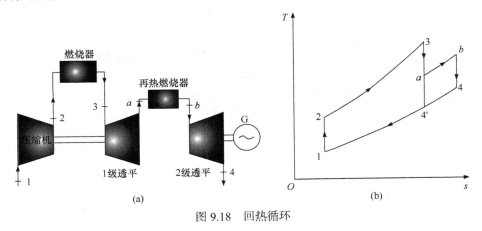

图 9.18　回热循环

在回热循环中，由于增加了 b 到 4 的膨胀做功过程，系统的总功输出增加了，但也付出了代价，增加了 a 到 b 等压过程的供热量. 于是，系统效率变为

$$\eta = \frac{(h_3 - h_a) + (h_b - h_4) - (h_2 - h_1)}{(h_3 - h_2) + (h_b - h_a)} \tag{9.35}$$

从上式得到的效率一般大于单级透平系统的效率. 如果系统中继续采用回热措施, 回热点在等压线 2 到 3 之间的某点 x, 那么第一级燃烧器提供的热量就变为 $(h_3 - h_x)$, 分母变小了, 系统效率将得到提高.

*9.2.6　带中间冷却的再热回热循环

燃料燃烧放出的热能是一种可贵的资源, 它在给我们提供能量的过程中还带来了污染和碳排放的增加, 因此必须充分利用好已有的热量资源. 为了提高气轮机系统的效率, 人们进行了孜孜以求的长期探索. 为了减少压缩机的动力消耗, 提出了对压缩中间气体进行冷却的措施, 设置了中间冷却器; 为了回收气轮机乏气余热, 设置了回热器; 为了充分利用燃气的余热, 提出了再热措施. 这些单一的措施或多或少都提升了系统的效率, 但要充分挖掘热能的利用潜力, 需要将这些措施整合在一起. 于是, 提出了带中间冷却的再热回热循环, 系统结构及在 $T\text{-}s$ 图中的表示如图 9.19 所示.

该系统的气轮机输出总功为

$$w_t = (h_6 - h_7) + (h_8 - h_9) \tag{9.36}$$

压缩机的耗功总量为

$$w_c = (h_2 - h_1) + (h_4 - h_3) \tag{9.37}$$

燃烧器总供热量为

$$q_{in} = (h_6 - h_5) + (h_8 - h_7) \tag{9.38}$$

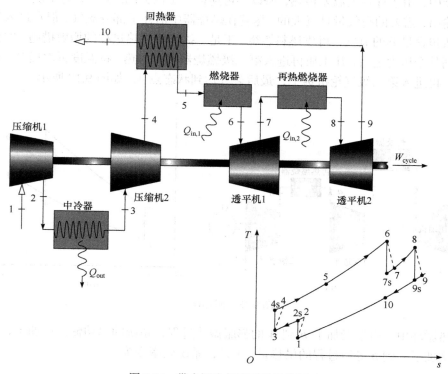

图 9.19　带中间冷却的再热回热循环

因此，系统的热效率是

$$\eta = \frac{w_{\text{t}} - w_{\text{c}}}{q_{\text{in}}} = \frac{(h_6 - h_7) + (h_8 - h_9) - (h_2 - h_1) - (h_4 - h_3)}{(h_6 - h_5) + (h_8 - h_7)} \tag{9.39}$$

实际系统中，压缩机和气轮机中或多或少都存在不可逆性，即其绝热效率不可能是 100%，上式正是考虑了压缩机和气轮机不可逆性条件下得到的. 在理想情况下，h_2、h_4、h_7 和 h_9 应该分别用 h_{2s}、h_{4s}、h_{7s} 和 h_{9s} 代替，效率会更高.

9.3　奥托循环

9.2 节讨论的布雷顿循环，各过程是在四个部件中分别完成的，工质分别流经四个部件，状态逐级发生变化，从而完成一个循环. 接下来将要讨论的奥托(Otto)循环、狄塞尔循环以及沙巴泽循环等，都是在一个部件中完成的. 这个部件俗称为活塞，所以又称为活塞式内燃机. 奥托循环属于点燃式四冲程汽油机循环，它是高速汽油机的典型代表，被用于家用轿车和跑车等领域. 汽油机的气缸、活塞的基本结构如图 9.20 所示. 汽油机四冲程工作过程可以简单描述如下：

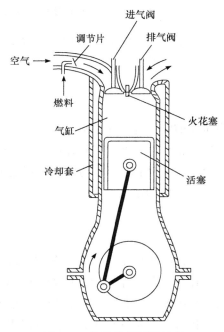

图 9.20　汽油机活塞的结构

吸气行程 0—1，活塞向下运动，吸入空气与燃料的混合物. 这一行程终了时进气阀关闭；

压缩行程 1—2，进气阀和排气阀都关闭，活塞向上运动，空气燃料混合物被压缩；

燃烧行程 2—3，点燃空气与燃料的混合物，活塞到达上止点，由于燃烧过程极快，可以认为燃烧几乎在一定容积内进行；

膨胀行程 3—4，燃烧在膨胀行程开始时就完成了，燃烧生成物膨胀推动活塞向下运动，当活塞到达下止点前，排气阀打开，气缸内气体流入排气管，气缸内气体压力约降到大气压；

排气行程 4—0，活塞向上运动，膨胀行程终了后，一些未从气缸流出的废气被挤出，仅留余隙容积的残留气体. 末了，排气阀关闭. 从而完成整个循环.

在稳定工况下，实际测得的汽油机循环过程如图 9.21 所示. 可见，实际的汽油机工作循环是比较复杂的，作为它的近似，可以得到如图 9.22 所示由四个理想过程组成的循环，叫奥托循环，也叫定容燃烧循环. 它的四个过程分别是：

1—2　等熵压缩过程；

2—3　可逆等容加热过程；

3—4　绝热膨胀过程；

4—1　可逆等容冷却过程.

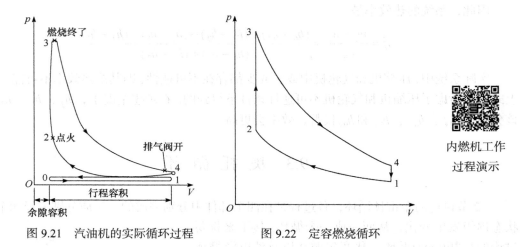

图 9.21　汽油机的实际循环过程　　　　图 9.22　定容燃烧循环

内燃机工作
过程演示

为了便于了解循环过程的参数变化，先定义两个循环特性参数：压缩比和升压比.
压缩比的定义为

$$\varepsilon = \frac{v_1}{v_2} \tag{9.40}$$

为压缩前的比容与压缩后的比容之比，它是表征内燃机工作容积大小的结构参数. 注意，活塞到达上止点时，仍有部分容积的气体遗留在活塞内，这部分容积称为余隙容积. 这里，v_2 为余隙容积. v_1 为余隙容积与做功容积之和.

升压比的定义为

$$\pi = \frac{p_3}{p_2} \tag{9.41}$$

它是表征内燃机定容燃烧情况的特性参数.

在理想奥托循环中，可以认为气体工质都在一个封闭空间中实现状态变化，因此可以采用封闭系统能量方程对其进行分析. 另外，实际活塞式内燃机系统采用的工质都是来自环境的空气，包含的水蒸气很少，一般可以当成理想气体.

由于只有在 2—3 过程从高温热源得到热量，令得热量为 q_1，等容过程膨胀功为零，所以

$$q_1 = u_3 - u_2 \tag{9.42}$$

把工质当作理想气体，等容过程吸热量为

$$q_1 = c_v (T_3 - T_2) \tag{9.43}$$

仅在 4—1 过程向环境放出热量，令放热量为 q_2，理想气体等容过程，所以

$$q_2 = c_v (T_4 - T_1) \tag{9.44}$$

输出净功为 w，根据能量守恒定律，得

$$w = q_1 - q_2 \tag{9.45}$$

于是得到奥托循环效率为

$$\eta_{\mathrm{o}} = \frac{w}{q_1} = \frac{q_1 - q_2}{q_1} = \frac{c_v(T_3 - T_2) - c_v(T_4 - T_1)}{c_v(T_3 - T_2)} \qquad (9.46)$$

最后得到

$$\eta_{\mathrm{o}} = 1 - \frac{T_4 - T_1}{T_3 - T_2} \qquad (9.47)$$

已知，1—2 和 3—4 过程是绝热过程，根据绝热过程理想气体状态参数之间的关系，有

$$\frac{T_2}{T_1} = \left(\frac{v_1}{v_2}\right)^{\gamma-1} = \left(\frac{v_4}{v_3}\right)^{\gamma-1} = \frac{T_3}{T_4} = \varepsilon^{\gamma-1} \qquad (9.48)$$

这里，ε 是压缩比. 所以

$$T_2 = T_1 \varepsilon^{\gamma-1} \quad \text{和} \quad T_3 = T_4 \varepsilon^{\gamma-1} \qquad (9.49)$$

代入效率公式(9.47)得到

$$\eta_{\mathrm{o}} = 1 - \frac{T_1}{T_2} = 1 - \frac{T_4}{T_3} \qquad (9.50)$$

如果知道各状态点的温度，很容易计算出奥托循环的效率. 或者

$$\eta_{\mathrm{o}} = 1 - \frac{T_4 - T_1}{(T_4 - T_1)\varepsilon^{\gamma-1}} = 1 - \frac{1}{\varepsilon^{\gamma-1}} \qquad (9.51)$$

由此可见，奥托循环的效率仅仅决定于压缩比 ε. 压缩比增加，循环效率增加，但当压缩比大到一定程度，效率增加的速度变得缓慢，如图 9.23 所示.

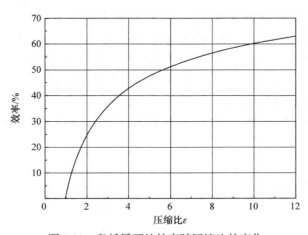

图 9.23　奥托循环的效率随压缩比的变化

例 9.6　已知一个理想奥托循环的压缩比是 8，进入活塞的空气温度是 300K，压力是 1bar，此时活塞容积是 560cm³，循环最高温度为 2000K. 求：(1)循环热效率；(2)有效平均压力.

解　已知工质是空气，$\gamma = 1.4$，循环压缩比是 8.

(1) 计算循环效率为

$$\eta_{\mathrm{o}} = 1 - \frac{1}{\varepsilon^{\gamma-1}} = 1 - \frac{1}{8^{0.4}} = 56.4\%$$

(2) 计算有效平均压力.

先计算空气质量 m , 根据理想气体状态方程, 得

$$m = \frac{p_1 V_1}{R_g T_1} = \frac{10^5 \times 560 \times 10^{-6}}{0.287 \times 300} \times 10^{-3} = 6.5 \times 10^{-4} (\text{kg})$$

计算状态点 2 的温度

$$T_2 = T_1 \varepsilon^{\gamma-1} = 300 \times 8^{0.4} = 689.2 (\text{K})$$

计算供热量

$$q_1 = c_v (T_3 - T_2) = 0.718 \times (2000 - 689.2) = 941 (\text{kJ/kg})$$

所以循环净输出功为

$$W_{\text{cycle}} = \eta_0 \times q_1 \times m = 0.564 \times 941 \times 6.5 \times 10^{-4} = 0.345 (\text{kJ})$$

所以有效平均压力为

$$\overline{p} = \frac{W_{\text{cycle}}}{V_1 - V_2} = \frac{W_{\text{cycle}}}{V_1 (1 - \varepsilon^{-1})} = \frac{0.345}{560 \times 10^{-6} (1 - 8^{-1})} \times 10^{-2} = 7.04 (\text{bar})$$

可见, 奥托循环的平均有效压力并不高.

9.4 狄塞尔循环

为了摆脱奥托循环的压缩比受吸入燃气混合物需外界点燃的限制, 而不能进一步提高的不足, 狄塞尔(Diesel)循环先把空气压缩到更高压缩比状态, 而后喷入燃料, 让燃料在高温下产生自燃, 从而实现燃烧过程. 目前市面上使用的大多数低速柴油机基本上都使用狄塞尔循环, 是一种使用非常广泛的动力循环. 狄塞尔循环其实是一种定压燃烧循环. 在稳定工况下, 实际测得的低速柴油机循环过程如图 9.24 所示. 可见, 燃烧过程基本是在压力变化范围不大的情况下完成的, 作为它的近似, 可以得到如图 9.25 所示由四个理想过程组成的循环, 叫狄塞尔循环. 它的四个过程是:

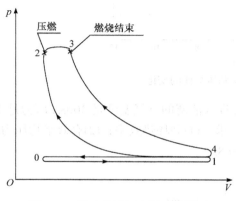

图 9.24 低速柴油机实际工作循环

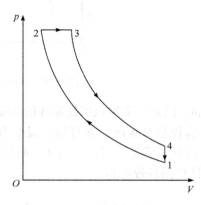

图 9.25 狄塞尔循环

1—2 等熵压缩过程;

2—3 可逆等压加热过程;

3—4 绝热膨胀过程;

4—1 可逆等容冷却过程.

注意,在狄塞尔循环中,在 2—3 和 3—4 两个过程中都有膨胀功产出,特别在过程 2—3 中,不但有膨胀功输出,而且也是唯一吸收热量的过程. 在过程 2—3 中,膨胀功为

$$w_{23} = \int_2^3 p\,\mathrm{d}v = p_2\left(v_3 - v_2\right) \tag{9.52}$$

根据封闭系统能量平衡关系,在 2—3 过程中加入的热量为

$$q_{23} = \left(u_3 - u_2\right) + w_{23} = \left(u_3 - u_2\right) + p_2\left(v_3 - v_2\right) = h_3 - h_2 \tag{9.53}$$

在 3—4 绝热过程中,系统输出膨胀功为

$$w_{34} = u_3 - u_4 \tag{9.54}$$

所以,系统输出的总膨胀功为 $w_{23} + w_{34}$.

在 4—1 等容过程中,系统放热量为

$$q_{41} = u_4 - u_1 \tag{9.55}$$

根据循环净输出功等于循环净输入热,即 $w = q_{23} - q_{41}$,所以,循环效率计算为

$$\eta_d = \frac{q_{23} - q_{41}}{q_{23}} = 1 - \frac{q_{41}}{q_{23}} = 1 - \frac{u_4 - u_1}{h_3 - h_2} \tag{9.56}$$

狄塞尔循环一般采用环境空气作为工质,可以当成理想气体,所以它的供热及放热可由下式计算:

$$q_{23} = c_p\left(T_3 - T_2\right) \tag{9.57}$$

$$q_{41} = c_v\left(T_4 - T_1\right) \tag{9.58}$$

式中,c_p 为工质流体的定压比热容;c_v 为工质流体的定容比热容. 因此,狄塞尔循环的理论热效率 η_d 表示为

$$\eta_d = 1 - \frac{q_{41}}{q_{23}} = 1 - \frac{T_4 - T_1}{\gamma(T_3 - T_2)} \tag{9.59}$$

这里,γ 是比热容比. 比较奥托循环效率(9.47)和狄塞尔循环效率(9.59)可以发现,两者的不同之处是在后一项的分母中多了一个比热容比. 由于比热容比总是大于 1 的,所以当两个循环在相同的温度区间工作时,狄塞尔循环效率更高.

同样,已知 1—2 和 3—4 过程是绝热过程,根据绝热过程方程,有

$$\frac{T_2}{T_1} = \left(\frac{v_1}{v_2}\right)^{\gamma-1} = \varepsilon^{\gamma-1} \tag{9.60}$$

$$\left(\frac{v_4}{v_3}\right)^{\gamma-1} = \frac{T_3}{T_4} \tag{9.61}$$

这里,ε 是压缩比. 注意,$v_4 = v_1$,并令 $\beta = \dfrac{v_3}{v_2}$,称为预膨比,所以

$$\frac{v_4}{v_3} = \frac{v_1}{\beta v_2} = \frac{\varepsilon}{\beta} \tag{9.62}$$

$$T_2 = T_1 \varepsilon^{\gamma-1} \quad \text{和} \quad T_3 = T_4 \left(\frac{\varepsilon}{\beta}\right)^{\gamma-1} \tag{9.63}$$

同时，注意 3—4 过程是等压过程，根据理想气体状态方程，得到

$$\frac{v_3}{v_2} = \frac{T_3}{T_2} = \beta \tag{9.64}$$

代入效率公式(9.59)得到

$$\eta_d = 1 - \frac{\beta^{\gamma}-1}{(\beta-1)\gamma\varepsilon^{\gamma-1}} = 1 - \frac{1}{\varepsilon^{\gamma-1}}\left[\frac{\beta^{\gamma}-1}{(\beta-1)\gamma}\right] \tag{9.65}$$

可见，狄塞尔循环的效率不仅仅决定于压缩比 ε，还与预膨胀比和比热容比有关. 与奥托循环相比，效率多了一项 $\left[\dfrac{\beta^{\gamma}-1}{(\beta-1)\gamma}\right]$，经证明，随着 β 的增加，这一项也增加，所以效率将变小. 在不同的 β 下，效率随压缩比的变化关系如图 9.26 所示.

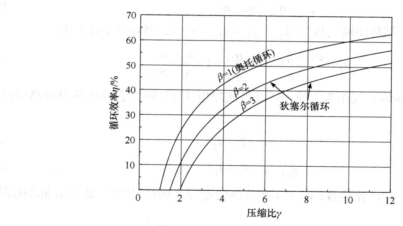

图 9.26　狄塞尔循环随压缩比的变化

例 9.7　柴油机经历狄塞尔循环，气缸进口温度和压力分别是 15℃和 0.1MPa，压缩比是 12/1，最高循环温度是 1100℃. 计算空气标准循环的效率.

解　循环过程见图 9.25，已知 $T_1 = 15 + 273 = 288(\text{K})$，$T_3 = 1100 + 273 = 1373(\text{K})$.

从状态 1 到状态 2 经历绝热过程，所以

$$\frac{T_2}{T_1} = \left(\frac{v_1}{v_2}\right)^{\gamma-1} = \varepsilon^{\gamma-1} = 12^{0.4} = 2.7$$

所以

$$T_2 = 2.7 \times 288 = 778(\text{K})$$

在状态 2 到 3 的等压过程中，根据理想气体方程 $pv = R_g T$ 得

$$\frac{T_3}{T_2} = \frac{v_3}{v_2}$$

$$\frac{v_3}{v_2} = \frac{1373}{778} = 1.765$$

状态 4 到 1 是等容过程，$v_4 = v_1$，因此

$$\frac{v_4}{v_3} = \frac{v_4}{v_2}\frac{v_2}{v_3} = \frac{v_1}{v_2}\frac{v_2}{v_3} = 12 \times \frac{1}{1.765} = 6.8$$

状态 3 到 4 是绝热过程，所以

$$\frac{T_3}{T_4} = \left(\frac{v_4}{v_3}\right)^{\gamma-1} = 6.8^{0.4} = 2.153$$

最后得到

$$T_4 = \frac{1373}{2.153} = 638(\text{K})$$

那么，过程吸热为

$$q_1 = c_p\left(T_3 - T_2\right) = 1.005\left(1373 - 778\right) = 598(\text{kJ}/\text{kg})$$

同理，计算过程的放热量为

$$q_2 = c_v\left(T_4 - T_1\right) = 0.718\left(638 - 288\right) = 251(\text{kJ}/\text{kg})$$

于是，循环的热效率为

$$\eta = \frac{\sum Q}{Q_1} = \frac{598 - 251}{598} = 0.58 \text{ 或 } 58\%$$

9.5　沙巴泽循环

　　沙巴泽循环(Sabathe cycle)实际是采用定容燃烧和定压燃烧相结合的一种混合循环，也称双燃烧循环(dual combustion cycle). 目前市场上采用轻柴油作为燃料的高速柴油机，是用高压油泵来供油的. 油泵的喷油压力很高，喷油速度很快，因此喷入气缸的柴油雾化效果很好. 少量柴油在活塞到达上止点前就喷入预燃室或涡流室，在高温空气中进行燃烧准备. 当活塞达到上死点时燃烧很迅速，几乎在容积不变的情况下进行. 随后持续喷入气缸的柴油可随即着火燃烧，但活塞同时也在移动，所以后期的燃烧是在压力几乎不变情况下进行的. 因此，燃烧是在定容和定压两个过程中完成的，所以也叫混合燃烧循环.

　　事实上，观察狄塞尔循环也可以发现，在 1—2 过程中，开始时，容积变化较快，压力升高不多，但到了过程的后半段，容积变化并不快，但压力迅速升高，近似于定容过程. 正是根据这个特点，沙巴泽提出了双燃烧循环. 它在狄塞尔循环中提前供油，提前点火，从而可以大幅度提高热机的运作速度.

　　在稳定工况下，实际测得的高速柴油机循环过程如图 9.27 所示. 可见，实际的高速柴油机实现了提前喷油，燃烧过程包括了等容和等压两个过程，作为它的近似，可以得到如图 9.28

所示由五个理想过程组成的循环，叫沙巴泽循环. 很多情况下，它是奥托循环和狄塞尔循环的组合循环.

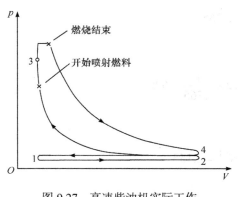

图 9.27　高速柴油机实际工作

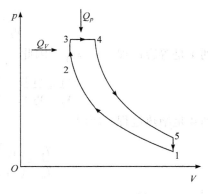

图 9.28　沙巴泽循环

如图 9.28 所示，沙巴泽循环的具体过程是：

1—2 等熵压缩过程；

2—3 可逆等容加热过程；

3—4 可逆等压加热过程；

4—5 绝热膨胀过程；

5—1 可逆等容冷却过程.

由于沙巴泽循环是奥托循环和狄塞尔循环的组合，因此对上述循环的分析对本节也适用. 这里只给出简单的能量平衡关系.

在等熵压缩 1—2 过程中，没有与外界进行热交换，所以需要的压缩功等于

$$w_{12} = u_2 - u_1 \tag{9.66}$$

在等容升温 2—3 过程中，没有与外界进行功交换，所以供入的热量等于

$$q_{23} = u_3 - u_2 \tag{9.67}$$

在等压升温 3—4 过程中，既有热量加入又有功输出，分别等于

$$w_{34} = p(v_4 - v_3) \tag{9.68}$$

$$q_{34} = h_4 - h_3 \tag{9.69}$$

在等熵膨胀 4—5 过程中，没有与外界进行热交换，所以膨胀功等于

$$w_{45} = u_4 - u_5 \tag{9.70}$$

最后，在等容冷却 5—1 过程中，没有与外界进行功交换，散热量等于

$$q_{51} = u_5 - u_1 \tag{9.71}$$

系统的热效率是系统的净输出功与净加入热量之比，即

$$\eta_s = \frac{w_{34} + w_{45} - w_{12}}{q_{23} + q_{34}}$$

$$= 1 - \frac{q_{51}}{q_{23} + q_{34}}$$

$$= 1 - \frac{u_5 - u_1}{(u_3 - u_2) + (h_4 - h_3)} \tag{9.72}$$

　　沙巴泽循环采用的工质也是空气,如果把空气看作理想气体,那么循环的总得热量 q_1,放热量 q_2,净功 w,可分别计算如下:

$$q_1 = q_{23} + q_{34} = c_v \left(T_3 - T_2 \right) + c_p \left(T_4 - T_3 \right) \tag{9.73}$$

$$q_2 = c_v \left(T_5 - T_1 \right) \tag{9.74}$$

$$w = q_1 - q_2 \tag{9.75}$$

$$\eta_s = \frac{w}{q_1} = 1 - \frac{T_5 - T_1}{\left(T_3 - T_2 \right) + \gamma \left(T_4 - T_3 \right)} \tag{9.76}$$

　　在给定初始压力 p_1 和初始温度 T_1 之后,根据过程特点,可以逐级把各个状态点的参数计算出来.为了进一步分析装置结构参数对系统效率的影响,与此前的分析一样,定义

压缩比 ε

$$\varepsilon = \frac{v_1}{v_2} \tag{9.77}$$

升压比 π

$$\pi = \frac{p_3}{p_2} \tag{9.78}$$

预膨比 β

$$\beta = \frac{v_4}{v_3} \tag{9.79}$$

　　于是,系统效率可以进一步表示为

$$\eta_s = 1 - \frac{\pi \beta^{\gamma} - 1}{\left[\left(\pi - 1 \right) + \gamma \pi \left(\beta - 1 \right) \right] \varepsilon^{\gamma-1}} \tag{9.80}$$

　　注意,当 $\pi = 1$,上式变为狄塞尔循环的效率;当 $\beta = 1$ 时,上式变为奥托循环的效率.

　　例 9.8　某汽油机运行在 1 个大气压、20℃ 的环境中,最大循环压力 6.9MPa. 压缩比 18/1. 基于双燃烧循环计算空气标准热效率,假定定容过程和定压过程输入热量相同.

　　解　循环过程见图 9.22. 过程 1—2 是绝热过程,所以

$$\frac{T_2}{T_1} = \left(\frac{v_1}{v_2} \right)^{\gamma-1} = 18^{0.4} = 3.18$$

于是

$$T_2 = 3.18 \times T_1 = 3.18 \times 293 = 931 (\text{K})$$

已知 $T_1 = 20 + 273 = 293 (\text{K})$,从 2—3 是等容过程,$v_3 = v_2$,因此

$$\frac{p_3}{p_2} = \frac{T_3}{T_2}$$

于是

$$T_3 = \frac{p_3}{p_2} \times T_2 = \frac{6.9 \times 931}{p_2}$$

　　为了计算 p_2，再利用 1—2 的绝热过程，有

$$\frac{p_2}{p_1} = \left(\frac{v_1}{v_2}\right)^\gamma = 18^{1.4} = 57.2$$

所以

$$p_2 = 57.2 \times 0.101 = 5.78 (\text{MPa})$$

代入上面公式，得

$$T_3 = \frac{6.9 \times 931}{5.78} = 1111 (\text{K})$$

又知道等容过程与等压过程吸热量相等，所以

$$c_v (T_3 - T_2) = c_p (T_4 - T_3)$$

$$0.718 \times (1111 - 931) = 1.005 \times (T_4 - 1111)$$

得到

$$T_4 = \frac{0.718 \times 180}{1.005} + 1111$$

$$T_4 = 1240 \text{K}$$

　　在等压过程中，可以得到

$$\frac{v_4}{v_3} = \frac{T_4}{T_3} = \frac{1240}{1111} = 1.116$$

注意 5—1 和 2—3 都是等容过程，容易得到

$$\frac{v_5}{v_4} = \frac{v_1}{v_4} = \frac{v_1}{v_2}\frac{v_3}{v_4} = 18 \times \frac{1}{1.116} = 16.14$$

4—5 是绝热过程，所以

$$\frac{T_4}{T_5} = \left(\frac{v_5}{v_4}\right)^{\gamma-1} = 16.14^{0.4} = 3.04$$

求解得到

$$T_5 = \frac{1240}{3.04} = 408 (\text{K})$$

　　现在可以计算得到供热量为

$$q_1 = c_v (T_3 - T_2) + c_p (T_4 - T_3)$$

$$q_1 = 2c_v (T_3 - T_2)$$

代入数据，得到

$$q_1 = 2 \times 0.718 \times (1111 - 931) = 258.5 (\text{kJ} / \text{kg})$$

排热量为

$$q_2 = c_v (T_5 - T_1) = 0.718 \times (408 - 293) = 82.6 (\text{kJ} / \text{kg})$$

最后，计算热效率为

$$\eta = \frac{\sum Q}{Q_1} = \frac{258.5 - 82.6}{258.5} = 0.68 \text{ 或 } 68\%$$

*9.6 斯特林循环和爱立信循环

早在 1816 年，卡诺循环问世以前，斯特林(Stirling)就提出了一种采用外热源驱动的并有回热措施的活塞式热空气发动机，这种发动机称为斯特林发动机. 如今，这种发动机被广泛应用于存在高温余热的地方，特别在太阳能聚光发电领域，斯特林发动机被认为是最有前景的发动机之一. 斯特林发动机不能像内燃机那样通过燃料的燃烧输入热量，并用排气来释放热量. 斯特林发动机的吸热和放热都是通过壁面的传热来实现的，因此它是一种"外燃机". 理想斯特林循环在 p-v 和 T-s 图中表示如图 9.29 所示，它包含如下四个可逆过程.

1—2 是等温压缩过程，外界向系统提供功量，系统向环境放出热量；

2—3 是等容吸热过程，系统从外界获得热量，工质内能升高；

3—4 是等温膨胀过程，系统对外做功，同时吸收外界热量；

4—1 是等容放热过程，系统向外界放热，工质内能降低.

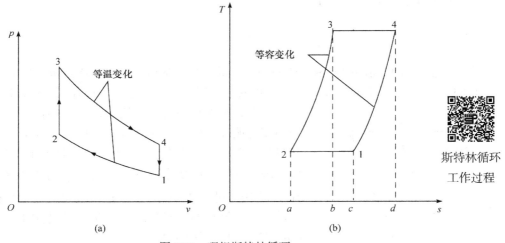

图 9.29 理想斯特林循环

观察斯特林循环不难发现，2—3 的等容吸热过程与 4—1 的等容放热过程，刚好热量的传递方向相反，而且大小相等. 这个结论很容易被证明，因为理想气体等容变化时熵变为 $c_v \ln T$，只与温度有关，在 T-s 图中，过程 2—3 和 4—1 的曲线为左右方向平行移动的关系. 即在循环的 T-s 图中，a-2-3-b-a 所包围的面积与 c-1-4-d-c 所包围的面积相等. 如果能重复利用 4—1 过程机器放出的热量，肯定能提高斯特林热机的效率. 因此，在斯特林循环中必须设置储热器，将定容过程 4—1 所放出的热量储存于回热器中，而在定容过程 2—3 中，这些热量又被工质全部回收，所以

$$Q_{41} = -Q_{23}$$

如此算来，在两个定容过程中，系统与外界没有交换热量. 工质从外界吸收的净热量为

$$Q_1 = Q_{34}$$

工质向外界放出的总热量为

$$Q_2 = Q_{12}$$

于是，循环效率为

$$\eta = \frac{W}{Q_1} = 1 - \frac{Q_2}{Q_1} \tag{9.81}$$

如果工质可以被当作理想气体，并已知高温热源温度和低温热源温度，可以计算得到循环效率为

$$\eta = 1 - \frac{Q_2}{Q_1} = 1 - \frac{RT_1 \ln\left(\dfrac{v_2}{v_1}\right)}{RT_3 \ln\left(\dfrac{v_3}{v_4}\right)} \tag{9.82}$$

注意 2—3 和 4—1 是等容过程，有

$$\frac{v_2}{v_1} = \frac{v_3}{v_4} \tag{9.83}$$

所以，斯特林循环的效率最终为

$$\eta = 1 - \frac{T_1}{T_3} \tag{9.84}$$

上式告诉我们，在相同温限的两个热源间工作的斯特林热机具有与卡诺热机一样的效率.

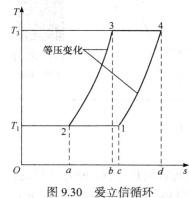

图 9.30 爱立信循环

1883 年，爱立信(Ericsson)提出了理想的定压回热循环，它是一种开式循环，用定压回热代替了斯特林循环的定容回热. 爱立信循环如图 9.30 所示. 与斯特林循环一样，2—3 的等压吸热过程与 4—1 的等压放热过程，刚好热量的传递方向相反，而且大小相等，这也是因为理想气体等压变化时熵变为 $c_p \ln T$，也只与温度有关，在 $T\text{-}s$ 图中，过程 2—3 和 4—1 的曲线也为左右平移的关系. 也就是说在循环的 $T\text{-}s$ 图中，a-2-3-b-a 所包围的面积与 c-1-4-d-c 所包围的面积相等.

如果能重复利用 4—1 过程热机放出的热量，肯定能提高爱立信热机的效率. 因此，在爱立信循环中也必须设置储热器，将定压过程 4—1 所放出的热量储存于回热器中，而在定压过程 2—3 中，这些热量又被工质全部回收. 所以，它的循环净吸热和净放热都发生在 3—4 与 1—2 的等温过程，分别是

$$Q_1 = Q_{34}$$
$$Q_2 = Q_{12}$$

如果工质是理想气体，那么根据等温过程的特点，可以分别计算交换的热量为

$$Q_1 = Q_{34} = RT_3 \ln\left(\frac{v_3}{v_4}\right) = RT_3 \ln\left(\frac{p_4}{p_3}\right) \tag{9.85}$$

同理得

$$Q_2 = Q_{12} = RT_1 \ln\left(\frac{v_2}{v_1}\right) = RT_1 \ln\left(\frac{p_1}{p_2}\right) \tag{9.86}$$

注意，2—3 和 4—1 是等压过程，所以 $p_4 = p_1$，$p_3 = p_2$. 最后，计算爱立信热机的效率为

$$\eta = 1 - \frac{T_1}{T_3} \tag{9.87}$$

与斯特林循环的效率完全相同，也与卡诺循环效率相同.

值得指出的是，爱立信循环与前面所学的布雷顿循环有非常类似的关系，它们都有两个等压过程，但布雷顿循环另外两个过程是绝热膨胀和绝热压缩过程. 但在布雷顿循环中，还学习了压缩机的中间冷却过程和气轮机的再热过程. 试想在循环中，如果中间冷却过程和再热过程都进行了很多次，每次都是在很小的温度变化范围内完成的，如图 9.31 所示，如果中间冷却和再热过程进行无限多次，那么布雷顿循环就变成了爱立信循环. 这里知道，爱立信循环具有与卡诺循环一样的效率，是所有可逆热机中最高的，因此也说明在布雷顿循环中采用中间冷却和再热过程对提高系统效率是非常有意义的.

上面的讨论表明，斯特林循环和爱立信循环的理论热效率与在同温度区间工作的卡诺循环的相等，这也是这两个循环在历史上得到极大重视的原因. 特别是斯特林循环，它所采用的热量由外部供入，无需直接燃烧燃料，只要提供热能即可. 毕竟许多工业生产会产生大量余热，在太阳能利用中也容易将太阳能聚光得到大量高温热能，如果能够利用斯特林热机将这些热能转化为动力，无疑对热能重复利用和节能减排带来重大影响. 然而，经过人类近百年的努力，斯特林热机仍然无法普遍使用，主要是实际的斯特林热机的效率仍然偏低，经济性不好. 主要原因是单个热机所包含的工质量少，输出功率小，增加工质运行压力则容易引起泄漏等技术故障等. 把同温度区间工作的卡诺循环、斯特林循环和爱立信循环的 $T\text{-}s$ 图放在一起，如图 9.32 所示.

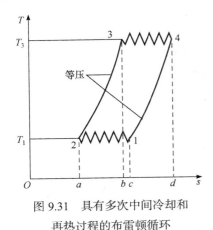

图 9.31　具有多次中间冷却和
再热过程的布雷顿循环

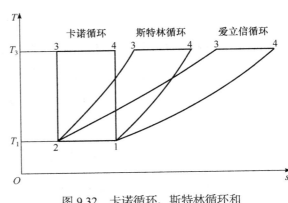

图 9.32　卡诺循环、斯特林循环和
爱立信循环的比较

本 章 小 结

理想气体热力学循环是对理想气体热力过程的具体应用，最经典的是卡诺热机，理想卡诺热机具有最高效率. 反映热机性能优劣的指标还有：

(1) 平均有效压力 $\bar{p}$.

$$\bar{p} = \frac{w_{\text{net}}}{v_{\max} - v_{\min}}$$

这里，$v_{\max}$ 是循环中的最大容积；$v_{\min}$ 是循环中的最小容积.

(2) 有效产功率 ω.

$$有效产功率\,\omega = \frac{系统净功输出}{系统膨胀功输出}$$

有效产功率有时又称为有效产功系数，是表现系统有效功输出占膨胀功比例的一个参数. 卡诺热机的有效产功率并不是最好的.

(3) 平均温度及等效卡诺效率.

任何封闭的循环都会包含吸热和放热两种过程，而且吸热与放热的温度可能是变化的，可以定义平均加热温度和平均放热温度，因此任意循环的效率可以表示为

$$\eta = \frac{w_{\text{net}}}{q_1} = 1 - \frac{q_2}{q_1} = 1 - \frac{\bar{T_2}}{\bar{T_1}}$$

这里，η 是等效卡诺效率.

布雷顿循环是非常典型的燃气轮机循环，它由压气机、加热器、透平机和冷却器组成，其中：

(1) 压气机的增压比 π.

$$\pi = \frac{p_2}{p_1}$$

增压比是表征压气机性能好坏的重要性能参数.

(2) 升温比 τ.

$$\tau = \frac{T_3}{T_1}$$

升温比是系统最高温度与最低温度的比. 理想布雷顿循环效率为

$$\eta = \frac{w_{\text{net}}}{q_{\text{in}}} = \frac{c_p(T_3 - T_4) - c_p(T_2 - T_1)}{c_p(T_3 - T_2)}$$

化简得

$$\eta = 1 - \frac{T_4 - T_1}{T_3 - T_2} = 1 - \frac{1}{\pi^{(\gamma-1)/\gamma}}$$

对于理想气体布雷顿循环，其效率仅仅依赖于增压比. 布雷顿循环的有效功产率 ω 为

$$\omega = \frac{w_{\text{net}}}{w_t} = 1 - \frac{T_2 - T_1}{T_3 - T_4} = \frac{\pi^{(\gamma-1)/\gamma}}{\tau}$$

因此，布雷顿循环的有效功产率决定于增压比和升温比.

为了提高布雷顿循环的性能，提出了回热循环，回热器的有效度为

$$\varepsilon = \frac{h_x - h_2}{h_4 - h_2}$$

这里，h_x 是工质在 x 点的比焓；h_4 是冷流体出口所能达到的最大比焓. 还提出了带中间冷却的布雷顿循环、再热循环以及带中间冷却的再热回热循环，都有效地提高了系统效率.

其中最经典的有奥托循环、狄塞尔循环和沙巴泽循环. 理想奥托循环的效率为

$$\eta_o = 1 - \frac{T_4 - T_1}{T_3 - T_2} = 1 - \frac{1}{\varepsilon^{\gamma-1}}$$

式中，$\varepsilon = v_1 / v_2$，是 1 至 2 状态的压缩比.

理想狄塞尔循环的效率为

$$\eta_d = 1 - \frac{T_4 - T_1}{\gamma(T_3 - T_2)} = 1 - \frac{\beta^\gamma - 1}{(\beta-1)\gamma\varepsilon^{\gamma-1}}$$

式中，$\varepsilon = v_1 / v_2$，是 1 至 2 状态的压缩比；$\beta = v_3 / v_2$，称为预膨比.

沙巴泽循环又称为双燃烧循环，理想沙巴泽循环的效率为

$$\eta_s = 1 - \frac{T_5 - T_1}{(T_3 - T_2) + \gamma(T_4 - T_3)}$$

沙巴泽循环是高速柴油机的经典循环，它实现了提前喷油，燃烧过程包括等容和等压两个过程，这是其他内燃机循环中没有的.

斯特林循环可以由外热源驱动，并具有回热措施，它的效率最终为

$$\eta = 1 - \frac{T_1}{T_3}$$

可见在相同温限的两个热源间工作的斯特林热机具有与卡诺热机一样的效率.

爱立信循环是定压回热循环，它是一种开式循环，用定压回热代替了斯特林循环的定容回热，与斯特林循环的效率完全相同，也与卡诺循环效率相同.

问题与思考

9-1　在分析动力循环时，许多实际存在的不可逆因素暂且不考虑，请总结一下这种做法的意义.

9-2　本章学习了很多种动力循环，试总结一下分析动力循环的一般方法和步骤.

9-3　在理想气体动力循环中，每个过程都是一种典型的理想气体热力过程，根据过程特征，求出初终状态的参数. 试证明，由 n 个过程组成的循环有 $n+1$ 个特性参数.

9-4　什么是平均吸热温度和平均放热温度？在 T-s 图中如何表示出来？

9-5　用等效卡诺循环来讨论实际的动力循环有什么现实意义？

9-6　引入平均有效压力的物理意义是什么？

9-7　在 p-v 图上画出布雷顿循环、奥托循环、狄塞尔循环和斯特林循环的循环过程.

9-8　假设循环具有相同的压缩比和向低温热源的放热量，试比较奥托循环、狄塞尔循环和沙巴泽循环的效率相对大小.

9-9　为什么有中间冷却的布雷顿循环具有更高的效率？

9-10　内燃机循环中都包含了绝热压缩过程，这是一个耗功过程. 是否是循环的必然要求？什么情况下可以省略这个过程？举例说明.

9-11　在燃气轮机循环中，压气机耗功占总输出功的 60%左右. 这么多功被系统自身消耗了，为啥还能被广泛使用？与内燃机比较后进行说明.

9-12 理想斯特林循环的效率是多少？为何它有与卡诺循环相同的效率.

9-13 请给出布雷顿循环、奥托循环、狄塞尔循环和斯特林循环等的功产率比较.

9-14 内燃机气缸中实际过程与空气标准假设有什么不同？

9-15 一个汽车杂志说当环境温度较低时你的汽车会有更大的动力, 这种说法可信吗？

9-16 在高海拔地区行驶时, 汽车的动力会减小, 为什么？

9-17 内燃机与外燃机有什么不同？

本 章 习 题

9-1 已知卡诺热机工作在 307℃ 和 17℃ 两个热源之间, 工质是空气, 其最大和最小工作压力分别是 62.4bar 和 1.04bar. 试计算循环效率和有效功产率.

9-2 一个卡诺热机以空气为工质, 运行最高压力和最低压力分别是 3MPa 和 100kPa, 低温热源温度是 0℃. 已知其压缩比是 15, 计算循环热效率和有效功输出.

9-3 一个闭式气体透平装置运行最高温度 760℃, 最低温度 20℃, 压缩比为 7/1. 计算理想循环效率和有效功产率.

9-4 已知燃气轮机定压加热理想循环的初态参数为 $T_1 = 300K$, $p_1 = 100kPa$, 循环最高温度 $T_3 = 1050K$, 压缩机的增压比 $\pi = p_2 / p_1 = 5.5$. 计算循环中的加热量、放热量、有效功产率和循环效率.

9-5 习题 9-4 中, 如果给定升温比 $\tau = T_3 / T_1$, 求该循环的最佳增压比 π_{opt}, 最大循环净功 w_{max} 及此时的循环效率, 并给出 T_2 和 T_4.

9-6 空气进入理想布雷顿循环的状态是 100kPa、300K, 空气的体积流率是 $5m^3/s$, 压缩机的压缩比是 10. 如果透平机进口温度变化范围为 1000~1600K, 画图:

(1) 循环热效率随进口温度的变化;

(2) 输出功率随进口温度的变化.

9-7 空气进入理想布雷顿循环的状态是 100kPa、300K, 空气的体积流率是 $5m^3/s$, 透平机进口温度是 1400K. 如果压缩机压缩比的变化范围是 2~20, 画图:

(1) 循环热效率随压缩比的变化;

(2) 输出功率随压缩比的变化.

9-8 已知燃气轮机定压加热理想循环的初态参数为 $T_1 = 300K$, $p_1 = 100kPa$, 循环最高温度 $T_3 = 1050K$, 压缩机的增压比 $\pi = p_2 / p_1 = 5.5$. 燃气轮机和压缩机不是完全可逆的, 已知它们的绝热效率分别是 0.86 和 0.84, 计算此时循环中各点的温度, 循环中实际的加热量和放热量, 热效率.

9-9 压力为 500kPa 的 550℃ 气体进入汽轮机后, 离开时压力降为 100kPa. 虽然该过程可近似为绝热过程, 但气体的熵变化了 $0.174kJ/(kg \cdot K)$. 假设该气体为理想气体, 其 $\gamma = 1.333$, $c_p = 1.11kJ/(kg \cdot K)$. 计算气体离开汽轮机时的温度, 并绘制此过程的 T-s 图.

9-10 某气体透平装置的透平机和压缩机均有 90% 的绝热效率, 已知压缩机压缩比是 12, 循环中最高和最低温度分别是 290K 和 1400K, 工质是空气, 并以单位工质计算. 求:

(1) 循环净功;

(2) 向低温热源的放热量;

(3) 并与理想布雷顿循环热效率比较.

9-11 习题 9-10 中, 如果已知条件相同, 但循环中包括了回热器, 对于回热器, 有效度从 0% 到 100%, 画出单位工质空气所需的供热量及热效率随有效度的变化曲线.

9-12 空气进入透平机的状态是 1200kPa 和 1200K, 经两级膨胀到 100kPa. 在两级之间, 气体被再热到 350kPa 和 1200K. 假设气体在两级透平都是等熵的. 以单位工质计算:

(1) 每级的功输出;

(2) 再热过程需要的热量;

(3) 与单级无再热的系统相比, 本系统增加的净功量.

9-13 一个两级压缩机系统的进气状态为 100kPa 和 300K, 压气速率为 $10m^3/min$, 压缩机出口气体压力为

1200kPa. 两级压缩机之间设有一个中间冷却器，把空气再冷却到 350kPa 和 300K. 压气过程可以认为是等熵的. 计算压缩机系统所需要的输入功率(kW)，并与单级压缩的情况做比较.

9-14　空气进入燃气轮机系统的状态是 100kPa、300K，空气经两级压缩到 900kPa，期间被中冷到 300kPa 和 300K. 透平机的进口温度 1480K 并经两级膨胀，期间被再热到 1420K、300kPa. 已知压缩机和透平机的绝热效率分别是 84% 和 82%. 输出功率要求是 1.8MW，求：

    (1) 压缩机进口的空气体积流率(m^3/s)；

    (2) 循环热效率.

9-15　一个气体透平发电厂输出功率为 800kW，压缩机将 100kPa 和 20℃ 的环境空气压缩到 800kPa，已知循环最高温度为 800℃，计算系统中需要的最小空气流率(kg/s).

9-16　一个标准的空气工质奥托循环最高温度和最低温度分别是 1400℃ 和 15℃，已知循环供热量 $q_1=800$kJ，计算压缩比和循环效率，并计算循环最大压力与最低压力之比.

9-17　一个标准空气奥托循环的压缩比为 8.5. 压缩初始时，$p_1=100$ kPa，$T_1=300$K. 单位质量空气的加热量为 1400kJ/kg. 请确定：

    (1) 单位质量空气的净功(以 kJ/kg 为单位)；

    (2) 该循环的热效率；

    (3) 平均有效压力(以 kPa 为单位)；

    (4) 该循环中的最高温度(以 K 为单位)；

    (5) 为了研究压缩比与净功的关系，请绘制当压缩比从 1 到 12 时，净功随压缩比的变化关系图.

9-18　一个标准空气奥托循环的压缩比为 7.5. 压缩初始时刻，$p_1=85$ kPa，$T_1=32$℃，空气的质量为 2g. 该循环的最高温度为 960K，请问该循环：

    (1) 放出的热量为多少？

    (2) 净功为多少？

    (3) 热效率为多少？

9-19　考虑一个标准空气奥托循环，已知其压缩和膨胀过程不再是等熵过程，而是一个多变过程，多变指数 $n=1.3$，压缩比为 9. 压缩初始时，$p_1=100$ kPa，$T_1=300$K. 循环最高温度是 2000K. 计算：

    (1) 各过程的传热量和做功量(kJ/kg)；

    (2) 循环热效率；

    (3) 平均有效压力.

9-20　一个空气奥托循环的压缩比为 9，工作温限是 30℃ 和 1000℃，动力输出是 500kW. 计算热机效率和空气质量流率.

9-21　一个标准空气狄塞尔循环在压缩初始时压力与温度分别为 85kPa 和 303K，压缩比为 16，动力输出是 500kW，最高循环温度是 2273K. 计算：

    (1) 空气质量流率；

    (2) 预膨比；

    (3) 热效率.

9-22　一个标准空气狄塞尔循环在压缩初始时压力与温度分别为 95kPa 和 300K. 在加热过程结束时刻，压力为 7.2MPa，温度为 2150K. 请确定该循环的：

    (1) 压缩比；

    (2) 预膨比；

    (3) 热效率；

    (4) 平均有效压力.

9-23　一个标准空气狄塞尔循环的最高温度为 1800K. 压缩初始时刻，$p_1=95$ kPa，$T_1=300$K. 空气质量为 12g. 请绘制压缩比从 15 到 25 时，下列各项随压缩比的变化关系：

    (1) 该循环的净功(以 kJ 为单位)；

    (2) 热效率；

    (3) 平均有效压力(以 kPa 为单位).

9-24　一个标准空气混合循环的压缩比为 16，预膨比为 1.15，压缩初始时刻，$p_1 = 95\,\mathrm{kPa}$，$T_1 = 300\mathrm{K}$．在等容加热过程中，压力增长了 2.2 倍．若空气质量为 0.04kg．请问：

(1) 等容加热量与等压加热量分别为多少？

(2) 该循环的净功为多少？

(3) 放出热量为多少？

(4) 热效率为多少？

9-25　一个混合燃烧循环最高温度是 2000℃，最大压力是 70bar，已知进气压力和温度分别为 1bar 和 17℃，循环压缩比是 18/1，计算循环效率和平均有效压力．

9-26　一个空气混合燃烧循环，已知平均有效压力是 10bar，最低压力和最低温度分别是 1bar 和 17℃，压缩比是 16/1．当循环效率为 60%和最大循环压力为 60bar 时，求最高循环温度．

9-27　一个标准空气混合循环的压缩比为 9，压缩初始时刻，$p_1 = 100\,\mathrm{kPa}$，$T_1 = 300\mathrm{K}$．平均对单位工质空气的供热量为 1400kJ/kg，其中一半加在等容过程中，另一半加在等压过程中．请确定：

(1) 在等容加热和等压加热过程末了时工质的温度；

(2) 该循环的净功(kJ/kg)；

(3) 平均有效压力(kPa)；

(4) 循环热效率．

9-28　空气(90kPa 和 15℃)被送入一个理想循环，已知压缩比是 10，供热量为 300kJ/kg．计算循环效率和最高温度，对(1)斯特林循环；(2)爱立信循环．

9-29　一个以空气为工质的理想循环有压缩比 12，低压为 100kPa，低温 30℃．如果循环最高温度是 1500℃．对(1)斯特林循环；(2)爱立信循环计算功输出和热加入．

第 10 章　蒸汽动力循环的基本过程

　　尽管水蒸气是一种古老的工质,但现代大型发电厂中仍然使用水作为工质,因为水稳定可靠并且廉价易得. 现代大型发电厂中利用高温高压的蒸汽流过透平系统,推动叶轮旋转,从而对外输出轴功. 图 10.1 给出了一个现代热力发电厂的系统示意图,图中锅炉、透平机、冷凝器和循环泵构成了一个简单的蒸汽动力循环.

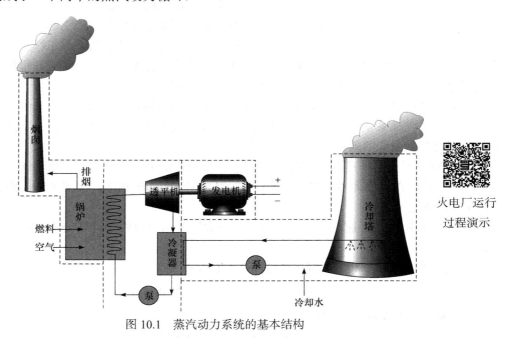

火电厂运行
过程演示

图 10.1　蒸汽动力系统的基本结构

　　上文对水蒸气的性质做了初步描述和讨论,给出了蒸汽性质表,本节将利用这些蒸汽表,对蒸汽动力循环的效率和过程进行讨论和计算.

10.1　理想蒸汽动力循环的基本过程

　　我们已经知道,在给定热源间工作的所有动力循环中,卡诺循环的效率是最高的. 因此,历史上很多科学家都曾研究过基于卡诺循环的蒸汽动力系统,图 10.2 展示了一个基于卡诺循环结构的湿蒸汽动力循环.4 到 1 的过程是热量供给湿蒸汽的过程,该过程中压力和温度不变. 1 到 2 的过程是蒸汽在透平机中的绝热膨胀过程,温度和压力都将降低,此过程中系统将对外输出有用功. 2 到 3 的过程是湿蒸汽在冷凝器中的放热过程,温度和压力不变,该过程将向环境释放低温热量.3 到 4 的过程是压缩机或者水泵将湿蒸汽绝热压缩并升温到加热器中的过程. 纵观这几个过程,似乎都能通过实际的部件(加热器、透平机、冷凝器和压缩机)加以实现,因此历史上曾经对这个循环寄予了非常高的期待.

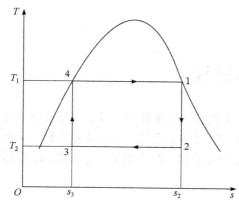

图 10.2 采用湿蒸汽的卡诺循环

经过实际工程操作之后发现，基于卡诺循环的蒸汽动力系统并不实用，操作起来困难重重. 主要表现为几点：①在冷凝器中，蒸汽被等温等压冷凝到状态点 3，但状态点 3 的位置非常难以固定，也就是说当蒸汽被冷凝到状态点 3 时，很难阻止它继续被冷凝，于是状态点 3 在冷凝器中是变化的；②蒸汽从状态点 1 进入透平机，很快就变成湿蒸汽并可能形成水滴，这对高速旋转的透平叶片是十分不利的；③状态点 3 的工质是水和蒸汽的混合物，如果进入压缩机将可能产生水冲击，如果进入水泵将引起水泵效率降低并可能引起气蚀；④基于卡诺循环的蒸汽动力系统，始终都工作在湿蒸汽区，低温放热受到环境温度的控制，不能太低，高温受到水蒸气临界点的控制，无法继续升高，因此总体效率有限. 于是，要求人们去寻找新的蒸汽动力循环.

但是，分析理想蒸气动力循环还是有意义的，比如通过这个循环，可以初步判断哪些因素将对系统效率产生影响. 比如，提高进入透平机蒸汽的初温 T_1 或者初压 p_1，降低系统的背压 p_2，都将对提升系统的效率产生正面影响.

例 10.1 假设一个蒸汽动力系统采用图 10.2 所示的卡诺循环运行，已知锅炉的出口压力为 42bar，冷凝器压力为 0.035bar，计算该循环的效率. 如果初压提升到 45bar 而背压降低到 0.030bar，情况又如何？

解 已知循环是可逆卡诺循环，因此可以利用卡诺热机效率计算公式计算该蒸汽动力系统效率.

查饱和水蒸气表，得到与 42bar 对应的饱和温度为

$$T_1 = 253.2 + 273 = 526.2(\text{K})$$

与 0.035bar 对应的饱和温度为

$$T_2 = 26.7 + 273 = 299.7(\text{K})$$

根据卡诺热机的效率公式，可以计算得到系统的最大效率为

$$\eta_c = 1 - \frac{T_2}{T_1} = 1 - \frac{299.7}{526.2} = 43.2\%$$

在锅炉中，饱和水吸热变成了饱和蒸汽，所以它吸收的热量正好等于该压力(42bar)下水的汽化潜热. 因此，锅炉供热量为

$$q = h_{\text{fg}} = h_1 - h_4 = 1698(\text{kJ/kg})$$

因此，一个循环中单位工质的做功量为

$$w = \eta_c \cdot q = 0.432 \times 1698 = 734(\text{kJ/kg})$$

于是，单位产功的蒸汽消耗率 γ 为

$$\gamma = \frac{1}{w} = \frac{1}{734}\text{kg/(kW·s)} = 4.91\text{kg/(kW·h)}$$

如果初压提升到 45bar 而背压降低到 0.030bar，那么与之对应的饱和水和饱和蒸汽的温度分别为

$$T_1 = 257.5 + 273 = 530.5(\text{K})$$
$$T_2 = 24.1 + 273 = 297.1(\text{K})$$

当系统压力为 45bar 时，与之对应的饱和水和饱和蒸汽的焓分别为

$$h_1 = 2797.5\text{kJ/kg}$$
$$h_4 = 1121.8\text{kJ/kg}$$

于是，热机效率变为

$$\eta_c = 1 - \frac{T_2}{T_1} = 1 - \frac{297.1}{530.5} = 44.0\%$$

可见热机的效率得到提高. 此时，锅炉供热量为

$$q = h_{\text{fg}} = h_1 - h_4 = 1675.7\text{kJ/kg}$$

因此，一个循环中单位工质的做功量为

$$w = \eta_c \cdot q = 0.44 \times 1675.7 = 737.3(\text{kJ/kg})$$

于是，单位产功的蒸汽消耗率 γ 为

$$\gamma = \frac{1}{w} = \frac{1}{737.3}\text{kg/(kW·s)} = 4.88\text{kg/(kW·h)}$$

可见生产单位功所消耗的蒸汽量下降.

10.2　基本的蒸汽动力循环

由 10.1 节的分析知道，虽然卡诺循环具有最高的效率，但基于卡诺循环的蒸汽动力装置不易实现. 主要困难表现为，在冷凝器中当蒸汽被冷凝到状态点 3 时，很难阻止它继续被冷凝. 一种方便的操作是，允许蒸汽继续被冷凝，直到它完全变成饱和水，达到新的状态点 3，如图 10.3 所示. 在新的状态点 3，工质已经完全变成了水，可以非常方便地使用水泵将其送回锅炉，到达状态点 4，从而完成工质的循环过程. 在状态点 4，工质是过冷水，在锅炉中被加热到达饱和点 5，然后再被加热变成饱和蒸汽，到达状态点 1，这个在工程更容易实现的蒸汽动力循环，称为朗肯循环.

传统的蒸汽动力循环的工作过程及包含的部件如图 10.4(a)所示，处于 1 状态的高温高压蒸汽被送入透平机中透平，驱动透平机的叶轮旋转输出轴功 W_{T}；蒸汽经透平结束后变成状态 2，并进入冷凝器中冷凝形成液态水，达到状态点 3；液态水经高压泵输送再返回锅炉中，进入锅炉前状态是 4；液态水在锅炉中吸热再变成高温高压的蒸汽，状态再变为 1.

现代蒸汽动力电厂中最基本的循环是朗肯循环，循环过程如图 10.4(b)所示. 由图可见，处于状态 1 的高温高

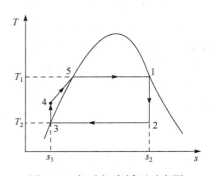

图 10.3　标准朗肯循环示意图

压的干饱和蒸汽流入透平机中可逆绝热膨胀,对外做功;完成绝热膨胀做功后工质到达状态点 2,状态点 2 是水和水蒸气的混合物,处于湿蒸汽状态,进入冷凝器中冷凝,干度不断减少,最后到达状态点 3,成为饱和水;饱和水经高压泵驱动,达到状态点 4,处于稍微过冷的状态,被送入锅炉中;在锅炉中水被加热,温度上升,最后变成高温高压的饱和水,变成状态 5,继续加热变成高温高压的湿蒸汽,最后变成干饱和蒸汽,到达状态点 1,实现完整的循环过程.虽然现代蒸汽动力电厂中使用各种各样的循环,但都是在朗肯循环的基础上发展起来的,比如过热朗肯循环、再热朗肯循环以及超临界朗肯循环等.

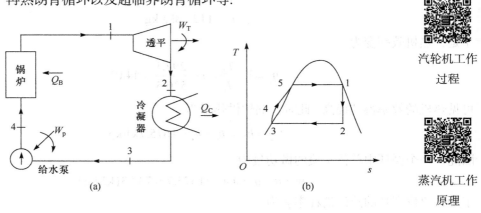

汽轮机工作过程

蒸汽机工作原理

图 10.4　蒸汽动力朗肯循环

循环中,状态点 1、2、3、4、5 都是具有显著特征的点,对于一个稳定运行且基础条件给定的系统,这些点的状态参数可以通过查表确定. 比如,已知朗肯循环的特性参数 T_1、p_1 及 p_2,则根据组成循环的基本热力学过程,可以确定这些典型状态点的参数,特别是工质的焓、内能和熵等热力学参数. 具体确定方法如下:

状态点 1,根据 T_1 和 p_1 的数值,查饱和水蒸气表,可以得到 h_1 和 s_1;

状态点 2,根据 p_2 和 $s_1 = s_2$,可得 h_2 和 T_2;

状态点 3,根据 $p_3 = p_2$ 和 $x_3 = 0$,可确定 h_3 和 s_3;

状态点 4,根据 $p_4 = p_1$ 和 $s_4 = s_3$,可确定 h_4 和 T_4;

状态点 5,是锅炉中饱和水状态,根据 $p_5 = p_1$ 和 T_1,查饱和水表,得 h_5 和 s_5;

值得指出的是,系统中水泵的耗功相对汽轮机的输出功来说是很小的,一般只有 2%左右,因此在不需要太精确的计算中,往往忽略不计.

朗肯循环的能量平衡核算:

对于一个稳定的循环过程,过程中各点的状态参数不随时间变化,作为理想过程分析,忽略系统管路上对外的传热损失,也忽略系统内部工质流动的动能和势能. 在这个简化条件下,工质各状态点上均有确定的状态参数,可以通过水蒸气的热力性质表查到它们的状态参数,因此可以对朗肯循环做能量平衡计算. 注意,在对各部件的能量分析中,使用开放系统的第一定律表达式

$$q = w_t + \Delta h \tag{10.1}$$

在忽略工质动能和势能的条件下,技术功只有轴功.

(1) 锅炉(4→5→1).

在锅炉中，水只是受热蒸发，没有对外做功，所以 $w_t = 0$，吸热量等于工质焓的增加量，于是

$$w_{451} = 0 \tag{10.2}$$

$$q_{451} = h_1 - h_4 \tag{10.3}$$

锅炉中工质的吸热量正是为了获得功量付出的代价，它对循环效率有重要影响.

（2）透平机（1→2）.

透平机是一个典型的开放系统，工质在透平机中经绝热膨胀对外做功. 由于工质流动速度很快，散热量比起工质本身携带的焓来说很小，可以忽略，即

$$q_{12} = 0$$

对于稳态稳流过程，第 2 章中公式(2.61)给出

$$Q = W_{sh} + \left(H_2 - H_1\right) + \frac{m}{2}\left(c_2^2 - c_1^2\right) + mg\left(z_2 - z_1\right) \tag{10.4}$$

这里，c_1 和 c_2 分别是工质进出透平机的速率，z_1 和 z_2 分别是透平机进出口的高度. 一般来说，工质进出口的动能和势能差都是很小的. 比如，进口流速为 60m/s，出口为 120m/s，其动能差的影响也只有 8%左右，势能差的影响就更小. 因此，一般情况下可以忽略动能和势能的变化. 那么对于单位工质，在透平机中工质膨胀做功为

$$w_{12} = h_1 - h_2 \tag{10.5}$$

（3）冷凝器（2→3）.

冷凝器只是一个传热装置，不对外做功，所以

$$w_{23} = 0$$

$$q_{23} = -\left(h_2 - h_3\right) \tag{10.6}$$

这里，负号表示系统对外放热. 注意，冷凝器的放热是放给环境的，当环境温度降低时，有利于向环境放热，此时冷凝器中的 p_2 可以更低，有利于系统效率的提高. 但随着现代热电联产系统的不断涌现，用户需要特定温度的热能用于采暖、海水淡化等其他用途，因此人为选择 p_2 的系统逐渐增多，这虽然在一定程度上降低了系统的做功效率，但提高了系统的综合服务能力.

（4）泵（3→4）.

工质在泵中经历绝热过程，所以

$$q_{34} = 0$$

$$w_{34} = -\left(h_4 - h_3\right) \tag{10.7}$$

这里，负号表示外界对系统做功，所以泵是一个耗功过程.

通过上述能量平衡方程，可以得到系统的总热供给和总功输出. 总热供应只有工质在锅炉中吸热，所以

$$q_{in} = q_{451} = h_1 - h_4 \tag{10.8}$$

总功输出应该是透平机的输出功减去循环水泵的消耗功，所以

$$w_{net} = w_{12} + w_{34} = \left(h_1 - h_2\right) - \left(h_4 - h_3\right) \tag{10.9}$$

最后，计算得到系统的热效率为

$$\eta_R = \frac{w_{net}}{q_{in}} = \frac{(h_1 - h_2) - (h_4 - h_3)}{h_1 - h_4} \tag{10.10}$$

进一步写为

$$\eta_R = 1 - \frac{h_2 - h_3}{h_1 - h_4} \tag{10.11}$$

如果忽略泵的功耗，那么 $h_3 \approx h_4$，上式可以简化为

$$\eta_R = \frac{h_1 - h_2}{h_1 - h_3} \tag{10.12}$$

这就是理想朗肯循环的热效率，只要知道各状态点的蒸汽焓值，就可以计算出循环的效率.

如果泵功不能忽略，在计算中必须考虑时，也可以利用状态参数进行计算，即

$$w_{34} = -(h_4 - h_3) = -v(p_4 - p_3) \tag{10.13}$$

这是因为水在泵中流过，可以认为是一个绝热过程，根据开放系统绝热过程的基本方程，可以得到

$$dq = dh - v dp = 0 \tag{10.14}$$

于是，

$$dh = v dp \tag{10.15}$$

所以

$$\int_3^4 dh = \int_3^4 v dp \tag{10.16}$$

而液态水可认为是不可压缩流体，因此 $v = $ 常数，所以

$$h_4 - h_3 = v(p_4 - p_3) \tag{10.17}$$

上述推导和计算都是基于理想朗肯循环过程，实际系统不可避免地出现不可逆情况，在透平机中的绝热膨胀过程及在水泵中的绝热增压过程，都可能出现不可逆性，熵产不为零. 包含不可逆过程的循环如图 10.5 所示.

为了评价实际系统的优劣，这里定义几个评价指标.

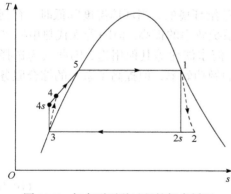

图 10.5　包含不可逆过程的朗肯循环

10.2.1　效率比 Er

效率比(efficiency ratio)是衡量实际系统与理想朗肯循环的偏离情况的量化指标，定义为

$$效率比 Er = \frac{实际循环效率}{理想朗肯循环效率} \tag{10.18}$$

效率比越高，表明实际系统越接近理想朗肯循环.

10.2.2　绝热效率 η_I

实际的绝热过程是不可逆的, 比如蒸汽在透平机中的膨胀过程是不可逆的, 水泵中的绝热过程也是不可逆的. 为了表征该过程的不可逆性大小, 引入绝热效率(adiabatic efficiency), 定义为:

对输出功装置

$$绝热效率 \eta_I = \frac{实际功输出}{理想过程功输出} \tag{10.19}$$

对耗功装置

$$绝热效率 \eta_I = \frac{理想过程功输入}{实际功输入} \tag{10.20}$$

因此, 透平机的绝热效率为

$$透平机的绝热效率 \eta_I = \frac{w_{12}}{w_{12s}} = \frac{h_1 - h_2}{h_1 - h_{2s}} \tag{10.21}$$

这里, $h_2 > h_{2s}$, 所以 $\eta_I < 1$.

10.2.3　有效产功率 ω

评价某个循环的优劣, 循环效率显然是一个非常重要的指标, 但只用效率进行评价显然是不完全的. 因为效率最高的循环, 不等于该循环是最好的. 比如, 卡诺循环具有最高的效率, 但在实际系统中它并不适用, 因为它的有效产功率并不高. 因此, 利用有效产功率作为评价循环的另一个指标变得非常有意义. 有效产功率的定义为

$$有效产功率 \omega = \frac{系统净功输出}{系统膨胀功输出} \tag{10.22}$$

对于一个蒸汽动力循环来说, 系统净功输出是透平机输出功减去水泵的功耗之后的净值; 系统膨胀功输出是指由透平机输出的有用功. 具体计算为

$$有效产功率 \omega = \frac{(h_1 - h_2) - (h_4 - h_3)}{(h_1 - h_2)} = 1 - \frac{h_4 - h_3}{h_1 - h_2} \tag{10.23}$$

10.2.4　蒸汽消耗率 γ

除了系统效率和有效产功率之外, 还有一个衡量系统性能好坏的指标是输出 $1\mathrm{kW \cdot h}$ 功量的蒸汽消耗率(specific steam consumption ratio), 或称为耗气率, 并有

$$\gamma = \frac{3600}{w_{net}} = \frac{3600}{\eta_R \cdot q_{in}} \mathrm{kg/(kW \cdot h)} \tag{10.24}$$

这里, w_{net} 是循环净功输出. 如果忽略水泵的功耗, 上式可以简化为

$$\gamma = \frac{3600}{h_1 - h_2} \mathrm{kg/(kW \cdot h)} \tag{10.25}$$

在给定运行参数的系统中, 理想朗肯循环的耗气率是确定的, 但当锅炉输入热量一定时, 提高系统效率, 可以减少系统的耗气率.

例 10.2 一个蒸汽动力电站的锅炉压力为 4.2MPa，冷凝器中压力为 0.0035MPa. 计算理想朗肯循环效率. 循环中进入汽轮机的蒸汽为干饱和蒸汽.

解 理想朗肯循环过程如图 10.6 所示. 已知锅炉压力为 4.2MPa，即 $p_1 = 4.2\text{MPa}$，又知进入透平机的蒸汽为干饱和蒸汽，查饱和水蒸气表得 $h_1=2800\text{kJ/kg}$，$s_1=6.049\text{kJ/(kg·K)}$. 1—2 过程为可逆绝热过程，因此有

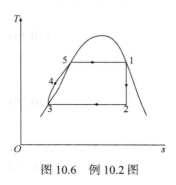

图 10.6 例 10.2 图

$$s_2 = s_1 = 6.049\text{kJ/(kg·K)}$$

另外，已知冷凝器中压力为 0.0035MPa，查得此压力下对应的饱和水和饱和蒸汽的熵分别为

$$s_{f2} = 0.391\text{kJ/(kg·K)}$$

$$s_{v2} = 8.130\text{kJ/(kg·K)}$$

同时，查得

$$h_{f2} = 112\text{kJ/kg}$$

$$h_{v2} = 2438\text{kJ/kg}$$

可见

$$s_{f2} < s_2 < s_{v2}$$

说明 2 状态为湿蒸汽状态. 求此时湿蒸汽的干度. 根据方程(10.9)得

$$s_2 = x s_{v2} + (1-x) s_{f2}$$

所以

$$x = \frac{s_2 - s_{f2}}{s_{v2} - s_{f2}} = \frac{6.049 - 0.391}{8.130 - 0.391} = 0.7311$$

由此，可以计算出状态 2 的焓值为

$$h_2 = (1-x)h_{f2} + x h_{v2} = (1-0.7311) \times 112 + 0.7311 \times 2438 = 1812.539(\text{kJ/kg})$$

状态 3 的焓是饱和水的焓，所以

$$h_3 = h_{f2} = 112\text{kJ/kg}$$

在过程 3—4 中，泵耗功量为

$$w_{34} = -(h_4 - h_3) = -v_{f3}(p_4 - p_3) = -4.2\text{kJ/kg}$$

系统的功输出为

$$w_{12} = h_1 - h_2 = 2800 - 1808 = 992(\text{kJ/kg})$$

最后，计算系统的循环效率

$$\eta_R = \frac{(h_1 - h_2) - (h_4 - h_3)}{h_1 - h_3 - (h_4 - h_3)} = \frac{992 - 4.2}{(2800 - 112) - 4.2} = 36.8\%$$

即工作在此条件下的理想朗肯循环的效率为 36.8%. 这个效率低于例 10.1 给出的基于卡诺循环的效率 43.2%.

例 10.3 基于例 10.2 给出的条件，比较蒸汽动力系统卡诺循环和理想朗肯循环的有效产功率和蒸汽消耗率.

解　在相同条件下, 理想卡诺循环和理想朗肯循环给出的汽轮机膨胀功是一样的, 例 10.1 和例 10.2 都给出了汽轮机膨胀功等于

$$w_{12} = h_1 - h_2 = 992 \text{kJ/kg}$$

例 10.1 给出卡诺循环净功为

$$w_{\text{net,C}} = 734 \text{kJ/kg}$$

例 10.2 给出朗肯循环净功为

$$w_{\text{net,L}} = w_{12} - w_{34} = 992 - 4.2 = 987.8 (\text{kJ/kg})$$

于是, 卡诺循环和朗肯循环的有效产功率分别为

$$\text{有效产功率(卡诺)} = \frac{734}{992} = 73.9\%$$

$$\text{有效产功率(朗肯)} = \frac{987.8}{992} = 99.6\%$$

可见, 采用朗肯循环可以获得更高的有效产功率.

已知循环净功的条件下很容易计算得到循环的蒸汽消耗率, 它们分别是

$$\text{蒸汽消耗率(卡诺)} = \frac{1}{w_{\text{net,C}}} = \frac{1}{734} = 4.91 (\text{kg/(kW} \cdot \text{h)})$$

$$\text{蒸汽消耗率(朗肯)} = \frac{1}{w_{\text{net,L}}} = \frac{1}{987.8} = 3.64 (\text{kg/(kW} \cdot \text{h)})$$

可见, 采用朗肯循环, 蒸汽消耗率比卡诺循环减少了 25.9%. 说明卡诺循环尽管有最高的效率, 但不一定有最高的经济效益.

例 10.4　基于例 10.2 给出的条件, 如果汽轮机有 80% 的绝热效率, 朗肯循环的效率比、有效产功率和蒸汽消耗率如何变化?

解　汽轮机具有不可逆性的朗肯循环如图 10.5 所示. 根据绝热效率的定义式知道

$$\eta_{\text{I}} = \frac{w_{12}}{w_{12s}}$$

这里, w_{12s} 是可逆过程时汽轮机的膨胀功, 例 10.2 已经给出为 992kJ/kg. 又已知汽轮机绝热效率为 80%, 所以

$$w_{12} = 0.8 \times 992 = 793.6 (\text{kJ/kg})$$

于是, 实际朗肯循环效率变为

$$\eta' = \frac{w_{12} + w_{34}}{h_1 - h_4} = \frac{793.6 - 4.2}{2800 - 112} = 29.4\%$$

因此, 可以分别计算得到朗肯循环的效率比、有效产功率和蒸汽消耗率如下:

$$\text{效率比} Er = \frac{\text{实际循环效率}}{\text{理想朗肯循环效率}} = \frac{29.4}{36.8} = 0.799$$

$$\text{有效产功率} \omega = \frac{\text{系统净功输出}}{\text{系统膨胀功输出}} = \frac{793.6 - 4.2}{793.6} = 0.995$$

$$\text{蒸汽消耗率} \gamma = \frac{1}{w_{\text{net,L}}} = \frac{1}{793.6 - 4.2} = 4.56 \left(\text{kg/(kW·h)} \right)$$

可见,当汽轮机具有不可逆性之后,各项指标都有不同程度的恶化,反应最直接的是发1kW·h的功,蒸汽消耗率上升了 25.3%.

10.3　过热朗肯循环

值得指出,上述讨论的标准朗肯循环在工程上还有一些问题,首先进入汽轮机的蒸汽仅为干饱和蒸汽,进入汽轮机后不久就会有凝结水产生,水珠凝聚成大水滴,由于进气时流体速度很大,所以水滴对汽轮机叶片的冲击很大,易于引起事故,也容易造成叶轮的腐蚀. 从图 10.4(b) 可以看出,理想的朗肯循环主要工作在湿蒸汽区,由于受到临界压力或温度的限制,无法进一步提升系统的效率. 事实上,从对开放系统的能量分析可以发现,汽轮机的做功量是与进入汽轮机蒸汽的比焓密切相关的,所以提高进气的比焓对提高循环效率有益. 因此,在一般的电厂中都不以饱和蒸汽的状态进入汽轮机,而是将蒸汽进一步提升温度,使其变为过热蒸汽再进入汽轮机内透平,此即为过热朗肯循环. 即实际系统会在锅炉的出口端增加一个过热器或称再热器,使蒸汽过热,然后再让过热蒸汽进入汽轮机中透平. 图 10.7 给出了增加再热器后的系统工作过程和过热朗肯循环,循环中增加了 6—1 的过热过程,这样既避免了水滴的高速冲击,也增加了单个循环的做功量.

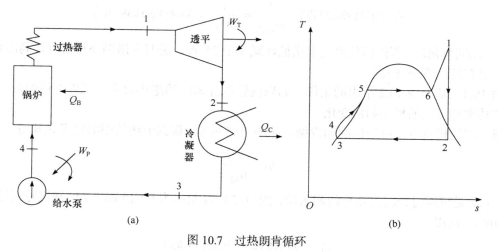

图 10.7　过热朗肯循环

此时,工质水的吸热过程分成了两部分,一部分是 4—5—6 的过程,在这个过程中工质从过冷水变成了饱和蒸汽,吸收热量 $q_{456} = h_6 - h_4$. 这部分吸热量与标准朗肯循环中的吸热量 q_{451} 在数量上相同. 另一部分是 6—1 的过程,在这个过程中工质从饱和蒸汽变成了过热蒸汽,吸收热量 $q_{61} = h_1 - h_6$. 显然,q_{61} 与蒸汽的过热度相关,进入透平机的初温越高,q_{61} 越大,越有利于蒸汽的透平. 此时,系统效率变为

$$\eta_R = \frac{w_{\text{net}}}{q_{456} + q_{61}} = \frac{(h_1 - h_2) - (h_4 - h_3)}{(h_6 - h_4) + (h_1 - h_6)} \tag{10.26}$$

进一步写为

$$\eta_R = \frac{(h_1 - h_2) - (h_4 - h_3)}{h_1 - h_4} \tag{10.27}$$

可见，与式(10.10)有完全相同的形式，但这里的 h_1 已经是过热蒸汽的焓，比式(10.10)中 h_1 的值大. 也可以写为

$$\eta_R = 1 - \frac{h_2 - h_3}{h_1 - h_4} \tag{10.28}$$

如果忽略泵的功耗，那么 $h_3 \approx h_4$，简化得到

$$\eta_R = \frac{h_1 - h_2}{h_1 - h_3} \tag{10.29}$$

过热朗肯循环由于大大提升了系统效率，解决了水珠对汽轮机叶片的冲击问题，曾在相当一段时期内被各大热力电厂采用.

例 10.5　已知某蒸汽动力循环的初压为 4.2MPa，背压为 0.0035MPa，比较理想朗肯循环和过热朗肯循环的效率和蒸汽消耗率的变化?

解　例 10.2 中已经给出了该理想朗肯循环的效率和蒸汽消耗率分别为 36.8% 和 3.64kg/(kW·h). 过热朗肯循环如图 10.8 所示，其效率和蒸汽消耗率分别计算如下：

查 4.2MPa 的过热水蒸气表，得到

$$h_1 = 3442.6 \text{kJ/kg}$$

$$s_1 = s_2 = 7.066 \text{kJ/(kg·K)}$$

计算状态点 2 的干度 x_2，有

$$s_2 = s_{f2} + x s_{v2}$$

查表 0.0035MPa 的饱和水熵和饱和蒸汽熵，代入上式得

$$7.066 = 0.391 + x \times 8.13$$

$$x = 0.821$$

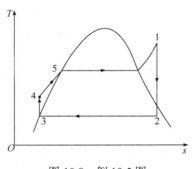

图 10.8　例 10.5 图

据此，可以计算得到状态点 2 的焓

$$h_2 = h_{f2} + x h_{v2} = 112 + 0.821 \times 2438 = 2113 \text{(kJ/kg)}$$

查水蒸气表，$h_3 = h_{f2} = 112 \text{kJ/kg}$.

汽轮机膨胀做功量为

$$w_{12} = h_1 - h_2 = 3442.6 - 2113 = 1329.6 \text{(kJ/kg)}$$

忽略水泵的功耗，锅炉的供热量为

$$q_{3-1} = h_1 - h_3 = 3442.6 - 112 = 3330.6 \text{(kJ/kg)}$$

于是，循环效率和蒸汽消耗率分别为

$$\eta_L = \frac{w_{12}}{q_{3-1}} = \frac{h_1 - h_2}{h_1 - h_3} = \frac{1329.6}{3330.6} = 39.9\%$$

蒸汽消耗率为

$$\gamma = \frac{1}{w_{12}} = \frac{1}{1329.6} = 0.000752 (\text{kg}/(\text{kW} \cdot \text{s})) = 2.71 (\text{kg}/(\text{kW} \cdot \text{h}))$$

可见，与理想朗肯循环相比，过热循环在效率上有所提高，而蒸汽消耗率有所下降，这对提升蒸汽动力系统性能是非常有意义的.

10.4　影响朗肯循环效率的因素

10.3 节的讨论告诉我们，基于卡诺循环的蒸汽动力系统效率是最高的，但它在实际操作中有非常大的困难，而且蒸汽消耗率和产功比都不是最高的，由此提出一种更易操作的朗肯循环. 朗肯循环的蒸汽消耗率和产功比都比卡诺循环优 25%以上，这对降低系统的投资和运行成本是非常有意义的. 为了进一步提升朗肯循环的性能，有必要对它的影响因素进行分析.

1. 汽轮机入口温度 T_1 的影响

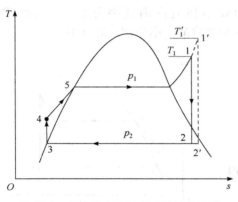

图 10.9　汽轮机入口温度对性能的影响

对卡诺循环的分析我们知道，提高高温热源温度或者降低低温热源的温度，都有利于提高动力循环的效率. 用这个道理来分析朗肯循环也是正确的，因为理论上朗肯热机可以转变成一个等效卡诺热机. 当汽轮机的进口压力和出口压力保持不变时，仅提高汽轮机进口的温度，使进口温度从 T_1 变到了 $T_{1'}$，如图 10.9 所示. 从图显然可以看出，提高汽轮机进口温度，将使整个定压吸热过程的平均温度升高，从而提高了高温热源的平均供热温度，系统效率将会相应提高. 因此，提高汽轮机进口温度将有利于提高热机效率.

从图 10.9 也可以看出，提高蒸汽初温度，还可以提高汽轮机出口乏汽的干度，即有 $x_{2'} > x_2$，这对改善汽轮机的工况是非常重要的.

2. 汽轮机入口压力 p_1 的影响

如图 10.10 所示，当提高汽轮机入口压力 p_1 时，供热平均温度必然提高，因为湿蒸汽的饱和压力和饱和温度是一一对应的. 在汽轮机出口背压保持不变的条件下，由于供热平均温度的增加，系统效率必然增加，这对提高系统的性能是有利的.

正因为提高供热压力对提高蒸汽动力系统的效率有利，所以现代动力电厂一直在寻求更高的压力下运行. 已经从 20 世纪初期的 2.0MPa 提升到现代的 33MPa 左右，预计近期会达到近 40MPa. 汽轮机入口初温也从 20 世纪初期的 350℃提升到了现在的 620℃左右.

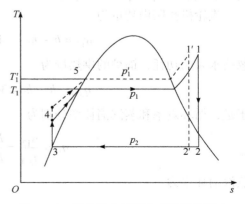

图 10.10　汽轮机入口压力对性能的影响

但另一方面，从图 10.10 可以看出，如果仅仅提高汽轮机进口压力，而其他参数不变，那么汽轮机出口乏汽的干度必然降低，即有 $x_{2'} < x_2$. 乏汽中的水分增加，不仅影响汽轮机的工作性能，而且由于水滴的冲击，可能降低汽轮机的寿命. 因此，提高初压而引起的蒸汽干度降低问题必须受到重视，最好的方法是在提高初压的同时也提高初温. 这样不但能有效提高系统效率，而且可以进一步减少汽轮机叶片受到大水滴冲击的风险.

值得指出的是，锅炉压力也不是越大越好，详细的计算表明，随着锅炉压力的增加，汽化比焓会下降，因此在最高温度附近输入的热能将减小，所以尽管随着运行压力的增加，循环效率增加，但它的蒸汽消耗率将降低，从经济运行的角度看可能是不合适的. 循环效率及蒸汽消耗率随锅炉压力的变化关系如图 10.11 所示. 由图可见，在低压区，提高锅炉压力，效率将提高，而蒸汽消耗率将下降. 但随着锅炉压力的增加，特别是到达特高压区，提高压力效率反而下降，蒸汽消耗率反而增加. 初步计算表明，锅炉压力在 70MPa 附近是最理想的.

3. 汽轮机出口背压 p_2 的影响

图 10.12 给出了在进口压力和温度不变的条件下，降低汽轮机出口背压也就是降低冷凝器冷凝温度时的运行情况. 显然，降低汽轮机出口背压，相当于降低了低温热源温度，增加了高温热源与低温热源的温差，所以循环效率将会升高. 但是，最低汽轮机出口背压由当地环境温度决定，等于环境温度对应的饱和水蒸气压. 因为汽轮机出口乏汽的热量最终要传给环境，当环境温度升高时，对汽轮机提高效率不利，但对降低汽轮机出口乏汽的干度有利. 通常冷凝温度设定在 25~32℃ 之间，冷凝压力设定在 0.003~0.005MPa 范围合适.

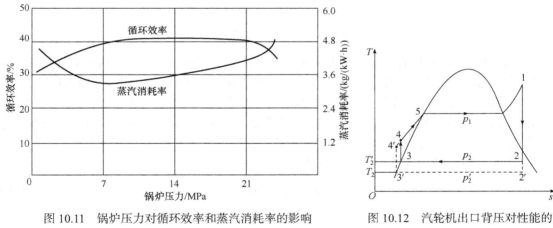

图 10.11　锅炉压力对循环效率和蒸汽消耗率的影响　　　图 10.12　汽轮机出口背压对性能的影响

综上所述，影响朗肯循环的因素是多个的，提高汽轮机进口压力和温度及降低出口背压都能提高循环效率，因而现代蒸汽动力系统都朝着高参数、大容量方向发展. 然而，决定蒸汽动力系统总体性能的指标不止效率一个参数，还有汽轮机的绝热效率、循环效率比、有效产功率和蒸汽消耗率等参数，这些参数往往与效率不是正相关的，因此需要综合考虑多种因素. 实际系统中还要考虑乏汽的干度、冷凝过程的耗水量和锅炉的污染排放情况等.

10.5 再热朗肯循环

现代蒸汽动力电厂既要考虑提高系统效率，更要考虑系统的安全性. 为了提高系统的效率，需要尽可能提高蒸汽加热阶段的平均温度. 为了安全性，还必须尽可能降低汽轮机出口乏汽的干度，一般不能大于10%. 单纯的过热朗肯循环一般很难满足上述要求. 另外，汽轮机出口乏汽尽管温度较低，但仍然包含了大量的蒸汽焓，它们绝大部分被冷凝器中的冷却水带走了，造成巨大浪费. 基于上述考虑，提出了再热循环，如图10.13所示.

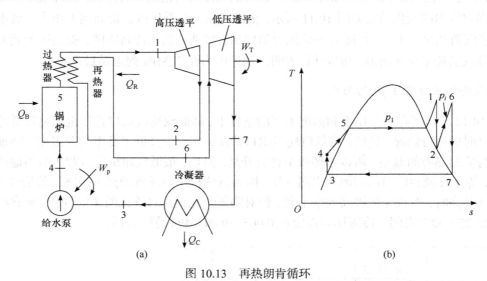

图 10.13　再热朗肯循环

首先，高温高压蒸汽通过第一级透平机，即过程 1—2，膨胀做功，达到介于蒸汽发生器与冷凝器之间的一个中间压力. 然后，蒸汽被再次回送到过热器中加热，温度和压力再次升高，达到一个合理点，即 2—6 过程；最后蒸汽被送入第二个透平机中膨胀做功，即过程 6—7. 有了再热过程之后，汽轮机出口乏汽的干度将大大降低，有时甚至以饱和或者略微过热的状态输出，降低了汽轮机叶片被水滴冲击或腐蚀的风险，也提高了循环效率.

有了再热过程之后，锅炉供给的热量变为

$$q_{in} = q_{451} + q_{26} \tag{10.30}$$

如果忽略水泵功耗，那么

$$q_{451} = h_1 - h_3 \tag{10.31}$$

再热过程的吸热量为

$$q_{26} = h_6 - h_2 \tag{10.32}$$

系统输出功由两部分组成，即

$$w_{out} = w_{12} + w_{67} \tag{10.33}$$

其中

$$w_{12} = h_1 - h_2 \tag{10.34}$$

$$w_{67} = h_6 - h_7 \tag{10.35}$$

忽略水泵功耗时系统效率为

$$\eta = \frac{w_{12} + w_{67}}{q_{451} + q_{26}} = \frac{(h_1 - h_2) + (h_6 - h_7)}{(h_1 - h_3) + (h_6 - h_2)} \tag{10.36}$$

例 10.6　已知某蒸汽动力循环的初压为 4.2MPa 和背压为 0.0035MPa，汽轮机入口温度为 500℃，如图 10.14 所示. 当蒸汽通过第一个汽轮机并刚好处于干饱和蒸汽时，被送回过热器进行再热，再次达到 500℃时，被送入第二个透平机膨胀做功. 试计算循环效率和蒸汽消耗率.

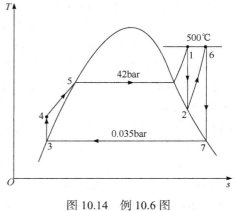

图 10.14　例 10.6 图

解　查水蒸气 h-s 图或者水蒸气表，很容易得到

$$h_1 = 3442.6\text{kJ/kg}$$

$$h_2 = 2713\text{kJ/kg}\left(\text{对应压力} p_2 = 0.23\text{MPa}\right)$$

$$h_3 = 112\text{kJ/kg}$$

$$h_6 = 3487\text{kJ/kg}$$

$$h_7 = 2535\text{kJ/kg}$$

那么，汽轮机做的总功为

$$w_{\text{out}} = (h_1 - h_2) + (h_6 - h_7) = (3343 - 2713) + (3487 - 2535)$$

$$w_{\text{out}} = 1682\text{kJ/kg}$$

锅炉总供热为

$$q_{\text{in}} = (h_1 - h_3) + (h_6 - h_2) = (3443 - 112) + (3487 - 2713)$$

$$q_{\text{in}} = 4105\text{kJ/kg}$$

因此，循环效率为

$$\eta = \frac{w_{\text{out}}}{q_{\text{in}}} = \frac{1682}{4105} = 41\%$$

蒸汽消耗率

$$\gamma = \frac{1}{w_{\text{out}}} = \frac{1}{1682} = 0.000595\left(\text{kg/kJ}\right)$$

即

$$\gamma = 0.000595 \times 3600 = 2.14(\text{kg/(kW·h)})$$

可见，本例的再热循环，在相同条件下，效率比例 10.2 给出的理想朗肯循环效率 36.8% 和例 10.5 给出的过热循环效率 39.9% 都大，这是对大型机组非常有利的. 蒸汽消耗率比理想朗肯循环的 3.64kg/(kW·h) 和过热循环的 2.71kg/(kW·h) 都小. 但再热循环多了一个透平机和一个再热器，系统变得更加复杂，不易控制.

*10.6　回　热　循　环

电力是国民经济的重要支柱，在大量使用燃煤发电的今天，如何大力提高电厂的效率是人们长期追求的目标. 上文已经讨论，提高汽轮机进口温度和进口压力，以及降低系统背压都能提高系统效率. 但进口温度的提高受到汽轮机耐热性能的限制，单纯提高进口压力又容易引起乏汽干度下降，给汽轮机造成风险. 降低出口背压受到环境温度限制，否则冷凝器的冷凝效果将恶化. 再热循环是一个改善循环效率的好方法，但系统变得复杂，投资增大，维护难度增加，因此，一般在大型系统中才采用，而且都只采用一次再热，性能改善有限.

通过对锅炉的热力学分析我们发现，虽然锅炉的热效率很高，大多都超过 92%，也就是说，燃料燃烧放出来的热量大部分都被水或者蒸汽吸收了，但锅炉的㶲效率却不高. 分析表明，锅炉的㶲效率一般在 55%～65%，因为锅炉内部存在大量不可逆损失. 比如，锅炉有大量的高温排烟损失，进入锅炉的凝水温度过低，与燃煤之间存在大量的大温差传热不可逆损失. 另外，进入锅炉的凝水温度过低也大大降低了锅炉的平均供热温度，从而降低了循环效率. 因此，如何减少不可逆损失、提升凝水温度，是提高整个系统效率的重要方面.

饱和蒸汽表指出，蒸汽的比焓比水的比焓大得多，一般要大 20 倍左右，因此少量的蒸汽就能大幅提升水的温度. 于是，提出了在蒸汽机合适位置抽取部分蒸汽加热冷凝水的方案，这就是蒸汽动力系统的回热循环，把水加热到设计温度后再送回锅炉中去，如图 10.15(b) 所示. 有了回热过程之后，水蒸气在锅炉中的定压加热过程平均温度得到提升，减少了温差传热不可逆损失，使装置的整体性能得到提升. 近些年来，也提出了利用太阳能或者工业余热提升冷凝水温度的方案，都是为了提高蒸汽发生平均温度的举措.

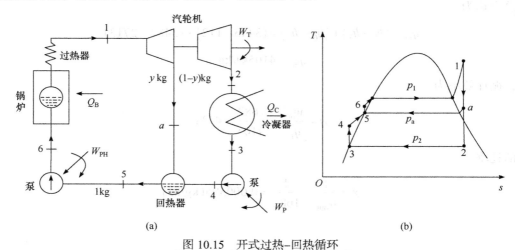

图 10.15　开式过热-回热循环

10.6.1　回热模式的选择

回热的目的是提高进入锅炉的冷凝水的温度，为此有两种回热器的设计方式. ①混合式回热，或称开式回热，是将从汽轮机抽取的蒸汽直接通入冷凝水中加热，回热过程如图 10.16(a) 所示. 这种回热的特点是换热系数高，无需换热盘管，结构简单，但缺点是回热器前后都需要水泵，而且至锅炉的水泵需要更大规格，因为抽水量更大，两个水泵需要精确匹配，否则有干抽或者抽不及时的问题. ②间壁式回热, 或称闭式回热. 从汽轮机抽取的蒸汽通过换热盘管与冷凝水换热, 过程如图 10.16(b)所示. 这种回热方式的特点是换热系数略低, 但原有循环系统没有被打破, 冷凝器至锅炉只需要一个水泵. 在回热器中形成的较少冷凝水可以由很小的泵抽到冷凝器中, 由于冷凝器中的压力很低, 所以这个泵的功率很小. 但缺点是需要冷却盘管, 结构稍微复杂, 长期使用盘管还有结垢和腐蚀问题.

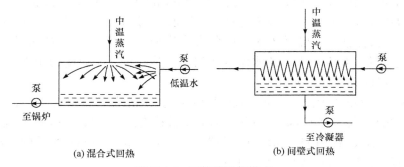

(a) 混合式回热　　　(b) 间壁式回热

图 10.16　回热器运行模式

　　图 10.15(a)展示了一个采用开式回热的系统结构及其循环过程, 这里 y kg 的中温蒸汽被从汽轮机的某个位置抽取出来, 此时蒸汽的状态点在 a 点. 剩余的$(1-y)$kg 的蒸汽继续进入下级汽轮机透平, 最后进入冷凝器中被冷凝形成凝水, 到达状态点 3. 被抽取出来的蒸汽被直接送至回热器中与来自状态点 4 的冷凝水混合, 混合后形成状态点 5 的饱和水, 再经泵绝热压缩到达状态点 6, 最后被送入锅炉中加热产生过热蒸汽, 从而完成回热过程. 由图 10.15(a)可见, 在回热器前后都需要泵, 从而使系统变得复杂, 也使泵的耗功增加.

　　图 10.17 展示了一个采用闭式回热的系统结构及其循环过程, 同样 y kg 的中温蒸汽被从汽轮机的某个位置抽取出来, 此时蒸汽的状态点在 a 点. 抽取出来的蒸汽被直接送至回热器中, 但在回热器中并不与来自状态点 4 的冷凝水直接混合, 而是通过盘管与之间壁换热, 提升冷凝水的温度. 蒸汽放热后变为饱和水, 经控制阀被送到冷凝器中, 在冷凝器中与湿蒸汽混合形成饱和水, 再经泵绝热压缩到达状态点 4, 流经盘管后被加热到达状态点 5, 最后进入锅炉, 从而完成回热过程. 由图 10.17 可见, 这种回热模式没有大幅改变原来的运行方式, 仍然只需

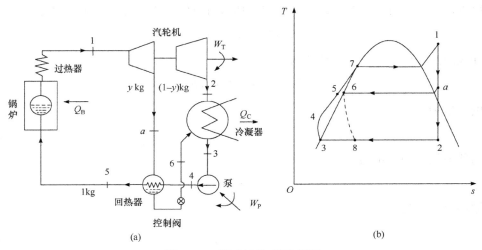

图 10.17　闭式过热-回热循环

要一个水泵，系统相当简单，运行稳定性好. 注意，由于回热器中的蒸汽压力始终大于冷凝器中压力，所以回热器中形成的饱和水会自动流至冷凝器中，为了防止过多蒸汽被抽取，必须安装控制阀，调节抽取适量蒸汽.

10.6.2 回热器性能分析

对于一个给定的电厂，一般 T_1、p_1 及 p_2 都是事先设定的. 我们知道提高给水温度有利于提高供热平均温度，从而提升整个系统的效率. 然而，给水温度到底提高多少合适呢？如果提高太多，当然对提高供热平均温度有利，但会从透平机中抽取太多蒸汽从而损失了做功能力，也会使整体性能降低. 经验表明，给水温度达到 p_1 对应下的饱和温度的 $65\%\sim75\%$ 合适. 据此，可以对回热器性能进行分析.

以循环 1kg 蒸汽量作为讨论标准，假设从汽轮机中抽取的蒸汽量为 y kg，那么剩下在汽轮机中继续做功的蒸汽量为 $(1-y)$kg，这里 y 有时也被称为抽气系数. 一个拥有混合式(开式)回热器的蒸汽动力系统如图 10.15 所示. 在回热器中，被抽取的蒸汽与被加热的给水直接接触，实现热交换过程，根据能量守恒关系，可以得到

$$yh_a + (1-y)h_4 = h_5 \tag{10.37}$$

因此，可以根据各点参数计算出所需要的抽气系数，即

$$y = \frac{h_5 - h_4}{h_a - h_4} \tag{10.38}$$

一个拥有间壁式(闭式)回热器的蒸汽动力系统如图 10.17 所示. 在回热器中，被抽取的蒸汽通过盘管与给水换热，实现升温过程，根据能量守恒关系，可以得到

$$yh_a + h_4 = h_5 + yh_6 \tag{10.39}$$

因此，所需要的抽气系数为

$$y = \frac{h_5 - h_4}{h_a - h_6} \tag{10.40}$$

上述分析表明，抽气系数可以通过特定点的状态参数决定. 有了抽气过程之后，各部件的传热、做功过程将发生变化，将对系统性能产生影响. 如果忽略系统动能和势能的影响，并假定除了冷凝器外，没有热能被传递到环境中，那么对单位工质，透平机输出的总功为

$$w_t = h_1 - h_a + (1-y)(h_a - h_2) \tag{10.41}$$

以开式回热为例，系统泵的功耗为

$$w_p = (1-y)(h_4 - h_3) + (h_6 - h_5) \tag{10.42}$$

锅炉的供热量为

$$q_{in} = h_1 - h_6 \tag{10.43}$$

冷凝器向环境放出的热量为

$$q_{out} = (1-y)(h_3 - h_2) \tag{10.44}$$

于是，循环效率变为

$$\eta = \frac{w_t - w_p}{q_{in}} \tag{10.45}$$

如果忽略泵功，则

$$\eta = \frac{(h_1 - h_a) + (1 - y)(h_a - h_2)}{h_1 - h_6} \tag{10.46}$$

从热力学的观点，采用回热措施总是有利的，故现代大型电厂中无一例外都采用回热循环. 有些超大型电厂甚至采用不止一次回热，而是将回热过程分开在不同的压力部位进行，形成所谓的多级回热循环. 当然，采用回热过程，不能以牺牲原有循环效率为代价，上面的分析只是以过热循环为例进行了回热计算，事实上，采用回热措施的同时，同样可以实现再热过程，图 10.18 给出了一个包含再热过程的开式循环.

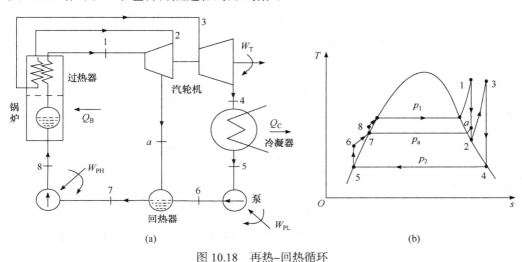

图 10.18　再热–回热循环

例 10.7　一个具有开式回热器的动力循环如图 10.19 所示，已知进入透平机的压力和温度分别是 8.0MPa 和 480℃，膨胀到压力为 0.7MPa 时，抽取部分蒸汽进入回热器，回热器运行压力保持为 0.7MPa. 其余蒸汽继续膨胀至 0.008MPa，然后进入冷凝器. 假定透平机的绝热效率为 $\eta_\gamma = 85\%$，每个泵都以等熵过程运行并忽略工质流动的动能和势能. 如果循环的净输出功率为 100MW，求：(1)循环热效率，(2)蒸汽进入第一级透平机的质量流率，单位为 kg/h.

解　状态点 1、4 和 6 的比焓很容易通过查表得到，为

$$h_1 = 3348.4 \text{kJ/kg}$$
$$h_4 = 173.88 \text{kJ/kg}$$
$$h_6 = 697.22 \text{kJ/kg}$$

另外，已知 $p_{2s} = 0.7$MPa 及 $s_1 = s_{2s}$，所以

$$x_{2s} = \frac{s_{2s} - s_{2s,f}}{s_{2s,v} - s_{2s,f}} = \frac{6.6586 - 1.9922}{6.708 - 1.9922} = 0.9895$$

这里，$s_{2s,v}$ 和 $s_{2s,f}$ 分别是与压力 p_{2s} 对应的饱和蒸汽熵和饱和水熵. 所以，2s 点的比焓为

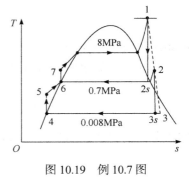

图 10.19　例 10.7 图

$$h_{2s} = h_{2s,f} + x h_{2s,v} = 697.22 + 0.9895 \times 2066.3 = 2741.8 (\text{kJ/kg})$$

已知汽轮机的绝热效率是85%，据此可以计算得到状态点2的比焓

$$h_2 = h_1 - \eta_\gamma \left(h_1 - h_{2s} \right) = 3348.4 - 0.85 \times \left(3348.4 - 2741.8 \right) = 2832.8 \left(\text{kJ/kg} \right)$$

通过h_2的值，查过热蒸汽表，得到$s_2 = 6.86.6 \text{kJ/(kg·K)}$，并据$s_2 = s_{3s}$，计算得到

$$x_{3s} = 0.8208$$

所以可以得到

$$h_{3s} = 2146.3 \text{kJ/kg}$$

于是，可以计算得到状态点3的比焓

$$h_3 = h_2 - \eta_\gamma \left(h_2 - h_{3s} \right) = 2832.8 - 0.85 \times \left(2832.8 - 2146.3 \right) = 2249.3 \left(\text{kJ/kg} \right)$$

由于假设了泵的工作过程是可逆绝热的，所以

$$h_5 = h_4 - v_4 \left(p_5 - p_4 \right) = 174.6 \text{kJ/kg}$$

$$h_7 = h_6 - v_6 \left(p_7 - p_6 \right) = 705.3 \text{kJ/kg}$$

计算抽气系数

$$y = \frac{h_6 - h_5}{h_2 - h_5} = \frac{697.22 - 174.6}{2832.8 - 174.6} = 0.1966$$

计算汽轮机总功输出

$$w_t = h_1 - h_2 + \left(1 - y \right) \left(h_2 - h_3 \right)$$

$$w_t = \left(3348.4 - 2832.8 \right) + \left(1 - 0.1966 \right) \times \left(2832.8 - 2249.3 \right) = 984.4 \left(\text{kJ/kg} \right)$$

计算总泵功耗

$$w_p = h_7 - h_6 + \left(1 - y \right) \left(h_5 - h_4 \right)$$

$$w_p = \left(705.3 - 697.22 \right) + \left(1 - 0.1966 \right) \times \left(174.6 - 173.88 \right) = 8.7 \left(\text{kJ/kg} \right)$$

计算锅炉供给工质的热

$$q_{in} = h_1 - h_7 = 3348.4 - 705.3 = 2643.1 \left(\text{kJ/kg} \right)$$

因此，系统效率为

$$\eta = \frac{w_t - w_p}{q_{in}} = \frac{984.4 - 8.7}{2643.1} = 0.369$$

即系统热效率为36.9%.

已知系统的净功率输出为$\dot{w}_{cycle} = 100\text{MW}$，所以工质的质量流率为

$$\dot{m} = \frac{\dot{w}_{cycle} \times 3600\text{s/h}}{w_t - w_p} \times \frac{1000\text{kJ/s}}{1\text{MW}} = 3.69 \times 10^5 \text{kg/h}$$

即该蒸汽动力系统的蒸汽流率为369t/h，可见工质流率是非常大的.

*10.7 热 电 联 产

在人民生活水平日益提高的今天，冬季采暖已经成为家庭生活的必须. 一般来说，采暖所

需要的温度并不高, 一般在 20~60℃ 范围. 如果采用烧电或者燃煤采暖, 显然是对能量品质的巨大浪费, 因为烧电或者燃煤所产生的温度都能达到 1000℃ 以上. 还有, 在许多缺水地区, 需要利用海水淡化生产淡水, 而海水淡化过程所需要的热能温度也不高, 一般在 70℃ 左右, 所以利用燃煤等措施产生海水淡化所需的热能也是非常不划算的.

另外, 热电厂中大约有 50% 的热能通过冷凝器散给了环境, 没有产生任何价值. 而且, 这个热量的数量是巨大的. 如何利用这部分余热, 为生活采暖或者为海水淡化所用, 就成了近年来科学家们思考的问题. 这种既能发电又能供热的系统就称为热电联产系统.

一般来说, 用户的类型是多种多样的, 有的用户只需要单一温度的热能, 比如采暖; 有的用户需要不同温度的蒸汽做热源, 比如工业用热; 还有一些用户要求热量的总量是变化的, 比如海水淡化等. 因此, 根据用户的需求方式不同, 可以将热电联产系统划分为三类: ①背压式热电联产系统; ②抽气式热电联产系统; ③混合式热电联产系统.

10.7.1　背压式热电联产系统

背压式热电联产系统直接将蒸汽接入用户系统, 待用户取完热后再将湿蒸汽或者冷凝水送回原系统, 或者直接提高冷凝器的冷凝温度, 通过冷凝器盘管给用户送热. 不管是哪种方式, 都需要提高汽轮机的出口压力, 因此称为背压式热电联产系统. 通过冷凝器盘管给用户送热是此类系统中比较简单的一种, 基本没有改变原有蒸汽动力循环的结构, 只是将冷凝器中的运行压力提高了. 这种系统特别适合那些用热量大、用热温度稳定的用户. 比如, 用于采暖的热电联产系统, 只是将冷凝器中压力提高到 0.7~1.2bar, 其他部件没有变化, 这时冷凝器中的盘管可以为用户提供 60~120℃ 的热能. 图 10.20 给出了一种典型的背压式热电联产系统示意图.

背压式热电联产系统显著的优点是结构简单, 最少对原有系统进行改变. 但缺点是当用户需热量减少, 但需电量却不变时, 多出来的余热无法利用, 有时不得不直接排给环境, 造成热量浪费. 反之也一样会造成浪费, 即当用户需热量不变, 但需电量增加时, 也会有热量被直接排给环境, 造成浪费. 因此, 这类系统只符合那些需热量稳定, 而且对温度要求也稳定的用户.

由 10.20(b) 可以看出, 背压式热电联产循环与传统的过热循环在结构上没有什么区别, 只是汽轮机出口压力 p_2 发生了变化, p_2 的值提高了. 显然, 当系统背压和其他参数确定之后, 循环热效率即可以确定, 有

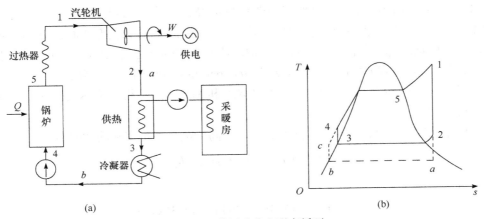

图 10.20　背压式热电联产循环

$$\eta = \frac{w_{\text{net}}}{q_{\text{in}}} = \frac{h_1 - h_2}{h_1 - h_4} \tag{10.47}$$

与传统过热循环有相同的形式,但 h_2 和 h_4 的值已经与原有循环的不同. 由于背压的提高,其循环效率必定低于过热朗肯循环的效率.

10.7.2 抽气式热电联产系统

背压式热电联产循环的供热量和供电量的配比是固定的,不能单独调节,限制了它的适应性. 于是,提出了抽气式热电联产循环,因为抽气式可以根据用户需求调整抽气系数,满足不同用户需求. 一个典型的抽气式热电联产系统如图 10.21 所示.

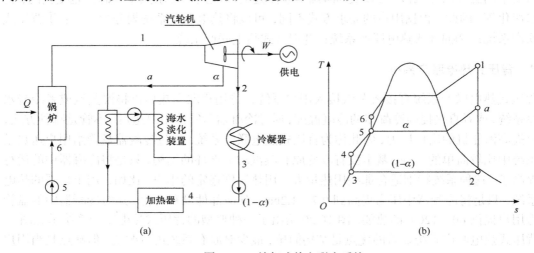

图 10.21　抽气式热电联产系统

抽气式热电联产循环的显著优势是,锅炉的运行条件和冷凝器的运行压力是固定的,不随用户用热量的大小而变化,这对大型电厂来说是十分重要的. 它的缺点是余热利用率不高,仍然有大量余热从冷凝器被排入环境. 如果抽气量很小,那么第二级汽轮机的运行也会变得稳定. 如果电力需求减少而用热要求不变,可以减少锅炉的供气量,并减少进入第二级汽轮机的蒸汽量. 反之,用热量增加,但用电量不变时,则增加锅炉的供气量即可,调节起来比背压式方便. 抽气式热电联产循环最适合那些用热量少但经常变化的用户.

例 10.8　一个抽气式两级透平热电联产装置进气压力 50bar 和温度 350℃. 在 1.5bar 高压透平级的排气中抽取部分蒸汽为用户供热,抽取速率为 12000kg/h,其余蒸汽被再热到 1.5bar 和 250℃,然后被低压级透平到工作压力为 0.05bar 的冷凝器中. 本系统的功率输出已知为 3750kW. 其他参数标在本例 h-s 图中. 令高压透平机和低压透平机的绝热效率分别为 0.84 和 0.81. 计算锅炉的容量.

解　根据已知条件和图 10.22 所标参数,可得高压透平系统实际的功输出为

$$w_1 = (h_1 - h_2) = \eta_{\gamma 1}(h_1 - h_{2s})$$

即

$$w_1 = 0.84 \times (3070 - 2397) = 565.3 \, (\text{kJ/kg})$$

低压透平系统实际的功输出为

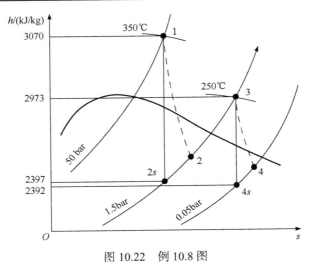

图 10.22　例 10.8 图

$$w_2 = (h_3 - h_4) = \eta_{\gamma2}(h_3 - h_{4s})$$

即

$$w_2 = 0.81 \times (2973 - 2392) = 470.6 (\text{kJ/kg})$$

已知抽气系数为

$$y = \frac{12000}{3600} = 3.33 (\text{kg/s})$$

假定锅炉容量为 $\dot{m}(\text{kg/s})$，那么通过低压透平机的质量流率为 $(\dot{m} - 3.33)\text{kg/s}$. 已知总系统的输出功率为 3750kW，因此

$$\dot{m} \cdot w_1 + (\dot{m} - 3.33) \cdot w_2 = 3750$$

即

$$\dot{m} \cdot 565.3 + (\dot{m} - 3.33) \cdot 470.6 = 3750$$

最后，得到

$$\dot{m} = 5.14\text{kg/s}$$

此即为锅炉的容量.

10.7.3　混合式热电联产系统

　　背压式的优点是结构简单，对原系统改变少，缺点是供热与供电比例固定，不能随意调节. 抽气式的优点是锅炉和冷凝器的运行条件固定，用热量可以适当调节；缺点是抽气不能太多，适合于小型热用户，还有大量余热未被利用. 为了克服它们的缺点，发挥它们的优势，提出了混合式热电联产循环，即它既抽气也提高系统背压，通过高背压冷凝器给用户提供热量. 更详细知识请查更专业的书籍.

本 章 小 结

蒸汽动力循环是利用水和蒸汽的性质不断变化实现热功转化的基本动力循环，最典型的是朗肯循环. 从一个状态点变化到另一个状态点，其传热或做功，可以利用两个状态点的焓差来计算，水或蒸汽的比焓可以基于温度或压力在水蒸气特性表中查到.

朗肯循环的效率为

$$\eta = 1 - \frac{h_2 - h_3}{h_1 - h_4}$$

为了评价实际蒸汽动力系统的优劣，如下评价指标是非常重要的.

(1) 效率比 Er.

$$效率比 Er = \frac{实际循环效率}{理想朗肯循环效率}$$

效率比越高，表明实际系统越接近理想朗肯循环.

(2) 绝热效率 η_{I}.

对输出功装置

$$绝热效率 \eta_{\mathrm{I}} = \frac{实际功输出}{理想过程功输出}$$

对耗功装置

$$绝热效率 \eta_{\mathrm{I}} = \frac{理想过程功输入}{实际过程功输入}$$

透平机的绝热效率为

$$透平机的绝热效率 \eta_{\mathrm{I}} = \frac{w_{12}}{w_{12s}} = \frac{h_1 - h_2}{h_1 - h_{2s}}$$

(3) 有效产功率 ω.

$$有效产功率 \omega = \frac{系统净功输出}{系统膨胀功输出}$$

透平机输出的有效产功率为

$$有效产功率 \omega = \frac{(h_1 - h_2) - (h_4 - h_3)}{(h_1 - h_2)} = 1 - \frac{h_4 - h_3}{h_1 - h_2}$$

(4) 蒸汽消耗率 γ.

$$\gamma = \frac{3600}{w_{\mathrm{net}}} = \frac{3600}{\eta_{\mathrm{R}} \dot{q}_{\mathrm{in}}} \mathrm{kg/(kW \cdot h)}$$

这里，w_{net} 是循环净功输出. 如果忽略水泵的功耗，上式可以简化为

$$\gamma = \frac{3600}{w_{\mathrm{net}}} = \frac{3600}{h_1 - h_2} \mathrm{kg/(kW \cdot h)}$$

除了基本的朗肯循环外，还有过热朗肯循环、再热朗肯循环、回热循环以及回热再热循环等，其中过热朗肯循环的效率变为

$$\eta_{\mathrm{R}} = \frac{(h_1 - h_2) - (h_4 - h_3)}{h_1 - h_4}$$

再热朗肯循环忽略水泵功耗时的效率为

$$\eta = \frac{w_{12} + w_{67}}{q_{451} + q_{26}} = \frac{(h_1 - h_2) + (h_6 - h_7)}{(h_1 - h_3) + (h_6 - h_2)}$$

影响朗肯循环效率的因素主要有:

(1) 汽轮机入口温度 T_1;

(2) 汽轮机入口压力 p_1;

(3) 汽轮机出口背压 p_2.

热电联产系统划分为三类: ①背压式热电联产系统; ②抽气式热电联产系统; ③混合式热电联产系统.

问题与思考

10-1 蒸汽动力循环在湿蒸汽区具备实现卡诺循环的条件, 而相同温限下卡诺循环的效率最高, 为什么一般的蒸汽动力循环不采用卡诺循环?

10-2 试简述蒸汽参数(初温、初压)对朗肯蒸汽动力循环热效率的影响.

10-3 朗肯循环相对于卡诺循环来说, 主要有哪些优点?

10-4 试在 T-s 图上表示简单蒸汽动力循环(朗肯循环), 说明组成循环的热力过程并指出在何种设备中进行.

10-5 说明朗肯循环中让蒸汽过热再进行透平的好处及热力学意义.

10-6 何谓有效产功率和蒸汽消耗率? 解释它们对评价蒸汽动力系统的意义.

10-7 总结影响朗肯循环效率的主要因素.

10-8 什么是再热循环? 什么是回热循环? 采用再热和回热的主要作用是什么?

10-9 在蒸汽动力循环中, 蒸汽膨胀做功后被排入冷凝器中冷凝, 向冷却水放出大量低温热量. 如果将这些乏汽再次输送到锅炉中加热, 变为新的高温高压蒸汽, 不是可以节约大量能量, 从而提高热效率吗? 解释这样做的缺陷.

10-10 在蒸汽动力系统中, 水泵两端的压差往往是很大的, 远大于燃气轮机中压气机两端的压差. 但水泵的耗功占比在蒸汽动力系统中却很小, 为什么?

10-11 蒸汽动力的装置热效率在冬季与夏季会不同吗?

10-12 建设在干旱地区的火力发电厂会采用空气冷却的方式使冷凝器中的水蒸汽冷却, 讨论一下空气冷却方式如何影响热机效率?

10-13 为什么水是蒸汽发电厂中最常用的工作介质?

10-14 你对太阳能发电有什么看法?

10-15 尽管大型蒸汽轮机的外表面温度非常高, 但工作中并不会对其覆盖过多的保温材料, 为什么?

本 章 习 题

10-1 进汽轮机的蒸汽参数为 $p_1 = 3.0\text{MPa}$, $t_1 = 435℃$. 若经可逆绝热膨胀至 $p_2 = 0.005\text{MPa}$, 蒸汽流量为 4.0kg/s, 汽轮机的理想功率为多少?

10-2 水为一个理想朗肯循环的工质. 已知冷凝压力为 8 kPa, (1)18MPa, (2)4MPa 的饱和蒸汽进入涡轮. 该循环的净输出功为 100MW. 请问: 上述两种情况下蒸汽的质量流量为多少? 工质流经锅炉和冷凝器的换热率分别为多少? 该循环的热效率为多少?

10-3 水为一个卡诺蒸汽热机循环的工质. 已知 8 MPa 的饱和液体流入锅炉, 饱和蒸汽流入涡轮, 冷凝器压力为 8kPa. 请求出:

(1) 热效率;

(2) 锅炉中单位质量工质的换热量(以 kJ/kg 为单位表示);

(3) 冷凝器中单位质量工质的换热量(以 kJ/kg 为单位表示).

10-4 以干饱和蒸汽状态进入透平机, 初压为 4MPa, 冷凝器中压力为 0.0035MPa. 如果系统以朗肯循环运行, 计算每千克工质的下列参数:

(1) 忽略泵功时的系统功输出;

(2) 给水泵的功耗;

(3) 冷凝器传递给冷却水的热量. 如果冷却水允许升温 5.5℃,则需要的最少冷却水流率是多少?

(4) 锅炉供热量、朗肯循环效率和耗气率.

10-5　接上题,如果系统以湿蒸汽卡诺循环运行,计算朗肯循环效率和耗气率. 如果初压保持为 4MPa,但初温变成 350℃,求锅炉供热量、过热朗肯循环效率和耗气率.

10-6　一个两级蒸汽透平系统,已知初压和初温分别为 4MPa 和 350℃,蒸汽在第一级透平机膨胀正好到饱和蒸汽,然后被再热到 350℃进入第二级透平机进行膨胀做功,冷凝器中压力为 0.0035MPa,计算单位工质的功输出和锅炉供热量. 假设透平机中为理想绝热过程,忽略泵功,计算耗气率和循环效率.

10-7　接上题,如果第一级和第二级透平机的绝热效率分别为 84% 和 78%,为理想绝热过程,计算单位工质的功输出和锅炉供热量及耗气率和循环效率.

10-8　蒸汽动力系统再热循环,已知 $p_1 = 14$MPa, $T_1 = 550$℃,再热过程压力为 3MPa,再热稳定等于初温 T_1,乏汽压力为 0.005MPa,求该循环的效率及乏汽干度. 如果不用再热措施,则朗肯循环的效率及乏汽干度是多少?

10-9　一个蒸汽电站输出功率为 200MW,锅炉过热器出口压力为 17MPa,温度为 600℃,经第一级透平膨胀后压力降至 4MPa,15% 的蒸汽被分流到给水加热器,剩余蒸汽被再热到 600℃,然后通过第二级透平机膨胀至冷凝器中,压力为 0.0035MPa. 假定实际循环的效率比为 70%,发电机的机械和发电效率为 95%,计算锅炉每小时的工质流率.

10-10　一个蒸汽动力系统以简单回热循环运行,已知蒸汽以干饱和状态进入透平机,此时压力为 4MPa,乏汽进入冷凝器在 0.007MPa. 冷凝水被泵到 0.35MPa 的回热器,在那里与来自透平机的 0.35MPa 的蒸汽混合,并达到饱和水状态,然后被泵送到锅炉. 忽略泵功并认为所有过程都是理想的,计算:

(1) 系统抽气率;

(2) 循环效率;

(3) 蒸汽消耗率.

10-11　具有一次再热和二次回热的蒸汽动力装置,已知 $p_1 = 10$MPa, $T_1 = 540$℃,冷凝压力 $p_2 = 5$kPa. 高压汽轮机的出口压力为 2MPa,其中部分蒸汽被送到再热器加热到 500℃,另一部分蒸汽被抽取到第一级混合式回热器加热给水. 再热后的蒸汽进入低压汽轮机透平,膨胀到 0.2MPa 时,抽取部分蒸汽进入第二级混合式回热器,其余蒸汽继续膨胀到终压 p_2. 忽略泵功,已知两个汽轮机的绝热效率均为 0.9,计算:

(1) 各回热器的抽气系数;

(2) 循环净功输出和循环效率;

(3) 将该再热回热循环表示在 T-s 图上.

10-12　某热电联产装置中蒸汽的初态参数为: $p_1 = 3.5$MPa, $T_1 = 435$℃,求循环热效率和单位循环蒸汽的用热量:

(1) 如果采用背压式汽轮机,背压为 350kPa;

(2) 如果采用抽气式汽轮机,已知抽气量为进气量的 20%,抽气压力为 1MPa,排气压力为 $p_2 = 6$kPa.

第 11 章 湿空气及空气调节过程

在越来越讲究生活质量的今天，空气调节是一门大的学科，它涉及我们生活的方方面面. 在室内或驾驶仓中，需要调节空气的温度、湿度以满足乘员舒适性的要求；在精密的机械加工中，需要考虑空气湿度的影响，以保证加工质量；在研究大气环境中，需要了解空气中水蒸气的增减，以预测雨雪的产生. 总之，湿空气及湿空气过程已经渗透到国民经济的各个领域，食品干燥、海水淡化以及冷却塔中都包含了大量湿空气过程，涉及湿空气的热力计算，因此了解湿空气的性能及掌握它的调节过程是非常有意义的.

11.1 湿空气的组成和特点

湿空气是指含有水蒸气的空气，完全不含水蒸气的空气称为干空气. 因此，湿空气是水蒸气与干空气的混合物. 干空气人们已经比较清楚，主要由氮气、氧气、二氧化碳以及少量其他气体组成，干空气的性质非常稳定，没有特殊的措施，一般不会发生化学变化. 而且在温度不是太低时，空气可以当作理想气体看待，这在内燃机和燃气轮机等领域正是这样做的，引起的误差在可以接受的范围. 然而，当空气中混入了水蒸气后，情况就大不相同，它的热力性质将发生巨大变化，特别是经历温度变化时，它的状态将随之发生改变. 因此，有必要对湿空气展开研究.

已经指出，干空气是特别稳定的，一般不会发生化学反应. 因此，尽管它是由多种气体组成，为了简化讨论，我们仍然可以把它当作单一组分气体看待，它与水蒸气混合形成了湿空气. 而且可以认为，水蒸气的存在不影响干空气的性质，干空气的存在也不影响水蒸气的性质，即水蒸气的蒸发与凝结过程与没有干空气存在时一样.

在湿空气中，由于有两种气体组分存在，为了便于区分，一般用下标"a"表示干空气的参数，用下标"v"表示水蒸气的参数，而没有下标时表示是湿空气的参数. 用 p_b 表示大气压力.

在一般的空调工程中，处理的温度范围一般在-10~60℃区间，在这个温度范围，干空气可以当作理想气体看待，产生的误差很小. 在实际讨论湿空气的热力过程时，为了计算简便，也常常把湿空气中的水蒸气当作理想气体看待，这对实际空调工程带来很大方便. 能够这样做有两个原因：

(1) 在湿空气中，水蒸气占的分量很少，一般都少于 20%. 湿空气中，水蒸气作为一种气体，只能处在两种状态下，一种是饱和状态，这时湿空气称为饱和空气，空气不再有吸湿能力，水蒸气分压最大，处在饱和蒸汽压力下. 另一种状态是过热蒸汽状态，这时湿空气称未饱和空气，空气仍然具有吸湿能力. 一般情况下，湿空气中水蒸气分压都是小于同温度下的饱和分压的.

(2) 图 11.1 给出了水蒸气在湿空气中处在最大分压时占总压力的百分比随温度的变化曲线，实际情况下水蒸气所占的比例还要小于这个数值，因为水蒸气一般是处于过热蒸汽状态下的. 即使是水蒸气处于饱和分压状态，在 30℃时，水蒸气最多只占 4.2%；60℃时，最多占 19%；80℃时，最多占 47%. 因此在低温区采用理想气体计算，即使产生部分误差，对湿空气的性质影响也很有限.

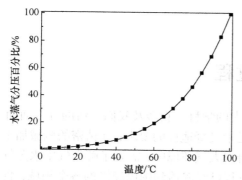

图 11.1　湿空气中水蒸气的最大分压随温度
的变化

上述理由告诉我们，湿空气一般可以被当作理想气体看待，因此可以利用理想气体方程对它的状态参数进行计算，进而求得它的温度、压力、比容和焓. 在空调工程中，为了工程计算方便，都会引入一个便于工程计算的公认的参考点或者标准状态，这就是干空气压力为一个大气压，温度为 0℃，即

$$p_a = 101325\text{Pa}$$
$$T_a = 273.15\text{K}$$

此时计算得到干空气的密度为

$$\rho_a = 1.293\text{kg/m}^3$$

在一般空调工程中，干空气的定压比热也可以当作常数看待，即

$$c_{p,a} = 1.005\text{kJ/(kg}\cdot\text{℃)}$$

这是一个相当稳定的数值，当温度从 –10℃ 变化到 50℃ 时，$c_{p,a}$ 的变化只有约 0.25%.

11.2　饱和及未饱和湿空气

我们知道，湿空气是干空气与水蒸气的混合物，因此湿空气的压力等于干空气的分压力加上水蒸气的分压力，即

$$p_b = p_a + p_v \tag{11.1}$$

这里，p_b 是大气压力.

如果水蒸气在湿空气中是处于饱和蒸汽状态下的，即水蒸气的分压力等于同温度下的饱和水蒸气的压力，则称该湿空气为饱和湿空气，简称饱和空气，水蒸气的压力记为 $p_{v,s}$. 反之，如果水蒸气的分压力 p_v 小于同温度下的饱和水蒸气压力，则称该湿空气为未饱和湿空气，简称未饱和空气. 显然，

$$p_{v,s} > p_v$$

湿空气处于未饱和状态下仍具有吸收水蒸气的能力，而处于饱和状态下则不能再吸收多余的水蒸气.

为了量化描述湿空气的饱和程度，定义

$$d = \frac{m_v}{m_a}\text{kg/kg(a)} \tag{11.2}$$

为湿空气的含湿量，意即单位质量干空气中包含的水蒸气质量. 它表面上看是一个量纲为一的物理量，但实际过程中常常不省略它们的原始单位，一般写为 kg/kg(a)，以便有清晰的理解.

由于在湿空气中，水蒸气和干空气都可以当作理想气体，因此利用理想气体方程，可以得到

$$m_v = \frac{p_v V}{R_v T} = \frac{p_v V M_v}{R_M T} \tag{11.3}$$

$$m_{\mathrm{a}} = \frac{p_{\mathrm{a}}V}{R_{\mathrm{a}}T} = \frac{p_{\mathrm{a}}VM_{\mathrm{a}}}{R_{M}T} \tag{11.4}$$

这里，$M_{\mathrm{v}} = 18.1$ 是水蒸气的摩尔质量，$M_{\mathrm{a}} = 28.965$ 是干空气的摩尔质量.

将含湿量进一步写成

$$d = \frac{m_{\mathrm{v}}}{m_{\mathrm{a}}} = \frac{M_{\mathrm{v}}p_{\mathrm{v}}}{M_{\mathrm{a}}p_{\mathrm{a}}} = 0.622\frac{p_{\mathrm{v}}}{p_{\mathrm{a}}} = 0.622\frac{p_{\mathrm{v}}}{p_{\mathrm{b}} - p_{\mathrm{v}}}(\mathrm{kg/kg(a)}) \tag{11.5}$$

含湿量代表湿空气中水蒸气的含量多少，干空气中含湿量为零，随着水蒸气的加入，含湿量不断增加，当增加到水蒸气不能再增加时，空气达到了饱和，称为饱和空气. 此时，任何多余的水蒸气加入，湿空气都会凝结出水来. 饱和空气的含湿量(也称饱和含湿量)是与湿空气的温度密切相关的,图 11.2 给出了饱和含湿量随温度的变化关系，可见在低温范围，饱和含湿量是比较低的，但随着温度的升高，饱和含湿量将快速上升.

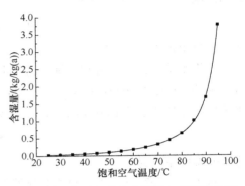

图 11.2　饱和空气饱和含湿量与温度的关系

方程(11.5)中，p_{b} 代表大气压力，如果湿空气系统独立于大气，则含湿量的计算应该采用湿空气的实际总压力，即

$$d = \frac{m_{\mathrm{v}}}{m_{\mathrm{a}}} = 0.622\frac{p_{\mathrm{v}}}{p - p_{\mathrm{v}}}(\mathrm{kg/kg(a)}) \tag{11.6}$$

这里，p 是湿空气的总压力.

为了描述湿空气的饱和程度，有时也使用饱和百分数或饱和度的概念，定义为：湿空气的含湿量与同温度下的饱和含湿量之比，即

$$\psi = \frac{d}{d_{\mathrm{s}}} \tag{11.7}$$

代入方程(11.6)的数值得到

$$\psi = \frac{p_{\mathrm{v}}}{p_{\mathrm{v},s}} \cdot \frac{p - p_{\mathrm{v},s}}{p - p_{\mathrm{v}}} \tag{11.8}$$

值得注意，饱和度的概念与后面即将讲到的湿空气的相对湿度的概念非常近似，但不完全相同，在一般空调工程中，它们之间有 0.5%~2% 的偏差.

例 11.1　已知冬季供入室内的湿空气温度为 17℃、饱和度为 60%，如果大气压力为一个大气压，计算水蒸气分压.

解　在 17℃下，查得水蒸气饱和分压为 $p_{\mathrm{v},s} = 0.01936\mathrm{MPa}$，又知湿空气饱和度为 $\psi = 60\%$. 代入方程(11.6)得到

$$(p - p_{\mathrm{v}}) \times \psi \times p_{\mathrm{v},s} = p_{\mathrm{v}} \cdot (p - p_{\mathrm{v},s})$$

代入数据得

$$(1.01326 - p_{\mathrm{v}}) \times 0.6 \times 0.01936 = p_{\mathrm{v}} \cdot (1.01326 - 0.01936)$$

解得 $p_{\mathrm{v}} = 0.011705\mathrm{MPa}$，即为湿空气的水蒸气分压.

11.3 湿空气的焓及比热

按照国际惯例，一般选择在 0℃时，干空气的焓值为零，饱和水的焓值为零，于是在温度为 t 时，干空气的焓可以表示为

$$h_a = c_p t = 1.005t \, (\text{kJ/kg}) \tag{11.9}$$

如果温度变化 Δt ，则焓变为

$$\Delta h_a = c_p \Delta t = 1.005\Delta t \, (\text{kJ/kg}) \tag{11.10}$$

注意，这里温度 t 的单位取℃.

如果水蒸气被当作理想气体看待，那么它的焓也只是温度的单值函数，即 $h_v = h(t)$. 在 0℃时，水蒸气的焓为 2500.9kJ/kg ，此值即为水在 0℃时的汽化潜热. 在−10～50℃的温度范围，水蒸气的定压比热为 1.86kJ/(kg·℃) ，所以水蒸气的比焓可以由下式给出：

$$h_v = 2500.9 + 1.86t \, (\text{kJ/kg}) \tag{11.11}$$

这里的温度单位为℃.

对于整个湿空气来说，总的焓显然等于干空气的焓加水蒸气的焓，即

$$H = H_a + H_v = m_a h_a + m_v h_v \tag{11.12}$$

这里要特别注意，湿空气由水蒸气和干空气组成，干空气的质量在状态变化过程或输送过程中是不会变化的，但水蒸气的质量随着状态的变化可能出现变化，因为它可能出现冷凝或蒸发，特别是在空调工程中. 也就是说，湿空气有可能在管道这端的质量与管道那端的质量不同，变化的是水蒸气的质量，这在计算中会带来麻烦，为了避免这类麻烦的产生，所以湿空气的比焓不是以单位湿空气质量为标准的，而是以单位干空气质量为标准的，是 1kg 干空气质量对应的湿空气的焓，即

$$h = \frac{H}{m_a} = \frac{H_a + H_v}{m_a} = h_a + \frac{m_v}{m_a} h_v \tag{11.13}$$

最后，得到湿空气比焓的计算方程

$$h = 1.005t + d(2500.9 + 1.86t) \tag{11.14}$$

这是一个很重要的计算湿空气比焓的公式，它包括了干空气的比焓和水蒸气的比焓. 但要注意，湿空气的比焓是以单位干空气质量为基础的，而且这里 t 的单位是℃.

湿空气中，水蒸气一般都处于过热蒸汽状态下，但由于水蒸气的比焓只是温度的单值函数，所以在温度变化范围不是特别大时，过热蒸汽的比焓近似等于该温度下饱和水蒸气的比焓，于是湿空气的比焓又可以近似为

$$h \approx 1.005t + dh_{v,s} \tag{11.15}$$

式中，$h_{v,s}$ 是温度 t 时饱和水蒸气的比焓，一般可以查表得到. 利用方程(11.15)计算湿空气的比焓有时是非常方便的，因为很多书籍都附有水蒸气表可供查询，而且也能得到较高的准确性. 比如，当 $t = 5℃$ ，$d = 0.002820 \text{kg/kg(a)}$ 时，准确的测定给出 $h = 12.11 \text{kJ/kg(a)}$. 从式(11.14)计算给出

$$h = 1.005 \times 5 + 0.00282 \times (2500.9 + 1.86 \times 5) = 12.104 (\text{kJ/kg(a)})$$

另一方面，先查 5℃ 时饱和蒸汽比焓得 $h_{v,s} = 2509.9 \text{kJ/kg}$ ，从式(11.15)计算给出

$$h = 1.005 \times 5 + 0.00282 \times 2509.9 = 12.103 (\text{kJ/kg(a)})$$

可见，两种算法的误差是很小的，一般工程中都可以接受. 在更高的温度下，也能得到比较准确的计算结果，比如，当 $t = 30℃$ ， $d = 0.01420 \text{kg/kg(a)}$ 时，准确的测定给出 $h = 66.48 \text{kJ/kg(a)}$. 从式(11.14)计算给出

$$h = 1.005 \times 30 + 0.0142 \times (2500.9 + 1.86 \times 30) = 66.455 (\text{kJ/kg(a)})$$

先查 30℃ 时饱和蒸汽比焓得 $h_{v,s} = 2555.7 \text{kJ/kg}$ ，从式(11.15)计算给出

$$h = 1.005 \times 30 + 0.0142 \times 2555.7 = 66.44 (\text{kJ/kg(a)})$$

可见，两个公式计算得到的结果差别也不大，一般工程可以接受.

另外，湿空气是理想气体的混合物，所以可以采用理想气体混合物的公式计算湿空气的比热. 即

$$c_p = \frac{m_a}{m} c_{p,a} + \frac{m_v}{m} c_{p,v} \tag{11.16}$$

实际工程中，考虑到水蒸气在输送过程中可能会产生质量的变化，主要是水蒸气的蒸发或者凝结产生的，因此也经常采用单位干空气质量来计算湿空气的比热，于是

$$c_{p,\text{ma}} = c_{p,a} + \frac{m_v}{m_a} c_{p,v} = c_{p,a} + d \cdot c_{p,v} \tag{11.17}$$

注意， $c_{p,a} = 1.005 \text{kJ/(kg·K)}$ ， $c_{p,v} = 1.86 \text{kJ/(kg·K)}$.

最后，值得指出，在湿空气过程中，一般没有工质做功的问题，所以一般只关注传热和焓变，较少关心工质的熵变化.

11.4　湿空气的绝对湿度和相对湿度

湿空气中，水蒸气的含量直接影响到湿空气的性质，为了描述湿空气中水蒸气的多寡，引入湿空气绝对湿度的概念，它定义为单位体积中水蒸气的质量，实际上就是水蒸气的质量密度. 根据理想气体方程，可以得到湿空气的绝对湿度为

$$\rho_v = \frac{1}{v_v} = \frac{p_v}{R_v T} \tag{11.18}$$

绝对湿度可以知道水蒸气在单位体积中的绝对含量的大小，但却不能决定湿空气的状态，因为具有相同绝对湿度的湿空气具有不同的状态，看如图 11.3 所示的空气状态. 图中 A 和 E 点具有相同的比容，因而具有相同的绝对湿度，但 A 点显然处在水蒸气的过热蒸汽状态，而 E 点则处在饱和蒸汽状态下. 这就是说，处在 A 点的湿空气仍然具有吸湿能力，因为它是不饱和空气. 而 E 点不再具有吸湿

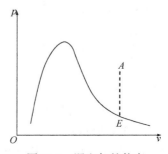

图 11.3　湿空气的状态

能力，因为它是饱和的.

为了避免上述问题，引入相对湿度的概念，定义为：湿空气中水蒸气质量与它在相同温度下饱和湿空气中所包含的水蒸气质量之比，即

$$\phi = \frac{m_v}{m_{v,s}} = \frac{p_v V / R_v T}{p_{v,s} V / R_v T} = \frac{p_v}{p_{v,s}} \qquad (11.19)$$

当然，相对湿度也可以定义为绝对湿度与同温度下饱和空气的绝对湿度之比，即

$$\phi = \frac{\rho_v}{\rho_{v,s}} \qquad (11.20)$$

显然，式(11.19)和(11.20)的意义是一样的. $m_{v,s}$ 和 $\rho_{v,s}$ 分别代表同温度下饱和空气的质量和密度. 有了相对湿度的概念，上述式(11.6)可以改写为

$$d = 0.622 \frac{\phi p_{v,s}}{p_b - \phi p_{v,s}} \mathrm{kg/kg(a)} \qquad (11.21)$$

反之，也可以通过式(11.21)计算出相对湿度

$$\phi = \frac{d \cdot p_b}{(0.622 + d) \, p_{v,s}} \qquad (11.22)$$

相对湿度是一个介于 0 和 1 之间的数，干空气的相对湿度是 0，饱和空气的相对湿度是 1. 由式(11.22)可以发现，对 d 保持不变的湿空气，相对湿度是随温度变化的，因为 $p_{v,s}$ 随温度的升高而增大，所以相对湿度随温度升高而减小.

实际工程中，人们更注重相对湿度的使用，因为相对湿度不但可以计算出含湿量，还可以用来表达人体对周围空气舒适性的反应. 实验表明，当空气的温度在 22～28℃范围而相对湿度在 45%～65%范围时，人体对周围空气的感觉是最舒适的.

例 11.2 一个 5m×5m×3m 的房间，空气温度是 25℃，压力是 0.1MPa，相对湿度是 75%. 求：(1)干空气分压；(2)湿空气的含湿量；(3)湿空气比焓；(4)在房间内干空气和水蒸气的质量.

解 已知室内温度为 $t = 25℃$，查饱和水蒸气表，得到对应的饱和压力 $p_{v,s} = 3.1698\mathrm{kPa}$，饱和水蒸气比焓为 $h_{v,s} = 2546.5\mathrm{kJ/kg}$.

(1) 计算干空气分压.

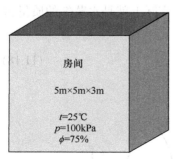

图 11.4 例 11.2 图

$$p_a = p_b - p_v = p_b - \phi p_{v,s}$$
$$p_v = \phi p_{v,s} = 0.75 \times 3.1698 = 2.38(\mathrm{kPa})$$

所以

$$p_a = 100 - 2.38 = 97.62(\mathrm{kPa})$$

(2) 计算湿空气的含湿量.

$$d = \frac{0.622 p_v}{p_b - p_v} = \frac{(0.622) \times (2.38\mathrm{kPa})}{(100 - 2.38)\mathrm{kPa}} = 0.0152\mathrm{kg/kg(a)}$$

(3) 计算湿空气比焓.

$$h = h_a + dh_v \approx c_p t + dh_{v,s} = (1.005\mathrm{kJ/(kg \cdot ℃)}) \times (25℃) + (0.0152) \times (2546.5\mathrm{kJ/kg})$$
$$= 63.8\mathrm{kJ/kg(a)}$$

其实，水蒸气的比焓也可以采用方程(11.11)计算得到

$$h_v \approx 2500.9 + 1.86 \times 25 = 2547.4 (\text{kJ/kg(v)})$$

两个值非常接近,工程中一般做相同处理,所以工程中可以直接把同温度下的饱和蒸汽的比焓当作该温度下的水蒸气比焓.

(4) 求在房间中干空气和水蒸气的质量.

房间的容积也是干空气和水蒸气的容积,并

$$V_a = V_v = V_{\text{room}} = (5\text{m}) \times (5\text{m}) \times (3\text{m}) = 75\text{m}^3$$

干空气和水蒸气质量可以通过理想气体方程得到,即

$$m_a = \frac{p_a V_a}{R_a T} = \frac{(97.62\text{kPa}) \times (75\text{m}^3)}{(0.287\text{kPa} \cdot \text{m}^3/(\text{kg} \cdot \text{K})) \times (298\text{K})} = 85.61\text{kg}$$

$$m_v = \frac{p_v V_v}{R_v T} = \frac{(2.38\text{kPa}) \times (75\text{m}^3)}{(0.4615\text{kPa} \cdot \text{m}^3/(\text{kg} \cdot \text{K})) \times (298\text{K})} = 1.30\text{kg}$$

实际上,水蒸气的质量也可以通过下面方法求得

$$m_v = d m_a = (0.0152) \times (85.61\text{kg}) = 1.30\text{kg}$$

11.5 露点温度与干湿球温度

一般来说,空气中水蒸气都处在过热蒸汽状态下. 如果在定压下冷却湿空气,则湿空气的相对湿度将会升高,继续冷却终将使湿空气达到饱和,再继续冷却将有凝结水产生. 于是定义,刚有凝结水产生时对应的湿空气温度为露点温度. 如图 11.5 所示的 p-v 图中,湿空气原来处于状态 1,经定压冷却,状态从 1 变化到了 2,与饱和蒸汽线相交,这时如果继续冷却湿空气,将马上有凝结水产生,于是与状态 2 对应的温度称为露点温度. 图 11.5 中的 T-s 图也给出了类似结果.

露点温度与
干湿球温度

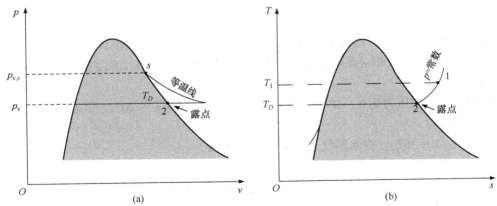

图 11.5　定压下冷却湿空气及露点温度在 p-v 和 T-s 中的表示

图 11.5 指出,露点温度正是水蒸气分压下对应的饱和温度,即

$$T_D = T_s \big|_{p_v = p_{v,s}} \tag{11.23}$$

当空气被冷却到露点温度后,如果继续冷却,将有凝结露珠产生,这也是把这点的温度叫

露点温度的原因. 在秋季的草丛中、冬季的窗口玻璃上以及冷饮罐的外壁上, 我们都可见到结露的现象. 事实上, 自然界的雨滴的形成过程也与空气的结露有关, 当暖湿气流遇到冷空气降温后, 将会产生结露现象, 从而形成降水过程. 空气温度降到露点温度之下后, 凝结过程已经形成, 空气中水蒸气分压减少, 但空气仍然保持饱和状态.

图 11.5 中的 p-v 图还给出了另外一个使水蒸气达到饱和的过程, 即状态 1 经等温线到达饱和状态 s 的过程. 状态点 s, 即是与状态点 1 的温度对应的饱和点, 饱和压力为 $p_{v,s}$, 它可以通过对空气增加与状态 1 温度一样的水蒸气来使空气加湿, 最后达到 s 的状态.

湿空气含湿量和焓的计算, 均涉及相对湿度 ϕ. 在电子相对湿度计发明出来之前, 工程上湿空气的相对湿度通常用干湿球温度计测量.

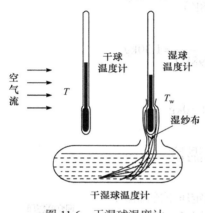

图 11.6　干湿球温度计

干湿球温度计是两支相同的普通玻璃温度计, 如图 11.6 所示. 一支用浸在水槽中的湿纱布包着, 称为湿球温度计; 另一支即普通温度计, 相对前者称为干球温度计. 将干、湿球温度计放在通风处, 使空气掠过两支温度计. 干球温度计上显示的温度 T 即是普通的湿空气温度, 称为干球温度; 湿球温度计上显示的数值要比干球温度低, 称为湿球温度 T_w. 由于湿纱布包着湿球温度计, 当空气未饱和时, 湿纱布上的水分就要蒸发, 水蒸发需要吸收汽化潜热, 从而使湿纱布上的水温降低, 温度计测量到的正是湿纱布上的温度, 所以温度显示要降低. 因此, 当空气是饱和空气时, 干球温度等于湿球温度, 当空气未饱和时, 湿球温度低于干球温度, 空气越干燥, 温度降低越多, 因为周围空气的吸湿能力越强. 当温度下降到一定程度时, 周围空气通过对流传给湿纱布的热量正好等于纱布表面水蒸发所需要的热量时, 湿球温度计的温度达到稳定平衡, 这就是湿球温度 T_w. 因此, 湿球温度 T_w 与水的蒸发速度及周围空气传给湿纱布的热量有关, 这两者又与相对湿度 ϕ 和干球温度 T 有关, 亦即相对湿度 ϕ 与 T_w 和 T 存在一定函数关系

$$\phi = \phi(T_w, T)$$

于是, 在测得干、湿球温度 T_w 和 T 后, 可通过附在干、湿球温度计上的计算公式求得相对湿度 ϕ. 这是测量空气相对湿度比较常用的方法, 但随着电子相对湿度仪的出现, 这种方法逐渐被淘汰.

例 11.3 设大气压力为 0.1MPa, 温度为 30℃, 相对湿度 ϕ 为 40%, 试求湿空气的露点温度、含湿量及比焓.

解 (1) 由 $T = 30$℃, 查水蒸气表得 $p_s = 4.245$kPa.
于是计算得到湿空气中水蒸气的分压为

$$p_v = \phi p_s = 0.4 \times 4.245 \text{kPa} = 1.698 \text{kPa}$$

再由 $p_v = 1.698$kPa, 查水蒸气表得与该分压对应的饱和温度为 $t_s = 14.3$℃, 此即为该湿空气的露点温度.

(2) 计算含湿量 d.

$$d = 0.622 \frac{p_v}{p_b - p_v} = 0.622 \times \frac{1.698}{1.0 \times 10^2 - 1.698} = 10.7 \times 10^{-3} \left(\text{kg / kg(a)} \right)$$

(3) 计算比焓.

$$h = 1.005t + d(2501 + 1.86t) = 1.005 \times 30 + 10.7 \times 10^{-3} \times (2501 + 1.86 \times 30)$$

$$= 57.51(\mathrm{kJ/kg(a)})$$

11.6　湿空气焓湿图($h\text{-}d$ 图)

焓湿图是湿空气特性计算中最常使用到的工程图,它包含了五个状态参数,已知两个特定的状态参数就可以在焓湿图上确定出其他状态参数,所以它使用起来非常方便. 另外,利用焓湿图还可以直观地判断出湿空气的变化过程和计算出过程的热湿交换量.

焓湿图的制作非常独特,虽然它以焓(h)为纵坐标,但等焓线却是与纵坐标成 135°,如图 11.7 所示. 横坐标是含湿量 d. 以此为基础,利用上述公式分别计算出等相对湿度线、等温线、等分压线. 注意,不同的大气压力下,焓湿图不同,所以大部分的焓湿图都是以大气压为 0.1MPa 制定的.

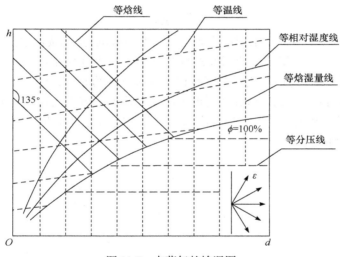

图 11.7　水蒸气的焓湿图

焓湿图的制作过程:

(1) 等焓线是与纵坐标成 135°夹角的直线.

(2) 等焓湿量线是一组与横坐标相垂直的直线. 在总压力不变的条件下,p_v 与 d 是一一对应的. 因此,d 的定值线即为 p_v 的定值线,p_v 的数值在图的上方用另一条横坐标表示. 或者,在饱和湿空气曲线($\phi = 1$)下面的空白区,给出 $p_\mathrm{v} = f(d)$ 的直线,并在右边的纵坐标上,读取与 d 对应的 p_v 数值.

(3) 等温线的确定.

根据湿空气比焓的表达式,即

$$h = 1.005t + d(2501 + 1.86t) \tag{11.24}$$

可知,当 t 不变时,h 与 d 呈直线关系. 因此,在 $h\text{-}d$ 图上,等温线是一条斜率恒为正值的直线. 随着温度的升高,等温线的斜率略有增大,所以等温线群是由斜率不同的直线所组成.

(4) 等相对湿度线.

湿空气的相对湿度由下式计算给出：

$$\phi = 0.622 \frac{dp_b}{(0.622 + d)\, p_{v,s}} \tag{11.25}$$

$\phi = 100\%$ 的等相对湿度曲线，称为饱和空气曲线. 曲线上的各点代表不同温度下的饱和空气. $\phi = 100\%$ 的饱和空气曲线，将 h-d 图分成两个区域. $\phi < 100\%$ 区域为未饱和湿空气区；相对湿度 $\phi = 100\%$ 曲线下方一般为空白，有时也称它为湿雾区，湿雾区一般没有确定的状态参数，自然界中也不存在 $\phi > 100\%$ 的湿空气.

在 d 一定的条件下，随着 T 的增大，ϕ 值下降. 因此，等相对湿度线的位置随相对湿度的下降而上移，是一条向下弯曲的曲线.

(5) 为了清晰地指出湿空气热力过程发生的方向，在某些 h-d 图上还给出了焓湿比线，它能指出热力过程的方向. 一般情况下，在湿空气的热力过程中，h 及 d 都会发生变化. 过程中 h 与 d 变化量的比值称为焓湿变化比(简称热湿比)，用 ε 表示，有

$$\varepsilon = \frac{\Delta h}{\Delta d} \tag{11.26}$$

焓湿图建立起来后，可以在焓湿图中表示出一些特殊的点，比如露点温度、湿球温度和干球温度等. 湿球温度计中，湿球上的润湿棉纱的蒸发，正是棉纱给空气的一个绝热加湿过程，所以它是沿着等焓线到达与饱和相对湿度线相交点所对应的温度，如图 11.8 中 B 点所示. 同样，湿空气沿着等压线降温到达饱和相对湿度线所对应的温度即为露点温度，如图 11.8 中 D 点所示. 沿着等温线等温加湿，一直到与饱和相对湿度线相交的 A 点，对应的水蒸气压力即是与温度 T 对应的饱和压力.

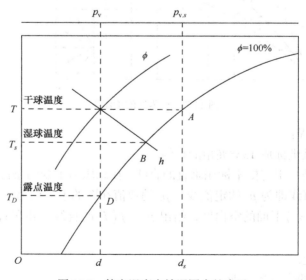

图 11.8　特定温度在焓湿图中的表示

例 11.4　已知某状态点 A 的空气温度为 T_A，相对湿度为 $\phi_A = 60\%$. 吸收热 $Q = 10000\text{kJ/h}$ 和吸湿 $M_w = 2\text{kg/h}$ 后，状态变为 B，并有 $h_B = 59\text{kJ}/\text{kg(a)}$，试利用焓湿图确定 B 点的位置.

解　根据已知条件，可以计算出过程的焓湿比

$$\varepsilon = \frac{Q}{M_\mathrm{w}} = \frac{10000}{2} = 5000\left(\frac{\mathrm{kJ}}{\mathrm{kg}}\right) = \frac{\Delta h}{\Delta d} = 5\left(\frac{\mathrm{kJ}}{\mathrm{g}}\right)$$

由于过程已知了起点 A，ε 指出了过程的变化方向. 于是，在焓湿图中以 A 为标准，任意增加 $\Delta d = 4$，那么 Δh 将增加 20，作 $(d_A + 4)$ 的等含湿量线与 $(h_A + 20)$ 等焓线相交于 C 点. 显然，过程的方向将指向 C 点，如图 11.9 所示. 又已知过程终了状态 B 的焓为 59kJ/kg(a)，以此画等焓线并与过程方向线相交于 B，此即为要求的 B 点位置.

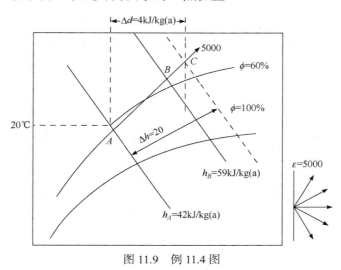

图 11.9　例 11.4 图

11.7　空气调节的基本过程

夏季高温和冬季低温都会引起人体的不舒适，所以冬季需要采暖、夏季需要空调，这就是典型的空气调节过程. 另外，空气中过高的水蒸气含量或过低的水蒸气含量也会引起人体的不舒适，所以也需要给空气加湿或除湿，这也是很典型的空气调节过程.

下面围绕这几种典型的空气调节过程，分别对空调过程中的热湿变化进行讨论与计算. 注意，在湿空气的热力过程中，由于可能产生水蒸气的凝结或水的蒸发，因此计算中除了要注意能量守恒之外，还必须注意质量守恒. 同时注意运用焓湿图表示过程的方向和性质.

干空气的质量平衡方程

$$\sum_{\mathrm{in}} m_\mathrm{a} = \sum_{\mathrm{out}} m_\mathrm{a} \quad (\mathrm{kg/s}) \tag{11.27}$$

水的质量平衡方程

$$\sum_{\mathrm{in}} m_\mathrm{v} = \sum_{\mathrm{out}} m_\mathrm{v} \quad \text{或} \quad \sum_{\mathrm{in}} m_\mathrm{a}d = \sum_{\mathrm{out}} m_\mathrm{a}d \quad (\mathrm{kg/s}) \tag{11.28}$$

不考虑空气流动的动能和势能的变化，稳定流动条件下，能量平衡方程

$$Q_{\mathrm{in}} + W_{\mathrm{in}} + \sum_{\mathrm{in}} mh = Q_{\mathrm{out}} + W_{\mathrm{out}} + \sum_{\mathrm{out}} mh \tag{11.29}$$

这里的功 W 主要表现为风扇消耗的电功. 如果不考虑电力消耗，则 W 等于 0.

11.7.1 加热或冷却过程

采暖和空调是典型的加热和冷却过程，过程的显著特征是含湿量不变，仅温度发生变化. 图 11.10 给出一个简单的空气加热或冷却系统示意图. 由于在加热或冷却中，水蒸气的量没有发生变化，所以过程沿定 d 线进行，如图 11.11 所示. 加热过程，温度上升，焓增加，相对湿度减小(沿 1—2)过程；冷却过程(1—3)焓减少，相对湿度增加. 对单位质量干空气而言，吸收或放出的热量为

$$Q = m_a\left(h_2 - h_1\right) \quad 或 \quad q = h_2 - h_1 \tag{11.30}$$

注意，加热过程中，空气焓增加，所以吸热量 Q 是正的；冷却过程中，空气焓减少，所以 Q 是负的.

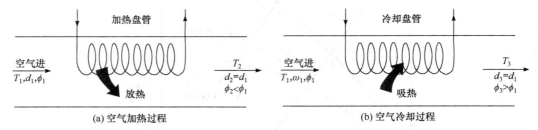

图 11.10　空气的加热或冷却系统

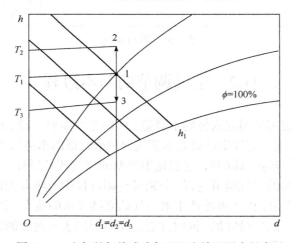

图 11.11　空气的加热或冷却过程在焓湿图中的表示

例 11.5　已知汽车驾驶舱空气的需求状态是温度 25℃，相对湿度 50%. 汽车的驾驶舱外向舱内的传热速率为 1500W. 汽车空调的供冷气状态为 10℃，相对湿度 80%. 试计算要求的供冷气的质量流率.

解　汽车空调的工作过程是空调系统给驾驶舱提供冷气，冷气进入驾驶舱内与原来舱内的空气混合，实现降温目的. 由于冷气不断进入，必然有等量的空气流出驾驶舱，而流出驾驶舱的空气是人们已经使用过的空气，所以它的状态正是人们需求的状态.

根据已知条件，查饱和水蒸气表得

$$h_{v,s}\left(t = 25℃\right) = 2546\text{kJ/kg}$$

$$h_{v,s}\left(t = 10℃\right) = 2518\text{kJ/kg}$$

$$p_{v,s}(t=25℃)=3.291\text{kPa}$$

$$p_{v,s}(t=10℃)=1.228\text{kPa}$$

计算得到进出口湿空气的含湿量为

$$d_2(t=25℃)=0.622\frac{\phi p_{v,s}}{p_b-\phi p_{v,s}}=0.01024\text{kg/kg(a)}$$

$$d_1(t=10℃)=0.00611\text{kg/kg(a)}$$

根据方程(11.15)驾驶舱进出口空气的比焓分别为

$$h_1=1.005t+dh_{v,s}=1.005\times10+0.00611\times2518=25.38(\text{kJ/kg})$$

$$h_2=1.005t+dh_{v,s}=1.005\times25+0.01024\times2546=51.19(\text{kJ/kg})$$

假设需求冷空气中干空气的质量流率为 $\dot{m}_a$，那么根据能量平衡方程得

$$Q+\dot{m}_ah_1=\dot{m}_ah_2$$

所以

$$\dot{m}_a=\frac{Q}{h_2-h_1}=\frac{1.500\text{kJ/s}}{51.19-25.38}=0.0581\text{kg/s}$$

这仅是干空气的质量流率，进入空气中还包括水蒸气，所以总流率应该为

$$\dot{m}=\dot{m}_a(1+d_1)=0.0581\times(1+0.00611)=0.05845(\text{kg/s})$$

即驾驶舱要求供冷气的质量流率是 0.05845kg/s.

11.7.2 加热加湿过程

在冬天，需要对建筑采暖，但空气温度升高后，相对湿度降低，引起不舒适性. 因此还需要对空气加湿，此即是加热加湿过程. 图 11.12 给出了加热加湿示意过程，并在焓湿图中对过程进行了图示.

在加湿段，空气的温度会出现两种情况，如果加湿器喷淋的是热水，那么 $T_3>T_2$；如果喷淋的是冷水，那么可能 $T_3<T_2$. 这需要根据实际需要而定. 总过程加热量为

$$Q=m_a(h_3-h_1)\quad 或\quad q=h_3-h_1 \tag{11.31}$$

加湿量为

$$m_w=m_a(d_3-d_2) \tag{11.32}$$

注意，这里忽略了进入湿空气的水的显热，一般来说这个显热是很小的.

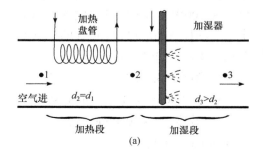

(a)

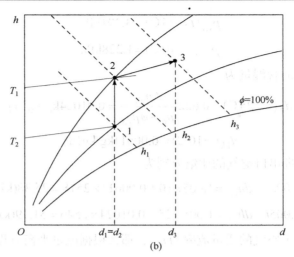

图 11.12 空气的加热加湿过程

如果在加温加湿过程中，没有图 11.12 中的加热段，而是直接对空气喷热水，则在焓湿图中出现如图 11.13 所示的增湿加温过程.

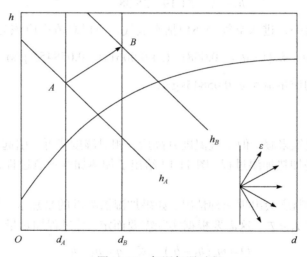

图 11.13 加温加湿过程

例 11.6 一个带有空调设备的房间保持在 18℃，空气相对湿度保持在 40%. 已知该空调房通过墙壁和窗等传入的显热为 3000W，且有 20 个人待在这个房间. 忽略所有其他的热量变化，问当供给该房间的空气温度为 10℃ 时，所需的空气容积流量和饱和度分别是多少？

参考数据：每人显热提供率为 100W，每人潜热提供率为 30W，大气压强为 101.325kPa

解 这个题目显然是一个空气的加热加湿过程，过程的终点就是室内空气需要的状态，即 $t_2 = 18℃$，$\phi_2 = 40\%$. 现在已知 $t_1 = 10℃$，求 $\dot{V}$ 和 ψ_1.

由题目所给条件，可以计算得到该空调房的热负荷分别为

$$\text{显热} = 3000 + (20 \times 100) = 5000(\text{W})$$

$$\text{潜热} = 20 \times 30 = 600(\text{W})$$

在 18℃ 时，查表可得 $p_{v,s,2} = 2.063\text{kPa}$，于是

$$d_2 = \frac{0.4 \times 0.622 \times 2.063}{101.325 - 2.063} = 0.00517$$

由于空气中的潜热增加，主要来源于人呼吸给出的水蒸气，查表 18℃时，水蒸气的汽化潜热为 2533.9kJ/kg，由空气的质量平衡关系得到

$$\dot{m}_a (d_2 - d_1) = \frac{600}{2533.9}$$

这里，$\dot{m}_a$ 是干空气质量流率。另外，室内的显热负荷主要由干空气和水蒸气增加温度来消纳，所以可以得到如下能量平衡方程：

$$5000 = \dot{m}_a (1.005 + 1.88 d_1) \times (18 - 10)$$

由上述质量平衡方程和能量平衡方程联立解得

$$d_1 = 0.00479$$
$$\dot{m}_a = 616.4 \text{kg/s}$$

根据含湿量的计算公式，得到

$$d_1 = 0.622 \cdot \frac{p - p_{a1}}{p_{a1}} = 0.00479$$

所以得到

$$p_{a1} = 100.55 \text{kPa}$$

把空气当作理想气体，可以计算出干空气的容积流率为

$$\dot{V} = \frac{\dot{m}_a}{\rho_{a1}} = \frac{616.4}{\dfrac{1.00551 \times 10^5}{287 \times 283}} = 498 (\text{m}^3/\text{s})$$

查表 10℃时的饱和水蒸气压力为 $p_{v,s,1} = 0.01227 \text{MPa}$，于是湿空气的饱和度为

$$\psi_1 = \frac{100 \times 0.00479 (1.01325 - 0.01227)}{0.622 \times 0.01227} = 62.8\%$$

如果精度要求不是太高，这个题目也可以直接利用焓湿图更快的求解得到。首先，可以利用终点的温度和相对湿度，在图上确定得到第二点的位置。然后，利用显热负载和潜热负载的比确定出空气状态变化的方向，即

$$\varepsilon = \frac{\text{显热负载}}{\text{潜热负载}} = \frac{5000 \text{W}}{\dfrac{600 \text{W}}{2533.9 \text{kJ/kg}}} = 21.115 \text{kJ/g}$$

以此方向，通过第二点画一条直线，与温度等于 10℃的等温线相交，就是第一点的状态，也是空气的进口状态，在此可以直接查到进口状态的相对湿度，与饱和度近似。最后，根据房间的总热负载与空气的焓变关系，计算得到

$$\dot{m}_a = \frac{5600 \text{W}}{h_2 - h_1}$$

即是所需的干空气质量流率，焓湿图上还可以查到比容积流率，最后得到空气的容积流率。

11.7.3 冷却去湿过程

在夏季的空调过程中，由于空气的相对湿度较大，当被冷却到露点温度以下时，就有蒸汽凝结成水，从而降低了空气的含湿量。这就是为什么常可看到空调的蒸发器有水流出的原因。图 11.14 给出了冷却去湿过程示意图并在焓湿图中表示。

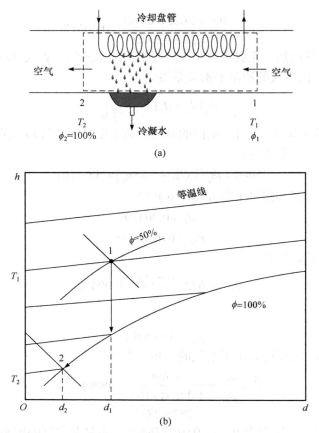

图 11.14 冷却去湿过程

首先，空气经历一个纯冷却过程，这个过程中含湿量不变，所以沿定含湿量线一直向下，直到与饱和相对湿度线相交，这时空气达到了饱和. 温度进一步降低，过程线沿着饱和相对湿度线向下发展，直到温度 T_2. 过程中含湿量从 d_1 变化到了 d_2. 所以析出的水量为

$$m_\text{w} = m_\text{a}\left(d_1 - d_2\right) \tag{11.33}$$

冷却去湿过程放出的热量为

$$q = h_2 - h_1 \tag{11.34}$$

放热为负，所以 q. 这里仍然忽略了凝出水的焓变.

例 11.7 空气进入空调系统前状态为 1atm、30℃、相对湿度 80%，体积流率为 $\dot{V} = 10\text{m}^3/\text{min}$. 离开空调系统时压力 1atm、温度 14℃，已知空气在流过空调系统时有部分水析出，并以 14℃温度排出系统. 求空气的热损失率和水的凝结速率.

解 显然这是一个典型的冷却去湿过程. 过程前后的状态示于图 11.15 中. 假设过程是稳态的，动能和势能变化可以不计.

查饱和水和饱和水蒸气表，可知 14℃液体饱和水的焓为 58.8kJ/kg，其他状态参数分别是

$$h_1 = 85.4\text{kJ/kg}(\text{a}) , \quad h_2 = 39.3\text{kJ/kg}(\text{a})$$

$$d_1 = 0.0216\text{kg/kg}(\text{a}), \quad d_2 = 0.0100\text{kg/kg}(\text{a}), \quad v_\text{a1} = 0.889\text{m}^3/\text{kg}(\text{a})$$

为此，列出系统的质量和能量平衡方程如下：

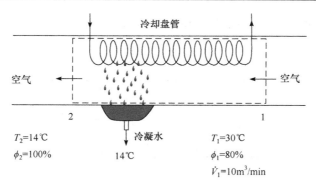

图 11.15　例 11.7 图

干空气质量平衡

$$m_{a1} = m_{a2} = m_a$$

水质量平衡

$$m_w = m_a(d_1 - d_2)$$

能量平衡

$$Q_{loss} = m_a(h_1 - h_2) - m_w h_w$$

那么

$$m_a = \frac{\dot{V}}{v_{a1}} = \frac{10\text{m}^3/\text{min}}{0.889\text{m}^3/\text{kg(a)}} = 11.25\text{kg/min}$$

$$m_w = m_a(d_1 - d_2) = 11.25 \times (0.0216 - 0.0100) = 0.131(\text{kg/min})$$

$$Q_{loss} = 11.25 \times (85.4 - 39.3) - 0.131 \times 58.8 = 511(\text{kJ/min})$$

因此，该空调的除水率为 0.131kg/min，除热速率为 511kJ/min.

11.7.4　绝热加湿过程

物品的干燥过程对湿空气而言是一个绝热加湿过程，对干燥空气喷雾冷却也是一个绝热加湿过程. 所谓绝热是指外界环境没有给空气加热，然而空气中的水蒸气增加了，根据能量守恒定律，空气的焓值应该保持不变.

图 11.16 所示为一个常见的绝热加湿过程. 湿空气的含湿量增加，加入的水的质量为

$$m_w = m_a(d_2 - d_1) \tag{11.35}$$

由于是一个绝热过程，进出系统的热量应该相等，所以

$$Q = H_2 - (H_1 + H_w) = m_a(h_2 - h_1) - m_w h_w = 0 \tag{11.36}$$

于是

$$m_a(h_2 - h_1) = m_a(d_2 - d_1)h_w \tag{11.37}$$

式中，H_w 和 h_w 分别是加入的水的焓和比焓. 由于水的比焓不大，而且 $(d_2 - d_1)$ 的值也很小，所以认为 $(d_2 - d_1)h_w \approx 0$，故有

$$(h_2 - h_1) \approx 0 \quad \text{或} \quad h_2 \approx h_1 \tag{11.38}$$

因此，湿空气的绝热加湿过程可以近似看作焓值不变的过程，如图 11.16 所示. 绝热加湿

过程中，含湿量和相对湿度都增加，温度降低，但焓值不变.

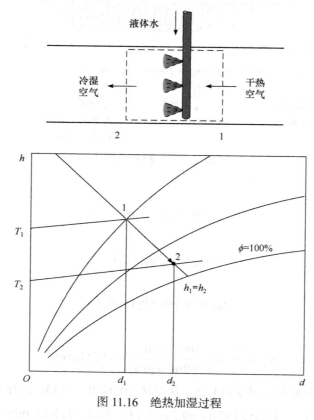

图 11.16 绝热加湿过程

例 11.8 将压力为100kPa、温度为25℃，相对湿度为 60%的湿空气在加热器中加热到50℃，然后送进干燥箱用以烘干物体. 从干燥箱出来的空气温度为40℃，试求在该加热及烘干过程中，每蒸发1kg水所消耗的热量.

解 根据题意，由 $t_1 = 25℃$、$\phi = 60\%$ 在 h-d 图上查得

$$h_1 = 56\text{kJ/kg(a)}, \quad d_1 = 0.012\text{kg/kg(a)}$$

加热过程含湿量不变了，$d_2 = d_1$，由 d_2 及 $T_2 = 50℃$ 查得

$$h_2 = 82\text{kJ/kg(a)}$$

空气在干燥箱内经历的是绝热加湿过程，有 $h_3 = h_2$，由 h_3 及 $T_3 = 40℃$ 查得

$$d_3 = 0.016\text{kg/kg(a)}$$

根据上述各状态点参数，可计算得每千克空气吸收的水分和所耗热量.

$$\Delta d = d_3 - d_2 = d_3 - d_1 = 0.016\text{kg/kg(a)} - 0.012\text{kg/kg(a)} = 0.004\text{kg/kg(a)}$$

$$q = h_2 - h_1 = 82\text{kJ/kg(a)} - 56\text{kJ/kg(a)} = 26\text{kJ/kg(a)}$$

11.8 湿空气的混合过程

很多情况下需要将不同状态的空气进行混合，以便得到所需的空气状态，这在大型建

筑、宾馆和医院的空气调节中经常使用. 因为, 从中央空调出来的空气状态并不一定是房间内要求的状态, 需要做二次调节, 最一般的方法就是利用不同状态的空气进行混合, 最终得到用户需要的状态.

如图 11.17 所示为两股湿空气的混合过程. 假设混合过程中, 散热可以忽略, 没有对空气做功, 空气流动的动能和势能的变化也可以忽略, 那么这就是一个简单的绝热混合过程.

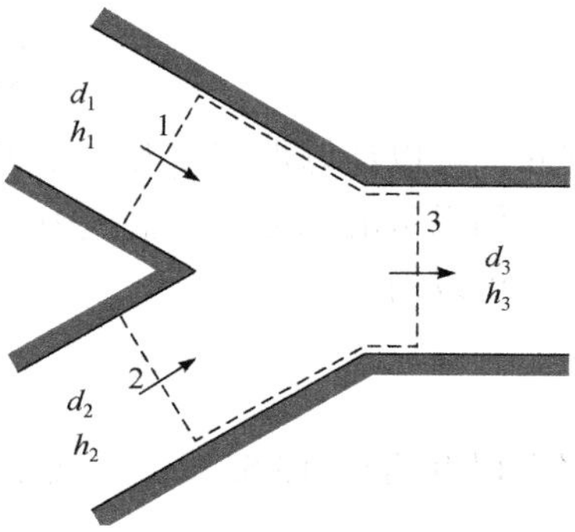

图 11.17　湿空气的混合

假定混合前两股流体的干空气的质量流率分别为 $\dot{m}_{a1}$ 和 $\dot{m}_{a2}$, 单位是 kg/s, 由质量守恒定律, 显然有

$$\dot{m}_{a1} + \dot{m}_{a2} = \dot{m}_{a3} \tag{11.39}$$

水蒸气的质量平衡为

$$d_1 \dot{m}_{a1} + d_2 \dot{m}_{a2} = d_3 \dot{m}_{a3} \tag{11.40}$$

由能量平衡方程得

$$\dot{m}_{a1} h_1 + \dot{m}_{a2} h_2 = \dot{m}_{a3} h_3 \tag{11.41}$$

由上面三个公式联立, 消去 m_{a3}, 得到

$$\frac{\dot{m}_{a1}}{\dot{m}_{a2}} = \frac{d_2 - d_3}{d_3 - d_1} = \frac{h_2 - h_3}{h_3 - h_1} \tag{11.42}$$

由上式进一步写出

$$\frac{h_3 - h_1}{d_3 - d_1} = \frac{h_2 - h_3}{d_2 - d_3} \tag{11.43}$$

这个公式说明, 在焓湿图中, 状态 2 到状态 3 的连线的斜率与状态 1 到状态 3 的斜率相同, 说明状态 1、状态 2 和状态 3 在焓湿图中处在相同的直线上, 并且图中线段长度的比为

$$\frac{\overline{23}}{\overline{31}} = \frac{\dot{m}_{a1}}{\dot{m}_{a2}} = \frac{d_2 - d_3}{d_3 - d_1} \tag{11.44}$$

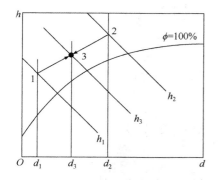

图 11.18　湿空气的混合过程

如图 11.18 所示.

例 11.9　气体 1 的干球温度为 1℃, 相对湿度为 80%; 气体 2 干球温度为 18℃, 相对湿度为 40%. 气体 1 与气体 2 以 1:3 的容积比例绝热混合. 计算混合物的温度和相对湿度. 已知大气压力为 0.101325MPa.

解　这个题目采用焓湿图来做比较简单. 根据已知条件, 可以确定 1 状态和 2 状态的位置, 从焓湿图可以查得 $v_{a1} = 0.78\text{m}^3/\text{kg}$, $v_{a2} = 0.831\text{m}^3/\text{kg}$. 又从已知条件可得

$$\frac{\dot{V}_2}{\dot{V}_1} = 3$$

$$\frac{\dot{m}_{a2}}{\dot{m}_{a1}} = \frac{\dot{V}_2}{v_{a2}} \times \frac{v_{a1}}{\dot{V}_1} = \frac{3 \times 0.78}{0.831} = 2.82$$

已知绝热混合后的状态点在状态点 1 和 2 的连线上, 线段长度比为

$$\frac{\overline{23}}{\overline{31}} = \frac{m_{a1}}{m_{a2}} = \frac{d_2 - d_3}{d_3 - d_1} = \frac{h_2 - h_3}{h_3 - h_1} = \frac{1}{2.82}$$

据此,可以计算得到 h_3 和 d_3,从焓湿图中可以查到 $t_3 = 13.6℃$,相对湿度为 48%.

如果考虑到蒸汽在空气中含量不多,湿空气的焓变主要来源于干空气的变化,那么上述计算还可以简化为

$$\frac{h_2 - h_3}{h_3 - h_1} = \frac{t_2 - t_3}{t_3 - t_1} = \frac{1}{2.82}$$

解方程得到 $t_3 = 13.55℃$,空气相对湿度为 48%,与上述方法结论非常相似.

*11.9 冷 却 塔

在动力电厂和大型的中央空调中,都有冷却塔,它的作用就是利用水和环境空气尽快地将生产中的废热带走. 图 11.19 给出了两种冷却塔的结构,它们的工作原理十分相似. 机械通风式冷却塔需要电风机强制循环空气,烟囱式的冷却塔利用烟囱抽气强制循环空气. 冷却塔中空气的热湿过程显示于图 11.20.

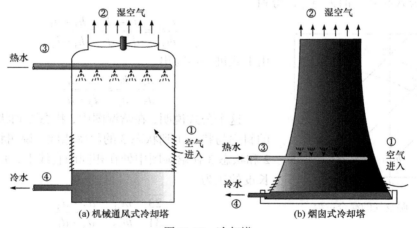

图 11.19 冷却塔

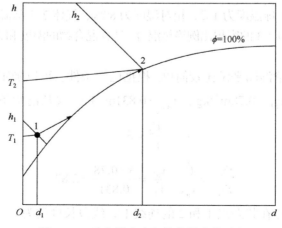

图 11.20 冷却塔中空气的热湿变化过程

外界空气从冷却塔的底部侧面进入塔内,与塔内喷淋器喷淋的热水产生逆流换热,将空气加温加湿,变成饱和高温湿空气,带走大量热量,从而将热水冷却成为冷水. 冷水在水泵的作用下再次循环到冷凝器或机器的散热部件中产生热交换,变成热水后再次返回到冷却塔中冷却,形成冷却循环. 冷却塔中由于空气不断带走水分,使得系统内部的水量不断减少,所以要定期给冷却塔增加冷却水.

冷却塔中,空气分别处在①和②状态,循环水分别处在③和④状态,根据能量和质量平衡关系,可以得到如下方程:

干空气质量平衡

$$m_{a1} = m_{a2} = m_a \tag{11.45}$$

水质量平衡

$$m_3 + m_{a1} d_1 = m_4 + m_{a2} d_2 \tag{11.46}$$

能量平衡

$$m_{a1} h_1 + m_3 h_3 = m_{a2} h_2 + m_4 h_4 \tag{11.47}$$

求解上述方程,得到需要空气的循环量为

$$m_a = \frac{m_3(h_3 - h_4)}{h_2 - h_1 - (d_2 - d_1) h_4} \tag{11.48}$$

在较短时间内,不考虑补水,那么单位时间带走的热量为

$$Q_{loss} = m_3 h_3 - m_4 h_4 = m_a (h_2 - h_1) \tag{11.49}$$

例 11.10　一个小型冷却塔每秒冷却 5.5kg、44℃水. 电动风扇驱动空气以 9m³/s 的速率通过这个塔,并已知系统消耗的功率为 4.75kW. 进气温度 18℃且相对湿度为 60%,排气为饱和空气且温度为 26℃. 假设塔气压恒定为 101.3kPa,从塔外补水. 计算: (1)所需补充水的质量流量;(2)水离开塔时的温度.

解　冷却塔各点的参数示于该例图 11.21 中.

(1) 分析进气过程.

查表可得 18℃下, $p_{v,s} = 2.063$kPa, 已知进气相对湿度为 60%,所以

$$p_{v1} = 0.6 \times 0.2063 = 1.238(\text{kPa})$$

$$p_{a1} = 101.3 - 1.238 = 100.06(\text{kPa})$$

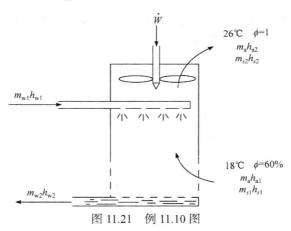

图 11.21　例 11.10 图

那么

$$\dot{m}_a = \frac{10^5 \times 1.006 \times 9}{10^3 \times 0.287 \times 291} = 10.78(\text{kg}/\text{s})$$

$$\dot{m}_{v1} = \frac{10^5 \times 0.01238 \times 9}{10^3 \times 0.4618 \times 291} = 0.0829(\text{kg/s})$$

(2) 分析排气过程.

排气为饱和空气，查表可得 26℃时，

$$p_{v,s2} = 3.360\text{kPa}$$

所以

$$d_2 = 0.622\left(\frac{p_{v,s2}}{p - p_{v,s2}}\right) = 0.02133$$

由此可以计算出排除空气带走的水分为

$$\dot{m}_{v2} = 10.78 \times 0.02133 = 0.23(\text{kg/s})$$

因此所需的补充水质量流量为 $\Delta m = \dot{m}_{v2} - \dot{m}_{v1} = 0.23 - 0.0829 = 0.1471(\text{kg/s})$

(3) 求水离开塔时的温度.

已知，$\dot{m}_{w1} = 5.5\text{kg/s}$

$$\dot{m}_{w2} = \dot{m}_{w1} - \Delta m = 5.5 - 0.1471 = 5.353(\text{kg/s})$$

应用稳态流动方程并忽略水和空气的动能和势能的变化，得到

$$\dot{W} + \dot{m}_{w1}h_{w1} + \dot{m}_{a1}h_{a1} + \dot{m}_{v1}h_{v1} = \dot{m}_{w2}h_{w2} + \dot{m}_{a2}h_{a2} + \dot{m}_{v2}h_{v2}$$

以 0℃为基准点计算各点的焓，并已知，$\dot{W} = 4.75\text{kW} = 4.75\text{kJ/s}$，结果如下：

$$h_{w1} = h_f \text{ 在 44℃时为 184.2kJ/kg}$$

$$h_{a1} = 1.005 \times (18-0) = 18.09(\text{kJ/kg})$$

$$h_{v1} = 2519.4 + 1.86(18-10.13) = 2534(\text{kJ/kg})$$

$$h_{v2} = h_{v,s2} \text{ 在 26℃时为 2548.4kJ/kg}$$

$$h_{a2} = 1.005 \times (26-0) = 26.13(\text{kJ/kg})$$

代入上述能量平衡方程中，可得 $5.353 h_{w2} = 556.3$，解得 $h_{w2} = 104\text{kJ/kg}$. 查表可得与此焓对应的水的温度为 24.8℃，此为水离开塔的温度.

本 章 小 结

湿空气是指含有水蒸气的空气. 湿空气中水蒸气的含量虽少，但对空气的性质影响很大，如果空气中水蒸气处于饱和状态，则称该湿空气为饱和空气，如果水蒸气处于过热状态，则称为未饱和空气. 未饱和空气还有吸收水蒸气的能力. 湿空气的总压力等于干空气分压力和水蒸气的分压力之和，即

$$p_b = p_a + p_v$$

湿空气的比焓为

$$h = 1.005t + d\left(2500.9 + 1.86t\right)$$

注意，湿空气的比焓是相对 1kg 干空气计算的. 这里，d 是湿空气的含湿率或称含湿量，计算公式如下：

$$d = \frac{m_v}{m_a} = 0.622\frac{p_v}{p_a} = 0.622\frac{p_v}{p_b - p_v}\,(\text{kg/kg(a)})$$

由于水蒸气的比焓只是温度的单值函数，所以水蒸气的比焓近似为该温度下的饱和水蒸气的比焓，于是湿空气的比焓可以近似为

$$h \approx 1.005t + dh_{v,s}$$

式中，$h_{v,s}$ 是温度 t 时饱和水蒸气的比焓，一般可以查表得到.

湿空气的绝对湿度是单位体积中水蒸气的质量，亦即是水蒸气的体积密度，即

$$\rho_v = \frac{1}{v_v} = \frac{p_v}{R_v T}$$

湿空气中水蒸气质量与它在相同温度下饱和湿空气中所包含的水蒸气质量之比称为相对湿度，如果把空气中水蒸气也看作理想气体，那么相对湿度也可以表示为水蒸气分压与其在饱和状态下水蒸气的分压之比，即

$$\phi = \frac{m_v}{m_{v,s}} = \frac{p_v V / R_v T}{p_{v,s} V / R_v T} = \frac{p_v}{p_{v,s}}$$

当然，相对湿度也可以定义为绝对湿度与同温度下饱和空气的绝对湿度之比，即

$$\phi = \frac{\rho_v}{\rho_{v,s}}$$

利用含湿量的概念，相对湿度也可以表示为

$$\phi = \frac{dp_b}{(0.622 + d)\,p_{v,s}}$$

相对湿度是一个介于 0 和 1 之间的数，干空气的相对湿度是 0，饱和空气的相对湿度是 1. d 保持不变的湿空气，相对湿度随温度升高而减小.

露点温度正是水蒸气分压下对应的饱和温度，即

$$T_D = T_s\big|_{p_v = p_{v,s}}$$

当空气被冷却到露点温度后，如果继续冷却，将有凝结露珠产生，所以叫露点温度.

焓湿图是空调工程中最常使用到的工程图，它包含了五个状态参数，已知两个特定的状态参数就可以在焓湿图上确定出其他状态参数，利用焓湿图也可以直观地判断出湿空气的变化过程和计算过程的热湿交换量. 最常用到的湿空气过程有：加热与冷却过程、冷却去湿过程、绝热加湿过程和加热加湿过程.

问题与思考

11-1 已知相对湿度为 60%、温度为 20℃ 的湿空气被加热到 35℃，试简要说明该过程中湿空气的焓、含湿量和相对湿度的变化趋势.

11-2 什么是露点温度？对于未饱和湿空气，其露点温度、干球温度和湿球温度的大小关系如何？

11-3 冬季供暖时，房间的温度升高，此时室内空气的相对湿度、含湿量、比焓如何变化？

11-4 为什么冬季的晴天虽然气温较低但晒衣服容易干，而夏季闷热潮湿天气则不易干？

11-5 我们说过水蒸气一般不能当作理想气体看待，但在湿空气一章中，我们却把水蒸气当作理想气体看待，解释其原因.

11-6 为什么冬季人在室外呼出的气体会产生白雾，这是湿空气的什么过程？冬天室内采暖时，为什么会感到非常干燥？

11-7 太阳照射到海面上，产生水蒸气进入空气中，湿空气上升受到降温形成云彩，在经风吹，来到陆地上空，经与冷空气交汇后，形成雨滴降落到陆地上. 试用湿空气过程解释这其中的现象.

11-8 是否含湿量越大，空气的相对湿度就越高？

11-9 在湿空气的焓湿图中，分别发生了如图 11.22 所示的四个过程，分别指出它们是什么过程. 哪个是加热加湿过程？

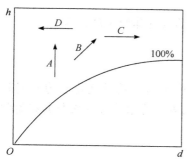

图 11.22 思考题 11-9 图

11-10 刚性容器内原来储有湿空气，现让其保持温度不变，充入干空气，问容器内的湿空气参数 ϕ、d、p_v 如何变化？若让封闭气缸内的湿空气定压升温，问湿空气参数 ϕ、d、p_v、h 如何变化？

11-11 用所学的湿空气知识，解释车内驾驶舱玻璃结雾的原因，提出处理方法.

11-12 为什么湿空气中的水蒸气都是处在过热状态下的？有过饱和湿空气吗？

11-13 何谓空气的绝对湿度和相对湿度？引进相对湿度的意义是什么？

11-14 何谓干球温度、湿球温度和露点温度？它们分别在焓湿图中的什么位置？

11-15 在室内晾湿衣服，最后衣服被晾干了，这是什么过程？

11-16 两种不同状态的湿空气混合，它们的最后状态点在焓湿图上一般处在哪里？

11-17 冷却塔中出口的湿空气温度是否有可能比进口的环境温度还低？

11-18 你认为相对湿度与绝对湿度哪一个对人体的舒适性影响更大？

11-19 尽管空气中的水蒸气一般都处于过热蒸汽状态，为什么我们仍然可以用饱和的水蒸气焓值来代表该过热蒸汽的焓值？

11-20 某人声称，他设计了一种只喷与环境温度相同的冷水的空调机，并能在夏季炎热时降低周围空气的温度. 请问他的设计是可能的吗？

本章习题

11-1 空气的参数为 $p_b = 0.1 \text{MPa}$，$t_1 = 20 \text{℃}$，$\phi_1 = 30\%$. 在加热器中加热到 $t_2 = 85 \text{℃}$ 后送入烘箱去烘干物体. 从烘箱出来时空气温度 $t_3 = 35 \text{℃}$，试求从烘干物体中吸收 1kg 水分所消耗的干空气质量和热量.

11-2 一房间内空气压力为 0.1MPa，温度为 5℃，相对湿度为 80%. 由于暖气加热使房间温度升至 18℃. 试求供暖后房内空气的相对湿度.

11-3 在容积为 100m³ 的封闭室内，空气的压力为 0.1MPa，温度为 25℃，露点温度为 18℃. 试求室内空气的含湿量和相对湿度. 若此时室内放置盛水的敞口容器，容器的加热装置使水能保持 25℃ 定温蒸发空气达到定温下饱和空气状态. 试求达到饱和空气状态下空气的含湿量和水的蒸发量.

11-4 一个封闭的刚性箱体中最初含有 0.5m³ 的平衡状态下的湿空气，以及 0.1m³ 的温度为 80℃、压力为 0.1MPa 的液体水. 若该箱体内物质被加热至 200℃，请问：

(1) 末状态压力为多少？

(2) 传热量为多少？

11-5 一个体积为 3 m³ 的封闭刚性空间中最初含有 100℃、0.44MPa 和 40% 相对湿度的空气. 请问当该空间内物质被冷却至 80℃、20℃ 时的传热量分别为多少？

11-6　已知一个 240m³ 的房间里的压力为 98kPa，温度为 23℃，相对湿度为 50%，请问该房间的干空气及水蒸气的质量分别为多少？

11-7　一房间中含有 25℃、65%相对湿度的空气. 当窗户的温度下降至 10℃时，是否有水冷凝在窗户的内表面上？

11-8　一房间中的空气的压力为 1atm，干球温度为 24℃，湿球温度为 17℃. 请使用焓湿图确定：

    (1) 绝对湿度；

    (2) 湿空气的比焓；

    (3) 相对湿度；

    (4) 露点温度.

11-9　一个空调系统吸入 1atm、34℃、70%相对湿度的空气后，释放出 22℃ 和 50%相对湿度的空气. 当空气首次流经冷却管时，其被冷却及除湿. 接着其流过热电阻发热丝后被加热至所需温度. 假设 10℃ 的冷却部件上的冷凝水被及时清除. 请确定：

    (1) 空气流经加热部件前的温度；

    (2) 冷却部件带走单位质量干空气的热量(以 kJ/kg(a)为单位表示)；

    (3) 加热部件对单位质量干空气的传热量(以 kJ/kg(a)为单位表示).

11-10　在寒冷的天气，由于房间内靠近窗户的温度很低，窗户的内表面通常会有水滴凝结. 若房间中含有 20℃、75%相对湿度的空气. 请问当窗户温度低至多少℃时，湿空气开始在窗户内表面冷凝？

11-11　1atm 的空气经悬挂式湿度计测量后可知其干球温度和湿球温度分别为 25℃ 和 15℃. 请确定空气的

    (1) 绝对湿度；

    (2) 相对湿度；

    (3) 湿空气的比焓.

11-12　若一房间中含有 1atm、35℃ 和 40%相对湿度的空气. 请使用焓湿图，确定：

    (1) 绝对湿度；

    (2) 湿空气的比焓；

    (3) 湿球温度；

    (4) 露点温度；

    (5) 干空气的比容.

11-13　一个房间 38m³ 保持温度 25℃，压力保持为 1atm. 已知房内空气的露点温度是 14℃. 如果一个开口的盛水盆被置于房内，计算其最大的蒸发损失.

11-14　已知水蒸气和干空气在 50℃、1atm 下混合，它们的质量分数分别为 4% 和 96%. 计算该湿空气中水蒸气的容积分数、水蒸气分压和相对湿度.

11-15　空气进入一个自然抽风的冷却塔时状态为 1atm、温度为 13℃、相对湿度为 50%. 来自透平系统冷却器的热水温度 60℃，以 22.5kg/s 的速率被喷雾进入塔内，未被蒸发的水以 27℃ 的温度离开冷却塔. 已知空气离开冷却塔时温度为 38℃，并已经饱和，压力仍然为 1atm. 计算：

    (1) 空气的体积流率(以 m³/s 为单位表示)；

    (2) 要求的补水速率(以 kg/s 为单位表示).

11-16　一个强迫通风冷却塔，热水以 15kg/s 速率和 27℃ 温度进入冷却塔，以 21℃ 离开冷却塔. 1atm 的环境空气被抽入塔内，已知其干球温度 23℃，湿球温度 17℃，离开塔时是 25℃ 的饱和空气. 风扇功率为 5kW. 假设热蒸汽的比焓与同温度下的饱和蒸汽比焓相同，并且塔内的压力始终保持为常数. 计算所需的空气质量流率和补水速率.

    注意，空气中的水蒸气分压可由下式计算：

$$p = p_b - (t_{DB} - t_{WB}) \times 6.748 \times 10^{-4}$$

这里，压力单位是 bar；t_{DB} 是干球温度，t_{WB} 是湿球温度，单位是℃.

第 12 章　气体流动与喷管的热力过程

气体流动是自然界和工业过程中最常见的物理现象之一. 冬季凛冽的北风,家庭烟囱中流动的烟气,以及管道中输送的天然气等,都是气体的流动过程. 生产中时常需要用到高压气体,因此,喷管、扩压管、节流阀和管路设备等都是我们常见的气体输送设备. 本章将主要讨论气体流动过程中的热力学特点和它们的能量平衡关系. 重点讨论喷管和扩压管中,气体能量传递、转换和流动的特性,以及它们与设备几何尺寸的变化规律.

12.1　稳定流动的基本方程

在 2.6 节中,我们对开放系统的稳定流动过程进行了初步讨论,给出了开放系统稳定流动的能量平衡方程

$$Q = W_{\mathrm{sh}} + m\left(h_2 + \frac{c_2^2}{2} + gz_2\right) - m\left(h_1 + \frac{c_1^2}{2} + gz_1\right) \tag{2.62}$$

2.6 节的内容是这章的基础. 在稳定流动过程中,流体在任何位置的参数都是不随时间变化的,这个特点给我们带来了很多方便. 但由于管道尺寸的变化、摩擦力的存在和传热的影响等,使得不同地点的热力学参数显然是不同的,研究不同地点的热力学参数之间的关系,是本节的重点内容. 为了讨论方便,我们常常要做一些假设,比如假设同一截面上的热力学参数有相同的数值,这样问题就简化为沿流动方向上的一维问题. 另外,如果流动非常缓慢,则可假设为等压过程;流动很快可以假设为绝热过程,即等熵过程;饱和蒸汽的流动,可以假设为等温过程等. 一般的热力管道中,都包有隔热材料,流体流经热力设备时,比如流经喷管时,时间都很短,其沿管道壁的散热与气体焓比起来小得多,因此可以认为是可逆绝热过程. 于是,本章将主要讨论可逆绝热流动过程中的热力学关系式.

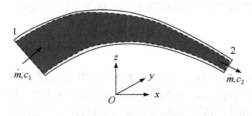

图 12.1　单进出口的一个控制容积系统

12.1.1　稳定一维流动的动量方程

气体一般被当作为可压缩流体,分析可压缩流体问题时,一般应该采用热力学公式进行计算. 对一个如图 12.1 所示的控制容积系统,它只有一个进口和一个出口,因此可以当作一维问题处理. 它的动量应该满足牛顿第二定律方程

系统内部动量的变化率 = 施加在系统上的力 + 流入系统动量净值

然而,本节讨论的是稳定流动过程,系统中任何一点的参数都是不随时间变化的. 因此,系统内部动量的变化率应该等于零. 于是有

施加在系统上的力 = 流出系统动量 − 流入系统动量

假设作用在该系统上的力为 $\boldsymbol{F}$ (矢量),并已知单位时间进入系统的动量是 $\dot{m}_1 c_1$,流出系统

的动量是 $\dot{m}_2 \boldsymbol{c}_2$，那么根据牛顿第二定律方程，应该有

$$\boldsymbol{F} = \dot{m}_2 \boldsymbol{c}_2 - \dot{m}_1 \boldsymbol{c}_1 \tag{12.1}$$

这里 $\boldsymbol{c}$ 是工质流动的速度矢量，$\dot{m}_1$ 和 $\dot{m}_2$ 分别是进出系统的质量，对于稳定流动过程，$\dot{m}_1 = \dot{m}_2 = \dot{m}$. 此时，应该有

$$\boldsymbol{F} = \dot{m}(\boldsymbol{c}_2 - \boldsymbol{c}_1) \tag{12.2}$$

上式即是稳定一维流动的动量方程.

12.1.2　稳定一维流动的连续性方程

　　我们知道，任何宏观系统的质量都不会无缘无故地消失，对于如图 12.2 所示的稳定流动系统，控制容积中的质量应该保持恒定，所以流进流出的质量流率应该是一样的. 进一步说，流道上任何截面上的质量流量是相同的，于是有

$$\rho A c = 常数$$

这里，ρ 是某截面上流体的密度，A 是流道截面积，c 是截面上流体的流速. 上式写成微分形式

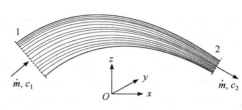

图 12.2　一维稳定流动系统

$$\mathrm{d}(\rho A c) = 0 \tag{12.3}$$

进一步写成

$$A c \mathrm{d}\rho + \rho A \mathrm{d}c + \rho c \mathrm{d}A = 0 \tag{12.4}$$

两边除上 $\rho A c$ 得

$$\frac{\mathrm{d}\rho}{\rho} + \frac{\mathrm{d}c}{c} + \frac{\mathrm{d}A}{A} = 0 \tag{12.5}$$

由于气体密度正好是其比容的倒数，即 $\rho = 1/v$，所以上述方程又被写为如下形式：

$$\frac{\mathrm{d}c}{c} + \frac{\mathrm{d}A}{A} - \frac{\mathrm{d}v}{v} = 0 \tag{12.6}$$

这里，式(12.5)或者式(12.6)都被称为稳定流动的连续性方程.

12.1.3　稳态绝热流动能量方程的微分形式

　　式(2.62)给出了稳定流动过程的能量平衡方程，如果在流动中没有与外界换热，也没有对外做功，如果再忽略势能的影响，那么能量平衡方程变为

$$h_2 + \frac{c_2^2}{2} = h_1 + \frac{c_1^2}{2} \tag{12.7}$$

这是研究喷管内流动能量变化的基本方程，也适用于不可逆过程. 上式说明，在绝热不对外做功的稳定流动中，任何截面上工质的焓与动能之和为常数. 如果气体动能增加，则工质比焓一定减小，反之亦然. 如果 1 状态点是进口，2 状态点是出口，那么，出口状态下的工质速度可以表示为

$$c_2 = \sqrt{2(h_1 - h_2) + c_1^2} \tag{12.8}$$

工质的焓变可以表示为

$$h_2 - h_1 = \frac{c_1^2}{2} - \frac{c_2^2}{2} \tag{12.9}$$

写成微分形式，上式变为

$$\mathrm{d}h = -c\mathrm{d}c \tag{12.10}$$

这个方程也进一步告诉我们，在流动方向上，如果流动速度增加，那么工质的比焓必然减少.

在绝热流动中，如果流体受到障碍物的阻碍，速度慢慢变成了零，此过程称为绝热滞止过程. 假设流体在绝热滞止时的焓为 h_0，那么从式(12.7)得到

$$h_0 = h_2 + \frac{c_2^2}{2} = h_1 + \frac{c_1^2}{2} = h + \frac{c^2}{2} \tag{12.11}$$

h_0 称为滞止焓，它等于任一截面上气体的焓加上动能. 气体滞止时的温度和压力分别称为滞止温度和滞止压力，分别用 T_0 和 p_0 表示.

在绝热滞止过程中，如果过程可以看作是可逆的，则过程的熵不会改变，因此可以用可逆绝热过程的方法计算其他热力学参数. 特别是，如果工质是理想气体，并认为气体比热容是常数，那么计算就变得更为简单，此时气体的焓可以表示为

$$h = c_p T \tag{12.12}$$

注意，此时假设了某个温度参考点的焓是零. 于是，式(12.11)可以表示为

$$c_p T_0 = c_p T + \frac{c^2}{2} \tag{12.13}$$

所以，滞止温度可由下式计算：

$$T_0 = T + \frac{c^2}{2c_p} \tag{12.14}$$

这里，T 和 c 分别是同一个截面上的温度和流速. 对理想气体可逆绝热过程，满足 $pv^\gamma =$ 常数，压力和温度的关系、比容和温度的关系可以分别表示为

$$p_0 = p\left(\frac{T_0}{T}\right)^{\frac{\gamma}{\gamma-1}} \tag{12.15}$$

$$v_0 = v\left(\frac{T}{T_0}\right)^{\frac{1}{\gamma-1}} \tag{12.16}$$

式中，T、v 和 p 分别是同一个截面上的温度、比容和压力；p_0 和 v_0 分别为滞止压力和滞止比容. 方程(12.14)和方程(12.15)说明，滞止温度和滞止压力都大于任何截面上的气体温度和压力.

值得指出的是，方程(12.11)对工质是水蒸气情况也是适用的，可以根据已知截面上的焓值和动能值，计算出水蒸气的滞止焓 h_0，其他滞止参数可以从水蒸气的 h-s 图上读得，此时要记得过程熵不变.

12.2　声速和马赫数

我们知道，声速是微小扰动在连续介质中产生的压力波的传播速度. 声波可以在气体、液体和固体介质中传递，声速的大小与介质的密度、性状等密切相关. 本节主要讨论在气体介质

中的声速.

假设有如图 12.3 所示的一个压力波产生系统, 活塞在一个微小时间内, 对右边的工质产生了一个推动, 推动速度为 c_s. 考虑紧靠活塞右边的一个控制容积体, 用虚线围起来的部分. 那么, 在活塞推动之后, 控制容积内工质的压力、温度和密度都发生了变化, 分别变成了 $p + \Delta p$, $T + \Delta T$ 和 $\rho + \Delta \rho$. 而且控制容积体内工质也产生了一个流动速度增量 Δc.

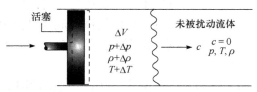

图 12.3　声波产生的示意图

在稳定状态下, 根据质量守恒定律, 控制体内的工质质量应该保持不变, 所以有

$$\rho A c_s = (\rho + \Delta \rho) A (c_s - \Delta c) \tag{12.17}$$

上式变化后, 得到

$$c_s \Delta \rho - \rho \Delta c - \Delta \rho \Delta c = 0 \tag{12.18}$$

如果扰动很小, 所以上式中左边第三项可以忽略. 于是得到

$$\Delta c = (c_s / \rho) \Delta \rho \tag{12.19}$$

式中, c_s 是当地声速, Δc 是当地气体流速的变化.

另外, 方程(12.2)给出了一个一维流动的动量方程, 可以被用于这个控制体中. 假设活塞推动气体的距离很小, 并忽略气缸壁的摩擦力和重力的影响, 那么施加到这个控制容积体上有意义的力就只有左右两边压力差产生的力, 于是, 根据动量方程得到

$$pA - (p + \Delta p) A = \dot{m}(c_s - \Delta c) - \dot{m} c_s \tag{12.20}$$

并注意, $\dot{m} = \rho A c_s$, 最后得到

$$\Delta p = \rho c_s \Delta c \tag{12.21}$$

结合方程(12.20)和(12.21), 最后得到

$$c_s = \sqrt{\frac{\Delta p}{\Delta \rho}} \tag{12.22}$$

上式声速方程的推导是近似的, 但也得到了实验的证实. 在上式的推导过程中, 我们忽略了控制容积体与外界交换的热量, 即认为是绝热过程, 所以式(12.17)只在绝热过程中适用, 于是可以进一步写为

$$c_s = \sqrt{\left(\frac{\partial p}{\partial \rho}\right)_s} \tag{12.23}$$

考虑到气体密度是比容的倒数, 所以上式可以进一步写为

$$c_s = \sqrt{-v^2 \left(\frac{\partial p}{\partial v}\right)_s} \tag{12.24}$$

这正是已经在第 11 章中给出的声速公式. 对于理想气体定熵过程, 有

$$\left(\frac{\partial p}{\partial v}\right)_s = -\gamma \frac{p}{v}$$

所以，当地声速为

$$c_s = \sqrt{\gamma R_{\mathrm{g}} T} \tag{12.25}$$

可见，声速不是一个固定常数，它与气体性质及状态有关，很多时候它甚至是一个状态参数. 在流动过程中，流道截面是不断变化的，所以气体在流动过程中，状态也是不断变化的，当然声速也在不断变化. 为了区别在不同状态下气体的声速，引入"当地声速"的概念. 所谓当地声速就是指流道某截面上的声速.

例 12.1 当空气温度为 T=300K 时，计算空气中的声速. 此时取 γ =1.4.

解 首先计算空气的气体常数

$$R_{\mathrm{g}} = \frac{8.314 \mathrm{N} \cdot \mathrm{m}}{28.97 \mathrm{kg} \cdot \mathrm{K}}$$

代入式(12.25)，得

$$c_s = \sqrt{1.4 \times \frac{8.314 \mathrm{N} \cdot \mathrm{m}}{28.97 \mathrm{kg} \cdot \mathrm{K}} \cdot 300 \mathrm{K} \cdot \frac{1 \mathrm{kg} \cdot \mathrm{m/s}^2}{1\mathrm{N}}} = 347 \mathrm{m/s}$$

即在空气中声速大约为 347m/s.

在研究气体流动时，把气体的流速与当地声速的比值称为马赫数，这是一个非常重要的参数，用符号 Ma 表示

$$Ma = \frac{c}{c_s} \tag{12.26}$$

当马赫数 $Ma < 1$ 时，气体流速小于当地声速，称为亚声速流动；当马赫数 $Ma = 1$ 时，气体流速等于当地声速；当马赫数 $Ma > 1$ 时，气体流速大于当地声速，称为超声速流动. 现在许多飞机和火箭的飞行速度都非常快，常常超过当地声速，所以称为超声速飞行.

12.3　流道截面对声速的影响

12.1 节的式(12.5)明确告诉我们，流道截面对流体的速度有重要影响，肯定也会影响到当地声速.

$$\frac{\mathrm{d}\rho}{\rho} + \frac{\mathrm{d}c}{c} + \frac{\mathrm{d}A}{A} = 0 \tag{12.5}$$

从能量平衡的角度分析一维流动，我们也得到了方程(12.10)

$$\mathrm{d}h = -c\mathrm{d}c \tag{12.10}$$

另一方面，从热力学第一定律出发，对一个开放系统，可以得到能量守恒方程

$$T\mathrm{d}s = \mathrm{d}h - v\mathrm{d}p \tag{12.27}$$

考虑到流动过程是可逆绝热过程，$\mathrm{d}s = 0$，并知道比容与密度呈互为倒数关系，所以上式变为

$$\mathrm{d}h = \frac{1}{\rho}\mathrm{d}p \tag{12.28}$$

这个方程说明，当在流动方向上压力增加时，工质的比焓也增加. 如果用密度和比熵作为自变量，将压力表示成 $p = p(\rho,s)$ ，并将压力展开为微分形式，得

$$dp = \left(\frac{\partial p}{\partial \rho}\right)_s d\rho + \left(\frac{\partial p}{\partial s}\right)_\rho ds \tag{12.29}$$

由于流动为等熵流动，所以 $ds = 0$. 于是，上式可以写为

$$dp = c_s^2 d\rho \tag{12.30}$$

上式说明，当在流动方向上压力增加时，工质的密度也增加. 结合式(12.10)和(12.28)，可以得到

$$\frac{1}{\rho}dp = -cdc \tag{12.31}$$

将式(12.30)代入上式，立即得到

$$c_s^2 = -\rho c \frac{dc}{d\rho} \tag{12.32}$$

上式说明，声速不但与当地气体速度和密度有关，还与速度随密度的变化率有关. 将式(12.32)代入方程(12.3)中，消去密度参数，得到

$$\frac{dA}{A} = \frac{dc}{c}\left[\left(\frac{c}{c_s}\right)^2 - 1\right] \tag{12.33}$$

这里，c 是当地工质流速，c_s 是当地声速，c/c_s 正是当地马赫数 Ma. 所以，上式变为

$$\frac{dA}{A} = \frac{dc}{c}(Ma^2 - 1) \tag{12.34}$$

上式给出了气体流道截面变化与流体流速变化的相互关系，两者还与当地马赫数有关，即与当地声速有关. 它是设计喷管或者扩压管的重要方程.

利用式(12.34)，可以对喷管或者扩压管的流道面积变化做初步的分析. 喷管的目的是获得更高的流体速度，所以流体流过喷管时流速增加，压力下降，气体绝热膨胀，考虑到这个要求，气流的截面变化规律如下：

$Ma < 1$，亚声速流动，$dA < 0$，要求流道截面收缩；

$Ma = 1$，等声速流动，$dA = 0$，流道截面收缩至最小；

$Ma > 1$，超声速流动，$dA > 0$，要求流道截面扩张.

具体地说是：亚声速气流要做成渐缩喷管；超声速气流要做成渐扩喷管；气体由亚声速连续增加至超声速要做成渐缩渐扩喷管(缩放喷管，也叫拉瓦尔喷管). 拉瓦尔喷管的最小截面处称为喉部，喉部处的气流速度即是声速. 部分喷管形状与马赫数的关系如图 12.4 所示.

与喷管的作用相反，扩压管的目的是提高气流终了状态的压力，所以气流在扩压管中是绝热压缩过程，压力逐渐增加，速度逐渐减小. 气流的截面变化规律如下：

$Ma > 1$，超声速流动，$dA < 0$，要求流道截面收缩；

$Ma = 1$，等声速流动，$dA = 0$，流道截面收缩至最小；

$Ma < 1$，亚声速流动，$dA > 0$，要求流道截面扩张.

具体地说是：对超声速气流要做成渐缩形状；对亚声速气流要做成渐扩形状；当气体由超声速连续降低至亚声速时，要做成渐缩渐扩形扩压管，如图 12.5 所示.

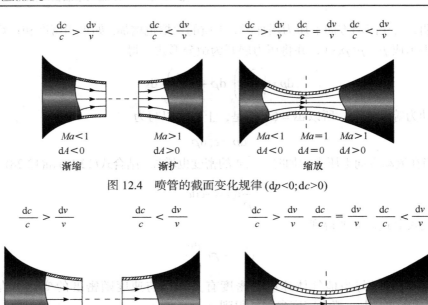

$\frac{dc}{c} > \frac{dv}{v}$
$\frac{dc}{c} < \frac{dv}{v}$
$\frac{dc}{c} > \frac{dv}{v}$ $\frac{dc}{c} = \frac{dv}{v}$ $\frac{dc}{c} < \frac{dv}{v}$
Ma<1
dA<0
渐缩
Ma>1
dA>0
渐扩
Ma<1
dA<0
Ma=1
dA=0
Ma>1
dA>0
缩放

图 12.4 喷管的截面变化规律 ($dp<0;dc>0$)

$\frac{dc}{c} > \frac{dv}{v}$
$\frac{dc}{c} < \frac{dv}{v}$
$\frac{dc}{c} > \frac{dv}{v}$ $\frac{dc}{c} = \frac{dv}{v}$ $\frac{dc}{c} < \frac{dv}{v}$
Ma>1
dA<0
渐缩
Ma<1
dA>0
渐扩
Ma>1
dA<0
Ma=1
dA=0
Ma<1
dA>0
缩放

图 12.5 扩压管的截面变化规律 ($dp>0;dc<0$)

12.4 喷管和扩压管的设计计算

喷管和扩压管都是具有流道截面积连续、光滑变化的工业设备，被广泛应用于工业生产活动中，比如海水淡化系统中的喷射式真空泵、火箭发动机后端的喷口和喷射式发动机中气体加速设备等，都会使用到典型的喷管部件. 当我们需要高速的气体流动时，喷管就是一种简单有效的最好选择. 简单地说，喷管就是一种流体流动的加速设备，扩压器就是一种流体流动的减速设备. 在对喷管和扩压管的设计中，通常需要根据工质的进口参数和质量流率，确定在不同背压条件下的外形和几何尺寸，有时也需要确定不同条件下的出口流速和流量.

12.4.1 流速及流率的计算

喷管和扩压管都是不对外做功的设备，由于流速非常快，所以对外的传热量也可以忽略. 如果进口压力为 p_1，比焓为 h_1，流速为 c_1，那么根据稳定流动方程，可以得到流道内任意截面上的工质比焓和流速满足如下方程：

$$h_1 + \frac{c_1^2}{2} = h + \frac{c^2}{2} \tag{12.35}$$

可以得到该截面上，流速满足的方程为

$$c = \sqrt{2(h_1 - h) + c_1^2} \tag{12.36}$$

如果已知流道截面积为 A，当地工质比容为 v，那么可以计算该界面上的质量流率为

$$\dot{m} = \frac{cA}{v} \tag{12.37}$$

在对喷管和扩压管的设计中，有一个参数是非常重要的，那就是单位质量流率所需要的流道面积，定义为

$$k = \frac{A}{\dot{m}} = \frac{v}{c} \tag{12.38}$$

代入速度方程(12.36)，立即得到

$$k = \frac{v}{c} = \frac{v}{\sqrt{2(h_1 - h) + c_1^2}} \tag{12.39}$$

上式告诉我们，为了计算单位质量流率所需要的流道面积 k，必须设法知道该截面上的比容和比焓，这在实际设计中，往往是很难得到的. 如果过程是无摩擦的可逆过程，情况会简单得多，因为熵是不变的. 在这种情况下，可以绘制出横截面积随压力的变化曲线，对理想气体，还可以利用 $pv^\gamma = 常数$ 和 $dh = c_p dT$ 这样的数学关系，判断状态参数对流速的影响.

如果入口条件确定，那么就容易得到流道截面积 A、比容 v 和流速 c 等参数与工质压力的变化关系. 图 12.6 给出了几个典型曲线. 总体来看，当比容的增加速率小于流速的增加速率时，截面积是降低的，而当比容的增加速率大于流速的增加速率时，截面积是增加的. 实现速度连续的增加，就是一个缩放喷管，喷管的最小截面处称为喉部. 由图也可以发现，比容在比较宽的范围内基本都是常数，只有在压力很低的情况下，比容才迅速升高. 因此，对于液体工质来说，由于液体的可压缩性很小，所以喷管截面积总是渐缩的，可以提升到很高的流速.

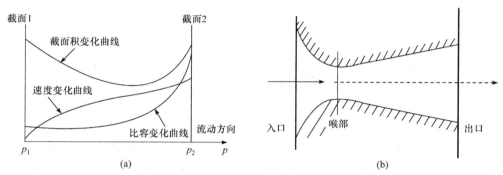

图 12.6　喷管截面积、流速和比容随压力的变化关系

12.4.2　临界温度比和临界压力比

缩放喷管的喉部截面是气流从马赫数小于 1 向马赫数大于 1 的转换截面，所以喉部截面也称为临界截面，截面上各参数被称为临界参数. 临界参数用下标 cr 表示，如临界压力 p_{cr}、临界温度 T_{cr}、临界比体积 v_{cr} 和临界流速 c_{cr} 等. 临界截面上 $Ma = \dfrac{c_{cr}}{c_s} = 1$，所以据式(12.25)，得到临界截面上的流速为

$$c_{cr} = c_s = \sqrt{\gamma R_g T_{cr}} = \sqrt{\gamma p_{cr} v_{cr}} \tag{12.40}$$

另一方面，式(12.14)给出滞止温度与其他截面上温度的关系为

$$k = \frac{A}{\dot{m}} = \frac{v}{c} \tag{12.41}$$

对理想气体并认为比热容为常数，$c_p = \gamma R_g / (\gamma - 1)$. 将式(12.40)代入式(12.14)，立即得到

$$\frac{T_0}{T} = 1 + \frac{c^2}{2Tc_p} = 1 + \frac{(\gamma-1)}{2} \cdot \frac{c^2}{c_s^2} \tag{12.42}$$

即

$$\frac{T_0}{T} = 1 + \frac{(\gamma-1)}{2} \cdot Ma^2 \tag{12.43}$$

这里，T_0 为滞止温度.

为了讨论方便，常将临界温度与滞止温度的比称为临界温度比；将临界压力与滞止压力的比称为临界压力比. 由于在临界点上，马赫数为 1，所以由式(12.43)很容易得到临界温度比为

$$\frac{T_{\text{cr}}}{T_0} = \frac{2}{\gamma+1} \tag{12.44}$$

对于 $\gamma = 1.4$ 的空气，可以计算临界温度比为

$$\frac{T_{\text{cr}}}{T_0} = \frac{2}{\gamma+1} = 0.833 \tag{12.45}$$

已知工质是理想气体，对可逆绝热过程，有

$$\frac{T_{\text{cr}}}{T_0} = \left(\frac{p_{\text{cr}}}{p_0}\right)^{(\gamma-1)/\gamma} \tag{12.46}$$

很容易得到临界压力比为

$$\frac{p_{\text{cr}}}{p_0} = \left(\frac{2}{\gamma+1}\right)^{\gamma/(\gamma-1)} \tag{12.47}$$

由此可见，对于常比热容的理想气体来说，临界压力比和临界温度比都很容易通过气体的绝热指数求得，比如，对绝热指数 $\gamma = 1.4$ 的空气

$$\frac{p_{\text{cr}}}{p_0} = 0.5283 \tag{12.48}$$

也就是说，如果 10bar 的空气通过一个渐缩喷管，需要背压 5.283bar，才能使气体以声速通过出口. 或者说，对一个缩放喷管，喉部压力是 5.283bar. 对于 $\gamma = 1.3$ 的二氧化碳气体来说

$$\frac{p_{\text{cr}}}{p_0} = 0.5457 \tag{12.49}$$

因此，有了临界压力比后，对讨论其他参数来说就变得非常方便. 对喷管或者扩压管的设计来说，喉部面积的确定也是非常重要的. 对理想气体工质，喷管任意截面面积与喉部面积的比可以借助上面的讨论得到. 首先，由质量守恒原理，可以得到

$$\rho A c = \rho_{\text{cr}} A_{\text{cr}} c_{\text{cr}} \tag{12.50}$$

所以

$$\frac{A}{A_{\text{cr}}} = \frac{\rho_{\text{cr}} c_{\text{cr}}}{\rho c} \tag{12.51}$$

然后，借助声速和马赫数的定义公式，立即得到

$$\frac{A}{A_{\text{cr}}} = \frac{1}{M} \cdot \frac{p_{\text{cr}}}{p} \cdot \left(\frac{T}{T_{\text{cr}}}\right)^{1/2} \tag{12.52}$$

再利用式(12.43)和理想气体绝热过程压力和温度的关系，上式变为

$$\frac{A}{A_{\mathrm{cr}}} = \frac{1}{Ma} \cdot \left[\left(\frac{2}{\gamma+1} \right) \cdot \left(1 + \frac{\gamma-1}{2} Ma^2 \right) \right]^{(\gamma+1)/2(\gamma-1)} \tag{12.53}$$

上式说明，面积比不但与马赫数有关，也与绝热指数有关. 对绝热指数 $\gamma = 1.4$ 的空气，可以得到面积比随马赫数的变化关系曲线，如图 12.7 所示. 当马赫数为 1 时，是喉部，面积比是 1.

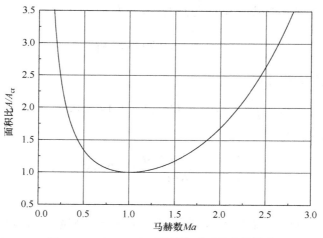

图 12.7　$\gamma = 1.4$ 时，马赫数对面积比的影响

由此可以看出，马赫数对喷管或者扩压管设计的重要性，马赫数对温度比、压力比和面积比都有影响. 特别是，在相同的面积比情况下，可能对应两个马赫数，即对于亚声速和超声速的流体，其要求的马赫数是不同的，这在设计中必须重视.

例 12.2　已知空气压力 8.6bar 和温度为 190℃，以 4.5m/s 的速度进入一个缩放喷管，最后到达背压为 1.03bar 的空间. 假设进口速度可以忽略，计算喷管喉部和出口截面积.

解　已知喷管为缩放型喷管，忽略进口流速，因此可以利用方程(12.47)，即临界压力比可以计算如下：

$$\frac{p_{\mathrm{cr}}}{p_0} = \left(\frac{2}{\gamma+1} \right)^{\gamma/(\gamma-1)} = \left(\frac{2}{1.4+1} \right)^{1.4/(1.4-1)} = 0.5283$$

于是，计算得到临界压力为

$$p_{\mathrm{cr}} = 0.5283 \times 8.6 = 4.543(\mathrm{bar})$$

同样，利用方程(12.45)，可以得到临界温度为

$$T_{\mathrm{cr}} = 385.8\mathrm{K}$$

根据理想气体方程，可以计算得到临界面积上的比容为

$$v_{\mathrm{cr}} = \frac{R_{\mathrm{g}} T_{\mathrm{cr}}}{p_{\mathrm{cr}}} = 0.244\mathrm{m}^3/\mathrm{kg}$$

又可以计算喉部流速(等于声速，$Ma=1$)为

$$c_{\mathrm{cr}} = \sqrt{\gamma R_{\mathrm{g}} T_{\mathrm{cr}}} = 393.7\mathrm{m/s}$$

于是，利用方程(12.37)计算喉部面积为

$$A_{\mathrm{cr}} = \frac{\dot{m} v_{\mathrm{cr}}}{c_{\mathrm{cr}}} = 0.00279\mathrm{m}^2$$

由于已知进口气体的温度, 可以利用理想气体绝热过程, 求出口处温度

$$\frac{T_1}{T_2} = \left(\frac{p_1}{p_2}\right)^{(\gamma-1)/\gamma} = 1.834$$

所以, $T_2 = 252.5K$.

再利用理想气体方程, 可以求出出口点的比容, 为

$$v_2 = \frac{R_g T_2}{p_2} = 0.7036 \text{m}^3/\text{kg}$$

出口流速可以利用能量方程计算

$$c_2 = \sqrt{2(h_1 - h_2)} = \sqrt{2c_p(T_1 - T_2)} = 650.5 \text{m}/\text{s}$$

最后, 可以算得出口面积为

$$A_2 = \frac{\dot{m} v_2}{c_2} = \frac{4.5 \times 0.7036}{650.5} = 0.00487 (\text{m}^2)$$

即是问题的解

例 12.3 氦气以 6.9bar 和温度 93℃的状态进入一个渐缩喷管, 进口速度可以忽略. 经绝热膨胀后进入一个压力为 3.6bar 的空间. 已知氦气比热容为 $c_p = 5.19 \text{kJ}/(\text{kg} \cdot \text{K})$, 摩尔质量为 4kg/kmol, 并可以当作理想气体. 计算每平方米出口面积的质量流率.

解 已知工质是氦气, 并已知其定压比热容和摩尔质量, 所以

$$R_g = \frac{8314.5}{4} = 2079 (\text{J}/(\text{kg} \cdot \text{K}))$$

根据比热容与气体常数的关系, 可得

$$\gamma = \frac{c_p}{c_p - R_g} = \frac{5190}{5190 - 2079} = 1.667$$

利用临界压缩比的计算公式, 并注意工质为理想气体, 所以

$$\frac{p_{cr}}{p_0} = \left(\frac{2}{\gamma+1}\right)^{\gamma/(\gamma-1)} = 0.487$$

即临界压力为 $p_{cr} = 0.487 \times 6.9 = 3.36 \text{bar}$, 小于背压, 说明气体在出口没有到达临界点. 根据理想气体绝热条件下状态参数之间的关系方程

$$\frac{T_1}{T_2} = \left(\frac{p_1}{p_2}\right)^{(\gamma-1)/\gamma} = \left(\frac{6.9}{3.6}\right)^{0.4} = 1.297$$

得到

$$T_2 = \frac{93 + 273}{1.297} = 282.2 (\text{K})$$

根据方程(12.36), 并忽略进口速度, 所以

$$c_2 = \sqrt{2(h_1 - h_2)} = \sqrt{2c_p(T_1 - T_2)} = 932.7 \text{m}/\text{s}$$

另外, 根据理想气体方程, 可以算出出口状态下的比容为

$$v_2 = \frac{R_g T_2}{p_2} = 1.63 \text{m}^3/\text{kg}$$

因此，根据质量流量方程，可以计算得到出口质量流率为

$$\dot{m} = \frac{A_2 c_2}{v_2} = \frac{1 \times 932.7}{1.63} = 572.3 (\text{kg/s})$$

即每平方米出口面积的质量流率为 572.3kg/s.

*12.5　有摩阻的绝热流动及喷管效率

任何实际流体在管道中流动都是存在阻力的，因为管壁与流体之间会存在摩擦. 因此，在实际流动过程中会存在能量耗散，部分动能将转化为热能，热能又会加热工质流体，使流体温度升高，故实际流动过程都是不可逆的. 上面的讨论仅局限于可逆绝热流动，对实际过程就需要修正.

因为流体在许多情况下流速很快，因此通过管壁的传热是很小的，仍然可以假定与外界的换热可以忽略，所以流动过程仍然是绝热的. 因此，可以确定流动中过程的熵流为零，即 $s_f = 0$. 但由于摩阻的存在，熵产显然不为零，$s_g > 0$，过程的总熵增等于熵产，即 $\Delta s = s_f + s_g = s_g > 0$. 由于摩阻的存在，能量出现耗散，从㶲分析的角度看，工质的㶲将损失，直接的结果是出口速度将变小.

工程上常用"速度系数" φ 和"能量损失系数" ξ 来表示出口速度的下降和动能的减小. 速度系数的定义为

$$\varphi = \frac{c}{c_{\text{re}}} \tag{12.54}$$

能量损失系数定义为

$$\xi = \frac{c_{\text{re}}^2 - c^2}{c_{\text{re}}^2} = 1 - \varphi^2 \tag{12.55}$$

这里，c 是实际过程的出口速度，c_{re} 是理想可逆流动时的出口速度. 速度系数依赖喷管的形式、材料及加工精度而定，一般在 0.92～0.98 之间.

稳定流动能量方程(12.7)仅要求过程是绝热和不对外做功，对过程是否可逆没有要求，故也可以用于对实际气体流动的计算，对实际流动仍然有

$$h_0 = h_2 + \frac{c_2^2}{2} = h_1 + \frac{c_1^2}{2} = h_{2,\text{re}} + \frac{c_{2,\text{re}}^2}{2} \tag{12.56}$$

这里，$h_{2,\text{re}}$ 和 $c_{2,\text{re}}$ 分别是理想可逆流动时出口状态的焓和流速；h_2 和 c_2 分别是实际流动时出口状态的焓和流速. 上式表明，出口动能的减小，将引起出口焓的增加. 焓的增加量即为动能的减少值.

$$(h_{2,\text{re}} - h_2) = \left(\frac{c_2^2}{2} - \frac{c_{2,\text{re}}^2}{2} \right) \tag{12.57}$$

对于一个具体的喷管来说，由于摩擦阻力的存在，将使过程不是可逆的，在喷管中的膨胀过程将不再是等熵过程，而是一个熵增过程. 图 12.8(a)和(b)分别给出了蒸汽和理想气体在实际喷管中的过程曲线，终态的熵值总是增加的. 1—2s 代表了理想的可逆绝热膨胀，1—2 代表了实际的不可逆绝热膨胀.

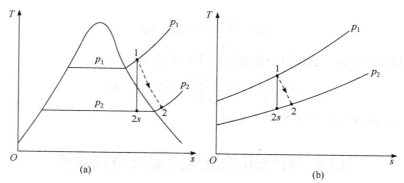

图 12.8　蒸汽(a)和理想气体(b)在喷管中的膨胀过程

　　为了评价喷管的优劣，引进喷管效率的概念，定义为在相同压降时实际焓降与理想可逆绝热过程焓降之比，即喷管效率定义为

$$\eta_n = \frac{h_1 - h_2}{h_1 - h_{2,\text{re}}} \qquad (12.58)$$

对理想气体，上式可以进一步写为

$$\eta_n = \frac{c_p(T_1 - T_2)}{c_p(T_1 - T_{2,\text{re}})} = \frac{(T_1 - T_2)}{(T_1 - T_{2,\text{re}})} \qquad (12.59)$$

$T_{2,\text{re}}$ 是理想过程出口温度，也是可逆定熵过程的出口温度，有时也写为 T_{2s}. 根据流动方程的能量平衡关系(12.56)，喷管效率也可以写为

$$\eta_n = \frac{c_2^2 - c_1^2}{c_{2,\text{re}}^2 - c_1^2} \qquad (12.60)$$

当进口速度可以忽略时，喷管效率变为

$$\eta_n = \frac{c_2^2}{c_{2,\text{re}}^2} = \varphi^2 \qquad (12.61)$$

另一个有用的参数是喷管的流量系数，定义为

$$\varepsilon = \frac{\dot{m}}{\dot{m}_s} \qquad (12.62)$$

式中，$\dot{m}$ 是实际过程的质量流率；$\dot{m}_s$ 是等熵过程的质量流率.

　　事实上，对一个实际的喷管或者扩压管设计，需要考虑的因素还有很多，比如形状、横截面的扩展角、材料和流体的工作压力和温度等，这些都需要根据实际条件具体计算. 一般先按照理想情况求出出口速度，再根据速度系数求出实际出口速度. 摩擦损耗的动能转化为热能，又被工质吸收，提升工质温度，焓值增加，故可以用能量损失系数求出出口焓值，而出口的其他参数可由出口焓和出口压力确定.

　　例 12.4　气体通过一个推进喷管，压力和温度分别从 3.5bar 和 425℃下降到背压 0.97bar，质量流率为 18kg/s. 已知该喷管的质量流量系数和效率分别为 0.99 和 0.94. 计算喉部和出口面积[气体的 $\gamma = 1.333$ 和 $c_p = 1.11\text{kJ}/(\text{kg} \cdot \text{K})$，忽略进口速度].

　　解　先计算临界压力

$$\frac{p_{\text{cr}}}{p_0} = \left(\frac{2}{\gamma + 1}\right)^{\gamma/(\gamma - 1)} = 0.54$$

即 $p_{\mathrm{cr}} = 0.54 \times 3.5 = 1.89(\mathrm{bar})$. 说明这是一个缩放喷管.

计算临界温度

$$T_{\mathrm{cr}} = \frac{2}{\gamma + 1} T_0 = 598.4\mathrm{K}$$

计算临界流速

$$c_{\mathrm{cr}} = \sqrt{2\left(h_1 - h_{\mathrm{cr}}\right)} = \sqrt{2 c_p \left(T_1 - T_{\mathrm{cr}}\right)}$$

$$c_{\mathrm{cr}} = \sqrt{2 \times 1.11 \times 10^3 \times \left(698 - 598.4\right)} = 470.3(\mathrm{m/s})$$

又根据比热容和绝热系数，可以计算该气体的气体常数为

$$R_{\mathrm{g}} = \frac{(\gamma - 1) c_p}{\gamma} = 277.3\mathrm{J/(kg \cdot K)}$$

再由理想气体状态方程求出临界比容为

$$v_{\mathrm{cr}} = \frac{R_{\mathrm{g}} T_{\mathrm{cr}}}{p_{\mathrm{cr}}} = \frac{277.3 \times 598.4}{1.98 \times 10^5} = 0.878(\mathrm{m}^3/\mathrm{kg})$$

由已知的质量流率和质量流系数，可以计算理想的质量流率

$$\dot{m}_s = \frac{\dot{m}}{\varepsilon} = \frac{18}{0.99} = 18.18(\mathrm{kg/s})$$

因此，可以计算喉部截面积为

$$A_{\mathrm{cr}} = \frac{\dot{m}_s v_{\mathrm{cr}}}{c_{\mathrm{cr}}} = \frac{18.18 \times 0.878}{470.3} = 0.0339(\mathrm{m}^2)$$

下步计算出口面积，先计算出口温度，如果过程是等熵理想的，那么

$$\frac{T_1}{T_{2s}} = \left(\frac{p_1}{p_2}\right)^{(\gamma-1)/\gamma} = \left(\frac{3.5}{0.97}\right)^{0.333/1.333} = 1.378$$

因此，$T_{2s} = 506.6\mathrm{K}$.

喷管内的膨胀显然是一个不可逆过程，气体的膨胀过程在 T-s 图上的表现如图 12.9 所示.

过程 1—2 代表了喷管中的实际过程，过程 1—c—$2s$ 代表了喷管中的理想过程. 已知喷管效率等于 0.94，由

$$\eta_n = 0.94 = \frac{\left(T_1 - T_2\right)}{\left(T_1 - T_{2,\mathrm{re}}\right)} = \frac{698 - T_2}{698 - 506.6}$$

得到，$T_2 = 518.1\mathrm{K}$. 再由理想气体状态方程，得

$$v_2 = \frac{R_{\mathrm{g}} T_2}{p_2} = \frac{277.3 \times 518.1}{0.97 \times 10^5} = 1.48(\mathrm{m}^3/\mathrm{kg})$$

求出口流速

$$c_2 = \sqrt{2\left(h_1 - h_2\right)} = \sqrt{2 c_p \left(T_1 - T_2\right)}$$

$$c_{\mathrm{cr}} = \sqrt{2 \times 1.11 \times 10^3 \times \left(698 - 518.1.4\right)} = 632(\mathrm{m/s})$$

最后，求得出口面积如下：

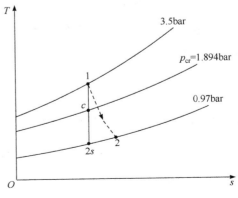

图 12.9　例 12.4 图

$$A_2 = \frac{\dot{m}_2 v_2}{c_2} = \frac{18.0 \times 1.48}{632} = 0.0422(\text{m}^2)$$

此即问题的解.

本 章 小 结

1. 绝热滞止焓和滞止温度

如果在稳定流动中没有与外界换热, 也没有对外做功, 忽略势能的影响, 那么由稳定流动方程给出

$$h_2 + \frac{c_2^2}{2} = h_1 + \frac{c_1^2}{2}$$

工质的焓变可以表示为

$$h_2 - h_1 = \frac{c_1^2}{2} - \frac{c_2^2}{2}$$

在绝热流动中, 如果流体速度慢慢变成了零, 此过程称为绝热滞止过程. 假设流体在绝热滞止时的焓为 h_0, 则

$$h_0 = h_2 + \frac{c_2^2}{2} = h_1 + \frac{c_1^2}{2} = h + \frac{c^2}{2}$$

气体滞止时的温度和压力分别称为滞止温度和滞止压力, 分别用 T_0 和 p_0 表示. 如果工质是理想气体, 并认为气体比热容是常数, 那么气体的焓可以表示为

$$h = c_p T$$

滞止温度可由下式计算:

$$T_0 = T + \frac{c^2}{2c_p}$$

这里, T 和 c 分别是同一个截面上的温度和流速.

2. 声速和马赫数

声速是微小扰动在连续介质中产生的压力波的传播速度. 如果认为压力波传播经历绝热过程, 则声速公式为

$$c_s = \sqrt{\left(\frac{\partial p}{\partial \rho}\right)_s}$$

考虑到气体密度是比容的倒数, 所以上式可以进一步写为

$$c_s = \sqrt{-v^2 \left(\frac{\partial p}{\partial v}\right)_s}$$

对于理想气体定熵过程, 有

$$\left(\frac{\partial p}{\partial v}\right)_s = -\gamma \frac{p}{v}$$

所以，当地声速为

$$c_s = \sqrt{\gamma R_g T}$$

3. 流道截面对声速影响

流道截面对流体的速度有重要影响，也影响到当地声速. 流道截面、当地工质流速、当地声速之间的关系为

$$\frac{\mathrm{d}A}{A} = \frac{\mathrm{d}c}{c}(Ma^2 - 1)$$

4. 喷管和扩压管的流速及流率

喷管和扩压管流道内任意截面上的工质比焓和流速满足如下方程：

$$h_1 + \frac{c_1^2}{2} = h + \frac{c^2}{2}$$

该截面上，流速方程为

$$c = \sqrt{2(h_1 - h) + c_1^2}$$

该截面上，质量流率为

$$\dot{m} = \frac{cA}{v}$$

单位质量流率所需要的流道面积为

$$k = \frac{A}{\dot{m}} = \frac{v}{c} = \frac{v}{\sqrt{2(h_1 - h) + c_1^2}}$$

5. 临界温度比和临界压力比

缩放喷管的喉部截面称为临界截面，截面上各参数被称为临界参数. 临界截面上的流速为

$$c_{\mathrm{cr}} = c_s = \sqrt{\gamma R_g T_{\mathrm{cr}}} = \sqrt{\gamma p_{\mathrm{cr}} v_{\mathrm{cr}}}$$

滞止温度与其他截面上温度的关系为

$$T_0 = T + \frac{c^2}{2c_p}$$

对理想气体并认为比热容为常数，$c_p = \gamma R_g / (\gamma - 1)$. 那么

$$\frac{T_0}{T} = 1 + \frac{c^2}{2Tc_p} = 1 + \frac{(\gamma - 1)}{2} \cdot \frac{c^2}{c_s^2}$$

即

$$\frac{T_0}{T} = 1 + \frac{(\gamma - 1)}{2} \cdot Ma^2$$

这里，Ma 是马赫数，T_0 为滞止温度.

常将临界温度与滞止温度的比称为临界温度比；将临界压力与滞止压力的比称为临界压力比. 由于在临界点上，马赫数为 1，所以

$$\frac{T_{\mathrm{cr}}}{T_0} = \frac{2}{\gamma + 1}$$

对于理想气体可逆绝热过程，有

$$\frac{T_{cr}}{T_0}=\left(\frac{p_{cr}}{p_0}\right)^{(\gamma-1)/\gamma}$$

很容易得到临界压力比为

$$\frac{p_{cr}}{p_0}=\left(\frac{2}{\gamma+1}\right)^{\gamma/(\gamma-1)}$$

喷管任意截面面积与喉部面积的比为

$$\frac{A}{A_{cr}}=\frac{1}{Ma}\cdot\left[\left(\frac{2}{\gamma+1}\right)\cdot\left(1+\frac{\gamma-1}{2}Ma^2\right)\right]^{(\gamma+1)/2(\gamma-1)}$$

6. 有摩阻的绝热流动及喷管效率

工程上常用"速度系数" φ 和"能量损失系数" ξ 来表示出口速度的下降和动能的减小. 速度系数的定义为

$$\varphi=\frac{c}{c_{re}}$$

能量损失系数定义为

$$\xi=\frac{c_{re}^2-c^2}{c_{re}^2}=1-\varphi^2$$

这里，c 是实际过程的出口速度，c_{re} 是理想可逆流动时的出口速度. 当进口速度可以忽略时，喷管效率变为

$$\eta_n=\frac{c_2^2}{c_{2,re}^2}=\varphi^2$$

喷管的流量系数，定义为

$$\varepsilon=\frac{\dot{m}}{\dot{m}_s}$$

式中，$\dot{m}$ 是实际过程的质量流率；$\dot{m}_s$ 是等熵过程的质量流率.

问题与思考

12-1 试讨论影响气体流速的因素.

12-2 写出稳定流动的连续性方程.

12-3 定熵流动必须满足什么条件？讨论定熵流动对实际系统有意义吗？

12-4 什么是绝热滞止过程？在绝热滞止时，滞止焓如何计算？

12-5 对理想气体，它的滞止温度如何计算？

12-6 喷管和扩压管的基本区别有哪些？它们分别在什么场合使用？当空气进入扩压器并开始减速时，其压力会增加还是会减小？

12-7 在高空飞行与在低空飞行，哪里容易达到更高的马赫数？

12-8 滞止状态与临界状态各有什么特征？滞止截面与临界截面分别出现在何处？

12-9 气流在渐缩喷管中定熵流动，如果初压、背压及喷管尺寸都无变化，只是提高初温，试问喷管出口流速及流量如何变化？

12-10 在分析气体流动时，哪一项体现了工质的特性？

12-11　当有摩擦损耗时，喷管的流出速度同样可以用 $c_2 = \sqrt{2(h_0 - h_2)}$ 来计算，与无摩擦时的公式形式相同，那么摩擦的影响主要体现在哪里呢？

12-12　当气流分别为亚声速和超声速时，图 12.10 所示形状的管道适合做喷管还是扩压管？

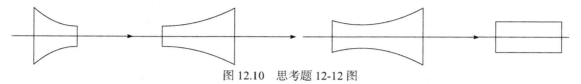

图 12.10　思考题 12-12 图

12-13　下面哪种介质中声音传播更快：空气、钢铁和水？声音能够在真空中传播吗？

12-14　插入高速流动工质中的温度计，测出的温度值是否会偏离工质的实际温度？原因为何？

12-15　常见的河流，遇到河道狭窄处，水流速度会明显加快，很少遇到流道变宽时水流速度增大的情况. 而气体在喷管中流动加速时，会出现喷管截面积逐渐扩大的情况，为什么？

12-16　某种气体工质的速度保持不变，则其马赫数是否发生变化？为什么？

12-17　一商用客机以 1050km/h 的速度在 10km 的高空巡航，机舱外空气温度为−50℃. 问该条件下客机飞行为亚声速还是超声速？

12-18　工质在渐缩喷管中做亚声速流动，若保持入口参数不变，现降低外界的背压，则出口流速、压力和流量如何变化？

本 章 习 题

12-1　图 12.11 中(a)为渐缩喷管，(b)为缩放喷管，设 p_1=10bar，p_b=1bar. 若沿截面 3-3 将喷管尾部切掉，将可能产生哪些后果？出口截面上的压力、流速和流量将会发生什么变化？

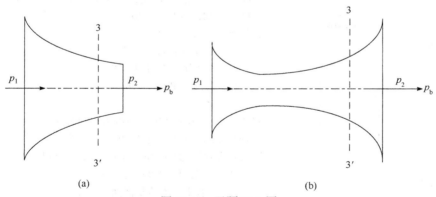

(a)　　　　　　　　　　　(b)

图 12.11　习题 12-1 图

12-2　压力为 4MPa、温度为 600K 的氮气进入渐缩喷管，喷管的出口截面积为 5cm². 问背压为多大时出口质量流量最大？该最大值为多少？

12-3　空气以压力为 0.5MPa，温度为 420K，速度为 110m/s 的工况流入一喷管，在某位置空气流速等于当地声速. 试计算该位置的压力和温度，以及该位置的截面积与喷管进口截面积之比.

12-4　一渐缩喷管出口截面积为 10cm². 空气进入喷管的压力为 1MPa，温度为 360K，入口流速可忽略. 试确定下列两种背压下的气体质量流量和出口马赫数：(1)p_b=500kPa；(2)p_b=800kPa.

12-5　氮气流经一缩放喷管，其进口压力为 1.2MPa，进口速度接近于零. 试确定出口马赫数为 1.8 时所对应的背压.

12-6　一缩放喷管工作在稳态，其喉部截面积为 3cm²，出口截面积为 6cm². 空气进入喷管的压力为 8bar，温度为 400K，马赫数为 0.2. 试确定喷管出口处的质量流量、马赫数、压力和温度. 已知定熵指数为 1.4 时喷管出口马赫数 Ma 和出口面积与临界面积之比 A/A_{cr} 的关系如表 12.1 所示.

表 12.1　定熵指数为 1.4 时喷管出口 Ma 和 A/A_{cr} 的关系

Ma	A/A_{cr}
1.0	1.0000
1.2	1.0304
1.4	1.1149
1.6	1.2502
1.8	1.4390
2.0	1.6875
2.2	2.0050
2.4	2.4031

12-7　空气流经一缩放喷管，进口压力为 1MPa，温度为 800K，流速可忽略. 喷管的喉部截面积为 20cm², 出口马赫数为 2.0. 试求：

(1) 喉部的压力和温度；

(2) 出口的压力，温度和截面积；

(3) 喷管的质量流量.

12-8　由一个稳定的气源提供温度为 27℃，压力为 1.5MPa 的空气，经过一个喷管后进入压力保持在 0.6MPa 的某个大空腔中. 如果要保证流过喷管中的空气的流量为 2kg/s，并且假设来流空气的运动速度可以忽略，该如何设计该喷管？ 如果来流速度为 100m/s，其他条件不变，喷管的出口速度和截面面积是多少？

12-9　如图 12.12 所示，滞止压力为 0.7MPa、滞止温度为 350K 的空气，可逆绝热流经一渐缩喷管，在喷管截面积为 30cm² 处，气流马赫数 Ma 为 0.6. 若喷管背压为 0.30MPa，试求喷管出口截面积 A_2.

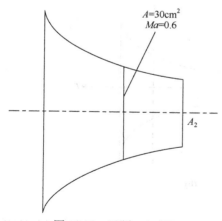

图 12.12　习题 12-9 图

12-10　二氧化碳气体流经缩放喷管时某截面上压力为 0.4MPa，温度为 350K，速度为 150m/s，该截面面积为 90cm². 若气体可视作理想气体，试求：

(1) 该截面上的马赫数；

(2) 滞止压力和滞止温度；

(3) 若出口截面上 $Ma=1$，则出口截面上压力、温度和面积各为多少？

12-11　压力为 1.2MPa，温度为 1200K 的空气，以 3kg/s 的流量流经节流阀，压力降为 1MPa，然后进入喷管作定熵膨胀. 已知喷管外界背压为 0.6MPa，环境温度为 300K，问：

(1) 应选择何种形状的喷管？

(2) 喷管出口流速及截面积为多少？

(3) 因节流引起的做功能力损失为多少？

第 13 章　压气机的热力过程

压气机是一类耗功机械，通过外界做功来实现气体升压的目的. 压气机可以从不同的角度来进行分类. 依据压气机生产气体的压力范围，可分为通风机(<115kPa)、鼓风机(115~350kPa)和压缩机(>350kPa). 此外，根据设备结构的不同，压气机又可以分为活塞式(往复式)压气机和叶轮式(离心式、轴流式)压气机.

活塞式压气机依靠活塞的往复运动使气体增压，是一种间歇式工作过程；而叶轮式压气机则依靠高速旋转的叶片给气体做功以提高气体压力，是一种连续式工作过程. 虽然两种压气机的结构和工作原理不同，但是从热力学观点来看，都是通过消耗外功使气体压缩升压，气体的热力状态变化过程是类似的，热功转换的目的和效果也是一致的，因而可以作为同类问题进行分析.

13.1　活塞式压气机

13.1.1　压气机的工作原理

图 13.1 为活塞式压气机的结构示意图，工作过程由进气、压缩和排气三个过程组成，如图 13.2 所示. 图 13.2 中 a—1 为进气过程，气缸进气阀打开，活塞由最左端运动到最右端. 1—2 为压缩过程，进气阀关闭，外界做功对气体进行压缩升压，气体压力由 p_1 变化至预定压力 p_2. 2—b 为排气过程，排气阀打开，活塞继续向左运动直到最左端，将高压气体推出压气机. 活塞往返一次，完成上述三个过程.

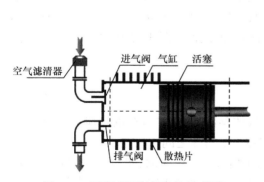

图 13.1　活塞式压气机结构示意图

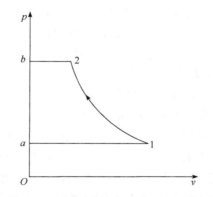

图 13.2　活塞式压气机工作过程示意图

上述过程中，进气与排气过程都不是热力过程，只是单纯的气体迁移过程，缸内气体的数量发生变化，而热力状态(压力、温度)保持不变. 只有对气体进行压缩的过程 1—2，气体的热力状态发生了变化，此时才是热力过程.

13.1.2　压气机的耗功

从图 13.1 可知，压缩气体的过程包括气体的流入、压缩和流出三个过程，所以系统应该视为一个开放系统，这在叶轮式压缩机中更容易看出. 因此，压气机的功耗应以技术功计算. 前面章节我们已经学习过，技术功在 p-v 图中应该是过程线向 p 轴投影所包围的面积. 所以压气过程所消耗的功应该是 1-2-b-a-1 所包围的面积.

　　压气机耗功的大小与压缩过程密切相关. 根据实现条件的不同，压缩过程可能呈现三种情况. 第一种情况是压缩过程进行得极快，气缸来不及和外界进行热交换或者散热量很小可以忽略，此时压缩过程可视为定熵压缩. 第二种情况是过程进行得十分缓慢，气缸和外界换热良好，压缩过程产生的热量能及时地散发出去，从而保证缸中气体的温度和初温相同，温度在压缩过程中保持不变，该过程可视为定温压缩过程. 上面两种过程为压气机的极限工作情况，实际工作时很难实现. 第三种情况介于上面两种情况之间，此时压缩过程中工质既向外界进行有限度的散热，同时温度亦有升高，可视为多变指数 n 介于 1 与 γ 之间的多变压缩过程. 三种典型压缩过程的示意图如图 13.3 所示. 压气机实际呈现的多数是第三种情况.

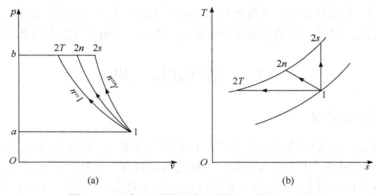

图 13.3　压气机不同压缩过程的 p-v 图和 T-s 图

　　由于做功与过程有关，上述三种压缩情况所消耗的功肯定是不同的. 从图 13.3(a)很容易发现，第一种情况的绝热过程向 p 轴投影所包围的面积最大，为 1-2s-b-a-1 所包围的面积. 第二种情况，是等温压缩过程，向 p 轴投影所包围的面积最小，为 1-2T-b-a-1 所包围的面积. 第三种情况是多变压缩过程，所消耗的功介于上述两种情况之间. 图 13.3(b)给出了上述三种压缩情况在 T-s 图中的表示.

　　1—2s 过程代表绝热过程;

　　1—2T 过程代表等温过程;

　　1—2n 过程代表多变过程. 对理想气体来说，气体参数满足 $pv^n = C$ 的规律，这里 C 是常数. 经验表明，对大多空气压缩机来说，n 的值都在 1.2～1.3 之间.

　　如果整个压缩过程没有摩擦的存在，可以认为压缩过程是可逆的，此时不管采用何种压缩过程，压气机的耗功量相对于相同的过程来说都是最小的，称为理论耗功量或者指示耗功量，实际过程的耗功都要比这个理论耗功量大. 考察压气机工作的全过程，其理论耗功量等于压缩过程所消耗的技术功.

　　在可逆过程的条件下，已经在理想气体热力过程，即 4.3 节中，对定温过程、绝热过程和多变过程的技术功进行了计算，注意在 4.3 节，对压缩过程技术功是负的. 针对上述的三种压缩过程，结合技术功的表达式，采用定值比热容，对于单位质量工质，可导出压气机理论耗功量 w_C 的计算式如下:

(1) 定熵压缩过程($n = \gamma$)

$$w_C = -w_{t,s}$$

$$= \frac{\gamma}{\gamma-1}(p_2 v_2 - p_1 v_1) = \frac{\gamma}{\gamma-1}R_g(T_2 - T_1)$$

$$= \frac{\gamma}{\gamma-1}R_g T_1\left[\left(\frac{p_2}{p_1}\right)^{\frac{\gamma-1}{\gamma}} - 1\right] = \frac{\gamma}{\gamma-1}p_1 v_1\left[\left(\frac{p_2}{p_1}\right)^{\frac{\gamma-1}{\gamma}} - 1\right] \tag{13.1}$$

(2) 定温压缩过程($n=1$)

$$w_C = -w_{t,T} = -R_g T_1 \ln\frac{v_2}{v_1} = R_g T_1 \ln\frac{p_2}{p_1} \tag{13.2}$$

(3) 多变压缩过程($1 < n < \gamma$)

$$w_C = -w_{t,n} = \frac{n}{n-1}(p_2 v_2 - p_1 v_1) = \frac{n}{n-1}R_g(T_2 - T_1)$$

$$= \frac{n}{n-1}R_g T_1\left[\left(\frac{p_2}{p_1}\right)^{\frac{n-1}{n}} - 1\right] = \frac{n}{n-1}p_1 v_1\left[\left(\frac{p_2}{p_1}\right)^{\frac{n-1}{n}} - 1\right] \tag{13.3}$$

上述各式中，p_2/p_1 为压缩过程中工质终压与初压之比，称为增压比，可用 π 表示.

分析图 13.3(a)中三种不同的压缩过程，很容易得到如下大小关系：

$$|w_{t,s}| > |w_{t,n}| > |w_{t,T}|$$

$$T_{2,s} > T_{2,n} > T_{2,T}$$

$$v_{2,s} > v_{2,n} > v_{2,T}$$

这说明，从同一初态压缩到某一终态压力，定温压缩的耗功量最小，压缩终温也最低；定熵压缩的耗功量最大，压缩终温也最高；多变压缩介于两者之间. 较低的压缩终温有利于压气机系统的安全运行. 此外，定温压缩的气体比体积变化也最小，从而可以采用更小的气缸容积. 所以从各方面比较，都是定温过程最优. 然而，实际的压缩过程都接近于多变过程，与等温过程有一定的偏离，为了考察它与定温过程偏离的大小，定义一个等温效率指标，用来说明它与等温过程偏离的程度，定义为

$$\varphi = \frac{w_{C,T}}{w_{C,n}} = \frac{\text{等温过程耗功量}}{\text{实际过程理论耗功量}} \tag{13.4}$$

根据式(13.2)和式(13.3)，很容易得到等温效率的理论公式为

$$\varphi = \frac{n-1}{n} \cdot \frac{\ln\left(\frac{p_2}{p_1}\right)}{\left(\frac{p_2}{p_1}\right)^{(n-1)/n} - 1} \tag{13.5}$$

φ 越大，说明越接近等温过程，压缩耗功越小. 所以，实际压缩机设计中，都是尽可能使实际压缩过程趋近于等温过程，降低压缩过程的多变指数 n，这是改进压气机工作性能的重要途径.

例 13.1　一个单级活塞式压缩机每分钟将 1m³ 空气吸入装置，空气的压力为 1.013bar，温度为 15℃，压缩机送出气体的压力为 7bar. 假设压缩过程气体遵守 $pv^{1.35} = C$ 的规律，装置的余隙容积可以忽略，计算指示功耗和等温效率.

解　据题意，可以计算得到装置中的质量流率为

$$\dot{m} = \frac{p_1 V_1}{R_g T_1} = \frac{1.013 \times 1 \times 10^5}{287 \times 288} = 1.226 (\text{kg/min})$$

计算出口温度

$$T_2 = T_1 \left(\frac{p_2}{p_1}\right)^{(n-1)/n} = 288 \left(\frac{7}{1.013}\right)^{0.35/1.35} = 475.4 (\text{K})$$

根据多变过程的技术功计算公式，指示功为

$$W_{C,n} = \frac{n}{n-1} \dot{m} R_g (T_2 - T_1) = \frac{1.35 \times 1.226 \times 287 \times (475.4 - 288)}{0.35 \times 60 \times 10^3} = 4.238 (\text{kW})$$

计算等温效率，先计算等温过程耗功

$$W_{C,T} = \dot{m} R_g T_1 \ln\left(\frac{p_2}{p_1}\right) = \frac{1.226 \times 0.287 \times 288}{60} \times \ln\frac{7}{1.013} = 3.265 (\text{kW})$$

于是，装置的等温效率为

$$\varphi = \frac{w_{C,T}}{w_{C,n}} = \frac{3.265}{4.238} = 0.77 = 77\%$$

此即问题的解.

13.2　活塞式压气机余隙容积对性能的影响

实际的活塞式压气机，为避免活塞与气缸盖间的碰撞，便于进、排气阀的装配等考虑，当活塞处于左端死点时，活塞顶面和缸盖之间需留有一定的空隙，称为余隙容积. 需要指出的是，叶轮式压气机由于结构的原因，不存在余隙容积的问题. 高质量的压气机余隙容积一般占活塞推扫体积的 6%左右，如果采用套筒阀等先进技术，可以将余隙容积降低到 2%，但余隙容积占 30%的压气机也很常见.

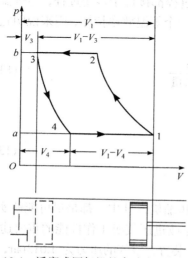

图 13.4　活塞式压气机的余隙容积示意图

余隙容积对压气机性能的影响主要体现在两个方面：理论耗功量和产气量，下面对其进行分析.

13.2.1　理论耗功量

图 13.4 中 V_3 表示余隙容积，是活塞处于最左端时，气缸内剩余的气体容积. 由于余隙容积的存在，在活塞排气完成后，余隙容积中残留的气体(状态点 3)由于压力较高，不能马上进气，需要活塞回行膨胀到 V_4、压力降到 p_1 时，气缸才能进气. 定义 V_1-V_3 为气缸排量 V_h，代表活塞所能扫过的气缸容积，V_1-V_4 为有效进气容积 V. 由于有效进气容积小于气缸排量，将两者之比定义为容积效率 η_V，即

$$\eta_V = \frac{V}{V_h} = \frac{V_1 - V_4}{V_1 - V_3} \tag{13.6}$$

由图 13.4 可知，压气机的理论耗功为面积 1-2-*b*-*a*-1 与面积 4-3-*b*-*a*-4 之差，即为循环所

包围的面积. 但在实际计算中, 要特别注意 1—2 的压缩过程与 3—4 的膨胀过程, 气体的质量是不同的.

假定多变过程 1—2 和 3—4 的多变指数 n 相同, 则压气机生产 m kg 气体的理论耗功为

$$W_C = -W_{t,n} = \frac{n}{n-1}p_1V_1\left[\left(\frac{p_2}{p_1}\right)^{\frac{n-1}{n}}-1\right]-\frac{n}{n-1}p_4V_4\left[\left(\frac{p_3}{p_4}\right)^{\frac{n-1}{n}}-1\right] \tag{13.7}$$

由于 $p_1 = p_4$, $p_2 = p_3$, 代入上式得

$$W_C = \frac{n}{n-1}p_1(V_1-V_4)\left[\left(\frac{p_2}{p_1}\right)^{\frac{n-1}{n}}-1\right] = \frac{n}{n-1}p_1V\left[\left(\frac{p_2}{p_1}\right)^{\frac{n-1}{n}}-1\right]$$

$$= \frac{n}{n-1}mR_gT_1\left[\left(\frac{p_2}{p_1}\right)^{\frac{n-1}{n}}-1\right] \tag{13.8}$$

根据理想气体多变过程压力与温度的关系方程, 压气机的理论耗功量可以写成

$$W_C = \frac{n}{n-1}mR_g(T_2-T_1) \tag{13.9}$$

因此, 生产单位质量气体的理论耗功量为

$$w_C = \frac{W_C}{m} = \frac{n}{n-1}R_gT_1\left[\left(\frac{p_2}{p_1}\right)^{(n-1)/n}-1\right] \tag{13.10}$$

或者, 写为

$$w_C = \frac{n}{n-1}R_g(T_2-T_1) \tag{13.11}$$

将上式与前述的式(13.3)对比, 可以发现, 两者完全相同, 说明有无余隙容积, 生产压比相同的单位质量气体所需的理论耗功相同, 即余隙容积对于理论耗功没有影响. 但需要指出的是, 余隙容积的存在会减小有效进气容积, 导致部分气缸容积不能充分利用, 要生产相同质量气体时, 需采用更大尺寸的气缸, 相当于间接增加了设备费用和实际过程的损耗.

例 13.2　一个单级空气压缩机每分钟吸入空气 14m³, 已知外界空气压力为 1.013bar, 温度为 15℃, 循环过程如图 13.5 所示. 输出压力为 7bar, 活塞每分钟压缩 600 次. 假定余隙容积占活塞推扫体积的 5%, 压缩或者再膨胀过程气体绝热指数 $n=1.3$. 计算活塞的推扫容积、出口温度和指示功耗.

解　参考图 13.5, 计算活塞推扫容积为

$$V_h = V_a - V_c$$

由题意, 活塞余隙容积为

$$V_c = 0.05V_h$$

所以, $V_a = 1.05V_h$. 再由活塞每分钟压缩 600 次, 可以计算每次压缩吸入的空气量为

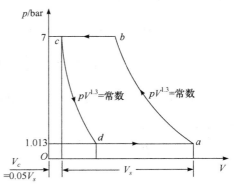

图 13.5　例 13.2 图

$$V_a - V_d = \frac{14\text{m}^3/\text{min}}{600/\text{min}} = 0.0233\text{m}^3/\text{cycle}$$

另一方面，已知 c—d 为绝热膨胀过程，$n=1.3$，所以

$$V_d = V_c \left(\frac{p_2}{p_1}\right)^{1/n} = 0.05V_h \left(\frac{7}{1.013}\right)^{1/1.3} = 0.221V_h$$

因此可以计算有效进气容积为

$$V_a - V_d = 1.05V_h - 0.221V_h = 0.0233\text{m}^3/\text{cycle}$$

所以，压气机的推扫容积为

$$V_h = 0.0281\text{m}^3$$

由理想气体方程，可以计算出口温度

$$T_2 = T_1 \left(\frac{p_2}{p_1}\right)^{(n-1)/n}$$

代入已知量，得

$$T_2 = 288 \times \left(\frac{7}{1.013}\right)^{(1.3-1)/1.3} = 450(\text{K})$$

最后，计算压气机的指示功耗，从式(13.8)，

$$W_C = \frac{n}{n-1} p_1 V \left[\left(\frac{p_2}{p_1}\right)^{\frac{n-1}{n}} - 1\right]$$

得

$$W_C = \frac{1.3}{1.3-1} \times \frac{1.013 \times 10^5 \times 14}{60 \times 10^3} \left[\left(\frac{7}{1.013}\right)^{\frac{1.3-1}{1.3}} - 1\right] = 57.6(\text{kW})$$

此即问题的解.

13.2.2 产气量的影响

产气量与有效进气容积密切相关，将前述的式(13.6)变形得

$$\eta_V = 1 - \frac{V_4 - V_3}{V_1 - V_3} = 1 - \frac{V_3}{V_1 - V_3}\left(\frac{V_4}{V_3} - 1\right) = 1 - \frac{V_3}{V_h}\left(\frac{V_4}{V_3} - 1\right) \qquad (13.12)$$

式中，记 V_3/V_h 为余容比 σ，表示余隙容积与气缸排量的比值. 考虑到 3—4 为多变过程，$\frac{V_4}{V_3} = \left(\frac{p_3}{p_4}\right)^{\frac{1}{n}} = \left(\frac{p_2}{p_1}\right)^{\frac{1}{n}}$，代入上式得

$$\eta_V = 1 - \sigma\left[\left(\frac{p_2}{p_1}\right)^{1/n} - 1\right] \qquad (13.13)$$

上式表明，随着余隙容积的增大，余容比 σ 增大，容积效率 η_V 减小. 此外，当余隙容积不变时，随着增压比 p_2/p_1 的提高，容积效率亦减小，当增压比增加到某一极限时，容积效率变为零，此时压气机将无法进气，产气量为零. 因此，活塞式压气机的增压比受余隙容积的影响而有一定的限制，不宜过高，一般不超过 8～9. 当需要获得更高的出口压力时，考虑到这一影响就需要采用多级压缩技术，控制每一级的增压比在合理范围. 总而言之，余隙容积的存在对压气机工作是不利的，在设计制造时应尽量减小余隙容积.

例 13.3　压气机中气体压缩后的温度不宜过高，若取极限值为 150℃. 某单缸压气机吸入空气的压力和温度为 $p_1 =0.1$MPa，$t_1 =20$℃，吸气量为 250m³/h. 若压气机中缸套流过冷却水的质量流量为 465kg/h，温升为 14℃. 求：

(1) 空气可能达到的最高压力；

(2) 压气机所需的功率.

解　(1) 需先求压气机的多变指数 n.

压气机的产气量为

$$q_m = \frac{p_1 V_1}{R_g T_1} = \frac{0.1 \times 10^6 \, \text{Pa} \times 250 \text{m}^3/\text{h}}{3600 \text{s/h} \times 287 \text{J}/(\text{kg} \cdot \text{K}) \times 293.15 \text{K}} = 0.0825 \text{kg/s}$$

冷却水的吸热量为

$$Q_w = q_{m,w} c \Delta t = \frac{465 \text{kg/h}}{3600 \text{s/h}} \times 4.187 \text{kJ}/(\text{kg} \cdot \text{K}) \times 14℃ = 7.57 \text{kJ/s}$$

据能量守恒，该吸热量等于压气机中空气的放热量，即 $Q_a = -Q_w$. 据此可得单位质量产气量的放热量为

$$q = \frac{Q_a}{q_m} = \frac{-7.57 \text{kJ/s}}{0.0825 \text{kg/s}} = -91.7 \text{kJ/kg}$$

又因

$$q = \frac{n-\gamma}{n-1} c_v \left(T_2 - T_1 \right)$$

解得 n=1.20.

故压气机的最高压力，即终压为

$$p_2 = p_1 \left(\frac{T_2}{T_1} \right)^{\frac{n}{n-1}} = 0.1 \text{MPa} \times \left(\frac{150 + 273.15}{293.15} \right)^{\frac{1.2}{1.2-1}} = 0.90 \text{MPa}$$

(2) 压气机的功率为

$$\dot{W}_C = \dot{m} w_C = \dot{m} \frac{n}{n-1} R_g \left(T_2 - T_1 \right)$$

$$= 0.0825 \text{kg/s} \times \frac{1.2}{1.2-1} \times 287 \text{J}/(\text{kg} \cdot \text{K}) \times (150-20) \text{K} = 18.4 \text{kW}$$

13.3　多级压缩、中间冷却技术

为获得更大的增压比，采用多级压缩、中间冷却是一种行之有效的技术，并且可以改善压

气机的性能, 节省耗功量. 其基本原理是在分级压缩过程中, 将上一级的气体引出至中间冷却器, 在其中冷却至压缩过程初始温度, 然后再进入下一级气缸进行压缩. 采用中间冷却技术的另一个考虑是, 在压气机工作过程中边压缩边冷却在实际过程中很难实现, 可行的方法是把压缩过程和冷却过程分开, 图 13.6 为一种两级压缩、中间冷却过程的系统示意图, 其压缩过程在 p-v 图和 T-s 图中的表示如图 13.7 所示.

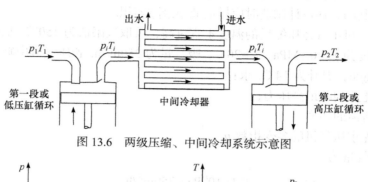

图 13.6　两级压缩、中间冷却系统示意图

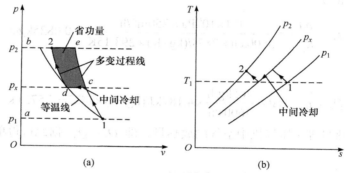

图 13.7　两级压缩、中间冷却系统过程 p-v、T-s 图

图 13.7 中 1—c 为多变压缩过程, 气体在低压缸中由压力 p_1 被压缩至某一中间压力 p_x; c—d 为冷却器中的中间冷却过程, 气体在其中进行定压冷却, 温度由 T_c 冷却至初温 $T_1 (= T_d)$, 然后被送入高压缸; d—2 为高压缸中的多变压缩过程, 气体压力由 p_x 升高至 p_2, 然后排出气缸. 由图 13.7 的 p-v 图可知, 两级压缩过程的压气机耗功量由面积 1-c-d-2-b-a-1 表示. 如果不采用两级压缩、中间冷却技术, 单级压气机的耗功量为面积 1-e-b-a-1. 很显然, 采用两级压缩后, 压气机的耗功减少, 减少量为图中阴影部分面积 c-d-2-e-c. 如果进一步增加压气机的级数, 耗功量可进一步减小, 极限情况可以达到定温压缩过程的最小耗功量. 这一点由图 13.7 的 T-s 图也可以看出, 如果级数增加, 从 1 到 2 的过程线将变得更加平坦, 如果级数为无穷大, 那么 1 到 2 的过程线将变成一条直线, 就是等温过程. 然而, 级数越多, 压缩、冷却等系统越复杂, 各种不可逆因素也随之增大, 实际过程中级数一般为 2～4 级.

多级压缩、中间冷却过程减少的耗功量与中间压力相关, 因而需要确定最佳的中间压力. 以两级压缩过程为例, 过程的总耗功量等于各级耗功量之和, 即

$$w_C = \frac{n}{n-1} R_g T_1 \left[\left(\frac{p_x}{p_1} \right)^{\frac{n-1}{n}} - 1 \right] + \frac{n}{n-1} R_g T_x \left[\left(\frac{p_2}{p_x} \right)^{\frac{n-1}{n}} - 1 \right] \tag{13.14}$$

如果中间冷却可以使温度 $T_x = T_1$, 那么上式变为

$$w_C = \frac{n}{n-1} R_g T_1 \left[\left(\frac{p_x}{p_1} \right)^{\frac{n-1}{n}} + \left(\frac{p_2}{p_x} \right)^{\frac{n-1}{n}} - 2 \right] \tag{13.15}$$

对于给定的 p_1、p_2 和 T_1，为使总功最小，对 p_x 求导得

$$\frac{\mathrm{d}w_C}{\mathrm{d}p_x} = R_g T_1 \frac{1}{p_x} \left[\left(\frac{p_2}{p_x} \right)^{\frac{n-1}{n}} - \left(\frac{p_x}{p_1} \right)^{\frac{n-1}{n}} \right] \tag{13.16}$$

令导数为零，得

$$p_x = \sqrt{p_1 p_2} \quad \text{或} \quad \frac{p_x}{p_1} = \frac{p_2}{p_x} \tag{13.17}$$

此时，两级压缩单位质量气体所需要的最小功耗量为

$$w_{C,\min} = 2 \cdot \frac{n}{n-1} R_g T_1 \left[\left(\frac{p_2}{p_1} \right)^{\frac{n-1}{2n}} - 1 \right] \tag{13.18}$$

这说明，当两级增压比相同时，耗功最小. 此时，压气机各级耗功、各级气体温升、各级压缩的放热量、各中间冷却器的换热量均相等. 等增压比原则可以推广至 N 级压缩过程，此时各级增压比均为

$$\pi_1 = \pi_i = \left(\frac{p_{N+1}}{p_1} \right)^{1/N} \tag{13.19}$$

这里，p_{N+1} 为最后一级的出口压力，亦即最终压力，各级中间冷却器都将气体冷却到初温，此时总的最小功耗功率为

$$\dot{W}_{C,\min} = N \cdot \frac{n}{n-1} \dot{m} R_g T_1 \left[\left(\frac{p_{N+1}}{p_1} \right)^{\frac{n-1}{n \cdot N}} - 1 \right] \tag{13.20}$$

　　按此原则选择中间压力，因为每级功耗相同，所以各级压气机曲轴易于达到平衡. 又由于各级出口温度相同，各级散热量相同，所以可以选择相同的中间冷却器，有利于设备选型. 13.2 节已经提到，余隙容积的有害影响随增压比的增加而增加，分级后，每一级的增压比缩小，故同样大的余隙容积对容积效率的有害影响将变小，从而使总容积效率比不分级大. 综上所述，活塞式压气机无论是单级还是多级，都尽量要求使用冷却技术，力求接近等温压缩，只有这样才能尽可能节约功耗.

　　例 13.4　空气由初态 $p_1 = 0.1\mathrm{MPa}$、$T_1 = 300\mathrm{K}$，经两级压缩至 $p_2 = 6.4\mathrm{MPa}$. 设空气进入各级气缸时温度相同，各级多变指数均为 1.2. 为保证压气机耗功最小，试求：

　　(1) 生产 1kg 压缩空气的最小耗功量和各级排气温度；

　　(2) 如若采用单级压缩，多变指数仍为 1.2，则压气机耗功量和排气温度又为多少？

　　解　(1) 压气机耗功最小时各级增压比相等，为

$$\pi = \left(\frac{p_2}{p_1} \right)^{1/2} = \sqrt{\frac{6.4}{0.1}} = 8$$

由于空气进入各级气缸时温度相同，故各级排气温度为

$$T_2 = T_x = T_1 \left(\frac{p_2}{p_1} \right)^{\frac{n-1}{n}} = 300\text{K} \cdot 8^{0.2/1.2} = 424.3\text{K}$$

两级压气机耗功量为

$$w_{C,\min} = 2 \cdot \frac{n}{n-1} R_g T_1 \left[\left(\frac{p_2}{p_1} \right)^{\frac{n-1}{2n}} - 1 \right] = 428.0\text{kJ/kg}$$

(2) 如若采用单级压缩，单级压缩的增压比为

$$\pi = \frac{6.4\text{MPa}}{0.1\text{MPa}} = 64$$

故排气温度为

$$T_2 = T_1 (\pi)^{\frac{n-1}{n}} = 300\text{K} \times 64^{\frac{1.2-1}{1.2}} = 600\text{K}$$

压气机耗功量为

$$w_{C,\min} = \frac{n}{n-1} R_g T_1 \left[\left(\frac{p_2}{p_1} \right)^{\frac{n-1}{n}} - 1 \right] = \frac{1.2}{1.2-1} \times 0.287 \times 300 \left(64^{0.2/1.2} - 1 \right) = 516.6(\text{kJ/kg})$$

该例计算结果表明，单级压缩不仅耗功比多级压缩多，而且排气温度超过了一般润滑油的限定值，会导致润滑油变质甚至自燃，因此生产高压气体时必须采用多级压缩、中间冷却技术.

*13.4 两级压缩中间冷却技术的能量平衡分析

参考图 13.8，对于一个稳定工作状态下的具有中间冷却器的两级压气机系统，可以利用开放系统的稳定流动能量方程对其进行能量平衡分析.

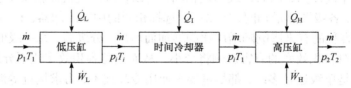

图 13.8 带中间冷却器的两级压气机系统的能量平衡

显然，在图 13.8 的三个部件中，热量都是从系统散到环境中的，都是散热过程，如果忽略工质流动的动能和势能变化，对每一个部件的能量平衡分析如下.

1) 低压级

设工质流率为 $\dot{m}$，根据能量守恒定律应有

$$\dot{m}h_1 + \dot{W}_{C,L} = \dot{m}h_i + \dot{Q}_L \tag{13.21}$$

这里，h_1 是进入气体的比焓；$\dot{W}_{C,L}$ 是低压级压气机的功耗；h_i 是低压级输出气体的比焓；$\dot{Q}_L$ 是低压级的散热量. 假设工质为理想气体，取定值比热容，那么上式可以进一步写为

$$\dot{m}c_p T_1 + \dot{W}_{C,L} = \dot{m}c_p T_i + \dot{Q}_L \tag{13.22}$$

因此，从低压级散出去的热量为

$$\dot{Q}_L = \left[\dot{W}_{C,L} - \dot{m}c_p (T_i - T_1) \right] \tag{13.23}$$

2) 中间冷却器

假设中间冷却器的出口温度与低压级的进口温度相同，根据能量守恒定律应有

$$\dot{m}h_i = \dot{m}h_1 + \dot{Q}_I \tag{13.24}$$

对理想气体工质，定比热容，上式进一步写为

$$\dot{m}c_p T_i = \dot{m}c_p T_1 + \dot{Q}_I \tag{13.25}$$

因此，中间冷却器的散热量为

$$\dot{Q}_I = \dot{m}c_p (T_i - T_1) \tag{13.26}$$

3) 高压级

根据能量守恒定律应有

$$\dot{m}h_1 + \dot{W}_{C,H} = \dot{Q}_H + \dot{m}h_2 \tag{13.27}$$

对理想气体工质，定比热容，上式进一步写为

$$\dot{m}c_p T_1 + \dot{W}_{C,H} = \dot{m}c_p T_2 + \dot{Q}_H \tag{13.28}$$

因此，从高压级散出去的热量为

$$\dot{Q}_I = \dot{W}_{C,H} - \dot{m}c_p (T_2 - T_1) \tag{13.29}$$

注意，上述两级压缩过程中，如果中间冷却器能够实现完全冷却，并取最优压缩比，那么所需功耗是最小的，并有

$$\dot{W}_{C,H} = \dot{W}_{C,L} = \frac{n}{n-1} \dot{m}R_g (T_2 - T_1) \tag{13.30}$$

13.5　叶轮式压气机的热力过程

13.5.1　叶轮式压气机的理想过程

叶轮式压气机与许多叶轮式机器的工作原理是相同的，都是通过叶轮的高速旋转来实现热功转化. 在第 10 章中，我们知道蒸汽机是通过蒸汽的膨胀来推动叶轮转动，从而实现将热能转化为机械能. 而在叶轮式压缩机中，情况正好反过来，是依靠外部加入的机械能，使叶轮主动旋转起来，依靠叶轮的切向力或者离心力，将气体推向高压端，从而实现将气体的压力提高. 类似的叶轮式机械还有燃气轮机、风力机和水泵等.

叶轮式压气机的优点是它可以连续产气，它主要克服了活塞式压气机只能间歇性吸气和压气的缺点，也不受余隙容积的影响，所以它的机体紧凑而且产气量大；但它的缺点是增压比不高，如果需要大的增压比则需要多级压缩，而且在压缩过程不易实现中间冷却. 目前，叶轮式压气机主要有离心式和轴流式两种，多级轴流式压气机也可以实现很高的增压比，但制造水平要求非常高.

叶轮式压气机的工作原理虽与活塞式有很大的不同，但从热力学的观点分析气体状态变化过程，两者的表现是完全一致的. 所以前面对活塞式压气机的分析方法和得到的结果大多可以用在叶轮式压气机上.

首先对叶轮式压气机的理想过程进行分析. 假定工质是理想气体，取定值比热容. 考虑到叶轮式压气机的转速高、流量大、压缩比不高、温升不高，一般都不需要冷却措施，所以可以看作是绝热压缩过程. 作为初步讨论，暂不讨论种种实际不可逆因素，假定过程是可逆绝热过程. 那么，一个理想的叶轮式压气机工作过程可以表示为如图 13.9 所示.

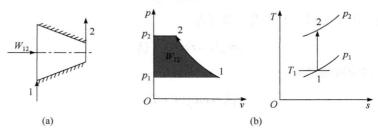

图 13.9 叶轮式压气机的理想过程

显然，叶轮式压气机是一个开放系统，利用开放系统稳定流动方程，并忽略工质的动能和势能的变化，得到压缩单位质量气体的耗功量为

$$w_C = -w_t = h_2 - h_1 \tag{13.31}$$

这里，h_1 和 h_2 分别是工质在压缩初始和终了时的比焓. 如果工质是理想气体，且比热容是常数，那么上式可以写为

$$w_C = h_2 - h_1 = c_p(T_2 - T_1) \tag{13.32}$$

假定过程是可逆绝热过程，那么上式可以进一步写为

$$w_C = c_p(T_2 - T_1) = \frac{\gamma}{\gamma - 1} R_g T_1 \left(\frac{T_2}{T_1} - 1 \right) \tag{13.33}$$

也等于

$$w_C = \frac{\gamma}{\gamma - 1} R_g T_1 \left[\left(\frac{p_2}{p_1} \right)^{(\gamma-1)/\gamma} - 1 \right] \tag{13.34}$$

这里，T_1 和 T_2 分别是工质在压缩初始和终了时的温度. 耗功量正好是图 13.9 的 p-v 图中 1-2-p_2-p_1-1 所包围的面积.

*13.5.2 叶轮式压气机的实际过程

叶轮式压气机在实际工作过程中，由于叶片旋转速度非常快，叶片与气体之间的摩擦损失是非常大的，一般不能当作可逆绝热过程，过程中气体的熵增不能忽略. 实际过程中，对理想气体的压缩和对蒸汽的压缩，在 T-s 图中的表示分别如图 13.10(a) 和 (b) 所示. 1—2s 代表理想可逆绝热过程，1—2 代表实际过程.

在稳定绝热条件下，压缩单位工质的功耗都可以表示为出口比焓减去进口比焓，所以

$$w_{C,s} = h_{2s} - h_1 \quad (对可逆绝热过程) \tag{13.35}$$

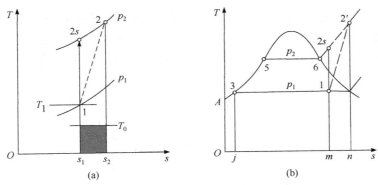

图 13.10 叶轮式压气机的实际过程

$$w_C = h_2 - h_1 \quad \text{(对实际过程)} \tag{13.36}$$

在实际过程中，必定有一部分功要用于克服摩擦等不可逆损失，因此实际过程的耗功肯定大于理想过程的耗功. 所以

$$w_C > w_{C,s} \tag{13.37}$$

也必定有出口的熵大于进口的熵，即

$$s_2 > s_1 \tag{13.38}$$

出口熵值与进口熵值的差，等于过程的熵产，即

$$\Delta s_g = s_2 - s_1 \tag{13.39}$$

在实际过程中，耗功究竟增加多少，熵产有多大，终态落在何处，这些问题完全取决于实际过程的不可逆程度. 为了定量分析实际过程与理想过程的差异，引进叶轮式压气机绝热效率的概念，定义为

$$\eta_{C,s} = \frac{w_{C,s}}{w_C} = \frac{h_{2s} - h_1}{h_2 - h_1} = \frac{T_{2s} - T_1}{T_2 - T_1} \tag{13.40}$$

叶轮式压气机绝热效率能够说明过程偏离理想过程的程度，绝热效率越高，表明压气机的理想程度越好. 根据经验，叶轮式压气机的绝热效率一般在 0.8~0.9 之间. 值得指出的是，在已知初态和终态的条件下，由于进出口温度比较容易测定，所以绝热效率是很容易根据实测参数计算的. 如果已知绝热效率和进口温度，也可以根据式(13.40)估算出口温度.

由于摩擦的存在，实际过程将造成耗功的增加，有时也称为做功损失，记为

$$\Delta w = w_C - w_{C,s} \tag{13.41}$$

在考察实际压气机时，有时还需要考虑它的㶲损失，㶲损失与熵产有关，它们的关系为

$$I = \Delta Ex = T_0 \Delta s_g \tag{13.42}$$

这里，T_0 是环境温度. 如果是理想气体，那么

$$\Delta s_g = s_2 - s_1 = c_p \ln \frac{T_2}{T_1} - R_g \ln \frac{p_2}{p_1} \tag{13.43}$$

功损失和㶲损失都是表示实际过程相对于理想过程，其做功能力下降程度的物理量，它们的大小都可以作为实际过程与理想过程偏离程度的量度. 但值得注意，功损失和㶲损失在不同情况下，大小是不一定相同的.

例 13.5 一台叶轮式压气机每分钟生产的压缩空气量为 20kg. 压气机从压力为 0.1MPa、温度为 17℃的周围环境中吸入空气，压气机的出口压力为 0.6MPa，压缩过程可看作是绝热的. 如果压气机的绝热效率为 0.85，试计算驱动该压气机所需的功率以及实际压气过程的功损率及㶲损率(图 13.11).

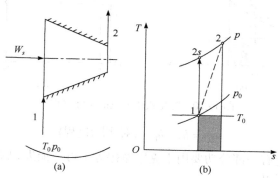

图 13.11 叶轮式压气机计算示意图

解 (1) 叶轮式压气机的理想过程是过程 1—2s，

$$T_{2s} = T_1 \left(\frac{p_2}{p_1} \right)^{(\gamma-1)/\gamma} = 290 \times \left(\frac{0.6}{0.1} \right)^{0.4/1.4} = 483.87(\text{K})$$

压气机理想的定熵压缩所需的功率为 $\dot{W}_{1-2s}$，有

$$\dot{W}_{1-2s} = \dot{m}(h_{2s} - h_1) = \dot{m}c_p(T_{2s} - T_1) = \frac{20}{60} \times 1.004 \times (483.87 - 290) = 64.88(\text{kW})$$

(2) 叶轮式压气机的实际过程是 1—2.

根据压气机绝热效率的定义，有

$$\eta_{C,s} = \frac{w_{1-2s}}{w_{1-2}} = \frac{h_{2s} - h_1}{h_2 - h_1} = \frac{T_{2s} - T_1}{T_2 - T_1} = 0.85$$

据此可求出压气机实际所需的功率 $\dot{W}_{1-2}$ 及实际出口温度 T_2. 即有

$$\dot{W}_{1-2} = \frac{w_{1-2s}}{\eta_{C,s}} = \frac{64.88}{0.85} = 76.33(\text{kW})$$

$$T_2 = T_1 + \frac{T_{2s} - T_1}{\eta_{C,s}} = 290 + \frac{483.87 - 290}{0.85} = 518(\text{K})$$

根据功损的概念，有 $\Delta\dot{W}_C \equiv \dot{W}_{1-2} - \dot{W}_{1-2s} = 76.33 - 64.88 = 11.45(\text{kW})$

根据热力学第二定律普遍表达式(熵方程)，对于压气机的实际过程，熵产为

$$\Delta S_g = S_2 - S_1 = \dot{m}\left(c_p \ln\frac{T_2}{T_1} - R_g \ln\frac{p_2}{p_1} \right) = \frac{20}{60}\left(1.004\ln\frac{518}{290} - 0.2871\ln\frac{0.6}{0.1} \right) = 0.023(\text{kW/K})$$

根据㶲损的定义，有

$$I = T_0 \Delta S_g = 290 \times 0.023 = 6.57(\text{kW})$$

讨论： 由于不可逆压气机多耗功率 11.45kW，但不可逆㶲损仅为 6.57kW，小于压气机多消耗的功率，这是因为虽然压力 $p_{2s} = p_2$，但因 $T_{2s} < T_2$，故气体在不可逆过程时出口气体

的㶲含量增大，而这部分㶲增量是由外界输入压气机的功转化而来. 换句话说，由于不可逆性的存在，压气机多耗功率中只有一部分(6.57kW)才是热力学意义上的㶲损耗.

本 章 小 结

1. 压气机的耗功

压气机的典型压缩过程有三种：等温压缩、绝热压缩和多变压缩. 对理想气体来说，多变过程满足 $pv^n = C$ 的规律，这里，n 是多变指数，C 是常数.

可逆压缩过程，压气机的耗功量最小，称为理论耗功量或者指示耗功量，理论耗功量等于压缩过程所消耗的技术功.

在可逆过程的条件下，压气机理论耗功量计算如下：

(1) 定熵压缩过程($n = \gamma$)

$$w_{t,s} = \frac{\gamma}{\gamma - 1}(p_1 v_1 - p_2 v_2) = \frac{\gamma}{\gamma - 1} R_g (T_1 - T_2)$$

$$= \frac{\gamma}{\gamma - 1} R_g T_1 \left[1 - \left(\frac{p_2}{p_1} \right)^{\frac{\gamma - 1}{\gamma}} \right] = \frac{\gamma}{\gamma - 1} p_1 v_1 \left[1 - \left(\frac{p_2}{p_1} \right)^{\frac{\gamma - 1}{\gamma}} \right]$$

(2) 定温压缩过程($n=1$)

$$w_{t,T} = R_g T_1 \ln \frac{v_2}{v_1} = -R_g T_1 \ln \frac{p_2}{p_1}$$

(3) 多变压缩过程($1 < n < \gamma$)

$$w_{t,n} = \frac{n}{n - 1}(p_1 v_1 - p_2 v_2) = \frac{n}{n - 1} R_g (T_1 - T_2)$$

$$= \frac{n}{n - 1} R_g T_1 \left[1 - \left(\frac{p_2}{p_1} \right)^{\frac{n - 1}{n}} \right] = \frac{n}{n - 1} p_1 v_1 \left[1 - \left(\frac{p_2}{p_1} \right)^{\frac{n - 1}{n}} \right]$$

上述各式中，p_2 / p_1 为压缩过程中工质终压与初压之比，称为增压比，用 表示.

三种不同压缩过程的理论耗功量的相对大小关系如下：

$$|w_{t,s}| > |w_{t,n}| > |w_{t,T}|$$

$$T_{2,s} > T_{2,n} > T_{2,T}$$

$$v_{2,s} > v_{2,n} > v_{2,T}$$

定温压缩的耗功量最小，压缩终温最低；定熵压缩的耗功量最大，压缩终温最高，多变压缩介于两者之间. 实际的压缩过程接近于多变过程，与等温过程有一定的偏离，定义等温效率如下：

$$\varphi = \frac{w_{C,T}}{w_{C,n}} = \frac{\text{等温过程耗功量}}{\text{实际过程理论耗功量}}$$

等温效率的理论公式为

$$\varphi = \frac{n-1}{n} \cdot \frac{\ln\left(\dfrac{p_2}{p_1}\right)}{\left(\dfrac{p_2}{p_1}\right)^{(n-1)/n} - 1}$$

φ 越大，说明越接近等温过程，压缩耗功越小.

2. 余隙容积对理论耗功量的影响

压气机生产 m kg 气体的理论耗功量为

$$W_C = \frac{n}{n-1} p_1 (V_1 - V_4) \left[\left(\frac{p_2}{p_1}\right)^{\frac{n-1}{n}} - 1\right] = \frac{n}{n-1} p_1 V \left[\left(\frac{p_2}{p_1}\right)^{\frac{n-1}{n}} - 1\right] = \frac{n}{n-1} m R_g T_1 \left[\left(\frac{p_2}{p_1}\right)^{\frac{n-1}{n}} - 1\right]$$

根据理想气体多变过程压力与温度的关系方程，压气机的理论耗功量也可以写成

$$W_C = -W_{t,n} = \frac{n}{n-1} m R_g (T_2 - T_1)$$

因此，生产单位质量气体的理论耗功量为

$$w_C = -\frac{W_{t,n}}{m} = \frac{n}{n-1} R_g T_1 \left[\left(\frac{p_2}{p_1}\right)^{(n-1)/n} - 1\right]$$

或者，写为

$$w_C = \frac{n}{n-1} R_g (T_2 - T_1)$$

余隙容积对于理论耗功没有影响，但会减小有效进气容积，导致部分气缸容积不能充分利用.

3. 余隙容积对产气量的影响

产气量与有效进气容积密切相关，容积效率为

$$\eta_v = 1 - \sigma \left[\left(\frac{p_2}{p_1}\right)^{1/n} - 1\right]$$

表明，随着余隙容积的增大，余容比 σ 增大，容积效率减小. 此外，当余隙容积不变时，随着增压比 p_2/p_1 的提高，容积效率亦减小，当增压比增加到某一极限时，容积效率变为零，此时压气机将无法进气，产气量为零.

4. 多级压缩、中间冷却技术

欲获得较大的增压比，采用多级压缩、中间冷却是一种行之有效的技术，可以改善压气机的性能，节省功量. 实际上，如果中间冷却是无限多级的，就变成了等温过程，而等温过程是最省功的.

多级压缩、中间冷却过程的最小耗功量与中间压力相关，因而需要确定最佳的中间压力. 对两级压缩过程，其最佳中间压力应为

$$p_x = \sqrt{p_1 p_2} \qquad \text{或} \qquad \frac{p_x}{p_1} = \frac{p_2}{p_x}$$

对多级压缩过程，如果各级增压比相同，耗功最小. 此时，压气机各级耗功、各级气体温升、各级压缩的放热量、各中间冷却器的换热量均相等. 等增压比原则可以推广至 N 级压缩过程，此时各级增压比均为

$$\pi = \left(\frac{p_{N+1}}{p_1}\right)^{\frac{1}{N}}$$

问题与思考

13-1　同一理想气体从同一初态分别经过定温压缩，绝热压缩和多变压缩($1<n<\gamma$)到达同一终态压力，耗功最大的为哪个压缩过程? 而耗功最小的又为哪个压缩过程?

13-2　压气机的余隙容积是否能完全消除? 余隙容积是否影响理论耗功量?

13-3　为什么要采用多级压缩中间冷却的工艺? 确定中间压力和冷却器出口温度的依据是什么?

13-4　什么是等温效率? 哪些因素影响等温效率?

13-5　为什么叶轮式压气机一般采用绝热效率评价其性能，而活塞式压气机一般采用等温效率评价其性能?

13-6　压气机中气体的过程一般为多变过程，试讨论多变指数 n 对产气量的影响.

13-7　压气机按照等温压缩时，系统将要对外放出热量，这个热量显然是通过外部输入的功转化而来的. 而按照绝热压缩时，不需要对外排热，为什么定温压缩反而比绝热压缩更省功?

13-8　如图 13.12 所示一个压缩过程 1 到 2，如果该过程是可逆的，那么该过程是一个什么过程? 如果有相同的不可逆过程 1 到 2，两者中哪个耗功大?

13-9　空气在给定状态下进入压缩机后以稳态运行，绝热压缩至指定高压，它消耗的功率在可逆压缩情况下更大，还是实际压缩下更大?

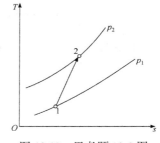

图 13.12　思考题 13-8 图

本 章 习 题

13-1　压气机初始压力为 80kPa、温度为 300K，排气压力为 900kPa，试确定下列各种情况下生产单位质量空气的压缩机耗功:

(1) 绝热压缩，γ =1.4;

(2) 多变压缩，n=1.3;

(3) 定温压缩;

(4) 采用理想的两级压缩、中间冷却技术，多变指数 n=1.3.

13-2　某单级压气机进口空气参数为 p_1=1bar、t_1=15℃，现将其升压至 p_2=3.5bar，假定多变指数 n=1.2，活塞排量为 0.4455m³，余隙容积为 0.0223m³. 试求:

(1) 无余隙容积时的进气量和耗功;

(2) 有余隙容积时的进气量和耗功.

13-3　某两级压缩、中间冷却的压气机进气参数为 100kPa、290K，排气压力为 1.6MPa，中间冷却器能充分冷却空气，使进入高压缸的空气温度也是 290K. 若压缩过程绝热，求压气机生产 1kg 压缩空气的耗功和各级排气温度.

13-4　某两级压缩机工作在稳态，可将空气由 90kPa、300K 升压至 1200kPa，压缩机的产气量为 10m³/min. 采用理想的中间冷却技术后可将进入高压缸的气体冷却至初温 300K，假设多变指数为 1.25，试求:

(1) 每一级的耗功及压缩机所耗的总功;

(2) 中间冷却器的换热量;

(3) 与单级压缩相比，能省的功.

13-5　一单级压气机的增压比为 6，进口空气的温度为 17℃，经绝热压缩至 260℃，问:

  (1) 该压缩过程是否可逆？为什么？

  (2) 压气机的耗功是多少？

13-6 压气机润滑油的允许温度一般不超过 160～180℃. 设大气压力为 0.1MPa、温度为 20℃，现在实验室需要压力为 6MPa 的压缩空气，应采用单级压缩还是两级压缩(多变指数 n=1.25)？若采用两级压缩，最佳的中间压力为多少？采用的中冷器能将压缩空气冷却到初温，则压缩终了的空气温度为多少？

13-7 有一耗功为 5kW 的压气机可将空气由 100kPa、17℃ 压缩至 600kPa、167℃，压气机的产气量为 1.6kg/min. 在该过程中，压气机和周围环境进行换热，环境温度为 17℃. 试求该压缩过程中空气的熵产.

13-8 工厂需要压力为 6MPa 的压缩空气，已知大气压力为 0.1MPa，温度为 20℃，试问应该采用一级压缩还是二级压缩为好？若采用两级压缩中间冷却过程，则中间冷却器的最有利参数是多少？假定压缩多变指数为 n=1.25，试计算在最佳中冷条件下，两级压缩的耗功量以及中间冷却器和两级气缸的放热量.

13-9 一个三级压气机工作在环境空气状态下，环境空气压力为 1.013bar，温度为 15℃，吸入环境空气的速率为 2.83m³/min. 入口空气压力为 0.98bar. 计算指示功需求(假定各级实现完全中间冷却，n=1.3，机器以最小功需求设计，空气出口压力为 70bar).

13-10 一台涡轮增压器进口状态为 0.1MPa，27℃，出口状态压力为 0.2MPa，已知涡轮增压器的绝热效率是 0.9，增压器输出气量为 0.1kg/s. 求增压器的出口温度及其内部的熵产率.

13-11 轴流式压气机每分钟吸入 0.1MPa、20℃ 的环境空气 1200kg，绝热压缩到 0.6MPa，已知该压气机的绝热效率是 0.85. 求：

  (1) 出口气体的温度及压气机所消耗的功率；

  (2) 过程的熵产率及烟损失率.

第14章　制冷和热泵系统

热力学另一个主要应用领域是制冷，它是将热量从较低温度区域转移到较高温度区域. 产生制冷的设备称为制冷机，其工作的循环称为制冷循环. 最常用的制冷循环是蒸汽压缩式制冷循环，在该循环中，制冷剂被交替蒸发和冷凝，并在气相时被压缩. 另一种常用的制冷循环是压缩气体制冷循环，其中制冷剂始终保持在气相. 本章还将对一些特殊的制冷循环进行初步讨论，包括复叠式制冷和吸收式制冷.

14.1　制冷机和热泵

在自然界中，热量可自发地从高温热源流向低温热源，不需要任何装置. 然而，相反的过程不能自发发生. 把热量从低温热源转移到高温热源的装置称为制冷机或热泵.

制冷系统是实现制冷循环过程的设备，在制冷循环中使用的工质称为制冷剂. 图 14.1(a)为制冷系统示意图. 其中，Q_L 为制冷机从温度 T_L 的冷藏空间中吸收的热量，Q_H 为制冷机向温度为 T_H 的高温环境中排出的热量，而 $W_{\text{net,in}}$ 是输入到制冷机的净功.

另一种将热量从低温介质传递到高温介质的装置是热泵. 制冷机和热泵本质上是相同的设备，只是目的不同而已. 制冷机的目的是通过排出热量使冷藏空间保持在低温. 然而，热泵的目的是获得更高温的热能，一般是通过吸收来自低温源的热量来实现的，如井水或冬季室外冷空气，并将这些热量供应到较热的介质中，如房屋中(图 14.1(b)).

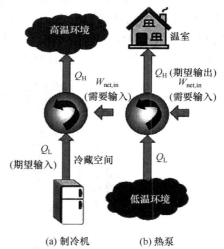

图 14.1　制冷机的目的是从冷源中吸热(Q_L)；热泵的目的是向热源供热(Q_H)

制冷机和热泵的性能用性能系数(COP)表示，定义为

$$\text{COP}_R = \frac{期望输出}{所需输入} = \frac{冷却效果}{功输入} = \frac{Q_L}{W_{\text{net,in}}} \tag{14.1}$$

$$\text{COP}_{HP} = \frac{期望输出}{所需输入} = \frac{制热效果}{功输入} = \frac{Q_H}{W_{\text{net,in}}} \tag{14.2}$$

也可以用速率形式表示这些关系，将 Q_L、Q_H 和 $W_{\text{net,in}}$ 分别替换为 $\dot{Q}_L$、$\dot{Q}_H$ 和 $\dot{W}_{\text{net,in}}$. 请注意，COP_R 和 COP_{HP} 都可以大于 1. 等式(14.1)和(14.2)的比较可以得到

$$\text{COP}_{HP} = \text{COP}_R + 1 \tag{14.3}$$

对于固定的 Q_L 和 Q_H. 这种关系意味着 $\text{COP}_{HP} > 1$，因为 COP_R 是一个正数. 也就是说，热泵在最坏的情况下也起到了电加热器的作用，为房屋提供了消耗的电能. 然而，实际上，Q_H 的

一部分通过管道和其他装置流失到外部空气中,当外界空气温度过低时,COP_{HP} 可能会下降到 1 以下. 当这种情况发生时,系统通常切换到燃料(天然气、丙烷、石油等)或电阻加热模式.

制冷系统的制冷量,也就是说,从制冷空间排出的热量的速率,通常用冷吨来表示. 一冷吨指的是:在 0℃时,一个制冷系统能在 24 小时内将 1 吨(2000 磅)的液态水冷冻成冰. 一冷吨制冷量相当于 211kJ/min 或 200Btu[①]/min. 一个典型的 $200m^2$ 住宅的冷负荷在 3 冷吨 (10kW)范围内.

14.2 逆卡诺循环

回顾第 3 章,卡诺循环是一个完全可逆的循环,它由两个可逆的等温过程和两个等熵过程组成. 在给定的温度限制下,它的热效率最高. 由于这是一个可逆的循环,组成卡诺循环的所有四个过程都是可以逆转的. 逆转循环将改变热和功相互作用的方向,如图 14.2 所示,为逆时针方向运行的一个循环,称为逆卡诺循环. 以逆卡诺循环运行的制冷机或热泵被称为卡诺制冷机或卡诺热泵.

考虑在制冷剂饱和圆顶内执行的逆卡诺循环,如图 14.2 所示. 制冷剂从 T_L 处的低温热源等温吸收热量 Q_L(过程 1—2),以等熵压缩到状态 3(温度上升到 T_H),向 T_H 的高温热源等温放热 Q_H(过程 3—4),并等熵膨胀到状态 1(温度降到 T_L). 在过程 3—4 期间,冷凝器中的制冷剂从饱和蒸汽状态变为饱和液体状态.

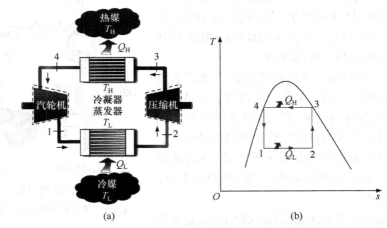

图 14.2　卡诺制冷机的原理图和反向卡诺循环的 T-s 图

卡诺制冷机和热泵的性能系数用温度表示为

$$COP_{R,Carnot} = \frac{1}{T_H/T_L - 1} \tag{14.4}$$

以及

$$COP_{HP,Carnot} = \frac{1}{1 - T_L/T_H} \tag{14.5}$$

注意,两个 COP 都随着温度差的减小而增加,也就是说,随着 T_L 的升高或 T_H 的下降制

---

① 1Btu=1.05506×10^3J.

冷机和热泵的性能系数都增加.

逆卡诺循环是在给定温度区间运行的最高效的制冷循环. 因此, 被视为制冷和热泵的理想循环. 然而, 如下文所述, 逆卡诺循环在制冷循环的工程应用中并未被采用.

逆卡诺循环中的两个等温传热过程在实际中并不难实现, 因为保持恒定压力会自动将两相混合物的温度固定为饱和温度. 然而, 受限于制冷剂的临界温度, 过程 1—2 和 3—4 的温差较小, 使得实际制冷系数较小; 另外, 过程 2—3 涉及气液混合物的压缩, 过程 4—1 涉及气液混合物的的膨胀, 实际流体机械中气液混合物的压缩或膨胀将影响其稳定性和可靠性.

当然, 这些问题可以通过在饱和区外执行逆卡诺循环来消除. 但在这种情况下, 我们很难在吸热和放热过程中保持等温状态. 因此, 逆卡诺循环在实际装置中难于实现, 也不是制冷循环的有效模型. 但逆卡诺循环可以作为实际制冷循环的参考标准.

14.3　理想蒸汽压缩制冷循环

实际工程中, 通过在制冷剂被压缩前将其完全汽化, 并用节流装置(例如膨胀阀或毛细管)替换膨胀机消除上述问题. 这个循环被称为理想蒸汽压缩制冷循环, 图 14.3 中的 T-s 图上给出了其示意过程. 蒸汽压缩制冷循环是制冷机、空调系统和热泵系统中应用最广泛的循环. 它包括四个过程:

1—2, 压缩机中的等熵压缩;

2—3, 冷凝器等压放热;

3—4, 膨胀装置中的等焓节流;

4—1, 蒸发器中的等压吸热.

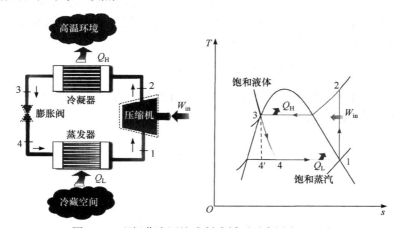

图 14.3　理想蒸汽压缩式制冷循环示意图和 T-s 图

在理想的蒸汽压缩制冷循环中, 制冷剂以饱和蒸汽的形式进入压缩机, 并以等熵压缩至冷凝器中的压力. 在等熵压缩过程中, 制冷剂的温度升高, 远高于周围介质的温度. 然后, 制冷剂在状态 2 下以过热蒸汽的形式进入冷凝器, 并在冷凝器中排热到周围环境中, 在达到饱和液体状态点 3 时结束排热, 此时制冷剂的温度仍高于周围环境的温度.

状态 3 下的饱和液体制冷剂通过膨胀阀或毛细管节流至蒸发器中, 压力下降. 在此过程中, 制冷剂的温度会降至制冷空间的温度以下. 制冷剂以低压气液混合物的形式进入蒸发器, 通过吸收制冷空间的热量实现完全蒸发. 制冷剂以饱和蒸汽的形式离开蒸发器, 重新进入压缩机，完成循环.

在家用冰箱中，冷冻室中的盘管是蒸发器，制冷剂从盘管壁吸收冷冻室的热量. 冰箱后面的盘管是冷凝器，热量经冷凝器管壁被散发到环境空气中，如图 14.4.

在蒸汽压缩制冷循环分析中经常使用的另一种图是 *p-h* 图，如图 14.5 所示. 在这张图上，四个过程中有三个是直线，冷凝器和蒸发器中的传热量与相应过程线的长度成正比.

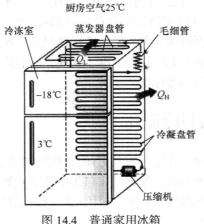

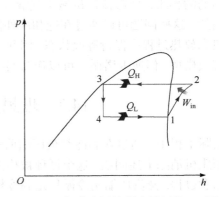

图 14.4 普通家用冰箱   图 14.5 理想蒸汽压缩制冷循环的 *p-h* 图

注意，与前面讨论的理想循环不同，理想蒸汽压缩制冷循环不是内部可逆循环，因为它涉及不可逆(节流)过程. 如果节流装置被等熵膨胀机取代，制冷剂将以状态 4′ 而不是状态 4 进入蒸发器. 因此，制冷量将增加(图 14.3 中过程线 4′—4 下的面积)，净功输入将减少(通过膨胀机的功输出量). 然而，用膨胀机代替膨胀阀是不实际的，因为将增加系统的复杂性和成本.

在稳定制冷循环中，制冷剂的动能和势能相对于功和传热项的变化通常很小，因此可以忽略不计. 因此单位质量的稳定能量平衡方程简化为

$$(q_{in} - q_{out}) + (w_{in} - w_{out}) = h_e - h_i \tag{14.6}$$

冷凝器和蒸发器不涉及任何功，压缩机可以近似为绝热的. 那么在蒸汽压缩制冷循环中运行的制冷机和热泵的 COP 可以表示为

$$COP_R = \frac{q_L}{w_{net,in}} = \frac{h_1 - h_4}{h_2 - h_1} \tag{14.7}$$

以及

$$COP_{HP} = \frac{q_H}{w_{net,in}} = \frac{h_2 - h_3}{h_2 - h_1} \tag{14.8}$$

其中，h 为工质的比焓，1、2、3、4 分别是工质的状态点.

蒸汽压缩制冷可追溯到 1834 年，当时英国人雅各布·帕金斯(Jacob Perkins)获得了一项使用乙醚或其他挥发性液体作为制冷剂的闭式循环制冰机的专利. 这台机器的工作模型已经制造出来了，但它从来没有商业化生产过. 1850 年，Alexander Twining 开始设计和制造蒸汽压缩制冰机，乙醚是蒸汽压缩系统中商用的制冷剂. 最初，蒸汽压缩制冷系统很庞大，主要用于制冰、酿造和冷藏. 它们缺乏自动控制，由蒸汽机驱动. 19 世纪 90 年代，配备自动控制装置的电

动小型制冷机开始取代老式机器, 制冷系统开始出现在肉店和家用中. 到了 20 世纪 30 年代, 由于持续的技术改进, 蒸汽压缩制冷装置才逐步普及进入家庭使用.

例 14.1 理想蒸汽压缩制冷循环.

以制冷剂 134a 作为理想蒸汽压缩制冷机的工质, 它工作在 0℃和 26℃的两个热源之间.

饱和蒸汽在 0℃进入压缩机, 饱和液体在 26℃离开冷凝器. 制冷剂的质量流量为 0.08kg/s. 确定: (1)压缩机功率(以 kW 为单位); (2)制冷能力(以冷吨 ton 为单位); (3)性能系数; (4)在 0℃和 26℃冷热源之间运行的卡诺制冷循环的性能系数.

解 参考图 14.6 中的 T-s 图, 确定主要状态点的参数.在压缩机的入口处, 制冷剂是 0℃时的饱和蒸汽, 因此从电子附录表 8 可以得到, $h_1=247.23$kJ/kg 和 $s_1=0.9190$kJ/(kg·K).

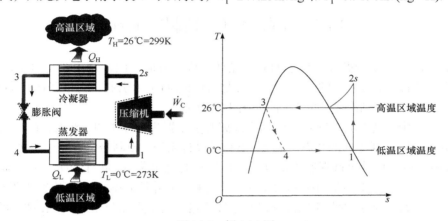

图 14.6 例 14.1 图

状态 $2s$ 点的压力对应于 26℃的饱和压力, 即 $p_2=6.853$bar. 状态 $2s$ 由 p_2 固定, 并且对于绝热的、内部可逆的压缩过程, 比熵是恒定的. 状态 $2s$ 处的制冷剂是 $h_{2s}=264.7$kJ/kg 的过热蒸汽. 状态 3 是 26℃时的饱和液体, 因此 $h_3=85.75$kJ/kg. 通过阀门的膨胀是节流过程 3 到 4, 因此 $h_4=h_3$.

(1) 压缩机的输入功为

$$\dot{W}_C = \dot{m}(h_{2s} - h_1)$$

其中, $\dot{m}$ 是制冷剂的质量流量. 代入值

$$\dot{W}_C = (0.08 \text{ kg/s})(264.7 - 247.23)\text{kJ/kg}\left|\frac{1 \text{ kW}}{1 \text{ kJ/s}}\right|$$

$$= 1.4 \text{ kW}$$

(2) 制冷量是制冷剂通过蒸发器的吸热率. 由如下公式计算:

$$\dot{Q}_{in} = \dot{m}(h_1 - h_4)$$

$$= (0.08 \text{ kg/s})\left|60 \text{ s/min}\right|(247.23 - 85.75) \text{ kJ/kg}\left|\frac{1\text{ton}}{211 \text{ kJ/min}}\right|$$

$$= 3.67\text{ton}$$

(3) 性能系数 β 是

$$\beta = \frac{\dot{Q}_{in}}{\dot{W}_{C}} = \frac{h_1 - h_4}{h_{2s} - h_1} = \frac{247.23 - 85.75}{264.7 - 247.23} = 9.24$$

(4) 对于在 $T_H = 299K$ 和 $T_C = 273K$ 下运行的卡诺蒸汽制冷循环,其性能系数由公式(14.5)确定

$$\beta = \frac{T_C}{T_H - T_C} = 10.5$$

不出所料,理想蒸汽压缩制冷循环比在相同高低温热源之间运行的卡诺循环具有更低的性能系数.

14.4 实际蒸汽压缩制冷循环

实际的蒸汽压缩制冷循环与理想的制冷循环在许多方面不同,这主要是由于在一些部件中发生了不可逆性. 不可逆性的两个常见来源是流体流动阻力(引起压力下降)和与周围环境的热传递. 实际蒸汽压缩制冷循环的 T-s 图如图 14.7 所示.

在理想循环中,制冷剂以饱和蒸汽的形式离开蒸发器进入压缩机. 然而,在实践中,可能无法如此精确地控制制冷剂的状态. 相反,更容易设计系统,使制冷剂在压缩机进口处略微过热. 这种轻微的过热设计可确保制冷剂在进入压缩机时完全蒸发. 此外,连接蒸发器和压缩机的管路通常较长,流体流动阻力引起的压降不能忽略. 另外从周围环境到制冷剂的漏热也必须考虑. 由于工质过热、连接管路中的漏热以及连接管路中的压降都会导致工质比体积的增加,从而增加压缩机的功率输入要求,因为工质的流动功与比体积成正比.

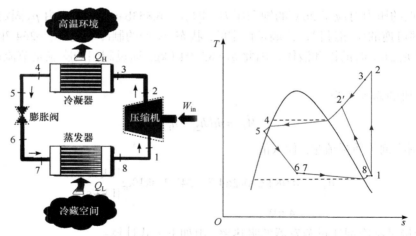

图 14.7 实际蒸汽压缩式制冷循环的示意图和 T-s 图

理想循环中的压缩过程是可逆绝热的,是等熵的. 然而,实际的压缩过程涉及摩擦效应(熵增)和漏热,后者可能增加或减少熵,具体取决于热传递方向. 因此,在实际的压缩过程中,制冷剂的熵可能增加(过程 1—2)或减少(过程 1—2′),这取决于哪个影响占主导地位. 压缩过程 1—2′ 可能比等熵压缩过程更理想,因为在这种情况下,制冷剂的比体积和输入功更小. 因此,若经济可行,可在压缩过程中冷却制冷剂.

在理想情况下,制冷剂在冷凝器中等压放热. 然而,实际上,冷凝器以及将冷凝器连接到

压缩机和节流阀的管路中不可避免地会有一些压降. 此外, 要精确地执行等压冷凝过程并不容易, 因为制冷剂在末端是饱和液体, 在制冷剂完全冷凝之前, 不希望将制冷剂输送到节流阀. 因此, 制冷剂在进入节流阀之前会稍微过冷. 不过, 这不必太介意, 因为在这种情况下, 制冷剂进入蒸发器的焓较低, 因此可以从制冷空间吸收更多的热量. 节流阀和蒸发器通常非常靠近, 因此连接两者的管路中的压降很小.

例 14.2 考虑不可逆传热对制冷性能的影响.

修改例 14.1 参数, 允许制冷剂与冷热区域之间的温差如下. 饱和蒸汽在 $-10℃$ 下进入压缩机; 饱和液体在 9 bar 的压力下离开冷凝器. 确定修改后的蒸汽压缩式制冷循环: (1)压缩机功率(以 kw 为单位); (2)制冷量(以冷吨为单位); (3)性能系数. 将结果与例 14.1 的结果进行比较.

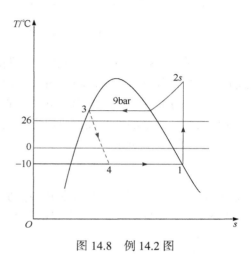

图 14.8 例 14.2 图

解 首先确定 T-s 图上的每个状态点参数. 在压缩机的入口处, 制冷剂在 $-10℃$ 下为饱和蒸汽, 因此从电子附录表 8 可以查到, $h_1 = 241.35 \text{kJ/kg}$ 和 $s_1 = 0.9253 \text{kJ/(kg·K)}$.

状态 $2s$ 由 $p_2 = 9 \text{bar}$ 固定, 并且对于绝热的、内部可逆的压缩过程, 比熵是恒定的. 由电子附录表 8 的插值得出: $h_{2s} = 272.39 \text{kJ/kg}$.

状态 3 是处于 9bar 的饱和液体, 因此 $h_3 = 99.56 \text{kJ/kg}$. 通过阀门的膨胀是节流过程, 因此 $h_4 = h_3$.

(1) 压缩机功率输入为

$$\dot{W}_C = \dot{m}(h_{2s} - h_1)$$

其中, $\dot{m}$ 是制冷剂的质量流量. 代入值

$$\dot{W}_C = (0.08 \text{ kg/s})(272.39 - 241.35)\text{kJ/kg}\left|\frac{1 \text{ kW}}{1 \text{ kJ/s}}\right|$$

$$= 2.48 \text{ kW}$$

(2) 制冷量为

$$\dot{Q}_{in} = \dot{m}(h_1 - h_4)$$

$$= (0.08 \text{kg/s})\left|60 \text{s/min}\right|(241.35 - 99.56)\text{kJ/kg}\left|\frac{1 \text{ton}}{211 \text{kJ/min}}\right|$$

$$= 3.23 \text{ton}$$

(3) 性能系数 β 是

$$\beta = \frac{\dot{Q}_{in}}{\dot{W}_C} = \frac{h_1 - h_4}{h_{2s} - h_1} = \frac{241.35 - 99.56}{272.39 - 241.35} = 4.57$$

将本例的结果与例 14.1 的结果进行比较, 发现在本例情况下压缩机所需的功率输入更大. 此外, 在本例中, 制冷能力和性能系数小于例 14.1. 这说明了制冷剂与低温区域和高温区域之间的不可逆传热对制冷性能的影响巨大.

14.5 蒸汽压缩制冷循环的第二定律分析

考虑在 T_L 低温热源和 T_H 高温热源之间运行的蒸汽压缩制冷循环，如图 14.9 所示. 在 T_L 和 T_H 温度限值之间运行的制冷循环的最大 COP 如式(14.9)所示

$$\mathrm{COP_{R,max}} = \mathrm{COP_{R,rev}} = \mathrm{COP_{R,Carnot}} = \frac{T_L}{T_H - T_L} = \frac{1}{T_H/T_L - 1} \quad (14.9)$$

由于存在不可逆性，实际的制冷循环制冷系数将低于逆卡诺循环制冷系数. 但可以从式 (14.9) 中得出初步结论，即 COP 与温差 $T_H - T_L$ 成反比，这一结论对实际制冷循环同样有效.

制冷系统的第二定律(㶲)分析的目的是确定㶲损的位置与大小，并通过改进最大限度地提高系统性能. 一个部件的㶲损可以直接由㶲平衡来确定，也可以通过先计算熵产，然后利用下述关系式间接地确定：

$$\dot{I} = T_0 \dot{S}_g \quad (14.10)$$

式中，T_0 是环境温度. 对于制冷机，T_0 通常是高温热源 T_H 的温度(对于热泵来说通常是 T_L). 在图 14.9 所示的制冷系统中，主要部件的㶲损可以计算如下：

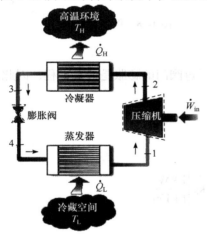

压缩机

$$\dot{I}_{1-2} = T_0 \dot{S}_{g,1-2} = \dot{m} T_0 (s_2 - s_1) \quad (14.11)$$

冷凝器

$$\dot{I}_{2-3} = T_0 \dot{S}_{g,2-3} = T_0 \left[\dot{m}(s_3 - s_2) + \frac{\dot{Q}_H}{T_H} \right] \quad (14.12)$$

注意，当 $T_H = T_0$ 时，通常是制冷机的情况.

膨胀阀

$$\dot{I}_{3-4} = T_0 \dot{S}_{g,3-4} = m \dot{T}_0 (s_4 - s_3) \quad (14.13)$$

蒸发器

$$\dot{I}_{4-1} = T_0 \dot{S}_{g,4-1} = T_0 \left[\dot{m}(s_1 - s_4) - \frac{\dot{Q}_L}{T_L} \right] \quad (14.14)$$

图 14.9 蒸汽压缩制冷循环的第二定律分析

请注意，当 $T_L < T_0$ 时，热量和㶲传递的方向相反，即制冷剂的㶲在吸热过程中减小.

此外，冷量 $\dot{Q}_L$ 的㶲 $\dot{Ex}_{Q_L}$ 相当于卡诺热机在 T_0 时从环境中吸热，并以 $\dot{Q}_L$ 的速率向低温介质放热所产生的功率，可以表示为

$$\dot{Ex}_{Q_L} = \dot{Q}_L \frac{T_0 - T_L}{T_L} \quad (14.15)$$

最后，循环中的总㶲损是各个过程㶲损的总和

$$\dot{I}_{total} = \dot{I}_{1-2} + \dot{I}_{2-3} + \dot{I}_{3-4} + \dot{I}_{4-1} \quad (14.16)$$

可以看出，利用提供的㶲(输入功率)与收获的㶲(从低温介质中抽出的热量㶲)之差，也可以得到与制冷循环相关的总㶲损

$$\dot{I}_{\text{total}} = \dot{W}_{\text{in}} - \dot{E}x_{Q_{\text{L}}} \tag{14.17}$$

循环的第二定律效率或㶲效率可以表示为

$$\eta_{\text{II,Cycle}} = \frac{\dot{E}x_{Q_{\text{L}}}}{\dot{W}_{\text{in}}} = 1 - \frac{\dot{I}_{\text{total}}}{\dot{W}_{\text{in}}} \tag{14.18}$$

在式(14.18)中替代 $\dot{W}_{\text{in}} = \dfrac{\dot{Q}_{\text{L}}}{\text{COP}_{\text{R}}}$ 以及 $\dot{E}x_{Q_{\text{L}}} = \dot{Q}_{\text{L}}\dfrac{T_0 - T_{\text{L}}}{T_{\text{L}}}$ 得到

$$\eta_{\text{II,Cycle}} = \frac{\dot{E}x_{Q_{\text{L}}}}{\dot{W}_{\text{in}}} = \frac{\dot{Q}_{\text{L}}(T_0 - T_{\text{L}})/T_{\text{L}}}{\dot{Q}_{\text{L}}/\text{COP}_{\text{R}}} = \frac{\text{COP}_{\text{R}}}{T_{\text{L}}/(T_{\text{H}} - T_{\text{L}})} = \frac{\text{COP}_{\text{R}}}{\text{COP}_{\text{R,rev}}} \tag{14.19}$$

可以发现，对于从 $T_0 = T_{\text{H}}$ 的一个制冷循环，其第二定律效率也等于循环中实际 COP_{R} 和最大 $\text{COP}_{\text{R, rev}}$ 之比．

例 14.3 蒸汽压缩制冷循环的㶲分析.

制冷剂 134a 为工质的蒸汽压缩制冷循环，通过向 27℃的环境空气放热来保持−13℃的空间，R-134a 以 0.05kg/s 的速度在 100 kPa 下进入压缩机，过热 6.4℃，压缩机的等熵效率为 85%. 制冷剂在 39.4℃时作为饱和液体离开冷凝器. 确定：(1)提供的冷却速率和系统的 COP；(2)每个基本部件的㶲损；(3)循环的最小输入功率和相对卡诺效率；(4)总㶲损率.

解 研究了蒸汽压缩制冷循环. 确定冷却速率、COP、㶲损、最小输入功率、相对卡诺效率和总㶲损.

假设 ①运行条件稳定；②动能和势能的变化可以忽略不计.

分析 (1) 循环的 $T\text{-}s$ 图如图 14.10 所示. R-134a 的性质为 (查电子附录表 9)

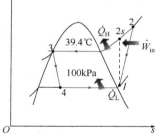

图 14.10 例 14.3 循环的 $T\text{-}s$ 图

$$p_1 = 100\text{kPa}$$
$$\left. T_1 = T_{\text{sat@100kPa}} + \Delta T_{\text{superheat}} = -26.4 + 6.4 = -20℃ \right\} \begin{matrix} h_1 = 239.52\text{kJ/kg} \\ s_1 = 0.9721\text{kJ/kg} \end{matrix}$$

$$\left. \begin{matrix} p_3 = p_{\text{sat@39.4℃}} = 1000\text{kPa} \\ p_2 = p_3 = 1000\text{kPa} \\ s_{2s} = s_1 = 0.9721\text{kJ/(kg·K)} \end{matrix} \right\} h_{2s} = 298.14\text{kJ/kg}$$

$$\left. \begin{matrix} p_3 = 1000\text{kPa} \\ x_3 = 0 \end{matrix} \right\} \begin{matrix} h_3 = 107.34\text{kJ/kg} \\ s_3 = 0.39196 \end{matrix}$$

$$\left. \begin{matrix} h_4 = h_3 = 107.34\text{kJ/kg} \\ p_4 = 100\text{kPa} \end{matrix} \right\} s_4 = 0.4368\text{kJ/(kg·K)}$$

$$h_4 = 107.34\text{kJ/kg}$$

从等熵效率的定义

$$\eta_{\text{c}} = \frac{h_{2s} - h_1}{h_2 - h_1}$$

$$0.85 = \frac{289.14 - 239.52}{h_2 - 239.52} \rightarrow h_2 = 297.90\text{kJ/kg}$$

$$\left.\begin{array}{l} p_2 = 1000\text{kPa} \\ h_2 = 297.90\text{kJ/kg} \end{array}\right\} s_2 = 0.9984\text{kJ/(kg}\cdot\text{K)}$$

制冷负荷、散热率和功率输入为

$$\dot{Q}_\text{L} = \dot{m}(h_1 - h_4) = (0.05\text{kg/s})(239.52 - 107.34)\text{kJ/kg} = 6.609\text{kW}$$

$$\dot{Q}_\text{H} = \dot{m}(h_2 - h_3) = (0.05\text{kg/s})(297.90 - 107.34)\text{kJ/kg} = 9.528\text{kW}$$

$$\dot{W}_\text{in} = \dot{m}(h_2 - h_1) = (0.05\text{kg/s})(297.90 - 239.52)\text{kJ/kg} = 2.919\text{kW}$$

然后制冷循环的 COP 变成

$$\text{COP}_\text{R} = \frac{\dot{Q}_\text{L}}{\dot{W}_\text{in}} = \frac{6.609\text{kW}}{2.919\text{kW}} = 2.264$$

(2) 注意到环境温度为 $T_0 = T_\text{H} = 27 + 273 = 300(\text{K})$，循环各部件的㶲损按如下方法确定：

压缩机

$$\dot{I}_{1-2} = T_0\dot{S}_{\text{g},1-2} = T_0\dot{m}(s_2 - s_1)$$

$$= (300\text{K})(0.05\text{kg/s})(0.9984 - 0.9721)\text{kJ/(kg}\cdot\text{K)} = 0.3945\text{kW}$$

冷凝器

$$\dot{I}_{2-3} = T_0\dot{S}_{\text{g},2-3} = T_0\left[\dot{m}(s_3 - s_2) + \frac{\dot{Q}_\text{H}}{T_\text{H}}\right]$$

$$= (300\text{K})\left[(0.05\text{kg/s})(0.39196 - 0.9984)\text{kJ/(kg}\cdot\text{K)} + \frac{9.528\text{kW}}{300\text{K}}\right] = 0.4314\text{kW}$$

膨胀阀

$$\dot{I}_{3-4} = T_0\dot{S}_{\text{g},3-4} = T_0\dot{m}(s_4 - s_3)$$

$$= (300\text{K})(0.05\text{kg/s})(0.4368 - 0.39196)\text{kJ/(kg}\cdot\text{K)} = 0.6726\text{kW}$$

蒸发器

$$\dot{I}_{4-1} = T_0\dot{S}_{\text{g},4-1} = T_0\left[\dot{m}(s_1 - s_4) - \frac{\dot{Q}_\text{L}}{T_L}\right]$$

$$= (300\text{K})\left[(0.05\text{kg/s})(0.9721 - 0.4368)\text{kJ/(kg}\cdot\text{K)} + \frac{6.609\text{kW}}{260\text{K}}\right] = 0.4037\text{kW}$$

(3) 与低温介质传热有关的㶲流是

$$\dot{Ex}_{Q_\text{L}} = \dot{Q}_\text{L}\frac{T_0 - T_\text{L}}{T_\text{L}} = (6.609\text{kW})\frac{300\text{K} - 260\text{K}}{260\text{K}} = 1.017\text{kW}$$

这也是循环的最小或可逆功率输入

$$\dot{W}_\text{min,in} = \dot{Ex}_{Q_\text{L}} = 1.017\text{kW}$$

循环的相对卡诺效率是

$$\eta_\text{II} = \frac{\dot{Ex}_{Q_\text{L}}}{\dot{W}_\text{in}} = \frac{1.017\text{kW}}{2.919\text{kW}} = 0.348 = 34.8\%$$

该效率也可根据 $\eta_{\mathrm{II}} = \mathrm{COP_R}/\mathrm{COP_{R,rev}}$ 确定，其中

$$\mathrm{COP_{R,rev}} = \frac{T_{\mathrm{L}}}{T_{\mathrm{H}} - T_{\mathrm{L}}} = \frac{(-13 + 273)\,\mathrm{K}}{\left[27 - (-13)\right]\,\mathrm{K}} = 6.500$$

代入

$$\eta_{\mathrm{II}} = \frac{\mathrm{COP_R}}{\mathrm{COP_{R,rev}}} = \frac{2.264}{6.500} = 0.348 = 34.8\%$$

结果和预期的一样.

(a) 总㶲损是消耗的㶲(输入功率)与收获的㶲之差(从低温介质传来的热量的㶲)

$$\Delta \dot{E}x_{\mathrm{total}} = \dot{W}_{\mathrm{in}} - \dot{E}x_{Q_{\mathrm{L}}} = 2.919\,\mathrm{kW} - 1.017\,\mathrm{kW} = 1.902\,\mathrm{kW}$$

(b) 总㶲损也可通过在每个组件中㶲损之和来确定

$$\begin{aligned}
\dot{I}_{\mathrm{total}} &= \dot{I}_{1-2} + \dot{I}_{2-3} + \dot{I}_{3-4} + \dot{I}_{4-1} \\
&= 0.3945 + 0.4314 + 0.6726 + 0.4037 \\
&= 1.902\,(\mathrm{kW})
\end{aligned}$$

正如预期的那样，这两个结果同样相同.

讨论 循环的㶲输入等于实际的功输入，即 2.92kW. 如果使用可逆系统，相同的冷负荷只需此功率的 34.8%(1.02kW). 两者之间的差别是在循环中的㶲损(1.90kW). 膨胀阀是最不可逆的部件，占循环总㶲损的 35.4%. 用膨胀机代替膨胀阀将降低不可逆性，同时降低净功率输入，这在实际系统中需考虑具体情况(例如，系统的可靠性和成本). 结果表明，提高蒸发温度和降低冷凝温度也会降低这些组分的㶲损.

14.6 选择正确的制冷剂

在制冷系统的设计中，目前常用的制冷剂有氯氟烃(CFCs)、氨、碳氢化合物(丙烷、乙烷、乙烯等)、二氧化碳、空气(飞机的空调系统)，甚至水(冰点以上的应用中). 制冷剂的正确选择取决于具体工程问题. 其中，R-11、R-12、R-22、R-134a 和 R-502 等制冷剂占据了美国 90%以上的市场份额.

乙醚是早期蒸汽压缩制冷系统中第一个商用制冷剂，其次是氨、二氧化碳、氯甲烷、二氧化硫、丁烷、乙烷、丙烷、异丁烷、汽油和氟氯烃等.

工业和重工业部门对氨非常满意，现在仍然如此，尽管氨有毒. 与其他制冷剂相比，氨的优点是成本低、COP 更高(从而降低能源成本)、更有利的热力学和传热学特性，从而具有更高的传热系数(需要更小和更低成本的换热器)、在发生泄漏时更大的可检测性以及对臭氧层没有影响. 氨的主要缺点是毒性，不适合家庭使用. 氨主要用于食品冷藏设施，如新鲜水果、蔬菜的冷藏及肉类和鱼类的冷冻.

值得注意的是，早期用于轻工业和家庭部门的制冷剂(如二氧化硫、氯乙烷和氯甲烷)具有剧毒性，目前已经很少使用.

20 世纪 20 年代，几起严重的制冷剂泄漏事件，导致了严重疾病和死亡，公众强烈呼吁禁止或限制使用这些制冷剂，因此需要开发一种安全的家用制冷剂. 为此，通用汽车公司在 1928

年开发出了 R-21，这是 CFC 制冷剂家族的第一个成员. 在其后开发出的几种氟氯化碳中，R-12 作为最适合商业用途的制冷剂，被命名为"氟利昂". R-11 和 R-12 的商业化生产始于 1931 年，由通用汽车公司和杜邦公司联合生产，CFC 的多功能性和低成本使其成为首选的制冷剂. 氟氯化碳还广泛应用于气溶胶、泡沫绝缘和电子工业中，可作为清洗计算机芯片的溶剂.

R-11 主要用于建筑物空调系统的大容量冷水机组. R-12 用于家用制冷机和热泵，以及汽车空调. R-22 广泛应用于窗式空调、热泵、商业建筑空调、大型工业制冷系统等领域，对氨具有很强的竞争力. R-502(R-115 和 R-22 的混合物)是商业制冷系统(如超市)中使用的主要制冷剂，因为它允许蒸发器在单级压缩下工作时温度较低.

臭氧危机在制冷和空调行业引起了很大的轰动，并引发了对正在使用的制冷剂的批评. 20 世纪 70 年代中期人们认识到，氟氯化碳通过破坏保护性臭氧层，使更多的紫外线辐射进入地球大气层，从而导致温室效应，导致全球变暖. 因此，国际条约禁止使用某些氟氯化碳. 全卤化氟氯化碳(如 R-11、R-12 和 R-115)对臭氧层的破坏最大. 非完全卤化制冷剂，如 R-22，其臭氧消耗能力约为 R-12 的 5%. 对保护地球免受有害紫外线的臭氧层友好的制冷剂已经开发出来. 曾经流行的制冷剂 R-12 已基本上被无氯 R-134a 所取代.

选择制冷剂时需要考虑的两个重要参数是制冷剂与之交换热量的两种介质(制冷空间和环境)的温度.

为了以合理的速率进行传热，制冷剂和与之交换热量的介质之间应保持 5～10℃的温差. 例如，如果一个冷藏空间要保持在-10℃，那么制冷剂在吸收蒸发器中的热量时，其温度应保持在-20℃左右. 制冷循环中的最低压力出现在蒸发器中，该压力应高于大气压，以防止空气泄漏到制冷系统中. 因此，在这种特殊情况下，制冷剂在-20℃时的饱和压力应为 1atm 或更高. 氨和 R-134a 就是这两种物质.

冷凝器侧制冷剂的温度(以及压力)取决于散热介质. 如果用液态水而不是空气来冷却制冷剂，则可以保持冷凝器中较低的温度(因此 COP 较高). 然而，除了在大型工业制冷系统中，水冷却的使用在经济上是不合理的. 冷凝器中制冷剂的温度不能低于冷却介质的温度(家用冰箱约为 20℃)，如果散热过程近似等温，则该温度下制冷剂的饱和压力应远低于其临界压力. 如果没有一种制冷剂能够满足温度要求，则可以串联使用两个或多个不同制冷剂的制冷循环. 这种制冷系统被称为级联系统，本章后面将对此进行讨论.

制冷剂的其他理想特性包括无毒、无腐蚀性、不易燃和化学稳定性；具有较高的汽化焓(将质量流量降至最低)；当然，还包括成本低廉.

对于热泵来说，制冷剂的最低温度(和压力)可能要高得多，因为热量通常是从远高于制冷系统温度的介质中提取的.

14.7 热 泵 系 统

一般来说，购买和安装热泵比其他供暖系统更昂贵，但从长远来看，在某些地区，它们可以节省开支，因为它们可以降低供暖费用. 尽管热泵的初始成本相对较高，但它的普及率正在不断提高. 近几年美国建造的所有独户住宅中，约有三分之一是用热泵供暖的.

热泵最常见的热源是大气空气(空气对空气系统)，尽管也使用水和土壤. 空气源系统的主要问题是结霜，在潮湿的气候条件下，当温度降到 2～5℃以下时，就会发生结霜. 蒸发器盘管上的结霜非常不可取，因为它严重破坏了传热. 不过，可以通过反转热泵循环(作为空调运行)来解冻盘管. 这会降低系统的效率. 水源系统通常使用深度达 80m 的井水，温度范围为 5～18℃，并且不会出现结霜问题. 他们通常有更高的 COP，但系统更复杂，需要容量大和容易安装部件的水体，如地下水. 地源系统也相当复杂，因为它们需要在土壤温度相对恒定的地下深处放置长管. 热泵的 COP 通常在 1.5～4 之间，这取决于所使用的特定系统和热源的温度. 最近开发的一种新型热泵使用变速电机驱动，其能效至少是其前者的两倍.

低温时，热泵的容量和效率都会显著下降. 因此，大多数空气源热泵需要一个辅助加热系统，如电阻加热器或油气炉. 由于水和土壤温度波动不大，水源或地源系统可能不需要补充加热. 然而，热泵系统必须足够大，以满足最大热负荷.

热泵和空调有相同的机械部件. 因此，为了满足建筑物的供暖和制冷要求，采用两个独立的系统是不经济的. 一个系统在冬天可用作热泵，在夏天用作空调. 这是通过在循环中增加一个换向阀来实现的，如图 14.11 所示. 经过这一改进，热泵冷凝器(位于室内)在夏季起到空调蒸发器的作用. 此外，热泵的蒸发器(位于室外)用作空调的冷凝器. 这一特性提高了热泵的竞争力. 汽车旅馆里通常使用这种两用装置.

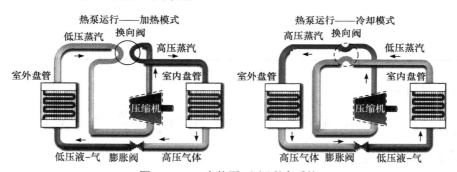

图 14.11　一个热泵-空调联合系统

热泵-空调联合系统在制冷季冷负荷大、采暖季热负荷相对较小的地区最具竞争力，如我国南方地区. 在这些地区，热泵-空调联合系统可以满足整个住宅或商业建筑的制冷和供热需求. 在热负荷大而冷负荷小的地区，如我国北方地区，此类系统的竞争力差.

例 14.4　分析实际的蒸汽压缩热泵循环. 制冷剂 134a 是空气源热泵中的工作流体，当室外平均温度为 5℃时，它将建筑物的内部温度维持在 22℃一周. 饱和蒸汽在-8℃下进入压缩机，饱和液体在 10bar、50℃下离开冷凝器. 对于稳态运行，制冷剂质量流量为 0.2kg/s. 确定：(1)压缩机功率(kW)；(2)等熵压缩机效率；(3)提供给建筑物的传热率(kW)；(4)性能系数；(5)一周内运行 80h 的总电费(以 0.86 元/(kW·h)估算电费).

解　给出系统运行过程图如图 14.12 所示.

首先确定图 14.12 中 T-s 图上的主要状态点参数. 状态 1 是在-8℃下的饱和蒸汽；因此，h_1 和 s_1 直接从电子附录表 8 获得. 状态 2 是过热蒸汽，已知 T_2 和 p_2，h_2 从附录表 10 获得. 状态 3 为 10bar 的饱和液体，h_3 从电子附录表 9 中获得. 最后，通过阀门膨胀是一个节流过程. 因此，$h_4 = h_3$. 表 14.1 总结了这些状态点下的参数值.

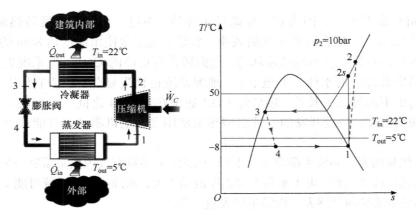

图 14.12　例 14.4 图

表 14.1　不同状态下的属性值

状态	T/℃	p/bar	h/(kJ/kg)	s/(kJ/(kg · K))
1	−8	2.1704	242.54	0.9239
2	50	10	280.19	—
3	—	10	105.29	—
4	—	2.1704	105.29	—

(1) 压缩机功率为

$$\dot{W}_C = \dot{m}(h_2 - h_1) = 0.2\frac{\text{kg}}{\text{s}}(280.19 - 242.54)\frac{\text{kJ}}{\text{kg}}\left|\frac{1\text{kW}}{1\text{kJ/s}}\right| = 7.53\text{kW}$$

(2) 等熵压缩机的效率为

$$\eta_c = \frac{(\dot{W}_C / \dot{m})_s}{\dot{W}_C / \dot{m}} = \frac{(h_{2s} - h_1)}{(h_2 - h_1)}$$

其中，h_{2s} 是状态 2s 处的焓值. 如图 14.12 的 T-s 图所示，状态 2s 由 p_2 和 $s_{2s} = s_1$ 确定. 在附录表 10 中用插值法求得，$h_{2s} = 274.18$ kJ/kg. 所以，压缩机等熵效率为

$$\eta_c = \frac{(h_{2s} - h_1)}{(h_2 - h_1)} = \frac{(274.18 - 242.54)}{(280.19 - 242.54)} = 0.84(84\%)$$

(3) 提供给建筑物的热传递速率为

$$\dot{Q}_{out} = \dot{m}(h_2 - h_3) = 0.2\frac{\text{kg}}{\text{s}}(280.19 - 105.29)\frac{\text{kJ}}{\text{kg}}\left|\frac{1\text{kW}}{1\text{kJ/s}}\right| = 34.98\text{kW}$$

(4) 热泵的性能系数为

$$\text{COP}_{HP} = \frac{\dot{Q}_{out}}{\dot{W}_C} = \frac{34.98\text{kW}}{7.53\text{kW}} = 4.65$$

(5) 运行 80 小时的电费为

$$运行 80 小时的电费 = (7.53\text{kW}) \times (80\text{h}) \times \left(0.86\frac{元}{\text{kW} \cdot \text{h}}\right) = 518.06 元$$

14.8　新型蒸汽压缩制冷系统

上面讨论的简单蒸汽压缩制冷循环是应用最广泛的制冷循环, 它适合大多数制冷应用. 普通的蒸汽压缩制冷系统简单、便宜、可靠, 而且几乎不需要维护. 然而, 对于大型工业应用, 效率是主要关注的问题. 此外, 对于某些应用, 简单的蒸汽压缩制冷循环是不够的, 需要进一步完善.

14.8.1　复叠制冷系统

一些工业应用需要极度的低温, 它们所涉及的温度范围大, 利用单个蒸汽压缩制冷循环难以实现. 对于往复式压缩机来说, 大的温度范围也意味着循环中的压力变化范围大, 压缩机性能变差. 处理这种情况的一种方法是分阶段执行制冷过程, 即两个或多个制冷循环串联运行. 这种制冷循环称为复叠式制冷循环.

两级复叠式制冷循环如图 14.13 所示. 这种两级循环通过中间的换热器相连, 换热器作为上循环(循环 A)的蒸发器和下循环(循环 B)的冷凝器. 假设换热器绝缘良好, 动能和势能可以忽略不计, 那么从下循环中流体的放热量等于上循环中流体的吸热量. 因此, 通过每个循环的质量流量比应为

$$\dot{m}_A(h_5 - h_8) = \dot{m}_B(h_2 - h_3) \rightarrow \frac{\dot{m}_A}{\dot{m}_B} = \frac{h_2 - h_3}{h_5 - h_8} \tag{14.20}$$

同样

$$\mathrm{COP}_{R,cascade} = \frac{\dot{Q}_L}{\dot{W}_{net,in}} = \frac{\dot{m}_B(h_1 - h_4)}{\dot{m}_A(h_6 - h_5) + \dot{m}_B(h_2 - h_1)} \tag{14.21}$$

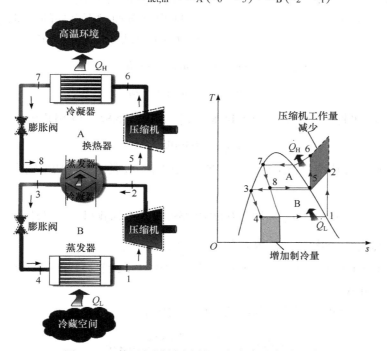

图 14.13　使用相同制冷剂的两级复叠式制冷系统

在图 14.13 中所示的级联系统中，假设两个循环中的制冷剂相同. 但是，这不是必须的，因为在热交换器中没有发生混合. 因此，可以在每个循环中使用具有更理想特性的制冷剂. 在这种情况下，每种流体都有一个单独的饱和穹顶，各级循环的 T-s 图也会不同. 此外，在实际的复叠式制冷系统中，由于两种流体之间有热传递温差，所以这两种循环会发生重叠.

从图 14.13 中的 T-s 图可以明显看出，由于级联，压缩机的功耗减少，从制冷空间吸收的热量增加. 因此，级联可以提高制冷系统的 COP. 有些制冷系统采用三级或四级级联.

例 14.5 两级复叠式制冷循环.

考虑一个两级复叠式制冷系统，其工作压力在 0.8～0.14MPa 之间. 每级工作在一个理想的蒸汽压缩制冷循环中，制冷剂为 134a. 在绝热逆流换热器中，从下循环到上循环的热排放发生在两股气流以约 0.32MPa 的压力进入. (实际上，较低循环的工作流体在换热器中处于较高的压力和温度，以便进行有效传热.)如果通过上循环的制冷剂的质量流量为 0.05kg/s，则确定：(1)通过下循环的制冷剂的质量流量；(2)制冷空间的排热率和压缩机的功率输入；(3)该复叠式制冷机的性能系数.

解 考虑在规定的压力限制之间运行的复叠式制冷系统. 要确定通过下循环的制冷剂质量流量、制冷速率、功率输入和 COP.

制冷循环的 T-s 图如图 14.14 所示. 上循环标记为循环 A，下循环标记为循环 B. 对于这两个循环，制冷剂以饱和液体的形式离开冷凝器，并以饱和蒸汽的形式进入压缩机.

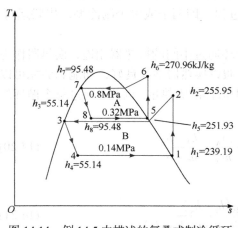

图 14.14 例 14.5 中描述的复叠式制冷循环的 T-s 图

(1) 制冷剂通过下循环的质量流量由绝热换热器上的稳定流动能量平衡确定

$$\dot{E}_{out} = \dot{E}_{in} \rightarrow \dot{m}_A h_5 + \dot{m}_B h_3 = \dot{m}_A h_8 + \dot{m}_B h_2$$

$$\dot{m}_A(h_5 - h_8) = \dot{m}_B(h_2 - h_3)$$

$$(0.05kg/s)\big[(251.93 - 95.48)kJ/kg\big] = \dot{m}_B\big[(255.95 - 55.14)kJ/kg\big]$$

$$\dot{m}_B = 0.0390kg/s$$

(2) 串级循环的排热率是指最低级蒸发器的吸热率. 级联循环的功率输入是所有压缩机的功率输入之和

$$\dot{Q}_L = \dot{m}_B(h_1 - h_4) = (0.390kg/s)(239.19 - 55.14)kJ/kg = 7.18kW$$

$$\dot{W}_{in} = \dot{W}_{comp\,I,in} + \dot{W}_{comp\,II,in} = \dot{m}_A(h_6 - h_5) + \dot{m}_B(h_2 - h_1)$$

$$= (0.05kg/s)\big[(270.96 - 251.93)kJ/kg\big] + (0.039kg/s)(255.95 - 239.19)kJ/kg$$

$$= 1.61kW$$

(3) 制冷系统的 COP 是制冷率与净功率输入的比率

$$COP_R = \frac{\dot{Q}_L}{\dot{W}_{net,in}} = \frac{7.18kW}{1.61kW} = 4.46$$

讨论　这个问题在例 14.1 中是采用单级制冷系统解决的. 请注意, 由于级联, 制冷系统的 COP 从 3.97 增加到 4.46. 说明通过级联方法, 可以提高系统的 COP.

14.8.2　多级压缩制冷系统

当整个复叠式制冷系统使用的流体相同时, 级间的换热器可由混合室(称为闪蒸室)代替, 因为它具有更好的传热特性. 这种系统称为多级压缩制冷系统. 两级压缩制冷系统如图 14.15 所示.

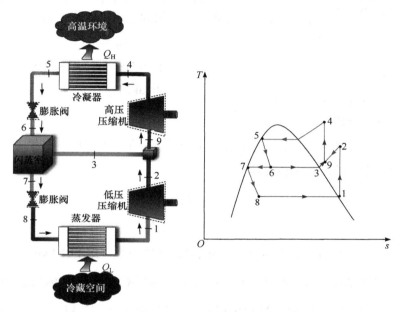

图 14.15　具有闪蒸室的两级压缩制冷系统

在该系统中, 液体制冷剂经上膨胀阀膨胀至闪蒸室, 此时工质压力与压缩机级间压力相同. 在这个过程中, 部分液体蒸发. 饱和蒸汽(状态 3)与来自低压压缩机(状态 2)的过热蒸汽混合, 混合后在状态 9 下进入高压压缩机. 本质上, 这是一个回热过程. 饱和液体(状态 7)通过下膨胀阀膨胀到下蒸发器中, 在那里它从制冷空间吸收热量.

该系统的压缩过程类似于带中冷的两级压缩过程, 压缩机的功耗减小. 在这种情况下, 在解释 *T-s* 图上的面积时应小心, 因为在循环的不同部分, 质量流量是不同的.

例 14.6　带闪蒸室的两级制冷循环.

考虑一个两级压缩制冷系统, 其工作压力在 0.8～0.14MPa 之间. 工作流体为制冷剂 134a. 制冷剂以饱和液体的形式离开冷凝器, 并被节流至工作压力为 0.32MPa 的闪蒸室. 部分制冷剂在闪蒸过程中蒸发, 这些蒸汽与离开低压压缩机的制冷剂混合. 然后, 高压压缩机将混合物压缩到冷凝器压力. 闪蒸室中的液体被节流至蒸发器压力, 并在蒸发器中蒸发时冷却制冷空间. 假设制冷剂以饱和蒸汽的形式离开蒸发器, 且两个压缩机均为等熵, 则确定: (1)当制冷剂被节流至闪蒸室时蒸发的部分; (2)从制冷空间和压缩机排出的热量, 每单位质量流经冷凝器的制冷剂的功; (3)系统性能系数.

解　考虑在规定的压力限制下运行的两级压缩制冷系统. 确定在闪蒸室中蒸发的制冷剂比例、制冷量和单位质量的功输入以及系统 COP.

制冷循环的 *T-s* 图如图 14.16 所示. 制冷剂以饱和液体的形式离开冷凝器, 并以饱和蒸汽

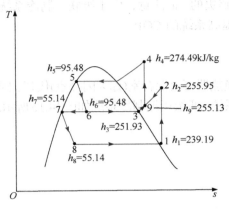

图 14.16　例 14.6 中描述的两级压缩制冷
循环的 T-s 图

的形式进入低压压缩机.

(1) 制冷剂在闪蒸室蒸发的部分仅为状态 6 时蒸汽的质量，6 点的焓减 7 点的焓除上汽化潜热，即

$$x_6 = \frac{h_6 - h_7}{h_{fg}} = \frac{95.48 - 55.14}{196.78} = 0.2050$$

(2) 从制冷空间排出的热量和流经冷凝器的单位质量制冷剂的压缩机功输入为

$$
\begin{aligned}
q_L &= (1 - x_6)(h_1 - h_8) \\
&= (1 - 0.2050)\left[(239.19 - 55.14)\text{kJ/kg}\right] \\
&= 146.3\text{kJ/kg}
\end{aligned}
$$

以及

$$w_{in} = w_{\text{comp I,in}} + w_{\text{comp II,in}} = (1 - x_6)(h_2 - h_1) + 1 \times (h_4 - h_9)$$

状态 9 下的焓由混合室的能量平衡确定

$$\dot{E}_{out} = \dot{E}_{in}$$

$$h_9 = x_6 h_3 + (1 - x_6)h_2$$

$$h_9 = (0.2050)(251.93) + (1 - 0.2050)(255.95) = 255.13(\text{kJ/kg})$$

据此可查，s_9=0.9417kJ/(kg·K). 状态 4(0.8MPa，s_4=s_9)的焓为 h_4=274.49kJ/kg. 代入

$$w_{in} = (1 - 0.2050)\left[(255.95 - 239.19)\text{kJ/kg}\right] + (274.49 - 255.13)\text{kJ/kg} = 32.68\text{kJ/kg}$$

(3) 系统性能系数为

$$\text{COP}_R = \frac{q_L}{w_{in}} = \frac{146.3\text{kJ/kg}}{32.68\text{kJ/kg}} = 4.48$$

讨论　对于单级制冷系统(COP=3.97)和例 14.4 中的两级复叠式制冷系统(COP=4.46)而言，该例的 COP 又有提高. 注意，相对于单级压缩系统而言，复叠制冷系统的 COP 显著增加，但两级级联压缩再提高 COP 有限.

*14.8.3　一级压缩多用途制冷系统

有些工程应用需要在多个制冷温度条件下提供冷量. 这可以通过在不同温度下运行的每个蒸发器使用单独的节流阀和单独的压缩机来实现. 然而，这样的一个系统，既庞大又不经济. 一种更实际、更经济的方法是将所有出口气流从蒸发器输送到一个压缩机，让它处理整个系统的压缩过程.

例如，考虑一个普通的冰箱-冷冻装置. 装置的简化示意图和循环的 T-s 图如图 14.17 所示. 大多数冷藏货物的含水量很高，冷藏空间必须保持在冰点以上，以防结冰. 然而，冷冻室的温度保持在−18℃左右. 因此，制冷剂应在−25℃左右进入冷冻室，以便以合理的速率在冷冻室中进行传热. 如果使用一个膨胀阀和蒸发器，制冷剂必须在大约−25℃的温度下在两个腔室中循环，这将导致蒸发器盘管附近结冰和产品脱水. 这个问题可以通过双节流过程来实现，即先将制冷剂节流到更高的压力(即温度), 以便在冷藏室中使用, 然后将其节流到最小压力, 以便在冷冻室中使用. 离开冷冻室的整个制冷剂, 随后由一个压缩机压缩至冷凝器压力.

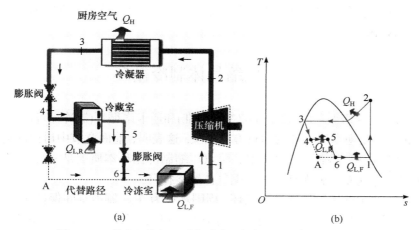

图 14.17　单台压缩机驱动的冷藏–冷冻机的示意图和 T-s 图

*14.8.4　气体的液化

气体液化一直是制冷的一个重要领域, 因为许多重要的科学和工程过程在低温(温度低于 $-100℃$)下依赖于液化气体. 例如, 从空气中分离氧和氮, 制备火箭用液体推进剂, 研究低温下的材料特性, 以及研究超导电性等现象.

当温度高于临界值时, 物质只存在于气相中. 氦、氢和氮(三种常用的液化气体)的临界温度分别为 $-268℃$、$-240℃$ 和 $-147℃$. 因此, 这些物质在大气条件下都不存在液态. 此外, 这种程度的低温不能用普通的制冷技术获得. 那么在气体液化中需要回答的问题是怎样才能把气体的温度降低到临界点以下.

目前常用的超低温制冷循环是林德–汉普逊循环, 图 14.18 中的 T-s 图显示了这一循环.

如图 14.18 所示, 与简单蒸汽压缩制冷循环相比, 林德–汉普逊液化循环增加了回热器, 回收从低温端回流的气体冷量. 从冷端回流气体(状态 8)与高压气体换热至状态 9, 进入管路吸热后至状态 2, 再由多级压缩系统压缩至状态 3. 多级压缩中间冷却过程接近等温过程, 从多

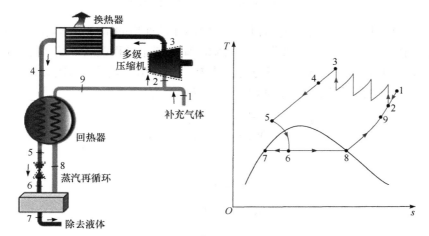

图 14.18　林德–汉普逊液化循环图

级压缩机中出来的气体经过换热器冷却至状态 4. 在回热器中，高压气体在回热器中进一步冷却至状态 5，并被节流至状态 6，即饱和气–液混合物状态，经过气–液分离器后，液体(状态 7)被收集为所需产品，蒸汽(状态 8)通过回热器与高压气体换热. 最后，将气体与新鲜的补充气体混合，并重复该循环.

14.9 压缩气体制冷循环

如 14.2 节所述，卡诺循环(动力循环的参考标准)和逆卡诺循环(制冷循环的参考标准)的各个过程是相同的，只是逆卡诺循环的运行方向相反. 这表明，前面章节中讨论的动力循环可以通过简单的反转来用作制冷循环. 事实上，蒸汽压缩制冷循环本质上是一种逆修正朗肯循环. 本节中，我们将讨论逆布雷顿循环，即压缩气体制冷循环.

考虑图 14.19 所示的压缩气体制冷循环. 周围环境为 T_0，制冷空间保持在 T_L. 过程 1—2 中，气体被压缩. 状态 2 的高压高温气体通过向周围环境排放热量，在等压下冷却至 T_0. 接下来是膨胀机中的膨胀过程，在此过程中气体温度下降到 T_4. (我们能用节流阀代替膨胀机来达到冷却效果吗？)最后，冷气体从冷藏空间吸收热量，直到温度上升到 T_1.

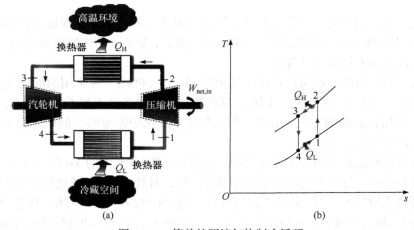

图 14.19 简单的压缩气体制冷循环

所描述的所有过程都是内部可逆的，所执行的循环是理想的压缩气体制冷循环. 在实际的压缩气体制冷循环中，除非换热器无限大，否则压缩和膨胀过程偏离等熵过程，T_3 高于 T_0.

在 T-s 图上，过程线 4—1 下的面积表示从制冷空间排出的热量，封闭面积 1-2-3-4-1 表示循环消耗净功，两侧的面积比是循环的 COP，可以表示为

$$\text{COP}_R = \frac{q_L}{w_{\text{net,in}}} = \frac{q_L}{w_{\text{comp,in}} - w_{\text{turb,out}}} \tag{14.22}$$

其中

$$q_L = h_1 - h_4$$

$$w_{\text{turb,out}} = h_3 - h_4$$

$$w_{\text{comp,in}} = h_2 - h_1$$

由于换热过程不是等温的，气体制冷循环偏离了逆卡诺循环. 实际上，气体温度在换热过程中变化很大. 因此，与蒸汽压缩制冷循环或逆卡诺循环相比，压缩气体制冷循环具有更低的 COP. 从图 14.20 中的 T-s 图也可以看出这一点. 逆卡诺循环消耗了的净功为矩形面积(1-A-3-B-1)，但产生了更大的制冷量(多余的制冷量是 B-1 线下的三角形区域).

尽管其 COP 相对较低，气体制冷循环有两个可取的特点：结构简单、设备轻巧，适合于飞机冷却；可以进一步结合回热器，应用于气体液化和低温领域. 开式循环的飞机冷却系统如图 14.21 所示. 空气被压缩机压缩，高温高压气体与环境换热后，在膨胀机中膨胀降温，随后冷空气直接进入机舱.

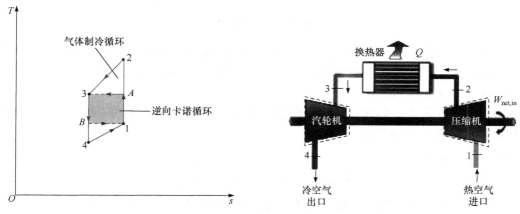

图 14.20　逆卡诺循环与气体压缩制冷循环的比较　　图 14.21　开放循环的飞机冷却系统

回热式气体循环如图 14.22 所示. 气体预冷是通过在循环中引入回热器来实现的. 在没有回热时，汽轮机的最低入口温度为 T_0，即周围环境或任何其他冷却介质的温度. 通过回热，高压气体在膨胀机中膨胀之前进一步冷却到 T_4. 降低膨胀机进口温度会自动降低膨胀机出口温度，这是循环中的最低温度. 重复这一过程可以达到极低的温度.

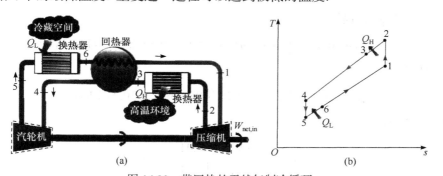

图 14.22　带回热的天然气制冷循环

例 14.7　理想气体制冷循环.

1atm、480K 的空气进入理想布雷顿制冷循环的压缩机，体积流量为 0.5m³/s. 如果压缩机压力比为 3，并且涡轮机入口温度为 540K，则确定：(1)净输入功率；(2)制冷量；(3)性能系数.

解　系统工作各状态点的参数如图 14.23 所示.

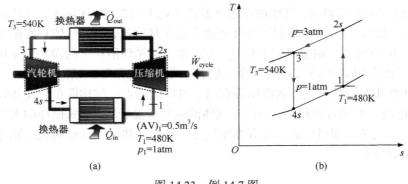

图 14.23 例 14.7 图

在状态 1 下，温度为 480K. 从电子附录表 4 中进行插值，得到 $h_1 = 482\text{kJ/kg}$. 由于压缩过程是等熵的，因此可以通过首先评估状态 $2s$ 的 p_r 来确定 h_{2s}. 在电子附录表 4 中进行插值，得出 $T_2 = 650\text{K}$，$h_{2s} = 660\text{kJ/kg}$.

状态 3 的温度为 $T_3 = 540\text{K}$. 根据电子附录表 4，$h_3 = 545\text{kJ/kg}$. 利用等熵关系求出状态 $4s$ 处的比焓，得出 $h_{4s} = 398\text{kJ/kg}$.

(1) 净功率输入为

$$\dot{W}_{\text{cycle}} = \dot{m}\left[(h_{2s} - h_1) - (h_3 - h_{4s})\right]$$

这需要质量流率 $\dot{m}$，该质量流率可以由体积流率和压缩机入口处的比体积确定

$$\dot{m} = \frac{(\text{AV})_1}{v_1}$$

$$v_1 = \frac{\left(\dfrac{\overline{R}}{M}\right)T_1}{p_1} = \frac{\left(\dfrac{8314}{28.97}\right) \times 480}{100000} = 1.38(\text{m}^3/\text{kg})$$

质量流量 $\dot{m} = 0.362\text{kg/s}$，最终

$$\dot{W}_{\text{cycle}} = (0.362\text{kg/s})\left[(660 - 482) - (545 - 398)\right]\text{kJ/kg} = 11.22\text{kJ/s}$$

(2) 制冷量为

$$Q_{\text{in}} = \dot{m}(h_1 - h_{4s}) = 0.362 \times (482 - 398) = 30.41(\text{kJ/s})$$

(3) 性能系数为

$$\text{COP} = \frac{\dot{Q}_{\text{in}}}{\dot{W}_{\text{cycle}}} = \frac{30.41}{11.22} = 2.71$$

事实上，压缩机和涡轮机内部的不可逆性会进一步降低系统的性能系数，这是因为压缩机的功需求增加了，而涡轮机的功输出却减少了.

*14.10 吸收式制冷系统

另一种制冷方式是吸收式制冷，在 100～200℃ 的温度下，当有廉价的热能来源时，它在经济上就变得有吸引力了. 一些可再生热能来源包括地热能、太阳能、热电联产发电厂的废热.

顾名思义, 吸收式制冷是通过吸收剂吸收制冷剂来实现的. 应用最广泛的吸收式制冷系统是氨–水系统, 氨(NH_3)作为制冷剂, 水(H_2O)作为吸收剂. 其他吸收式制冷系统还有水–溴化锂和水–氯化锂系统, 其中水作为制冷剂. 后两种系统仅限于最低温度高于水的冰点的空调应用.

图 14.24 所示为一个由太阳能驱动的 NH_3-H_2O 吸收式制冷系统工作原理图. 1859 年, 法国人费迪南德·卡尔获得了氨水制冷机的专利. 几年之内, 基于这一原理的制冷系统在美国被制造出来, 主要用于制冰和储存食物. 如图 14.24 所示, 这个系统看起来很像蒸汽压缩系统, 只是压缩机被一个复杂的吸收系统(如图 14.24 中虚线框所示)所取代, 这个吸收系统包括吸收器、泵、发生器、回热器、节流阀和整流器. 当 NH_3 的压力被吸收系统提高, 它通过向周围环境排放热量在冷凝器中被冷却后, 经过节流阀降温降压到蒸发器压力, 并在流经蒸发器时从制冷空间吸收热量.

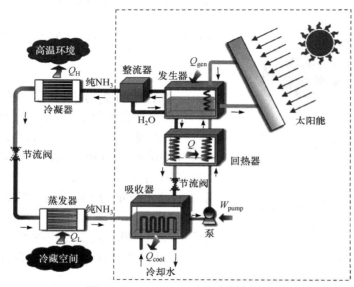

图 14.24　NH_3-H_2O 吸收式制冷循环

虚线框中的过程如下:

(1) 氨蒸气离开蒸发器进入吸收器, 在吸收器中溶解并与水反应生成 $NH_3 \cdot H_2O$, 这是一个放热反应, 因此在此过程中释放热量. NH_3 在水中的溶解量与温度成反比. 因此, 有必要对吸收器进行冷却, 使其温度尽可能低, 从而使溶解在其中的 NH_3 释出.

(2) 高浓度的 NH_3 溶液被泵送至蒸汽发生器, 被加热使部分溶液蒸发.

(3) 高浓度的 NH_3 蒸汽经过整流器, 整流器将水分离并返回蒸汽发生器. 而高压纯 NH_3 蒸汽继续进入循环下一个过程.

(4) 高温 NH_3+H_2O 溶液中 NH_3 浓度较低, 首先通过回热器对从吸收器中泵送上来的低温高浓度溶液进行预热, 然后通过节流降压到吸收器压力.

与蒸汽压缩系统相比, 吸收式制冷系统有一个主要优点: 系统消耗的主要是热而不是功. 一般来说, 吸收式制冷系统的功输入非常小(约为提供给蒸汽发生器的热量的百分之一), 在循环分析中经常被忽略. 因此, 吸收式制冷系统通常被归类为热驱动系统.

相比于蒸汽压缩式制冷系统, 吸收式制冷系统成本高、结构复杂、体积大、难维修、效率低, 因此需要更大的冷却塔来排出废热, 而且由于不太常见, 更难维修. 因此, 吸收式制冷系统适用于热源成本低的领域，主要用于大型商业和工业中.

吸收式制冷系统的 COP 定义为

$$\text{COP}_{\text{吸收}} = \frac{\text{期望输出}}{\text{所需输入}} = \frac{Q_{\text{L}}}{Q_{\text{gen}} + W_{\text{pump}}} \approx \frac{Q_{\text{L}}}{Q_{\text{gen}}} \tag{14.23}$$

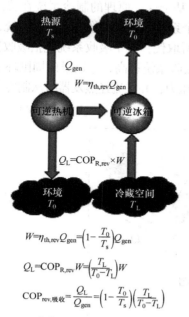

$$W = \eta_{\text{th,rev}} Q_{\text{gen}} = \left(1 - \frac{T_0}{T_s}\right) Q_{\text{gen}}$$

$$Q_{\text{L}} = \text{COP}_{\text{R,rev}} W = \left(\frac{T_{\text{L}}}{T_0 - T_{\text{L}}}\right) W$$

$$\text{COP}_{\text{rev,吸收}} = \frac{Q_{\text{L}}}{Q_{\text{gen}}} = \left(1 - \frac{T_0}{T_s}\right)\left(\frac{T_{\text{L}}}{T_0 - T_{\text{L}}}\right)$$

图 14.25　确定吸收式制冷系统的最大 COP

当吸收式制冷系统整个循环是完全可逆时，COP 达到最大. 如果将热源的热量（Q_{gen}）转移到卡诺热机上，并且将该热机的功输出（$W = \eta_{\text{th,rev}} Q_{\text{gen}}$）提供给卡诺制冷机，则制冷系统是可逆的. 注意，$Q_{\text{L}} = W \times \text{COP}_{\text{R,rev}} = \eta_{\text{th,rev}} Q_{\text{gen}} \text{COP}_{\text{R,rev}}$. 可逆条件下吸收式制冷系统的 COP 为（图 14.25）

$$\text{COP}_{\text{rev,吸收}} = \frac{Q_{\text{L}}}{Q_{\text{gen}}} = \eta_{\text{th,rev}} \text{COP}_{\text{R,rev}} = \left(1 - \frac{T_0}{T_s}\right)\left(\frac{T_{\text{L}}}{T_0 - T_{\text{L}}}\right) \tag{14.24}$$

式中，T_{L}、T_0 和 T_s 分别是制冷空间、环境和热源的温度. 任何吸收式制冷系统在 T_0 的环境中工作时，从 T_s 热源接收热量并向 T_{L} 放热，其 COP 低于式 (14.24) 中确定的 COP. 例如，当热源温度为 120℃，制冷空间为 -10℃，环境温度为 25℃时，吸收式制冷系统的最大 COP 为 1.8. 实际吸收式制冷系统的 COP 通常小于 1.

基于吸收式制冷的制冷系统称为吸收式制冷机. 吸收式制冷机的额定输入温度通常为 116℃. 制冷机在较低的温度下工作，但其制冷量随着热源温度的降低而急剧下降，热源温度每下降 6℃，制冷量下降约为 12.5%. 例如，当供水温度降到 93℃时，制冷量下降到 50%. 在这种情况下，我们需要两倍大小(成本)的冷却器，以实现相同的制冷量. 热源温度下降对制冷机 COP 的影响较小. 热源温度每下降 6℃，COP 下降 2.5%. 单级吸收式制冷机在 116℃时的标称 COP 为 0.65~0.70. 在 88℃时，COP 下降了 12.5%在相同的冷却量下，热输入增加了 12.5%. 因此，在考虑吸收式制冷系统时，须评估其经济性，特别是当热源温度低于 93℃时.

*14.11　热电制冷

上面讨论的所有制冷系统都涉及许多运动部件和庞大复杂的管路. 然后有人会问：能用更直接的方式达到同样的效果吗? 这个问题的答案是肯定的. 可以更直接地使用电能来制冷，而不涉及任何制冷剂和运动部件. 下面讨论的就是这样一个系统——热电制冷.

两条由不同金属制成的导线在两端连接，形成一个闭合电路. 通常，什么都不会发生. 然而，当一端被加热时，有趣的事情发生了：有电流在电路中持续流动，如图 14.26 所示，这一现象称为塞贝克效应，以纪念塞贝克于 1821 年发现了这一现象. 同时具有热效应和电效应的电路称为热电电路，在该电路上工作的设备称为热电器件.

塞贝克效应有两个主要应用：温度测量和发电. 当热电电路断开时，如图 14.27 所示，电流停止流动,可以用伏特计测量电路中产生的电压.产生的电压是两端温差的函数,并与所用两根导线的材料有关.因此,只需测量电压就可以测量温度.用这种方式测量温度的装置通常被称为热电偶,是目前使用最广泛的温度传感器.例如,一个普通的 T 型热电偶由铜线和康铜线组成,大约产生电压 40mV/°C.

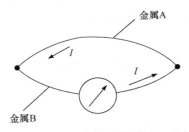

图 14.26 当两种不同金属的其中一个结被
加热时,电流 I 流过闭合电路

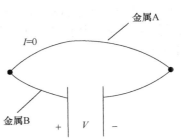

图 14.27 当热电电路断开时,会产生电势差

塞贝克效应也是热电发电的基础.热电发电机的示意图如图 14.28 所示.从高温热源输入 Q_H 的热量到连接点,向低温热源中放热 Q_L.这两个量之间的差异是产生的净电功,即 $W_e = Q_H - Q_L$.从图 14.28 可以明显看出,热电循环与普通的热机循环非常相似,电子是工作流体.因此,在 T_H 和 T_L 热源之间运行的热电发电机的热效率受到在相同热源温度之间工作的卡诺循环效率的限制.

热电发电机的主要缺点是效率低.这些器件未来的成功取决于找到高效热电转换材料.例如,从金属对发展到半导体,热电器件的电压输出已经提高了几倍.图 14.29 显示了一个由 p 型半导体材料串联连接的热电机组.尽管热电发电机效率较低,但在装置重量和可靠性方面却有很大优势,目前在太空中得到了应用.例如,硅锗热电发电系统自 1980 年以来一直在为 Voyager 航天器提供动力,并有望在未来数年内继续发电.

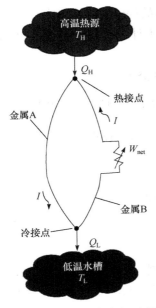

图 14.28 简单热电发电机示意图

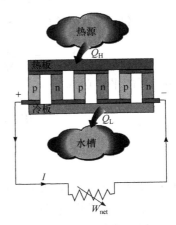

图 14.29 一个半导体串联热电发电机

塞贝克效应的逆效应就是热电制冷效应，就是逆转热电线路中电子流动的方向来产生制冷效果，但这一效应直到 1834 年才被发现. 当有电流通过两条由不同的导线连起来的回路时，导线的一个接头会被加热，另一个接头会被冷却，如图 14.30 所示. 这就是所谓的佩尔捷效应，它构成了热电制冷的基础. 使用半导体材料的实用热电制冷电路如图 14.31 所示. 从冷藏空间中吸收热量 Q_L，在环境中放热 Q_H. 输入的电功为吸放热量之差，即 $W_e = Q_H - Q_L$. 热电制冷机由于性能系数低，目前无法替代蒸汽压缩制冷系统. 然而，由于其体积小、简单、安静和可靠，是特定应用中的首选.

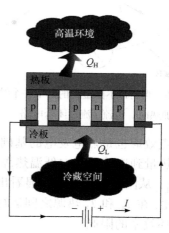

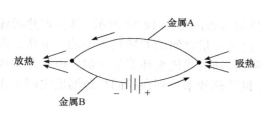

图 14.30　当电流通过两种不同材料的结时，连接点被冷却

图 14.31　一台热电制冷机

例 14.8　用热电冰箱冷却罐装饮料.

一个类似小冰柜的热电冰箱由汽车电池供电，COP 为 0.1. 如果冰箱在 30min 内将 0.350L 的罐装饮料从 20℃ 冷却到 8℃，热电冰箱消耗的平均电力为多少？

解　COP 已知，热电冰箱用于冷却罐装饮料. 电冰箱的耗电量有待确定.

假设　在操作过程中，通过冰箱壁的热传递可以忽略不计. 罐装饮料的性质与室温下的水相同，$\rho = 1\mathrm{kg/L}$，$c = 4.18\mathrm{kJ/(kg \cdot ℃)}$

$$m = \rho V = (1\mathrm{kg/L})(0.350\mathrm{L}) = 0.350\mathrm{kg}$$

$$Q_{\mathrm{cooling}} = mc\Delta T = (0.350\mathrm{kg})(4.18\mathrm{kJ/(kg \cdot ℃)})(20-4)℃ = 23.4\mathrm{kJ}$$

$$\dot{Q}_{\mathrm{cooling}} = \frac{Q_{\mathrm{cooling}}}{\Delta t} = \frac{23.4\mathrm{kJ}}{30 \times 60\mathrm{s}} = 0.0130\mathrm{kW} = 13\mathrm{W}$$

电冰箱消耗的平均功率

$$\dot{W}_{\mathrm{in}} = \frac{\dot{Q}_{\mathrm{cooling}}}{\mathrm{COP}_R} = \frac{13\mathrm{W}}{0.10} = 130\mathrm{W}$$

本 章 小 结

实现从低温区到高温区的热传递称为制冷效应，实现制冷的设备称为制冷机，其工作的循环称为制冷循环. 制冷机中使用的工作介质称为制冷剂. 通过从较冷的介质中吸热，向高温热源放热的设备称为热泵.

制冷机和热泵的性能系数(COP)定义为

$$COP_R = \frac{期望输出}{所需输入} = \frac{制冷效果}{功输入} = \frac{Q_L}{W_{net,in}}$$

$$COP_{HP} = \frac{期望输出}{所需输入} = \frac{制热效果}{功输入} = \frac{Q_H}{W_{net,in}}$$

制冷循环系数的参考标准是逆卡诺循环. 以逆卡诺循环运行的制冷机或热泵被称为卡诺制冷机或卡诺热泵, 它们的 COP 是

$$COP_{R,\ Carnot} = \frac{1}{T_H/T_L - 1}$$

$$COP_{HP,\ Carnot} = \frac{1}{1 - T_L/T_H}$$

蒸汽压缩制冷循环是目前应用最广泛的制冷循环. 在理想的蒸汽压缩制冷循环中, 制冷剂以饱和蒸汽的形式进入压缩机, 在冷凝器中冷却到饱和液态. 然后经过节流阀节流到蒸发器的压力, 并在吸收制冷空间的热量时蒸发.

通过串联两个或多个蒸汽压缩系统(称为级联), 可以实现非常低的温度. 级联型制冷系统的 COP 也较高. 提高蒸汽压缩制冷系统性能的另一种方法是采用带回热器的多级压缩. 只有一台压缩机的制冷机可以通过分阶段节流制冷来提供多种温度下的制冷. 改进后的蒸汽压缩制冷循环, 也可以用于液化气体.

动力循环的逆循环也可以作为制冷循环. 其中, 逆布雷顿循环, 也被称为气体制冷循环, 用于飞机上或应用于获得更低温度. 气体制冷循环的 COP 为

$$COP_R = \frac{q_L}{w_{net,in}} = \frac{q_L}{w_{comp,in} - w_{turb,out}}$$

吸收式制冷可利用低品质热源, 应用最广泛的吸收式制冷系统是氨-水系统, 氨作为制冷剂, 水作为吸收剂. 泵的功输入通常很小, 吸收式制冷系统的 COP 定义为

$$COP_{吸收} = \frac{期望输出}{所需输入} = \frac{Q_L}{Q_{gen} + W_{pump}} \approx \frac{Q_L}{Q_{gen}}$$

吸收式制冷系统的最大 COP 是通过假设完全可逆的条件来确定的

$$COP_{rev,吸收} = \eta_{th,rev} = \left(1 - \frac{T_0}{T_s}\right)\left(\frac{T_L}{T_0 - T_L}\right)$$

式中, T_0、T_L 和 T_s 分别是环境、制冷空间和热源的热力学温度.

问题与思考

14-1　为什么我们要研究逆卡诺循环, 即使它不是一个现实的制冷循环模型?

14-2　您的车库里有一台冰箱, 夏季和冬季的表现是否有所不同? 并说明.

14-3　在理想的蒸汽压缩制冷循环中, 为什么节流阀没有被等熵膨胀机取代?

14-4　在最低温度从未低于冰点的空调应用中, 建议使用水代替制冷剂 134a 作为工作流体. 你会支持这个提议吗? 解释一下.

14-5　在制冷系统中, 如果要在 15℃ 时将热量排到冷却介质中, 您是否建议在 0.7 或 1.0MPa 的压力下冷凝制冷剂 134a? 为什么?

14-6 考虑两个蒸汽压缩制冷循环. 在一个循环中, 制冷剂在 30℃时以饱和液体的形式进入节流阀, 而在另一个循环中, 制冷剂作为过冷液体进入节流阀. 两个循环的蒸发器压力相同. 你认为哪个会有更高的 COP?

14-7 在制冷剂进入节流阀前进行过冷处理后, 蒸汽压缩制冷循环的 COP 值有所提高. 制冷剂能否无限期地过冷以最大限度地发挥这一效果, 还是有一个下限? 解释一下.

14-8 在为特定应用选择制冷剂时, 您会在制冷剂中寻找哪些品质?

14-9 考虑使用制冷剂 134a 作为工作流体的制冷系统. 如果这台制冷机要在 30℃的环境中工作, 制冷剂压缩到的最小压力是多少? 为什么?

14-10 利用制冷剂 134a 在理想的蒸汽压缩循环下运行的热泵, 以 14℃的地下水为热源, 对住宅进行供暖, 使其保持在 26℃. 为蒸发器和冷凝器选择合理的压力, 并解释为什么选择这些值.

14-11 什么是水源热泵? 水源热泵系统的 COP 与空气源热泵系统的 COP 相比如何?

14-12 复叠式制冷系统的 COP 与在相同压力限制下运行的简单蒸汽压缩循环的 COP 相比如何?

14-13 某个应用需要将制冷空间保持在-32℃. 您会推荐使用制冷剂 134a 的简单制冷循环还是在底部循环时使用不同制冷剂的两级复叠制冷循环? 为什么?

14-14 理想气体制冷循环与卡诺制冷循环有何不同?

14-15 设计一个制冷循环, 工作在逆向斯特林循环. 同时, 确定此循环的 COP.

14-16 在气体制冷循环中, 我们能像在蒸汽压缩制冷循环中那样用膨胀阀来代替膨胀机吗? 为什么?

14-17 吸收式制冷的优点和缺点是什么?

14-18 吸收式制冷系统的性能系数是如何定义的?

14-19 描述塞贝克效应和佩尔捷效应.

14-20 考虑通过连接铜线两端形成的圆形铜线. 连接点现在由燃烧的蜡烛加热. 你认为有电流流过电线吗?

14-21 一根铁和一根康铜丝通过连接两端而形成一个闭合电路. 现在两个结都被加热, 并保持在相同的温度. 你认为有电流流过这个电路吗?

14-22 铜线和康铜丝通过两端连接形成闭合电路. 现在, 一个结被燃烧的蜡烛加热, 而另一个保持在室温. 你认为有电流流过这个电路吗?

14-23 热电发电机的效率是否受到卡诺效率的限制? 为什么?

本 章 习 题

14-1 制冷剂 134a 以 0.20MPa 和-5℃的过热蒸汽以 0.07kg/s 的速率进入制冷机压缩机, 在 1.2MPa 和 70℃下离开, 制冷剂在冷凝器中冷却至 44℃和 1.15MPa, 节流至 0.21MPa. 不考虑任何传热和部件之间连接管路中的压降, 在 T-s 图上显示与饱和线有关的循环, 并确定:

(1) 制冷空间的热量排出率和压缩机的功率输入;

(2) 压缩机的等熵效率;

(3) 制冷机的 COP.

14-2 制冷剂 22 是卡诺蒸汽制冷循环中的工作流体, 蒸发器温度为-30℃, 饱和蒸汽在 36℃时进入冷凝器, 饱和液体在相同温度下排出. 制冷剂的质量流量为 10kg/min. 确定:

(1) 通过蒸发器的制冷剂的热传递率, 单位为 kW;

(2) 循环的净输入功率, 单位为 kW;

(3) 性能系数;

(4) 制冷量, 以冷吨为单位.

14-3 以 134a 制冷剂为工质的商用制冷机, 将其废热排放到冷却水中, 冷却水以 0.25kg/s 的速度进入冷凝器, 在 268℃的温度下离开, 在 1.2MPa 和 65℃的温度下进入冷凝器, 在 42℃的温度下离开压缩机为 60kPa, -34℃, 预计从周围环境获得 450W 的净热量(图 14.32). 确定:

(1) 蒸发器进口处制冷剂的质量;

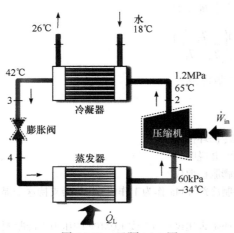

图 14.32 习题 14-3 图

(2) 制冷负荷;

(3) 制冷机的 COP;

(4) 压缩机相同功率输入下的理论最大制冷负荷.

14-4 制冷剂 134a 在 100kPa 和 $-20℃$ 下以 $0.5m^3/min$ 的速率进入制冷机压缩机, 以 0.8MPa 的状态离开. 压缩机的等熵效率为 78%. 制冷剂以 0.75MPa 和 26℃ 的温度进入节流阀, 在 $-26℃$ 时以饱和蒸汽的形式离开蒸发器. 在 T-s 图上显示与饱和线相关的循环, 并确定:

(1) 压缩机的功率输入;

(2) 制冷空间的热量排出速率;

(3) 压降和热增量速率在蒸发器和压缩机之间的管路中.

14-5 实际的制冷机以制冷剂 22 为工质, 在蒸汽压缩制冷循环中工作. 制冷剂在 $-15℃$ 蒸发, 在 40℃ 冷凝, 压缩机的等熵效率为 83%. 制冷剂在压缩机进口处过热 5℃, 在冷凝器出口处过冷 5℃. 确定:

(1) 从冷却空间排出的热量和功输入, 单位为 kJ/kg 和循环的 COP;

(2) 如果循环在相同蒸发和冷凝温度之间的理想蒸汽压缩制冷循环上运行, 则确定相同的参数.

R-22 在实际运行情况下的性能为: $h_1=402.49kJ/kg$, $h_2=454.00kJ/kg$, $h_3=243.19kJ/kg$. R-22 在理想运行情况下的性能为: $h_1=399.04kJ/kg$, $h_2=440.71kJ/kg$, $h_3=249.80kJ/kg$. (状态 1: 压缩机进口, 状态 2: 压缩机出口, 状态 3: 冷凝器出口, 状态 4: 蒸发器进口.)

14-6 在 25℃ 的环境中, 蒸汽压缩制冷系统将空间保持在 $-15℃$. 该空间以 3500kJ/h 的速率稳定地获得热量, 冷凝器中的散热率为 5500kJ/h. 确定功率输入(单位: kW)、循环系数和系统的相对卡诺效率.

14-7 香蕉要用蒸汽压缩制冷循环的制冷机以 1140kg/h 的速度从 28℃ 冷却到 12℃. 制冷机的输入功率为 8.6kW. 确定:

(1) 香蕉吸收热量的速率(kJ/h)和 COP;

(2) 制冷机的最小输入功率;

(3) 循环的相对卡诺效率和㶲损. 香蕉的冷冻比热为 $3.35kJ/(kg \cdot ℃)$.

14-8 蒸汽压缩制冷循环以制冷剂 134a 作为工作流体在稳态下运行. 饱和蒸汽以 2bar 的压力进入压缩机, 饱和液体以 8bar 的压力离开冷凝器. 等熵压缩效率为 80%. 制冷剂的质量流量为 7kg/min. 确定:

(1) 压缩机功率, 以 kW 为单位;

(2) 制冷量, 以冷吨为单位;

(3) 性能系数.

14-9 表 14.2 给出了以制冷剂 134a 作为工作流体的蒸汽压缩式制冷循环的稳态运行数据. 状态编号如图 14.3 所示, 制冷量为 4.6 冷吨. 忽略压缩机与其周围环境之间的热传递, 绘制循环的 T-s 图并确定:

(1) 制冷剂的质量流量, 单位为 kg/min;

(2) 等熵压缩效率;

(3) 性能系数;

(4) 压缩机和膨胀阀的㶲损率, 单位为 kW;

(5) 分别通过蒸发器和冷凝器的制冷剂流量的㶲率的净变化, 单位为 kW.

设 $T_0=21℃$, $p_0=1bar$.

表 14.2　习题 14-9 表

状态	p/bar	$T/℃$	$h/(kJ/kg)$	$s/(kJ/(kg \cdot K))$
1	1.4	-10	243.40	0.9606
2	7	58.5	295.13	1.0135
3	7	24	82.90	0.3113
4	1.4	-18.8	82.90	0.33011

14-10 制冷机以制冷剂 134a 为工质，在理想的蒸汽压缩制冷循环中工作. 制冷剂在-10℃时蒸发，在 57.9℃ 时冷凝. 制冷剂在 5℃时从空间中吸收热量，并在 25℃时将热量排放到环境空气中. 确定：

(1) 冷负荷(kJ/kg)和 COP；

(2) 循环各部件的㶲损和循环中的总㶲损；

(3) 压缩机、蒸发器和循环的相对卡诺效率.

14-11 制冷系统是以氨为制冷剂的理想蒸汽压缩制冷循环. 蒸发器和冷凝器的压力分别为 200kPa 和 2000kPa. 低温和高温介质的温度分别为-9℃和 27℃. 如果冷凝器中的热排出率为 18.0kW，则确定：

(1) 压缩机进口处氨的体积流量(单位：L/s)；

(2) 功率输入和 COP；

(3) 循环的相对卡诺效率和循环中的总㶲损.

氨在不同状态下的性质：h_1=1439.3kJ/kg, s_1=5.8865kJ/(kg·K), v_1=0.5946m³/kg, h_2=1798.3kJ/kg, h_3=437.4kJ/kg, s_3=1.7892kJ/(kg·K), s_4=1.9469kJ/(kg·K).(注：状态 1：压缩机进口，状态 2：压缩机出口，状态 3：冷凝器出口，状态 4：蒸发器进口.)

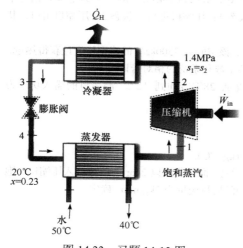

图 14.33 习题 14-13 图

14-12 在理想的蒸汽压缩循环中，使用 134a 制冷剂，以 0.12kg/s 的速率将水从 15℃加热到 45℃，冷凝器和蒸发器的压力分别为 1.0MPa 和 0.32MPa. 确定热泵的功率输入.

14-13 以制冷剂 134a 为工质的热泵，通过吸收地热水的热量，使空间保持在 25℃，地热水以 0.065kg/s 的速率进入蒸发器，在 40℃的温度下以 23%的质量进入蒸发器，并以饱和蒸汽的形式在入口压力下离开. 制冷剂在流经压缩机时向周围环境损失 300W 的热量，制冷剂以与入口相同的熵及 1.4MPa 的压力离开压缩机(图 14.33). 确定：

(1) 冷凝器中制冷剂的过冷度；

(2) 制冷剂的质量流量；

(3) 热泵的热负荷和 COP；

(4) 相同热负荷下压缩机的理论最小功率输入.

14-14 制冷剂 134a 以 0.022kg/s 的速率在 800kPa 和 50℃ 的温度下进入住宅热泵的冷凝器，然后在 750kPa 的温度下以 3℃的过冷度离开. 制冷剂以 200kPa 的温度进入压缩机，过热 4℃. 确定：

(1) 压缩机的等熵效率；

(2) 供应给加热房间的热速率；

(3) 热泵的 COP；

(4) 如果热泵在 200~800kPa 的压力范围内以理想的蒸汽压缩循环运行，则应确定 COP 和供应给加热室的热速率.

14-15 使用制冷剂 134a 的热泵使用 8℃的地下水作为热源来加热房屋. 房间以 60000kJ/h 的速率损失热量. 制冷剂以 280kPa 和 0℃的温度进入压缩机，并在 1MPa 和 60℃下离开. 制冷剂在 30℃时从冷凝器中排出. 确定：

(1) 热泵的输入功率；

(2) 水的吸热率；

(3) 如果使用电阻加热器而不是热泵，则电力输入增加.

14-16 两级压缩制冷系统使用制冷剂 134a 在 1.4MPa 和 0.10MPa 之间工作. 制冷剂以饱和液体的形式离开冷凝器，并被节流至在 0.4MPa 下工作的闪蒸室. 以 0.4MPa 的压力离开低压压缩机的制冷剂也会进入闪蒸室. 闪蒸室中的蒸汽随后被高压压缩机压缩至冷凝器压力，液体被节流至蒸发器压力. 假设制冷剂以饱和蒸汽的形式离开蒸发器，且两台压缩机均为等熵，则确定：

(1) 制冷剂在节流至闪蒸室时蒸发的部分；

(2) 通过冷凝器的质量流量为 0.25kg/s 时，从制冷空间排出的热量的速率；

(3) 性能系数.

14-17　考虑一个两级复叠式制冷系统, 其工作压力在 0.8～0.14MPa 之间. 每级工作在理想的蒸汽压缩制冷循环中, 以制冷剂 134a 为工质. 在绝热逆流换热器中, 从下循环到上循环的热排放发生在两股气流以约 0.4MPa 的压力进入. 如果通过上部循环的制冷剂质量流量为 0.24kg/s, 则应确定:

(1) 通过下部循环的制冷剂的质量流量;

(2) 制冷空间的热量排出率和压缩机的功率输入;

(3) 该复叠式制冷机的性能系数.

14-18　考虑一个两级复叠式制冷系统, 工作压力在 160kPa 到 1.4MPa 之间, 以制冷剂 134a 为工作流体. 在绝热逆流换热器中, 上循环和下循环的压力分别为 0.4MPa 和 0.5MPa, 从上循环到下循环的热排出发生在绝热逆流换热器中. 在两个循环中, 制冷剂在冷凝器出口处为饱和液体, 在压缩机入口处为饱和蒸汽, 压缩机的等熵效率为 80%. 如果通过下循环的制冷剂质量流量为 0.11kg/s, 则应确定:

(1) 通过上部循环的制冷剂的质量流量;

(2) 制冷空间的热量排出速率;

(3) 该制冷机的 COP.

14-19　考虑一个两级复叠式制冷系统, 工作压力在 200kPa 到 1.2MPa 之间, 以制冷剂 134a 为工作流体. 制冷剂以饱和液体的形式离开冷凝器, 并被节流至在 0.45MPa 下工作的闪蒸室. 部分制冷剂在闪蒸过程中蒸发, 这些蒸汽与离开低压压缩机的制冷剂混合. 然后, 高压压缩机将混合物压缩到冷凝器压力. 闪蒸室中的液体被节流至蒸发器压力, 并在蒸发器中蒸发时冷却制冷空间. 通过低压压缩机的制冷剂质量流量为 0.15kg/s. 假设制冷剂以饱和蒸汽的形式离开蒸发器, 且两台压缩机的等熵效率均为 80%, 则确定:

(1) 制冷剂通过高压压缩机的质量流量;

(2) 制冷空间的散热率;

(3) 该制冷机的 COP;

(4) 如果该制冷机在与第(1)部分相同的压力限制、相同的压缩机效率和相同的流量之间进行单级循环, 则应确定排热率和 COP.

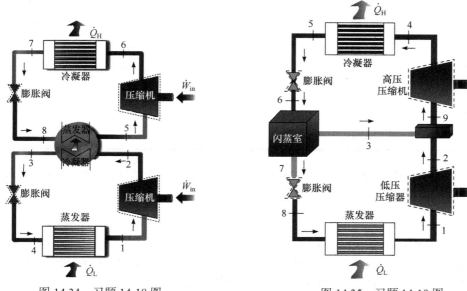

图 14.34　习题 14-18 图　　　　　　图 14.35　习题 14-19 图

14-20　图 14.36 显示了一个带有两个蒸发器的蒸汽压缩制冷系统的示意图, 该蒸发器使用制冷剂 134a 作为工作流体. 这种布置用于通过单个压缩机和单个冷凝器在两种不同温度下实现制冷. 低温蒸发器的制冷量为 3 冷吨, 而高温蒸发器的制冷量为 2 冷吨. 随表 14.3 中提供了操作数据. 计算:

(1) 通过每个蒸发器的制冷剂质量流量，单位为 kg/min；

(2) 压缩机输入功率，单位为 kW；

(3) 通过冷凝器的制冷剂的热传递率，以 kW 为单位.

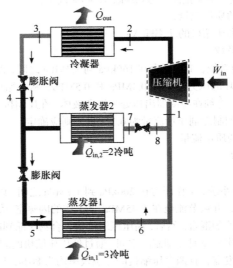

图 14.36　习题 14-20 图

表 14.3　习题 14-20 表

状态	p/bar	T/℃	h/(kJ/kg)	s/(kJ/(kg·K))
1	1.4483	−12.52	241.13	0.9493
2	10	51.89	282.3	0.9493
3	10	39.39	105.29	0.3838
4	3.2	2.48	105.29	0.3975
5	1.4483	−18	105.29	0.4171
6	1.4483	−18	236.53	0.9315
7	3.2	2.48	248.66	0.9177
8	1.4483	−3.61	248.66	0.9779

14-21　使用空气作为工作流体的理想气体制冷循环是在−23℃的温度下保持制冷空间，同时向周围介质排出27℃的热量. 如果压缩机的压力比为 3，则确定：

(1) 循环中的最高和最低温度；

(2) 性能系数；

(3) 质量流量为 0.08kg/s 时的制冷速率.

14-22　空气在 7℃和 35kPa 的状态下进入理想气体制冷循环的压缩机，在 37℃和 160kPa 的状态下进入膨胀机. 通过循环的空气质量流量为 0.2kg/s. 假设空气的比热可变，确定：

(1) 制冷速率；

(2) 净功率输入；

(3) 性能系数.

14-23　空气以 100kPa 和 300K 的状态进入理想布雷顿制冷循环的压缩机. 压缩机的压力比为 3.75，汽轮机入口的温度为 350K. 确定：

(1) 每单位质量空气流量的净功输入，以 kJ/kg 为单位.

(2) 单位空气质量的制冷量，以 kJ/kg 为单位.

(3) 性能系数.

14-24 地面上的飞机是由一个气体制冷循环冷却的，空气在开放循环中工作. 空气在 30℃和 100kPa 的状态下进入压缩机，并被压缩到 250kPa. 空气在进入膨胀机之前被冷却到 70℃. 假设膨胀机和压缩机都是等熵的，确定离开膨胀机进入机舱的空气温度.

14-25 从地热井以 5×10^5 kJ/h 的速度在 110℃下向吸收式制冷系统提供热量. 环境温度为 25℃，制冷空间保持在 −18℃. 确定该系统从制冷空间中排出热量的最大速率.

14-26 可逆吸收式制冷机由可逆热机和可逆式制冷机组成. 该系统以 70kW 的功率从 −15℃的冷却空间中排出热量. 制冷机在 25℃的环境中工作. 如果通过在 150℃下冷凝饱和蒸汽向循环提供热量，则确定：

(1) 蒸汽冷凝的速率；

(2) 可逆式制冷机的功率输入；

(3) 如果实际吸收式制冷机在相同温度限制下的 COP 为 0.8，则确定该制冷机的相对卡诺效率.

14-27 热电制冷器以 130W 的功率从 −5℃的制冷空间中除去热量，并在 20℃的温度下将其排放到环境中. 确定该热电制冷机可以具有的最大性能系数和所需的最小功率输入.

14-28 热电制冷器的 COP 为 0.15，以 180W 的速率从制冷空间中移除热量. 确定热电冷却器所需的输入功率，单位为 W.

第15章 化学反应

在前面的章节中，我们的考虑局限于非化学反应系统，这些系统的化学成分在过程中保持不变。即使在混合过程中，由两种或两种以上的流体形成均匀混合物，也不考虑发生化学反应的情况。本章中，将讨论在一个热力学过程中化学成分发生变化的系统，即涉及化学反应的系统。

在处理非化学反应系统时，只需要考虑显能(与温度和压力变化相关)和潜能(与相变相关)。然而，在处理反应系统时，还需要考虑化学能，这是与原子间化学键的断裂和重构有关的能量。非反应体系的能量平衡关系同样适用于反应体系，但后者的能量项应包括体系的化学能。

本章重点介绍一种工程中常见的化学反应，即燃烧。首先给出燃料和燃烧的一般性讨论；然后将质量和能量平衡应用于反应系统，讨论绝热燃烧温度，这是反应混合物可以达到的最高温度；最后，介绍第二定律在化学反应中的应用。

15.1 燃料和燃烧

任何可以燃烧释放热能的物质都被称为燃料。最常见的燃料是碳氢燃料，用通式 C_nH_m 表示。碳氢化合物燃料存在于多种燃料中，例如煤、汽油和天然气。

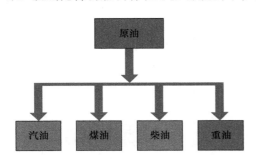

图 15.1 大多数液态烃燃料是通过蒸馏从原油中获得的

煤的主要成分是碳，还含有氧、氢、氮、硫、水分和灰分等。很难对煤进行精确的质量分析，因为其成分在不同的地理区域之间，甚至在同一地理位置也变化很大。大多数液态烃燃料是多种碳氢化合物的混合物，通过蒸馏从原油中获得(图 15.1)。最易挥发的碳氢化合物首先蒸发，形成我们熟知的汽油。蒸馏过程中得到的挥发性较小的燃料是煤油、柴油和重油。燃料的成分取决于原油的来源以及炼油厂。

尽管液态烃燃料是许多不同碳氢化合物的混合物，但为了方便起见，通常将它们视为单一碳氢化合物。例如，汽油被视为辛烷(C_8H_{18})，而柴油被视为十二烷($C_{12}H_{26}$)。另一种常见的液态烃燃料是甲醇(CH_3OH)，它被用于一些汽油混合物中。气态碳氢化合物燃料天然气是甲烷和少量其他气体的混合物，为简单起见，通常被视为甲烷(CH_4)。

天然气是由富含天然气的气井或油井生产的。它主要由甲烷组成，但也含有少量的乙烷、丙烷、氢气、氦气、二氧化碳、氮气、硫酸氢和水蒸气。在车辆上，它在 150~250atm 的压力下以压缩天然气(CNG)的形式储存(气相)，或在−162℃以液化天然气(LNG)的形式储存(液相)。世界上有超过一百万辆汽车，主要是公共汽车，使用天然气。液化石油气(LPG)是天然气加工或原油精炼的副产品。它主要由丙烷组成，因此液化石油气通常被称为丙烷。然而，它也含有不同数量的丁烷、丙烯和丁烯。丙烷通常用于车队车辆、出租车、校车和私家车。乙醇是从玉米、谷物和有机废弃物中提取的. 甲醇主要由天然气生产, 但也可以从煤和生物质中获得. 这两种醇通常用作含氧汽油和新配方燃料的添加剂, 以减少空气污染.

燃料被氧化并释放大量能量的化学反应称为燃烧. 在燃烧过程中最常用的氧化剂是空气, 因为它是免费的, 而且很容易获得. 纯氧(O_2)仅在一些不能使用空气的特殊应用中用作氧化剂, 如切割和焊接. 因此, 有必要对空气的成分做几点说明.

按摩尔或体积计算, 干燥空气由 20.9% 的氧气、78.1% 的氮气、0.9% 的氩和少量的二氧化碳、氦气、氖气和氢气组成. 在燃烧过程的分析中, 空气中的氩常被视为氮气, 而且忽略了其他微量气体的存在. 那么干空气按物质的量来说, 可以近似为 21% 的氧气和 79% 的氮气. 因此, 进入燃烧室的每摩尔氧气都伴随着 0.79/0.21=3.76(mol) 的氮气(图 15.2)进入, 即

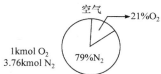

图 15.2　空气中每 1kmol 的 O_2 都伴随着 3.76kmol 的 N_2

$$1kmol\ O_2+3.76kmol\ N_2=4.76kmol\ air \tag{15.1}$$

在燃烧过程中, 氮气表现为惰性气体, 除了形成极少量的氮氧化物外, 不会与其他元素发生反应. 然而, 即使这样, 氮的存在也会极大地影响燃烧过程的结果, 因为氮通常在低温下大量进入燃烧室, 在相当高的温度下排出, 吸收燃烧过程中释放的化学能的很大一部分. 在本章中, 假设氮不发生化学反应. 但是实际情况中, 在极高温下, 例如内燃机中, 一小部分氮与氧发生反应, 形成一氧化氮等有害气体.

进入燃烧室的空气通常含有一些水蒸气. 大多数燃烧过程, 空气中的水分 H_2O 也可以像氮气一样不发生化学变化. 然而, 在很高的温度下, 一些水蒸气分解成 H_2 和 O_2, 以及 H^+、O^{2-} 和 OH^-. 当燃烧气体冷却到水蒸气的露点温度以下时, 一些水蒸气就会凝结. 水滴通常与燃烧气体中可能存在的二氧化硫结合, 形成具有高腐蚀性的硫酸.

在燃烧过程中, 反应前存在的组分称为反应物, 反应后存在的组分称为产物(图 15.3). 例如, 1kmol 的碳与 1kmol 的纯氧燃烧, 形成 1kmol 的二氧化碳, 即

$$C + O_2 \longrightarrow CO_2 \tag{15.2}$$

这里 C 和 O_2 是反应物, CO_2 是燃烧后的产物. 注意, 反应物在燃烧室中不一定发生化学反应. 例如, 当使用空气而不是纯氧时, 燃烧方程的两边都将包括 N_2. 也就是说, N_2 既作为反应物又作为产物出现.

还应该注意到, 仅使燃料与氧气接触不足以发生燃烧过程. 燃料必须高于燃点才能开始燃烧. 在大气中一些常见物质的最低着火温度约为: 汽油 260℃, 碳 400℃, 氢气 580℃, 一氧化碳 610℃, 甲烷 630℃. 此外, 燃料和空气的比例必须在适当的范围内才能开始燃烧. 例如, 天然气在空气中的燃烧浓度不低于 5% 或高于 15% 左右.

化学方程式是遵守质量守恒原理的, 它可以表述为: 在一个化学反应过程中, 每个元素的总质量是守恒的(图 15.4). 也就是说, 反应方程式右侧各元素的总质量(产物)必须等于左侧元素(反应物)的总质量, 即使这些元素存在于反应物和产物中的不同化合物中. 此外, 在化学反应中, 每种元素的原子总数是守恒的, 因为原子总数等于元素的总质量除以其原子质量.

例如, 式(15.2)的两边都含有 12kg 的碳和 32kg 的氧, 碳和氧以元素的形式存在于反应物中, 也作为化合物存在于产物中. 另外, 反应物总质量等于产物的总质量, 44kg(如果不需要很高的精度, 通常将摩尔质量四舍五入到最接近的整数). 但是, 注意反应物的总物质的量(2kmol)不等于产物的总物质的量(1kmol). 也就是说, 在一个化学反应中, 总物质的量是可以不守恒的.

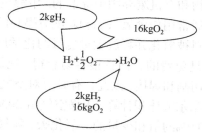

图 15.3   在稳流燃烧过程中，进入反应室的组分称   图 15.4   在化学反应过程中，每个元素的总质量
　　　　　为反应物，流出的组分称为产物　　　　　　　　　　　　（和原子数）是守恒的

在燃烧过程分析中，用来量化燃料和空气量关系的参数是空燃比(AF). 它通常以质量为单位表示，定义为燃烧过程中空气质量与燃料质量比(图 15.5)，即

$$AF=\frac{m_{air}}{m_{fuel}} \tag{15.3}$$

物质的质量 m 通过 $m=NM$ 的关系式与物质的量 N 相关联，其中 M 是摩尔质量.

空燃比也可以用物质的量表示为空气物质的量与燃料物质的量之比.

例 15.1   利用平衡燃烧方程式，测定辛烷完全燃烧的空燃比.

1kmol 辛烷(C_8H_{18})用含有 20kmol O_2 的空气燃烧，如图 15.6 所示. 假设产物只含有二氧化碳、水、氧气和氮气，确定产品中每种气体的物质的量和燃烧过程的空燃比.

图 15.5   空燃比(AF)表示燃烧过程中单位质量燃料
　　　　　所用的空气量

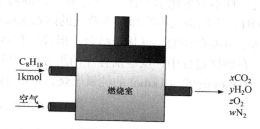

图 15.6   例 15.1 图

解   燃烧过程的化学方程式可以写成

$$C_8H_{18}+20(O_2+3.76N_2) \longrightarrow xCO_2+yH_2O+zO_2+wN_2$$

式中，括号中的内容表示含有 1kmol O_2 的干燥空气的成分，x、y、z 和 w 表示产物中气体的未知的物质的量. 这些未知数可以通过对各元素的质量平衡来确定，即要求反应物中每个元素的总质量或总物质的量等于产物中的总质量或总物质的量

$$C: \qquad 8=x \Rightarrow x=8$$
$$H: \qquad 18=2y \Rightarrow y=9$$
$$O: \qquad 20\times2=2x+y+2z \Rightarrow z=7.5$$
$$N_2: \qquad (20)\times(3.76)=w \Rightarrow w=75.2$$

得到

$$C_8H_{18}+20(O_2+3.76N_2) \longrightarrow 8CO_2+9H_2O+7.5O_2+75.2N_2$$

注意，上面平衡方程中的系数 20 代表氧的物质的量，而不是空气的物质的量. 后者是通过在 20mol 氧中加入 20×3.76=75.2(mol)氮气得到的，得到的空气总量为 95.2mol. 空燃比(AF)由式 (15.3)通过空气质量和燃料质量的比率确定

$$AF = \frac{m_{\text{air}}}{m_{\text{fuel}}} = \frac{(NM)_{\text{air}}}{(NM)_{\text{C}} + (NM)_{\text{H}_2}}$$

$$= \frac{(20 \times 4.76 \text{kmol})(29 \text{kg/kmol})}{(8 \text{kmol})(12 \text{kg/kmol}) + (9 \text{kmol})(2 \text{kg/kmol})}$$

$$= 24.2 \text{kg(air)/kg(fuel)}$$ (15.4)

也就是说，在这一燃烧过程中，每千克燃料要消耗 24.2kg 的空气.

15.2　理论和实际燃烧过程

如果燃料中所有的碳燃烧成二氧化碳，所有的氢气燃烧成水，所有的硫(如果有的话)燃烧成二氧化硫，那么燃烧过程就是完全燃烧. 也就是说，在一个完全燃烧过程中，燃料的所有可燃成分都被燃烧到完全燃烧状态(图 15.7). 相反，如果燃烧产物含有任何未完全燃烧的燃料或组分，如 C、H_2、CO 或 OH，则燃烧过程是不完全的.

氧气不足是不完全燃烧的主要原因，但不是唯一原因. 即使燃烧室内的氧气超过完全燃烧所需的氧气，也会发生不完全燃烧. 比如在燃料和氧气接触的有限时间内，在燃烧室内混合不充分. 不完全燃烧的另一个原因是离解，这在高温下变得很重要.

氧比碳更容易与氢结合. 因此，燃料中的氢通常完全燃烧，形成 H_2O，即使氧气比完全燃烧所需的氧气少. 然而，有些碳最终以一氧化碳或纯碳颗粒(烟尘)的形式存在于产物中.

燃料完全燃烧所需的最小空气量称为化学计量空气或理论空气. 因此，当燃料在理论空气中完全燃烧时，产物气体中不存在游离氧. 理论空气也被称为化学上正确的空气量，或100%的理论空气. 用少于理论空气的燃烧过程必然是不完全燃烧. 理想的燃烧过程中，燃料被理论空气完全燃烧，称为该燃料的化学计量或理论燃烧(图 15.8).

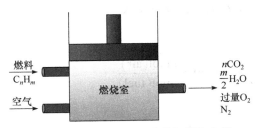

$$CH_4 + 2(O_2 + 3.76N_2) \longrightarrow CO_2 + 2H_2O + 7.52N_2$$
- 没有未燃烧的燃料
- 产物中没有游离氧

图 15.7　燃料中所有可燃成分都燃烧完毕，称完全燃烧

图 15.8　产品中不含游离氧的完全燃烧过程称为理论燃烧

例如，甲烷的理论燃烧是

$$CH_4 + 2(O_2 + 3.76N_2) \longrightarrow CO_2 + 2H_2O + 7.52N_2$$ (15.5)

注意，理论燃烧的产物不含未燃烧的甲烷，也不含 C、H_2、CO、OH 或游离 O_2.

在实际燃烧过程中，通常使用比化学计量更多的空气来增加完全燃烧的机会或控制燃烧室的温度. 超过化学计量的空气量称为过量空气. 过量空气量通常用化学计量空气表示为过

量空气百分比或理论空气百分比. 例如, 50%的过量空气相当于150%的理论空气, 200%的过量空气相当于300%的理论空气. 当然, 化学计量空气可以表示为0%过量空气或100%理论空气. 小于化学计量的空气量称为空气不足, 通常用空气不足百分比表示. 例如, 90%的理论空气相当于10%的空气不足. 燃烧过程中使用的空气量也用当量比表示, 当量比是化学计量燃料空气量与实际计量燃料空气量的比值. 当量比大于1, 表示可燃混合气体中所含实际空气量少于所必需的理论空气量, 即空气量不足.

当假设燃烧过程是完全的, 并且燃料和空气的用量已知时, 预测产物的成分相对容易. 在这种情况下, 需要做的只是简单地将质量平衡应用到燃烧方程中出现的每个元素上, 而不需要进行任何测量. 然而, 当我们处理实际的燃烧过程时, 事情就不那么简单了. 一方面, 实际的燃烧过程几乎不可能完全, 即使存在过量空气. 因此, 单凭质量平衡是不可能预测产品成分的. 唯一的选择就是直接测量产品中每种成分的含量.

例 15.2　测定辛烷完全燃烧的空燃比.

以摩尔和质量为基准, 确定辛烷 C_8H_{18} 完全燃烧的空燃比, 其中, (1)理论空气量; (2)150%理论空气(50%过量空气).

解

已知　辛烷 C_8H_{18} 在以下条件下完全燃烧: (1)理论空气量; (2)150%理论空气.

分析　(1) 为使 C_8H_{18} 与理论量的空气完全燃烧, 产物仅包含二氧化碳、水和氮气. 因此,

$$C_8H_{18} + a(O_2 + 3.76N_2) \longrightarrow bCO_2 + cH_2O + dN_2$$

将质量守恒原理分别应用于碳、氢、氧和氮

$$C: \quad b=8$$
$$H: \quad 2c=18$$
$$O: \quad 2b+c=2a$$
$$N_2: \quad d=3.76a$$

解方程, $a=12.5$, $b=8$, $c=9$, $d=47$. 化学平衡方程为

$$C_8H_{18} + 12.5(O_2 + 3.76N_2) \longrightarrow 8CO_2 + 9H_2O + 47N_2$$

以摩尔为基准的空燃比为

$$\overline{AF} = \frac{12.5 + 12.5(3.76)}{1} = \frac{12.5(4.76)}{1} = 59.5 \frac{kmol(air)}{kmol(fuel)}$$

以质量为基准的空燃比表示为

$$AF = \left[59.5 \frac{kmol(air)}{kmol(fuel)}\right] \left[\frac{28.97 \frac{kg(air)}{kmol(air)}}{114.22 \frac{kg(fuel)}{kmol(fuel)}}\right] = 15.1 \frac{kg(air)}{kg(fuel)}$$

(2) 对于 150%的理论空气, 完全燃烧的化学方程式为

$$C_8H_{18} + 1.5(12.5)(O_2 + 3.76N_2) \longrightarrow bCO_2 + cH_2O + dN_2 + eO_2$$

应用质量守恒

$$\text{C:} \quad b=8$$

$$\text{H:} \quad 2c=18$$

$$\text{O:} \quad 2b+c+2e=(1.5)(12.5)(2)$$

$$\text{N}_2\text{:} \quad d=(1.5)(12.5)(3.76)$$

解这些方程，$b=8$，$c=9$，$d=70.5$，$e=6.25$. 化学平衡方程为

$$C_8H_{18}+18.75(O_2+3.76N_2)\longrightarrow 8CO_2+9H_2O+70.5N_2+6.25O_2$$

以摩尔为基准的空燃比为

$$\overline{AF}=\frac{18.75(4.76)}{1}=89.25\frac{\text{kmol(air)}}{\text{kmol(fuel)}}$$

以质量为基准，可以计算空燃比为 22.6kg(air)/kg(fuel).

当过量空气完全燃烧时，除了二氧化碳、水和氮气外，产物中还会出现氧气.

例 15.3 甲烷燃烧的干产物分析法.

甲烷 CH_4，用干燥的空气燃烧. 产物的摩尔分析结果为：二氧化碳 9.7%；一氧化碳 0.5%；氧气 2.95%；氮气 86.85%. 确定：(1)以摩尔和质量为基础的空燃比；(2)理论空气百分比；(3)产物的露点温度，以℃为单位，如果产物在 1atm 下冷却；(4)如果产物在 1atm 下冷却到 32℃，则以 mol/mol 燃料消耗量为单位测定水蒸气量.

解

已知 甲烷用干燥的空气燃烧，提供了产物的摩尔分析.

分析

(1) ① 在 100mol 干产物的基础上进行处理. 化学方程式

$$aCH_4+b(O_2+3.76N_2)\longrightarrow 9.7CO_2+0.5CO+2.95O_2+86.85N_2+cH_2O$$

除了假定的 100mol 干产物外，水也必须作为一种产物.

将质量守恒原理分别应用于碳、氢、氧

$$\text{C:} \quad 9.7+0.5=a$$

$$\text{H:} \quad 2c=4a$$

$$\text{O:} \quad (9.7)(2)+0.5+2(2.95)+c=2b$$

② 解这些方程，$a=10.2$，$b=23.1$，$c=20.4$. 化学平衡方程为

$$10.2CH_4+23.1(O_2+3.76N_2)\longrightarrow 9.7CO_2+0.5CO+2.95O_2+86.85N_2+20.4H_2O$$

以摩尔为基准的空燃比为

$$\overline{AF}=\frac{23.1(4.76)}{10.2}=10.78\frac{\text{mol(air)}}{\text{mol(fuel)}}$$

以质量为基准的空燃比表示为

$$AF=(10.78)\left(\frac{28.97}{16.04}\right)=19.47\frac{\text{kg(air)}}{\text{kg(fuel)}}$$

(2) 甲烷与理论空气量完全燃烧的平衡化学方程式为

$$CH_4 + 2(O_2 + 3.76N_2) \longrightarrow CO_2 + 2H_2O + 7.52N_2$$

以摩尔为基准的理论空燃比为

$$(\overline{AF})_{theo} = \frac{2(4.76)}{1} = 9.52 \frac{mol(air)}{mol(fuel)}$$

理论空气百分比

$$理论空气百分比 = \frac{\overline{(AF)}}{(AF)_{theo}}$$

$$= \frac{10.78 \ mol(air)/mol(fuel)}{9.52 \ mol(air)/mol(fuel)} = 1.13(113\%)$$

(3) 露点温度: 燃烧产物起着润湿空气的作用. 因此, 燃烧产物中水蒸气的分压成为焦点. 水蒸气分压 $p_v = y_v p$ 得出, 其中 y_v 是燃烧产物中水蒸气的摩尔分数, p 是 1 个大气压.

参考(1)部分的平衡化学方程式, 水蒸气的摩尔分数为

$$y_v = \frac{20.4}{100 + 20.4} = 0.169$$

因此, $p_v = 0.169atm$. 以此作为饱和压力, 在附录表 1b 中插值得到露点温度为 57℃.

(4) 如果燃烧产物在低于露点温度 57℃ 的 1 个大气压下冷却到 32℃, 则会发生水蒸气的部分冷凝, 从而形成液相, 其中水蒸气与液态水处于平衡状态.

以每摩尔燃料为基础来表达(1)部分的平衡反应方程式, 在 32℃, 每 mol 的燃料, 产物将由 9.8mol 的 "干" 产物(CO_2、CO、O_2、N_2)和 2mol 的水组成. 在水中, n mol 是水蒸气, 其余是液体. 考虑到气相, 水蒸气的分压是 32℃时的饱和压力: 0.0475atm. 分压也是水蒸气摩尔分数和混合物压力 4.134atm 的乘积. 结果

$$0.0475 = \left(\frac{n}{n + 9.8}\right) 4.134$$

所以每消耗 1mol 燃料产生 $n = 0.489mol$ 水蒸气.

15.3 生成焓和燃烧焓

我们在第 2 章中提到, 一个系统的分子拥有各种形式的能量, 如显能和潜能(与状态变化有关)、化学能(与分子结构有关)和核能(与原子核结构有关), 如图 15.9 所示. 在本节中, 我们不打算讨论核能. 15 章之前的学习忽略了化学能, 因为前几章讨论的系统没有涉及化学变化, 因此也没有化学能的变化.

在化学反应中, 一些原子结合成分子的化学键被打破, 形成新的化学键. 与这些键相关的化学能, 一般来说, 对于反应物和产物是不同的. 因此, 一个涉及化学反应的过程涉及化学能量的变化, 能量平衡中需考虑(图 15.10). 假设每个反应物的原子保持完整(没有核反应), 并且忽略动能和势能的任何变化, 系统在化学反应过程中的能量变化是由于状态的变化和化学成分的变化产生. 也就是说

$$\Delta E_{sys} = \Delta E_{state} + \Delta E_{chem} \tag{15.6}$$

因此，当一个化学反应过程中形成的产物以反应物的入口状态离开反应室时，我们得到了 $\Delta E_{state}=0$，在这种情况下，系统的能量变化仅仅是由于其化学成分的变化.

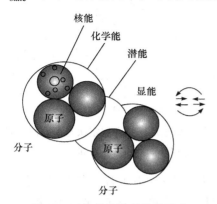

图 15.9 物质的微观能量形式
包括显能、潜能、化学能和核能

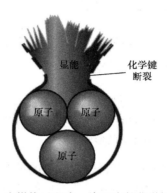

图 15.10 在燃烧过程中，当现有的化学键被破坏并
形成新的化学键时，通常会吸收或释放大量的显能

在热力学中，我们关心的是系统在一个过程中能量的变化，而不是在特定状态下的能量值. 因此，可以选择某一状态作为参考态，处于该状态的物质的内能或焓为零. 当一个过程不涉及化学成分的变化时，所选择的参考状态对结果没有影响. 然而，涉及化学反应时，过程结束时系统的组成与过程开始时的组成不同. 在这种情况下，所有物质必须有一个共同的参考状态. 选择的参考状态是 25℃ 和 1atm，即所谓的标准状态. 标准状态下的参数值用上标(°)表示(例如 $h°$ 和 $u°$).

在分析反应系时，必须使用相对于标准状态的值. 但是，没有必要为此准备一组新的属性表. 可以使用现有的表. 采用指定状态值减去标准状态下的值. 例如，N_2 在 500K 时相对于标准状态的理想气体焓为 $h_{500K}-h°=14581-8669=5912(kJ/kmol)$.

考虑在稳流燃烧过程中，CO_2 由元素碳和氧组成(图 15.11). 碳和氧在 25℃ 和 1atm 下进入燃烧室. 在此过程中形成的 CO_2 也在 25℃ 和 1atm 下离开燃烧室. 碳的燃烧是一种放热反应(该反应中化学能以热的形式释放出来). 因此，在这一过程中，部分热量(393520kJ/kmol)从燃烧室传递到周围环境.(在处理化学反应时，使用单位摩尔的量比单位时间的量更方便，即使对于稳定流动过程也是如此.)

上述过程不涉及工作交互. 因此，从稳态流动能量平衡关系看，该过程的传热必须等于产物的焓与反应物的焓之差，即

$$Q=h_{prod}-h_{react}=-393520kJ/kmol \tag{15.7}$$

由于反应物和产物处于同一状态，在这一过程中焓的变化完全是由于系统化学成分的变化. 对于不同的反应，这种焓变是不同的，所以最好有一个能代表反应过程中化学能变化的性质. 这一性质是反应焓 h_R，定义为产物在指定状态下的焓与完全反应时相同状态下反应物的焓之差.

对于燃烧过程，反应焓通常被称为燃烧焓 h_C，它表示 1kmol(或 1 kg)的燃料在规定的温度和压力下完全燃烧时，在稳流燃烧过程中释放的能量(图 15.12). 可表示为

$$h_R=h_C=h_{prod}-h_{react} \tag{15.8}$$

标准参考状态下的碳燃烧焓的计算结果为-393520kJ/kmol. 在不同的温度和压力下，特定燃料的燃烧焓是不同的.

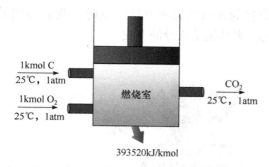

图 15.11　在 25℃ 和 1atm 下稳定流动燃烧过程中　图 15.12　燃烧焓表示燃料在规定状态下的稳定流
二氧化碳的形成　　　　　　　　　　　动过程中燃烧时释放的能量

　　燃烧焓显然是分析燃料燃烧过程的一个非常有用的参数. 然而, 由于有太多不同的燃料和燃料混合物, 所以不可能列出所有可能情况下的 h_C 值. 此外, 当燃烧不完全时, 燃烧焓也不适用. 因此, 一个更实际的方法是采用一个基本的参数来代表一个元素或化合物在某个参考状态下的化学能, 这个参数为生成焓 h_f, 它可看作是一种物质由单质生成化合物的反应焓.

　　25℃ 和 1atm 的标准状态下, 稳定单质或元素(如 O_2、N_2、H_2 和 C)的生成焓规定为零. 其中, 一种元素的稳定形式就是该元素在 25℃ 和 1atm 下的化学稳定形式. 例如, 氮在 25℃ 和 1atm 下以双原子形式(N_2)存在. 因此, 在标准状态下, 氮的稳定形式是双原子氮 N_2, 而不是单原子 N. 如果一种元素在 25℃ 和 1atm 下以不止一种的稳定形式存在, 其中一种形式应指定为稳定形式. 例如, 对于碳来说, 稳定的形式是石墨, 而不是金刚石.

　　重新分析在 25℃ 和 1atm 下, 在稳定流动过程中由其元素 C 和 O_2 形成的 CO_2(一种化合物). 该过程的焓变为−393520kJ/kmol. 然而, 由于两种反应物都是标准状态下的元素, 因此 $H_{react}=0$; 产物为相同状态下 1kmol 的 CO_2, 因此, 标准状态下 CO_2 的生成焓为−393520kJ/kmol (图 15.13). 即

$$h^\circ_{f,CO_2} = -393520\text{kJ/kmol}$$

负号是由于 1kmol CO_2 在 25℃ 和 1atm 下的焓比 1kmol C 和 1kmol O_2 在相同状态下的焓低 393520kJ. 换句话说, 当 C 和 O_2 结合形成 1kmol 的 CO_2 时, 释放出 393520kJ 的化学能(以热的形式离开系统). 因此, 一种化合物的生成焓为负, 表明在该化合物形成过程中, 其稳定元素释放出热量. 正值表示吸热.

　　电子附录表 12 中给出了 H_2O 的两个 h°_f 值, 一个是液态水, 另一个是水蒸气. 这是因为在 25℃ 下, 水的两相均存在, 压力对生成焓的影响很小.(注意, 在平衡条件下, 水在 25℃ 和 1atm 下仅以液体形式存在.)这两种生成焓之间的差值等于水在 25℃ 下的汽化潜热 h_{fg}, 即 2441.7kJ/kg 或 44000kJ/kmol.

　　燃料的热值定义为: 燃料完全燃烧, 并使生成物温度与反应物温度相同时释放的热量. 换句话说, 燃料的热值等于燃料燃烧焓的绝对值. 即

$$\text{热值} = |h_C|(\text{kJ/kg fuel})$$

　　热值取决于产品中 H_2O 的相态. 当产品中的 H_2O 以液态形式存在时, 热值称为高热值 (HHV); 当产品中的 H_2O 以气态形式存在时, 称为低热值(LHV)(图 15.14). 两个热值的关系如下:

$$\text{HHV} = \text{LHV} + (m h_{fg})_{H_2O} \quad (\text{kJ/kg fuel}) \tag{15.9}$$

式中，m 是单位质量燃料中产品中 H_2O 的质量，h_{fg} 是规定温度下 H_2O 的汽化潜热. 电子附录表 13 给出了常用燃料的高热值和低热值.

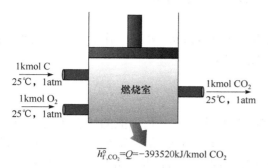

图 15.13　化合物的生成焓表示在特定状态下的稳定流动过程中，组分由其稳定元素形成时吸收或释放的能量

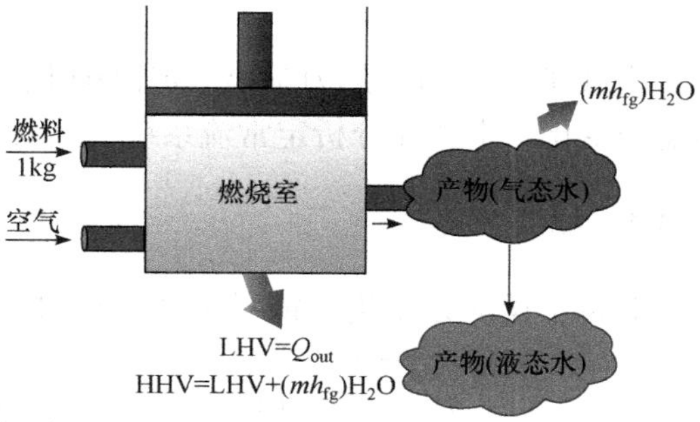

图 15.14　燃料的高热值等于燃料的低热值和产品中 H_2O 的汽化潜热之和

燃料的热值或燃烧焓可以根据所涉及化合物的生成焓来确定. 下面的例子说明这一点.

例 15.4　燃烧焓的评估.

使用电子附录表 12 中的生成焓数据，测定 25℃ 和 1atm 下液体辛烷(C_8H_{18})的燃烧焓. 假设产品中的水是液态的.

解　燃料的燃烧焓由生成焓数据确定.

已知　25℃ 和 1atm 下的生成焓对于 CO_2 为 −393520kJ/kmol，对于 $H_2O(l)$ 为−285830kJ/kmol，对于 $C_8H_{18}(l)$为−249950kJ/kmol(电子附录表 12).

分析　C_8H_{18} 的燃烧如图 15.15 所示. 这个反应的化学计量方程是

$$C_8H_{18}+a_{th}(O_2+3.76N_2) \longrightarrow 8CO_2+9H_2O(l)+3.76a_{th}N_2$$

反应物和产物均处于 25℃ 和 1atm 的标准参考状态. 另外，N_2 和 O_2 是稳定元素，因此它们的生成焓为零. 则 C_8H_{18} 的燃烧焓变为

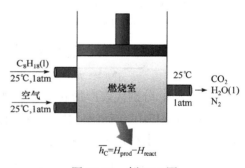

图 15.15　例 15.4 图

$$\overline{h_C} = H_{prod} - H_{react} = \sum N_P \overline{h_{f,p}^\circ} - \sum N_r \overline{h_{f,r}^\circ} = \left(N\overline{h_f^\circ}\right)_{CO_2} + \left(N\overline{h_f^\circ}\right)_{H_2O} - \left(N\overline{h_f^\circ}\right)_{C_8H_{18}} \tag{15.10}$$

代入

$$\overline{h_C} = (8kmol)(-393520kJ/kmol) + (9kmol)(-285830kJ/kmol) - (1kmol)(-249950kJ/kmol)$$
$$= -5471000kJ/kmol\ C_8H_{18} = -47891kJ/kg\ C_8H_{18}$$

这实际上与电子附录表 13 中列出的 47890kJ/kg 值相近. 由于假定产品中的水处于液相，因此该 h_C 值对应于液体 C_8H_{18} 的 HHV.

讨论　结果表明，对于气体辛烷，其值为−5512200kJ/kmol 或−48255kJ/kg. 当燃料的成分已知时，可使用上述生成焓数据确定该燃料的燃烧焓. 然而，对于成分变化很大的燃料，如煤、天然气和燃料油，更实际的做法是通过在定容弹式量热计中直接燃烧或在稳流装置中燃烧来测定其燃烧焓.

15.4　反应系统的第一定律分析

能量守恒定律(或热力学第一定律)适用于反应和非反应体系. 然而，化学反应系统涉及化学能的变化，本章先分析定常流系统，然后分析闭口系统.

15.4.1　稳流系统

对化学反应系统进行能量平衡分析时，需要采用可表示组分化学能的焓表达式. 焓的表

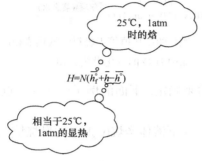

达式由于与标准态有关，能清晰地描述化学能. 以摩尔为物质单位时，组分的焓表示为(图 15.16)

$$焓 = \overline{h_f^\circ} + \left(\overline{h} - \overline{h^\circ}\right)(\text{kJ/kmol}) \tag{15.11}$$

式中，$\overline{h_f^\circ}$ 为标准状态下的生成焓，括号内的项为相对于标准状态的显焓，即 $\overline{h}$ (规定状态下的显焓)和 $\overline{h^\circ}$ (25℃和 1atm 标准状态下的显焓)之间的差值. 基于焓的这一表达式，能够使用相关表中的焓值.

图 15.16　化学成分在规定状态下的焓是 25℃、1atm($\overline{h_f^\circ}$)时的焓和该成分相对于 25℃、1atm 显热焓之和

当动能和势能的变化可以忽略不计时，化学反应稳定流系统的稳态流能量平衡关系式 $\dot{E}_{in} = \dot{E}_{out}$ 可以更明确地表示为

$$\underbrace{\dot{Q}_{in} + \dot{W}_{in} + \sum \dot{n}_r \left(\overline{h_f^\circ} + \overline{h} - \overline{h^\circ}\right)_r}_{\text{净热量、功和质量传入的速率}} = \underbrace{\dot{Q}_{out} + \dot{W}_{out} + \sum \dot{n}_p \left(\overline{h_f^\circ} + \overline{h} - \overline{h^\circ}\right)_p}_{\text{净热量、功和质量传出的速率}} \tag{15.12}$$

其中，$\dot{n}_p$ 和 $\dot{n}_r$ 分别代表产物 p 和反应物 r 的摩尔流量.

在燃烧分析中，用每摩尔燃料表示的量更方便. 通过将上述方程的每一项除以燃料的摩尔流量，可以得到这样一个关系式

$$\underbrace{Q_{in} + W_{in} + \sum N_r \left(\overline{h_f^\circ} + \overline{h} - \overline{h^\circ}\right)_r}_{\text{每摩尔燃料中热量、功和质量的能量传入}} = \underbrace{Q_{out} + W_{out} + \sum N_p \left(\overline{h_f^\circ} + \overline{h} - \overline{h^\circ}\right)_p}_{\text{每摩尔燃料中热量、功和质量的能量传出}} \tag{15.13}$$

式中，N_r 和 N_p 分别表示消耗每摩尔燃料的反应物 r 和产物 p 的物质的量. 注意，N_r=1 代表燃料，其他 N_r 和 N_p 值可直接从平衡燃烧方程中选取. 把传给系统的热量和系统所做的功看作是正数，刚才讨论的能量平衡关系可以更简洁地表示为

$$Q - W = \sum N_p \left(\overline{h_f^\circ} + \overline{h} - \overline{h^\circ}\right)_p - \sum N_r \left(\overline{h_f^\circ} + \overline{h} - \overline{h^\circ}\right)_r \tag{15.14}$$

或者表示为

$$Q - W = H_{prod} - H_{react} \quad (\text{kJ/kmol fuel}) \tag{15.15}$$

其中

$$H_{prod} = \sum N_p \left(\overline{h_f^\circ} + \overline{h} - \overline{h^\circ}\right)_p \quad (\text{kJ/kmol fuel}) \tag{15.16}$$

$$H_{react} = \sum N_r \left(\overline{h_f^\circ} + \overline{h} - \overline{h^\circ}\right)_r \quad (\text{kJ/kmol fuel}) \tag{15.17}$$

如果特定反应的燃烧焓 $\overline{h_C^{\circ}}$ 可用，每摩尔燃料的稳定流动能量方程可表示为

$$Q - W = \overline{h_C^{\circ}} + \sum N_p \left(\overline{h} - \overline{h^{\circ}} \right)_p - \sum N_r \left(\overline{h} - \overline{h^{\circ}} \right)_r \quad (\text{kJ/kmol}) \quad (15.18)$$

由于大多数稳态流动燃烧过程不涉及任何功的相互作用，因此上述能量平衡关系有时不含功项. 燃烧室通常有热量输出，但没有热量输入. 于是，典型的稳流燃烧过程的能量平衡变成：

$$\underbrace{Q_{\text{out}} = \sum N_r \left(\overline{h_f^{\circ}} + \overline{h} - \overline{h^{\circ}} \right)_r}_{\text{每摩尔燃料的质量传入}} - \underbrace{\sum N_p \left(\overline{h_f^{\circ}} + \overline{h} - \overline{h^{\circ}} \right)_p}_{\text{每摩尔燃料的质量传出}} \quad (15.19)$$

它表示燃烧过程中的热量输出仅仅是进入燃烧室的反应物的能量与离开燃烧室的产物的能量之差.

15.4.2 闭口系统

闭口系统能量平衡关系为 $E_{\text{in}} - E_{\text{out}} = \Delta E_{\text{system}}$，而对于一个固定的化学反应封闭系统可以表示为

$$\left(Q_{\text{in}} - Q_{\text{out}} \right) + \left(W_{\text{in}} - W_{\text{out}} \right) = U_{\text{prod}} - U_{\text{react}} \quad (\text{kJ/kmol fuel}) \quad (15.20)$$

式中，U_{prod} 代表产物的内能，U_{react} 代表反应物的内能. 为了采用统一的焓的表示方式，即形成内能 $\overline{u_f^{\circ}}$，参考焓的定义（$\overline{u} = \overline{h} - p\overline{v}$ 或者 $\overline{u_f^{\circ}} + \overline{u} - \overline{u^{\circ}} = \overline{h_f^{\circ}} + \overline{h} - \overline{h^{\circ}} - p\overline{v}$），则上述方程表示为(图 15.17)

$$Q - W = \sum N_p \left(\overline{h_f^{\circ}} + \overline{h} - \overline{h^{\circ}} + p\overline{v} \right)_p - \sum N_r \left(\overline{h_f^{\circ}} + \overline{h} - \overline{h^{\circ}} - p\overline{v} \right)_r \quad (15.21)$$

系统吸热，对外做功. 对于固体和液体，$p\overline{v}$ 项可以忽略不计，对于理想气体，可以用 $R_g T$ 代替. 此外，式(15.21)中的 $\overline{h} - p\overline{v}$ 项可以用 $\overline{u}$ 代替.

$U = H - pv$
$= N(\overline{h_f^{\circ}} + \overline{h} - \overline{h^{\circ}}) - pv$
$= N(\overline{h_f^{\circ}} + \overline{h} - \overline{h^{\circ}} - p\overline{v})$

式(15.21)中的功表示所有形式的功，包括边界功. 在第 4 章中，$\Delta U + W_b = \Delta H$ 用于经历定压膨胀或压缩过程的准平衡非反应封闭系统，而在化学反应系统中同样适用.

图 15.17　用焓表示化学成分的内能

在分析反应系统时有几个重要考虑因素. 例如，需要知道燃料是固体、液体还是气体，因为燃料的生成焓 $\overline{h_f^{\circ}}$ 取决于燃料的相态. 还需要知道燃料进入燃烧室时的状态，以确定其焓值. 对于焓计算，知道燃油和空气是预混合还是单独进入燃烧室尤为重要. 当燃烧产物被冷却到低温时，还需要考虑产物中一些蒸汽冷凝的可能性.

例 15.5　燃气轮机中甲烷的分析.

甲烷(CH_4)在 25℃温度下进入一个简单开放式燃气轮机发电厂的燃烧室，当 400%的理论空气在 25℃，1atm 下进入压缩机时，甲烷完全燃烧. 燃烧产物在 730K，1atm 下离开汽轮机. 发电厂的散热率为净产功率的 3%. 如果燃料质量流量为 20 kg/min，确定所产生的净功率，单位为 MW. 对于进入空气和排出的燃烧产物，动能和势能影响可忽略不计.

解

已知　为一个简单的燃气轮机发电厂提供了稳态运行数据. 相关参数见图 15.18.

分析　甲烷与理论空气量完全燃烧的平衡

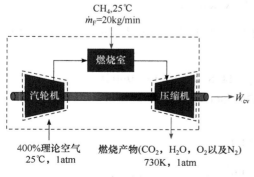

图 15.18　例 15.5 图

化学方程式为

$$CH_4 + 2(O_2 + 3.76N_2) \longrightarrow CO_2 + 2H_2O + 7.52N_2$$

对于使用 400% 理论空气的燃料燃烧

$$CH_4 + (4.0)2(O_2 + 3.76N_2) \longrightarrow aCO_2 + bH_2O + cO_2 + dN_2$$

将质量守恒分别应用于碳、氢、氧和氮

$$C: \quad 1 = a$$
$$H: \quad 4 = 2b$$
$$O: \quad (4.0)(2)(2) = 2a + b + 2c$$
$$N: \quad (4.0)(3.76)(2) = 2d$$

解得，$a=1$，$b=2$，$c=6$，$d=30.08$.

燃料在 400% 理论空气中完全燃烧的平衡化学方程式为

$$CH_4 + 8(O_2 + 3.76N_2) \longrightarrow CO_2 + 2H_2O(g) + 6O_2 + 30.08N_2$$

在假设产物和反应物都是理想气体的情况下，能量平衡(15.12)式给出

$$0 = \frac{\dot{Q}_{cv}}{\dot{n}_F} - \frac{\dot{W}_{cv}}{\dot{n}_F} + \bar{h}_R - \bar{h}_P$$

由于发电厂的散热率为净产功率的 3%，因此有 $\dot{Q}_{cv} = -0.03\dot{W}_{cv}$.

因此，能量平衡方程变为

$$\frac{1.03\dot{W}_{cv}}{\dot{n}_F} = \bar{h}_R - \bar{h}_P$$

由此得到

$$\frac{1.03\dot{W}_{cv}}{\dot{n}_F} = [(\overline{h_f^o} + \Delta\bar{h}^0)_{CH_4} + 8(\overline{h_f}^0 + \Delta\bar{h}^0)_{O_2} + 30.08(\overline{h_f}^0 + \Delta\bar{h}^0)_{N_2}]$$

$$- [(\overline{h_f^o} + \Delta\bar{h})_{CO_2} + 2(\overline{h_f^o} + \Delta\bar{h})_{H_2O(g)} + 6(\overline{h_f}^0 + \Delta\bar{h})_{O_2} + 30.08(\overline{h_f}^0 + \Delta\bar{h})_{N_2}]$$

燃料和燃烧空气在 25℃时进入，氧气和氮气的生成焓为零，对于每种反应物 $\Delta\bar{h}$ 值为 0.

电子附录表 12 中 $CH_4(g)$ 的生成焓

$$\bar{h}_R = (\overline{h_f^o})_{CH_4(g)} = -74850 \text{kJ/kmol(fuel)}$$

电子附录表 12 的 CO_2 和 $H_2O(g)$ 的生成焓，以及电子附录表 11 的 730K 和 298K 的 CO_2、H_2O、O_2 和 N_2 的焓值

$$\bar{h}_P = (-393520 + 28622 - 9364) + 2(-241820 + 25218 - 9904)$$
$$+ 6(22177 - 8682) + 30.08(21529 - 8669)$$

$$\bar{h}_P = -359475 (\text{kJ/kmol(fuel)})$$

使用电子附录表 5 中的甲烷分子量，燃料的摩尔流量为

$$\dot{n}_F = \frac{\dot{m}_F}{M_F} \frac{20\text{kg(fuel)/min}}{16.04\text{kg(fuel)/kmol(fuel)}} \left| \frac{1\text{min}}{60\text{s}} \right| = 0.02078\text{kmol(fuel)/s}$$

代入功率表达式

$$\dot{W}_{cv} = \frac{\dot{n}_{F}\left(\overline{h}_{R} - \overline{h}_{P}\right)}{1.03}$$

$$\dot{W}_{cv} = \frac{\left(0.02078 \dfrac{\text{kmol(fuel)}}{8}\right)\left[-74850 - (-359475)\right] \dfrac{\text{kJ}}{\text{kmol(fuel)}}}{1.03} \left|\frac{1\text{MW}}{10^3 \dfrac{\text{kJ}}{\text{s}}}\right| = 5.74\text{MW}$$

例 15.6 定量分析甲烷与氧气的燃烧.

最初在25℃和1atm下,1kmol的气态甲烷和2kmol的氧气混合物在密闭的刚性容器中完全燃烧. 发生热传递,直到将产物冷却至900K. 如果反应物和产物均为理想气体混合物,请确定:(1)传热量;(2)最终压力.

解

已知 甲烷和氧气的混合物的初始状态为 25℃和 1atm,在密闭的刚性容器中完全燃烧. 产物冷却到900K.

计算 确定传热量和燃烧产物的最终压力.

原理图和给定数据见图15.19.

假设

① 以密闭的刚性容器中的物品为系统.

② 不存在动力学和势能影响,$W = 0$.

③ 燃烧完全.

④ 初始混合物和燃烧产物各自形成理想的气体混合物.

⑤ 初始状态和最终状态是平衡状态.

图 15.19 例 15.6 图

分析 甲烷与氧气完全燃烧的化学反应方程为

$$CH_4 + 2O_2 \longrightarrow CO_2 + 2H_2O(g)$$

(1) 根据假设②和③,闭口系的能量平衡方程为

$$U_P - U_R = Q - W^0$$

或者

$$Q = U_P - U_R = \left(1\overline{u}_{CO_2} + 2\overline{u}_{H_2O(g)}\right) - \left(1\overline{u}_{CH_4(g)} + 2\overline{u}_{O_2}\right)$$

该方程式中的每个系数与平衡化学方程式的相应项相同.

由于每种反应物和产物均表现为理想气体,因此可以将各自的特定内能评估为 $\overline{u} = \overline{h} - \overline{R}T$. 能量平衡变为

$$Q = \left[1\left(\overline{h}_{CO_2} - \overline{R}T_2\right) + 2\left(\overline{h}_{H_2O(g)} - \overline{R}T_2\right)\right] - \left[1\left(\overline{h}_{CH_4(g)} - \overline{R}T_1\right) + 2\left(\overline{h}_{O_2} - \overline{R}T_1\right)\right]$$

其中 T_1 和 T_2 分别表示初温和终温. 整理得到

$$Q = \left(\overline{h}_{CO_2} + 2\overline{h}_{H_2O(g)} - \overline{h}_{CH_4(g)} - 2\overline{h}_{O_2}\right) + 3\overline{R}(T_1 - T_2)$$

根据各个生成焓，得到

$$Q = \left[(\overline{h_f^o} + \Delta\overline{h})_{CO_2} + 2(\overline{h_f^o} + \Delta\overline{h})_{H_2O(g)} \right.$$
$$\left. -(\overline{h_f^o} + \Delta\overline{h}^0)_{CH_4(g)} - 2(\overline{h_f^o} + \Delta\overline{h}^0)_{O_2} \right] + 3\overline{R}(T_1 - T_2)$$

由于甲烷和氧气最初处于 $25℃$，因此，这些反应物中的 $\Delta\overline{h} = 0$. 同样，对于氧气来说为 $\overline{h_f^o} = 0$.

电子附录表 12 中的 CO_2，$H_2O(g)$ 和 $CH_4(g)$ 的生成焓以及电子附录表 11 中的 H_2O 和 CO_2 的焓值

$$Q = [-393520 + (37405 - 9364)] + 2[-241820 + (31828 - 9904)]$$
$$- (-74850) + 3(8.314)(298 - 900)$$
$$= -745436(kJ)$$

(2) 通过假设④，初始混合物和燃烧产物各自形成理想的气体混合物. 因此，对于反应物

$$p_1 V = n_R \overline{R} T_1$$

其中，n_R 是反应物的总物质的量，p_1 是初始压力. 同样，对于产物

$$p_2 V = n_P \overline{R} T_2$$

其中，n_P 是生成物的总物质的量，p_2 是最终压力.

由于 $n_R = n_P = 3$ 和体积是常数，所以这些方程式组合得出

$$p_2 = \frac{T_2}{T_1} p_1 = \left(\frac{900K}{298K} \right)(1atm) = 3.02atm$$

15.5 绝热燃烧温度

在与外界没有任何功的交换，以及工质的动能或势能变化可以忽略时，燃烧过程中释放的化学能要么作为热量损失到周围环境中，要么用于加热燃烧产物. 热损失越小，燃烧产物的温升越大. 在与周围环境热交换为零的情况下，即在系统绝热的极限情况下($Q = 0$)，此时反应产物的温度达到最大值，这个温度最大值称为绝热燃烧温度(图 15.20).

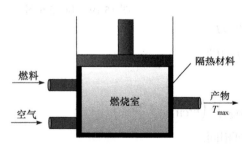

图 15.20 当燃烧完成且周围没有热量损失时 ($Q=0$)，燃烧室的温度达到最大值

稳态燃烧过程的绝热燃烧温度由式(15.15)通过设置 $Q=0$ 和 $W=0$ 确定. 得到

$$H_{prod} = H_{react} \tag{15.22}$$

或者

$$\sum N_p \left(\overline{h_f^o} + \overline{h} - \overline{h}^o \right)_p = \sum N_r \left(\overline{h_f^o} + \overline{h} - \overline{h}^o \right)_r \tag{15.23}$$

一旦确定了反应物及其状态，则可确定反应物的焓. 然而，计算产物 H_{prod} 的焓值并不是那么简单，因为产物的温度是未知的. 因此，绝热燃烧温度的计算需要使用迭代法，除非燃烧产物

的显焓变化方程可用.

在燃烧室中,材料可以承受的最高温度受到冶金技术的限制.因此,在燃烧室、燃气轮机和喷嘴的设计中,绝热燃烧温度是一个重要的考虑因素.这些装置中出现的最高温度远低于绝热燃烧温度,但是,由于燃烧通常是不完全的,会发生一些热损失,气体在高温下解离(图 15.21).燃烧室的最高温度可以通过调节过量空气的量来控制,过量空气可作为冷却介质.

注意:燃料的绝热燃烧温度不是唯一的.它的值取决于:①反应物的状态;②反应的完成程度;③所用的空气量.给定状态,当通入理论空气量且完全燃烧时,绝热燃烧温度达到其最大值.

例 15.7 稳定燃烧中的绝热燃烧温度.

液体辛烷(C_8H_{18})在 1atm 和 25℃下稳定地进入燃气轮机燃烧室,与进入燃烧室的相同状态的空气燃烧,如图 15.22 所示.确定:(1)100%理论空气完全燃烧;(2)400%理论空气完全燃烧;(3)90%理论空气不完全燃烧(产品中有一些 CO)的绝热燃烧温度.

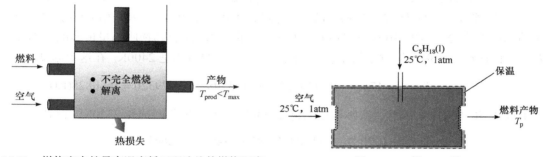

图 15.21 燃烧室中的最高温度低于理论绝热燃烧温度   图 15.22 例 15.7 图

解 液体辛烷稳定燃烧.绝热燃烧温度应根据不同情况确定.

假设 ①这是一个稳流燃烧过程;②燃烧室是绝热的;③没有功的交换;④空气和燃烧气体是理想气体;⑤动能和势能的变化可以忽略不计.

分析 (1) 理论空气量燃烧过程的平衡方程为

$$C_8H_{18}(l) + 12.5(O_2 + 3.76N_2) \longrightarrow 8CO_2 + 9H_2O + 47N_2$$

在这种情况下,从绝热燃烧温度关系 $H_{prod} = H_{react}$ 得到

$$\sum N_p \left(\overline{h_f^{\circ}} + \overline{h} - \overline{h^{\circ}} \right)_p = \sum N_r \overline{h_{f,r}^{\circ}} = \left(N \overline{h_f^{\circ}} \right)_{C_8H_{18}}$$

因为所有的反应物都处于标准状态,对于 O_2 和 N_2,$\overline{h_f^{\circ}} = 0$.温度为 298K 时各成分的 $\overline{h_f^{\circ}}$ 和 h 值见表 15.1.

表 15.1 例 15.7 表

物质	$\overline{h_f^{\circ}}$ /(kJ/kmol)	$\overline{h}_{298K}$ /(kJ/kmol)
C_8H_{18}	−249950	—
O_2	0	8682
N_2	0	8669
$H_2O(g)$	−241820	9904
CO_2	−393520	9364

表中数据代入上式，有

$$
\begin{aligned}
&\left(8\text{kmolCO}_2\right)\left[\left(-393520+\overline{h}_{\text{CO}_2}-9364\right)\text{kJ/kmolCO}_2\right] \\
&+\left(9\text{kmolH}_2\text{O}\right)\left[\left(-241820+\overline{h}_{\text{H}_2\text{O}}-9904\right)\text{kJ/kmolH}_2\text{O}\right] \\
&+\left(47\text{kmolN}_2\right)\left[\left(0+\overline{h}_{\text{N}_2}-8669\right)\text{kJ/kmolN}_2\right] \\
&=\left(1\text{kmolC}_8\text{H}_{18}\right)\left(-249950\text{kJ/kmolC}_8\text{H}_{18}\right)
\end{aligned}
$$

得到

$$
8\overline{h}_{\text{CO}_2}+9\overline{h}_{\text{H}_2\text{O}}+47\overline{h}_{\text{N}_2}=5646081\text{kJ}
$$

表面上看这个方程有三个未知数. 事实上，只有一个未知，即产物的温度 T_{prod}，因为对于理想气体来说，$h=h(T)$. 因此，必须通过软件求解方程或利用试错法来确定产品的温度.

首先，将方程的右侧除以总物质的量，得到 $5646081/(8+9+47)=8820(\text{kJ/kmol})$. 该焓值对应于约 2650K 的 N_2，约 2100K 的 H_2O，约 1800K 的 CO_2. 注意到物质的量最多的是 N_2，所以 T_{prod} 应该接近 2650K，但肯定低于它. 因此，第一个好的猜测是 2400K. 在这个温度下

$$
8\overline{h}_{\text{CO}_2}+9\overline{h}_{\text{H}_2\text{O}}+47\overline{h}_{\text{N}_2}=8\times125152+9\times103508+47\times79320=5660828(\text{kJ})
$$

该值高于 5646081kJ. 因此，实际温度略低于 2400K. 下一步我们选择 2350K，得到

$$
8\times122091+9\times100846+47\times77496=5526654(\text{kJ})
$$

低于 5646081kJ. 因此，产品的实际温度在 2350~2400K 之间. 通过插值，发现 $T_{\text{prod}}=2395\text{K}$.

(2) 理论空气含量为 400% 时，整个燃烧过程的平衡方程为

$$
\text{C}_8\text{H}_{18}(1)+50(\text{O}_2+3.76\text{N}_2)\longrightarrow 8\text{CO}_2+9\text{H}_2\text{O}+37.5\text{O}_2+188\text{N}_2
$$

按照 (1) 中所用的程序，确定这种情况下的绝热燃烧温度为 $T_{\text{prod}}=962\text{K}$.

注意，由于使用过量空气，绝热燃烧温度显著降低.

(3) 含 90% 理论空气的不完全燃烧过程的平衡方程为

$$
\text{C}_8\text{H}_{18}(1)+11.25(\text{O}_2+3.76\text{N}_2)\longrightarrow 5.5\text{CO}_2+2.5\text{CO}+9\text{H}_2\text{O}+42.3\text{N}_2
$$

按照 (1) 中的程序，计算发现在这种情况下绝热燃烧温度为 $T_{\text{prod}}=2236\text{K}$.

注意，由于不完全燃烧或使用过量空气，都使绝热燃烧温度降低. 只有采用理论空气量完全燃烧时，绝热燃烧温度才能达到最大值.

15.6　反应系统的熵变

前面已经从质量守恒和能量守恒的角度分析了燃烧过程. 然而，没有第二定律方面的分析，过程的热力学分析是不完整的.

第 3 章提出的熵平衡关系同样适用于化学反应系统. 任何系统(包括反应系统)在任何过程中的熵平衡可以表示为

$$S_{\text{in}} - S_{\text{out}} + S_{\text{gen}} = \Delta S_{\text{system}} \quad (\text{kJ/K}) \qquad (15.24)$$

$$\underbrace{S_{\text{in}} - S_{\text{out}}}_{\text{热量和质量传递的净熵}} + \underbrace{S_{\text{gen}}}_{\text{熵产}} = \underbrace{\Delta S_{\text{system}}}_{\text{熵变}}$$

假定系统吸热(放热时 Q 为负数),稳定流动反应系统(图 15.23)的熵平衡关系可以表示为

$$\sum \frac{Q_k}{T_k} + S_{\text{gen}} = S_{\text{prod}} - S_{\text{react}} \quad (\text{kJ/K}) \qquad (15.25)$$

其中,T_k 是在热传递 Q_k 的边界温度. 对于绝热过程 $(Q=0)$,热熵流项为零,式(15.25)可简化为

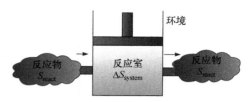

图 15.23 与化学关系相关的熵变

$$S_{\text{gen,adiabatic}} = S_{\text{prod}} - S_{\text{react}} \geqslant 0 \qquad (15.26)$$

过程中总熵产可以通过对一个扩展的孤立系统熵平衡计算来确定,该系统包括系统本身及其与之发生相互作用的环境. 当计算该扩展的孤立系统熵变时,扩展系统的边界温度视为环境温度,如第 3 章所述.

与化学反应相关的熵计算中,反应物和产物中各组分不同,需采用各组分的熵,而不是熵变(非反应系统,过程前后组分不变,只需要考虑各组分的熵变). 因此,需要为所有物质的熵找到一个共同参考点,类似于焓. 对这样一个共同参考点的探索导致了热力学第三定律的建立. 第三定律表述如下:纯晶体物质在绝对零度温度下的熵为零.

因此,热力学第三定律为所有物质的熵值提供了绝对零点. 相对于这个参考点的熵值称为绝对熵. 电子附录表 11 中列出的各种气体(如 N_2、O_2、CO、CO_2、H_2O)的 $\overline{S}^{\circ}$ 值是规定温度和压力 1atm 下的理想气体绝对熵值. 电子附录表 12 列出了各种燃料的绝对熵值以及 25℃ 和 1atm 标准状态下的 $\overline{h}_{\text{f}}^{\circ}$ 值.

式(15.25)是反应系统熵变的一般关系式. 它需要测定反应物和产物的每个组成部分的熵,这通常不是很容易做到的. 如果反应物和产物的气体成分近似为理想气体,熵的计算可以得到一定程度的简化.

在计算理想气体混合物组分的熵时,应使用组分的温度和分压. 注意,组分的温度与混合物的温度相同,组分压力等于混合物压力乘以组分的摩尔分数.

对于温度 T,$p_0=1atm$ 以外的压力下的绝对熵值,可以从状态(T, p_0)和(T, p)之间假想的等温过程的理想气体熵变关系得到,如图 15.24 所示.

$$\overline{S}(T,p) = \overline{S}^{\circ}(T, p_0) - R_g \ln \frac{p}{p_0} \qquad (15.27)$$

对于理想气体混合物的组分 i,这种关系可以写成

$$\overline{s}_i(T, p_i) = \overline{s}_i^{\circ}(T, p_0) - R_g \ln \frac{y_i p_m}{p_0} \quad (\text{kJ/(kmol·K)}) \qquad (15.28)$$

式中,$p_0=1atm$,p_i 是分压,y_i 是组分的摩尔分数,p_m 是混合物的总压力.

如果气体混合物处于较高的压力或较低的温度,则应采用更精确的状态方程或广义熵图来分析与理想气体的偏差.

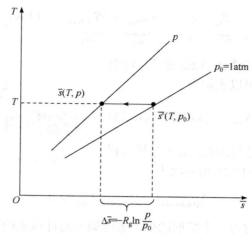

图 15.24　在规定的温度下，理想气体在压力不是 $p_0=1\text{atm}$ 时的绝对熵可以通过从 1atm 下的表列值中减去 $R_g\ln(p/p_0)$ 来确定

*15.7　反应系统的㶲分析

如果能够得到系统的总熵变或熵产，与化学反应有关的㶲损 I 可由下式确定：

$$I = T_0 S_{\text{gen}} \quad (\text{kJ}) \tag{15.29}$$

式中，T_0 是周围环境的热力学温度.

在分析反应系统时，我们更关心反应系统的㶲变化，而不是不同状态下的㶲值(图 15.25). 回想一下第 6 章，可逆功 W_{rev} 代表一个过程中可以完成的最大功. 在动能和势能不发生变化的情况下，用 $\overline{h_f^\circ} + \overline{h} - \overline{h}^\circ$ 代替焓项，得到了只涉及 T_0 处环境传热的稳态流燃烧过程的可逆功关系

$$W_{\text{rev}} = \sum N_r \left(\overline{h_f^\circ} + \overline{h} - \overline{h}^\circ - T_0\overline{S}\right)_r - \sum N_p \left(\overline{h_f^\circ} + \overline{h} - \overline{h}^\circ - T_0\overline{S}\right)_p \tag{15.30}$$

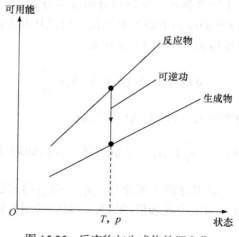

图 15.25　反应物与生成物的㶲变化

当反应物和产物都处于环境温度 T_0 时，根据定义，$\overline{h} - T_0\overline{S} = \left(\overline{h} - T_0\overline{S}\right)_{T_0} = \overline{g}_0$，这是单位摩

尔物质在 T_0 温度下的吉布斯函数. 此时，W_{rev} 关系可以写成

$$W_{rev} = \sum N_r \overline{g}_{0,r} - \sum N_p \overline{g}_{0,p} \qquad (15.31)$$

或者

$$W_{rev} = \sum N_r \left(\overline{g_f^\circ} + \overline{g}_{T_0} - \overline{g^\circ} \right)_r - \sum N_p \left(\overline{g_f^\circ} + \overline{g}_{T_0} - \overline{g^\circ} \right)_p \qquad (15.32)$$

式中，$\overline{g_f^\circ}$ 是吉布斯自由焓(标准状态 25℃和 1atm 下的 N_2 和 O_2 等稳定元素的自由焓为 0，$\overline{g_f^\circ}$ =0，类似生成焓)，$\overline{g}_{T_0} - \overline{g^\circ}$ 表示物质在温度 T_0 时相对于标准状态的吉布斯自由焓.

对于非常特殊的情况，即反应物、产物和周围环境温度都为 25℃，反应物和产物的每个组分的分压 p_i=1atm，式(15.32)变为

$$W_{rev} = \sum N_r \overline{g_{f,r}^\circ} - \sum N_p \overline{g_{f,p}^\circ} \qquad (kJ) \qquad (15.33)$$

上式说明，化合物的 $-\overline{g_f^\circ}$ 值(25℃和 1atm 下生成吉布斯函数的负值)，正是其稳定元素在 25℃和 1atm 下形成该化合物的可逆功(图 15.26). 电子附录表 12 列出了几种物质的 $\overline{g_f^\circ}$ 值.

例 15.8 绝热燃烧的第二定律分析.

气体甲烷(CH_4)在 25℃和 1atm 下进入稳定流动的绝热燃烧室. 50%的过量空气在 25℃和 1atm 下燃烧，如图 15.27 所示. 假设完全燃烧，确定：(1)产物的温度；(2)熵产；(3)可逆功和㶲损. 假设 T_0=298K，产物在 1atm 压力下离开燃烧室.

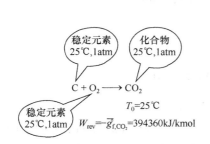

图 15.26　25℃，1atm 下化合物生成的吉布斯函数的负值，正是稳定元素在 25℃，1atm 下形成该化合物的可逆功

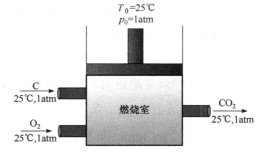

图 15.27　例 15.8 图

解 甲烷在稳流燃烧室中与过量空气一起燃烧. 确定产物温度、熵产、可逆功和㶲损.

假设 ①燃烧过程在稳定流动条件下；②空气和燃烧气体是理想气体；③动能和势能的变化可以忽略不计；④燃烧室是绝热的，因此没有热传递；⑤完全燃烧.

分析 (1) 在 50%过量空气的情况下，整个燃烧过程的平衡方程为

$$CH_4(g) + 3(O_2 + 3.76N_2) \longrightarrow CO_2 + 2H_2O + O_2 + 11.28N_2$$

在稳定流动条件下，绝热燃烧温度由 $H_{prod} = H_{react}$ 得

$$\sum N_p \left(\overline{h_f^\circ} + \overline{h} - \overline{h^\circ} \right)_p = \sum N_r \overline{h_{f,r}^\circ} = \left(N \overline{h_f^\circ} \right)_{CH_4}$$

因为所有的反应物都处于标准参考状态，O_2 和 N_2 的反应物都是 $\overline{h_f^\circ}=0$. 假设空气和产物为理想气体，在 298K 下各组分的 $\overline{h_f^\circ}$ 和 h 值见表 15.2.

表 15.2 例 15.8 表

物质	$\overline{h_f^\circ}$ /(kJ/kmol)	$\overline{h}_{298K}$ /(kJ/kmol)
$CH_4(g)$	−74850	—
O_2	0	8682
N_2	0	8669
$H_2O(g)$	−241820	9904
CO_2	−393520	9364

代入，可得

$$(1\text{kmolCO}_2)\left[\left(-393520+\overline{h}_{CO_2}-9364\right)\text{kJ/kmolCO}_2\right]$$
$$+(2\text{kmolH}_2\text{O})\left[\left(-241820+\overline{h}_{H_2O}-9904\right)\text{kJ/kmolH}_2\text{O}\right]$$
$$+(11.28\text{kmolN}_2)\left[\left(0+\overline{h}_{N_2}-8669\right)\text{kJ/kmolN}_2\right]+(1\text{kmolO}_2)\left[\left(0+\overline{h}_{O_2}-8682\right)\text{kJ/kmolO}_2\right]$$
$$=(1\text{kmolCH}_4)\left(-74850\text{kJ/kmolCH}_4\right)$$

进而得到

$$\overline{h}_{CO_2}+2\overline{h}_{H_2O}+\overline{h}_{O_2}+11.28\overline{h}_{N_2}=937950\text{kJ}$$

通过反复试验，产物的温度为

$$T_{prod}=1789\text{K}$$

(2) 注意到燃烧是绝热的，在此过程中的熵产由式(15.25)确定

$$S_{gen}=S_{prod}-S_{react}=\sum N_p\overline{s}_p-\sum N_r\overline{s}_r$$

CH_4 在 25℃和 1atm 的环境下，因此其绝对熵为 $\overline{S}_{CH_4}=186.16\text{kJ/(kmol·K)}$（电子附录表 12）. 理想气体表中列出的熵值适用于 1atm 压力. 空气和产品气体的总压力均为 1atm，但应在组分的分压下计算熵，该分压等于 $p_i=y_i p_{total}$，其中 y_i 是组分 i 的摩尔分数. 根据式(15.27):

$$S_i=N_i\overline{s}_i(T,p_i)=N_i\left[\overline{s_i^\circ}(T,p_0)-R_g\ln y_i p_m\right]$$

熵计算可以用表格形式表示，如表 15.3 所示.

表 15.3 例 15.8 表

	N_i	y_i	$\overline{s_i^\circ}(T,\text{atm})$	$-R_g\ln y_i p_m$	$N_i\overline{s}_i$
CH_4	1	1.00	186.16	—	186.16
O_2	3	0.21	205.04	12.98	654.06
N_2	11.28	0.79	191.61	1.96	2183.47
					S_{react} =3023.69

	N_i	y_i	$\overline{s_i^\circ}(T, \text{atm})$	$-R_g \ln y_i p_m$	$N_i \overline{s_i}$
CO_2	1	0.0654	302.517	22.674	325.19
H_2O	2	0.1309	258.957	16.905	551.72
O_2	1	0.0654	264.471	22.674	287.15
N_2	11.28	0.7382	247.977	2.524	2825.65
					$S_{\text{prod}} = 3989.71$

因此

$$S_{\text{gen}} = S_{\text{prod}} - S_{\text{react}} = (3989.71 - 3023.69)\,\text{kJ/(kmol·K)}\ CH_4 = 966.0\,\text{kJ/(kmol·K)}$$

(3) 与此过程相关的㶲损或不可逆性引起的做功能力损失, 由式(15.29)得到

$$I = T_0 S_{\text{gen}} = (298\text{K})(966.0\,\text{kJ/(kmol·K)}) = 288\,\text{MJ/kmol}\ CH_4$$

也就是说, 在燃烧过程中, 每燃烧1kmol甲烷, 就损失了 288 MJ 的功. 这个例子表明, 即使是完全的燃烧过程也是不可逆的.

这个过程不涉及实际功. 因此, 损失的可逆功和㶲损失是相同的

$$W_{\text{rev}} = 288\,\text{MJ/kmol}\ CH_4$$

也就是说, 这个过程理论可作出 288MJ 的功, 但整个有用功都被浪费了.

15.8 燃 料 电 池

前面章节介绍的动力装置中, 燃料在高温下燃烧产生高温热能驱动热机做功. 然而, 通过例 15.8 计算可知, 燃烧过程中反应物(818MJ/kmol CH_4)的㶲降低了 288MJ/kmol. 也就是说, 在绝热燃烧过程结束时, CH_4 的㶲为 818–288=530(MJ/kmol). 换句话说, 高温气体的㶲约为反应物㶲的 65%. 甲烷燃烧过程, 甚至还没有利用热能驱动热机做功, 就损失了 35% 的㶲(图 15.28).

由热力学第二定律分析可知, 应该采用更好的方法, 将化学能直接转化为功. 可逆的过程是做功能力损失为零的过程. 在化学反应中, 不可逆性是由于反应组分之间不受控制的电子交换引起的. 受控的电子交换可以通过用电解电池代替燃烧来实现. 在电解槽中, 电子通过连接到负载的导线交换, 化学能直接转化为电能.

基于这一原理的能量转换装置称为燃料电池. 燃料电池不是热机, 因此它们的效率不受卡诺效率的限制. 它们基本上是以等温的方式把化学能转换成电能.

燃料电池的功能与电池相似, 它通过电化学方式将电池中的燃料与氧气结合而产生电能. 单个燃料电池产生的电能通常太小, 无法实际应用. 因此, 在实际应用中, 燃料电池通常是堆叠的. 这种模块化使燃料电池在应用中具有相当大的灵活性, 小至可以仅为远程开关站产生少量电力, 大至可以用于为整个城镇供电. 因此, 燃料电池被称为 "能源工业的微芯片".

氢氧燃料电池的运行如图 15.29 所示. 氢在阳极表面被电离, 氢离子通过电解质流向阴极. 阳极和阴极之间存在电势差, 自由电子通过外部电路从阳极流向阴极. 氢离子与氧和阴极表面的自由电子结合形成水. 因此, 燃料电池就像一个反向工作的电解系统. 在稳定运行中, 氢和

氧作为反应物不断进入燃料电池，水作为产物离开．

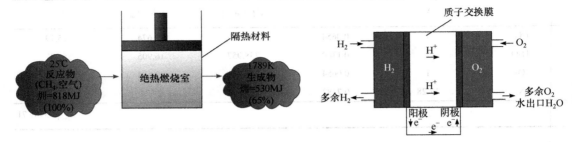

图 15.28　由于不可逆燃烧过程，甲烷的可用性降低了 35%　　图 15.29　氢氧燃料电池的运行

　　燃料电池由威廉·格罗夫斯于 1839 年发明，但直到 20 世纪 60 年代，在双子座和阿波罗飞船登月任务期间，燃料电池才被用来为双子座和阿波罗飞船生产电和水．今天，它们在航天飞机任务中也被用于同样的目的．尽管燃料电池具有不可逆的效应，如对电子流的内阻，但它仍有很大的潜力来提高转换效率．燃料电池可利用各种燃料，如氢气、天然气、丙烷和沼气，高效、安静地产生电能，同时排放水．

本 章 小 结

　　可燃烧释放能量的物质称为燃料，而燃料被氧化并释放大量能量的化学反应称为燃烧．燃烧过程中最常用的氧化剂是空气．干空气的物质的量可以近似为 21% 的氧气和 79% 的氮气．因此

$$1 \text{kmol O}_2 + 3.76 \text{kmol N}_2 = 4.76 \text{kmol air}$$

热力学总结
（热力学树）

　　在燃烧过程中，反应前存在的组分称为反应物，反应后存在的组分称为产物．化学方程式是在质量守恒原理的基础上建立的，质量守恒原理指出在一个化学反应中，每个元素的总质量是守恒的．燃烧过程中空气质量与燃料质量之比称为空燃比 AF

$$\text{AF} = \frac{m_{\text{air}}}{m_{\text{fuel}}}$$

其中，$m_{\text{air}} = (NM)_{\text{air}}$，$m_{\text{fuel}} = \sum (N_i M_i)_{\text{fuel}}$．

　　如果燃料中所有的碳燃烧成二氧化碳，所有的氢气燃烧成水，所有的硫(如果有的话)燃烧成二氧化硫，那么燃烧过程为完全燃烧．燃料完全燃烧所需的最小空气量称为化学计量空气或理论空气．在理想的燃烧过程中，燃料与理论空气完全燃烧，称为该燃料的化学计量燃烧或理论燃烧．超过化学计量的空气称为过量空气．过量空气量通常用化学计量空气表示为过量空气百分比或理论空气百分比．

　　化学反应的过程涉及化学能的变化．由于系统中成分发生变化，为便于分析，所有物质都必须有一个共同的参考状态——标准状态，即 25℃ 和 1atm．

　　产物在指定状态下的焓与完全反应时相同状态下反应物的焓之差称为反应焓 h_{R}．对于燃烧过程，反应焓通常被称为燃烧焓 h_{C}，它表示当 1kmol(或 1 kg)的燃料在规定的温度和压力下完全燃烧时释放的热量．化学成分处于稳定状态时，物质的焓称为该物质的生成焓 h_{f}．在标准状态(25℃ 和 1atm)下，所有单质或元素的生成焓为零．燃料的热值定义为：燃料完全燃烧，并

使生成物温度与反应物温度相同时释放的热量. 稳定流动过程中, 燃料的热值等于燃料燃烧焓的绝对值

$$热值 = \left| h_C \right| \quad (\text{kJ/kg fuel})$$

将系统的换热量和系统所做的功设为正数, 由稳定流动系统的能量守恒关系得到化学反应系统的能量守恒方程为

$$Q - W = \sum N_{\mathrm{p}} \left(\overline{h_{\mathrm{f}}^{\circ}} + \overline{h} - \overline{h^{\circ}} \right)_{\mathrm{p}} - \sum N_{\mathrm{r}} \left(\overline{h_{\mathrm{f}}^{\circ}} + \overline{h} - \overline{h^{\circ}} \right)_{\mathrm{r}}$$

其中, 上标°表示 25℃ 和 1atm 标准参考状态下. 对于一个闭口的系统

$$Q - W = \sum N_{\mathrm{p}} \left(\overline{h_{\mathrm{f}}^{\circ}} + \overline{h} - \overline{h^{\circ}} - p\overline{v} \right)_{\mathrm{p}} - \sum N_{\mathrm{r}} \left(\overline{h_{\mathrm{f}}^{\circ}} + \overline{h} - \overline{h^{\circ}} - p\overline{v} \right)_{\mathrm{r}}$$

对于固体和液体, $p\overline{v}$ 项可以忽略不计, 对于理想气体, $p\overline{v} = R_{\mathrm{g}}T$.

绝热系统($Q=0$), 产物的温度将达到最大值——绝热燃烧温度. 对于稳流系统, 燃烧过程的绝热燃烧温度由 $H_{\mathrm{prod}} = H_{\mathrm{react}}$ 或下式确定:

$$\sum N_{\mathrm{p}} \left(\overline{h_{\mathrm{f}}^{\circ}} + \overline{h} - \overline{h^{\circ}} \right)_{\mathrm{p}} = \sum N_{\mathrm{r}} \left(\overline{h_{\mathrm{f}}^{\circ}} + \overline{h} - \overline{h^{\circ}} \right)_{\mathrm{r}}$$

当系统吸热时, 闭口系统或稳流燃烧室的熵平衡关系可表示为

$$\sum \frac{Q_{\mathrm{k}}}{T_{\mathrm{k}}} + S_{\mathrm{gen}} = S_{\mathrm{prod}} - S_{\mathrm{react}}$$

对于绝热过程来说

$$S_{\mathrm{gen,adiabatic}} = S_{\mathrm{prod}} - S_{\mathrm{react}} \geqslant 0$$

热力学第三定律指出, 纯晶体物质在绝对零度温度下的熵为零. 第三定律为所有物质的熵提供了一个共同的参考点, 相对于这个参考点的熵值称为绝对熵. 理想气体表给出了在 $p_0 = 1\mathrm{atm}$ 的压力下在很大的温度范围内的绝对熵值. 任何温度 T 和压力 p 下的绝对熵值由下式确定:

$$\overline{s}(T, p) = \overline{s^{\circ}}(T, p_0) - R_{\mathrm{g}} \ln \frac{p}{p_0}$$

对于理想气体混合物的组分 i, 这种关系可以写成

$$\overline{s}_i(T, p_i) = \overline{s_i^{\circ}}(T, p_0) - R_{\mathrm{g}} \ln \frac{y_i p_{\mathrm{m}}}{p_0}$$

式中, p_i 是分压; y_i 是组分的摩尔分数; p_{m} 是混合物总压.

与化学反应有关的烟损为

$$I = W_{\mathrm{rev}} - W_{\mathrm{act}} = T_0 S_{\mathrm{gen}}$$

可逆功为

$$W_{\mathrm{rev}} = \sum N_{\mathrm{r}} \left(\overline{h_{\mathrm{f}}^{\circ}} + \overline{h} - \overline{h^{\circ}} - T_0 \overline{s} \right)_{\mathrm{r}} - \sum N_{\mathrm{p}} \left(\overline{h_{\mathrm{f}}^{\circ}} + \overline{h} - \overline{h^{\circ}} - T_0 \overline{s} \right)_{\mathrm{p}}$$

当反应物和产物都处于环境温度 T_0 时, 可逆功可以用吉布斯函数表示为

$$W_{\mathrm{rev}} = \sum N_{\mathrm{r}} \left(\overline{g_{\mathrm{f}}^{\circ}} + \overline{g}_{T_0} - \overline{g^{\circ}} \right)_{\mathrm{r}} - \sum N_{\mathrm{p}} \left(\overline{g_{\mathrm{f}}^{\circ}} + \overline{g}_{T_0} - \overline{g^{\circ}} \right)_{\mathrm{p}}$$

问题与思考

15-1　燃烧是固有的不可逆过程吗？为什么？

15-2　空燃比的定义？它与燃空比有什么关系？

15-3　以摩尔为物质单位表示的空燃比与以质量为物质单位表示的空燃比相同吗？

15-4　煤可以转化为液态柴油吗？并说明.

15-5　生成焓是什么？它和燃烧焓有何不同？

15-6　什么是燃烧焓？它和反应焓有何不同？

15-7　燃料的高位热值和低位热值是多少？它们有何不同？燃料的热值与燃料的燃烧焓有什么关系？

15-8　N_2 的 $\overline{h_f^\circ}$ 列为零. 这是否意味着 N_2 在标准参考状态下不含有化学能？

15-9　1kmol H_2 或 1kmol H_2O 哪个含有更多的化学能？

15-10　燃料首先用化学计量的空气完全燃烧，然后用化学计量的纯氧完全燃烧. 在哪种情况下，绝热燃烧温度会更高？

15-11　燃料在绝热良好的稳流燃烧室中燃烧，空气温度为25℃. 在什么条件下，燃烧过程的绝热燃烧温度最高？

15-12　理想气体在不同于 1atm 压力下的绝对熵是如何确定的？

15-13　化合物的吉布斯函数 $\overline{g_f^\circ}$ 代表什么？

15-14　家用燃料电池车推广应用必须克服哪些障碍？克服这些障碍的前景如何？

本 章 习 题

15-1　10g 丙烷(C_3H_8)与足够的氧气(O_2)一起燃烧即可完全燃烧. 确定所需的氧气量和形成的燃烧产物的量(以 g 为单位).

15-2　甲烷(CH_4)与理论空气量的空气燃烧，若完全燃烧，确定空燃比和燃空比.

15-3　丙烷燃料(C_3H_8)在空气中燃烧. 假设燃烧是理论上的，也就是说，产物只有氮气(N_2)、水蒸气(H_2O)和二氧化碳(CO_2)，确定：

  (1) 二氧化碳的质量分数；

  (2) 产品中水蒸气的摩尔分数和质量分数.

15-4　用 50%的过量空气燃烧丙醇(C_3H_7OH). 写出完全燃烧的平衡反应方程式，并确定空燃比.

15-5　在燃烧室中，乙烷(C_2H_6)以 8kg/h 的速度燃烧，空气以 176kg/h 的速度进入燃烧室. 确定在此过程中使用的过量空气的百分比.

15-6　用理论空气完全燃烧 60%质量甲烷(CH_4)和 40%质量乙醇(C_2H_6O)的燃料混合物. 如果燃油的总流量为 10kg/s，确定所需的空气流速.

15-7　正己烷(C_6H_{14})与干燥空气燃烧，得到产物经干摩尔分析为 8.5% CO_2、5.2% CO、3% O_2、83.3% N_2，确定：

  (1) 平衡反应方程；

  (2) 理论空气的百分比；

  (3) 产物在 1atm 下的露点温度，以℃为单位.

15-8　计算某种煤的高位热值和低位热值，某种煤最终分析值(按质量计)为 67.40% C、5.31% H_2、15.11% O_2、1.44% N_2、2.36% S 和 8.38% 灰分(不可燃物). SO_2 的生成焓为–297100kJ/kmol.

15-9　乙炔气体(C_2H_2)在稳流系统中用 20%的过量空气完全燃烧. 燃料和空气在 25℃下进入燃烧室，产物在 1500K 下离开. 确定：

  (1) 空燃比；

  (2) 该过程的放热量.

15-10　丙烷燃料(C_3H_8)在常压加热炉中以 25 的空燃比燃烧. 当产物温度达到液态开始在产物中形成时，测定每千克燃料燃烧时的放热量.

15-11 甲烷气体(CH_4)在 25℃、1atm，以 $27m^3/h$ 的体积流量进入稳定运行的热处理炉. 当 140%的理论空气在 127℃、1atm 进入时，甲烷完全燃烧. 燃烧产物在 427℃、1atm. 确定：

(1) 空气的体积流量，单位为 m^3/h；

(2) 炉内的传热速率，单位为 kJ/h.

15-12 设计了一个闭口式燃烧室，使其在燃烧过程中保持 300kPa 的恒定压力. 燃烧室的初始体积为 $0.5m^3$，包含 258℃下的辛烷(C_8H_{18})气体和理论空气混合物. 现在点燃混合物，在燃烧过程结束时，观察到产物气体的温度为 1000K. 假设完全燃烧，并将反应物和产物都视为理想气体，确定此过程中燃烧室的传热量.

15-13 为了给房子提供暖气，一个高效的煤气炉燃烧气态丙烷(C_3H_8)，燃烧效率为 96%. 燃油和 140%的理论空气在 25℃和 100kPa 的温度下供给燃烧室，燃烧完成. 因为这是一个高效率的炉，产物气体在离开炉前被冷却到 25℃和 100kPa. 为了使炉子保持在所需的温度，需要从炉子中获得 31650kJ/h 的传热率. 确定每天从产物气体中冷凝的水的体积.

15-14 比较丙烷燃料(C_3H_8)在化学计量空气中燃烧时和在 20%过量空气中燃烧时的绝热燃烧温度. 反应物温度和压力分别为 25℃和 1atm.

15-15 25℃下的乙炔气(C_2H_2)在 27℃下用 30%的过量空气在稳定流动燃烧系统中燃烧. 观察到每 kmol 乙炔从燃烧室向周围环境损失了 75000kJ 的热量. 假设完全燃烧，确定产物气体的出口温度.

15-16 辛烷气体(C_8H_{18})在 25℃下稳定燃烧，30%的过量空气，压强为 1atm，相对湿度为 60%. 假设燃烧完全绝热，计算产物气体的出口温度.

15-17 一种煤的最终分析结果(按质量计)为 84.36%C、1.89%H_2、4.40%O_2、0.63%N_2、0.89%S 和 7.83% 灰分(不可燃物)，在 100%过量空气的工业锅炉中燃烧. 这种燃烧是不完全的，生成一氧化碳的产物中有 3%(按体积计)的碳. 与燃烧完全时相比，不完全燃烧对绝热燃烧温度的影响是什么？忽略硫对能量平衡的影响.

15-18 25℃和 1atm 下，绝热定容罐包含 1kmol 氢气(H_2)和理论空气的混合物. 油箱里的东西现在被点燃. 假设完全燃烧，确定油箱的最终温度.

15-19 甲烷(CH_4)在绝热定容容器中与 200%的过量空气一起燃烧. 最初，空气和甲烷的状态为 1atm 和 25℃. 假设完全燃烧，确定燃烧产物的最终压力和温度.

15-20 液体辛烷(C_8H_{18})以 0.25kg/min 的速率在 25℃和 1atm 的状态下进入稳流燃烧室，在 25℃和 1atm 的状态下与 50%的过量空气一起燃烧. 燃烧后，产物冷却到 25℃. 假设完全燃烧，并且产物中的所有 H_2O 都是液态，则确定：

(1) 燃烧室的传热速率；

(2) 熵产率；

(3) 㶲损率.

假设 T_0 =298K，产物在 1atm 压力下离开燃烧室.

15-21 正辛烷(C_8H_{18})在飞机发动机的恒压燃烧室中燃烧，空气中含有 70%的过量空气. 空气在 600kPa 和 327℃进入该燃烧室，液体燃料在 25℃喷射，燃烧产物在 600kPa 和 1067℃下离开. 确定在这个燃烧过程中每单位质量燃料的熵产和㶲损. 取 T_0=25℃.

15-22 汽车发动机使用甲醇(CH_3OH)作为燃料，其中有 200%的过量空气. 空气以 1atm 和 25℃的状态进入发动机. 25℃下的液体燃料在燃烧前与空气混合. 产物在 1atm 和 77℃下排出. 这台发动机可以产生的最大功是多少(kJ/kg 燃料)？取 T_0=25℃.

15-23 丁烷(C_4H_{10})和 80%过量空气的气体混合物在 25℃，3atm 下进入稳定运行的反应器. 发生完全燃烧，产物在 1200K，3atm 下排出. 质量流量为 5kg/s 的制冷剂 134a 在 25℃以饱和液体的形式进入外部冷却套，并以饱和蒸汽的形式离开冷却套. 冷却外套的外部绝热，并且动能和势能的影响可以忽略不计. 确定夹套反应器：

(1) 燃料的摩尔流量，以 kmol/s 为单位；

(2) 产物的熵产率，以 kW/K 为单位；

(3) T_0 = 25℃时的㶲损率，以 kW 为单位.

参 考 文 献

陈贵堂, 王永珍. 2008. 工程热力学[M]. 2 版. 北京: 北京理工大学出版社.

陈则韶. 2014. 高等工程热力学[M]. 2 版. 合肥: 中国科学技术大学出版社.

傅秦生, 何雅玲, 赵小明. 2002. 热工基础与应用[M]. 2 版. 北京: 机械工业出版社.

沈维道, 童钧耕. 2016. 工程热力学[M]. 5 版. 北京: 高等教育出版社.

童钧耕. 2004. 工程热力学学习辅导与习题解答[M]. 北京: 高等教育出版社.

严家騄, 余晓福. 1995. 水和水蒸气热力性质图表[M]. 北京: 高等教育出版社.

杨世铭, 陶文铨. 1998. 传热学[M]. 3 版. 北京: 高等教育出版社.

Borgnakke C, Richard E S. 2008. Fundamentals of Thermodynamics[M]. 7th ed. New York: Wiley.

Cengel Y, Boles M. 2006. Thermodynamics an Engineering Approach[M]. 6th ed. New York: McGraw-Hill Science/Engineering/Math Press.

Eastop T D, Mcconkey A. 1993. Applied Thermodynamics for Engineering Technologists[M]. 5th ed. London: Longman Group UK Limited.

Incropera F P, Dewitt D P, Bergman T L, et al. 2007. 传热和传质的基本原理[M]. 6 版. 葛新石, 叶宏, 译. 北京: 化学工业出版社.

Bergman T L, Lavine A S, Incropera F P, et al. 2011. Fundamentals of Heat and Mass Transfer[M]. New York: John Wiley & Sons, Inc.

Moran M J, Shapiro H N. 1988. Fundamentals of Engineering Thermodynamics[M]. New York: John Wiley and Sons.

Winterbone D, Turan A. 2015. Advanced Thermodynamics for Engineering[M]. 2nd ed. Oxford: Butterworth-Heinemann.

附　录

附录表 1a　饱和水与饱和蒸汽热力性质表(按温度排列)

温度	压力	比体积		焓		汽化潜热	熵	
		液体	蒸汽	液体	蒸汽		液体	蒸汽
$t/℃$	p/MPa	$v'/(m^3/kg)$	$v''/(m^3/kg)$	$h'/(kJ/kg)$	$h''/(kJ/kg)$	$\gamma/(kJ/kg)$	$s'/[kJ/(kg \cdot K)]$	$s''/[kJ/(kg \cdot K)]$
0.00	0.0006112	0.00100022	206.154	−0.05	2500.51	2500.6	−0.0002	9.1544
0.01	0.0006117	0.00100021	206.012	0.00	2500.53	2500.5	0.0000	9.1541
1	0.0006571	0.00100018	192.464	4.18	2502.35	2498.2	0.0153	9.1278
2	0.0007059	0.00100013	179.787	8.39	2504.19	2495.8	0.0306	9.1014
4	0.0008135	0.00100008	157.151	16.82	2507.87	2491.1	0.0611	9.0493
5	0.0008725	0.00100008	147.048	21.02	2509.71	2488.7	0.0763	9.0236
6	0.0009352	0.00100010	137.670	25.22	2511.55	2486.3	0.0913	8.9982
8	0.0010728	0.00100019	120.868	33.62	2515.23	2481.6	0.1213	8.9480
10	0.0012279	0.00100034	106.341	42.00	2518.90	2476.9	0.1510	8.8988
12	0.0014025	0.00100054	93.756	50.38	2522.57	2472.2	0.1805	8.8504
14	0.0015985	0.00100080	82.828	58.76	2526.24	2467.5	0.2098	8.8029
15	0.0017053	0.00100094	77.910	62.95	2528.07	2465.1	0.2243	8.7794
16	0.0018183	0.00100110	73.320	67.13	2529.90	2462.8	0.2388	8.7562
18	0.0020640	0.00100145	65.029	75.50	2533.55	2458.1	0.2677	8.7103
20	0.0023358	0.00100185	57.786	83.86	2537.20	2453.3	0.2963	8.6652
22	0.0026444	0.00100229	51.455	92.23	2540.84	2448.6	0.3247	8.6210
24	0.0029846	0.00100276	45.884	100.59	2544.47	2443.9	0.3530	8.5774
25	0.0031687	0.00100302	43.362	104.77	2546.29	2441.5	0.3670	8.5560
26	0.0033625	0.00100328	40.997	108.95	2548.10	2439.2	0.3810	8.5347
28	0.0037814	0.00100383	36.694	117.32	2551.73	2434.4	0.4089	8.4927
30	0.0042451	0.00100442	32.899	125.68	2555.35	2429.7	0.4366	8.4514
35	0.0056263	0.00100605	25.222	146.59	2564.38	2417.8	0.5050	8.3511
40	0.0073811	0.00100789	19.529	167.50	2573.36	2405.9	0.5723	8.2551
45	0.0095897	0.00100993	15.2636	188.42	2582.30	2393.9	0.6386	8.1630
50	0.0123446	0.00101216	12.0365	209.33	2591.19	2381.9	0.7038	8.0745
55	0.015752	0.00101455	9.5723	230.24	2600.02	2369.8	0.7680	7.9896
60	0.019933	0.00101713	7.6740	251.15	2608.79	2357.6	0.8312	7.9080
65	0.025024	0.00101986	6.1992	272.08	2617.48	2345.4	0.8935	7.8295
70	0.031187	0.00102276	5.0443	293.01	2626.10	2333.1	0.9550	7.7540
75	0.038565	0.00102582	4.1330	313.96	2634.63	2320.7	1.0156	7.6812

| 温度 | 压力 | 比体积 | | 焓 | | 汽化潜热 | 熵 | |
| | | 液体 | 蒸汽 | 液体 | 蒸汽 | | 液体 | 蒸汽 |
$t/{}^\circ\text{C}$	p/MPa	$v'/(\text{m}^3/\text{kg})$	$v''/(\text{m}^3/\text{kg})$	$h'/(\text{kJ/kg})$	$h''/(\text{kJ/kg})$	$\gamma/(\text{kJ/kg})$	$s'/[\text{kJ}/(\text{kg}\cdot\text{K})]$	$s''/[\text{kJ}/(\text{kg}\cdot\text{K})]$
80	0.047376	0.00102903	3.4086	334.93	2643.06	2308.1	1.0753	7.6112
85	0.057818	0.00103240	2.8288	355.92	2651.40	2295.5	1.1343	7.5436
90	0.070121	0.00103593	2.3616	376.94	2659.63	2282.7	1.1926	7.4783
95	0.084533	0.00103961	1.9827	397.98	2667.73	2269.7	1.2501	7.4154
100	0.101325	0.00104344	1.6736	419.06	2675.71	2256.6	1.3069	7.3545
110	0.143243	0.00105156	1.2106	461.33	2691.26	2229.9	1.4186	7.2386
120	0.198483	0.00106031	0.89219	503.76	2706.18	2202.4	1.5277	7.1297
130	0.270018	0.00106968	0.66873	546.38	2720.39	2174.0	1.6346	7.0272
140	0.361190	0.00107972	0.50900	589.21	2733.81	2144.6	1.7393	6.9302
150	0.47571	0.00109046	0.39286	632.28	2746.35	2114.1	1.8420	6.8381
160	0.61766	0.00110193	0.30709	657.62	2757.92	2082.3	1.9429	6.7502
170	0.79147	0.00111420	0.24283	719.25	2768.42	2049.2	2.0420	6.6661
180	1.00193	0.00112732	0.19403	763.22	2777.74	2014.5	2.1396	6.5852
190	1.25417	0.00114136	0.15650	807.56	2785.80	1978.2	2.2358	6.5071
200	1.55366	0.00115641	0.12732	852.34	2792.47	1940.1	2.3307	6.4312
210	1.90617	0.00117258	0.10438	897.62	2797.65	1900.0	2.4245	6.3571
220	2.31783	0.00119000	0.086157	943.46	2801.20	1857.7	2.5175	6.2846
230	2.79505	0.00120882	0.071553	989.95	2803.00	1813.0	2.6096	6.2130
240	3.34459	0.00122922	0.059743	1037.2	2802.88	1765.7	2.7013	6.1422
250	3.97351	0.00125145	0.050112	1085.3	2800.66	1715.4	2.7926	6.0716
260	4.68923	0.00127579	0.042195	1134.3	2796.14	1661.8	2.8837	6.0007
270	5.49956	0.00130262	0.035637	1184.5	2789.05	1604.5	2.9751	5.9292
280	6.41273	0.00133242	0.030165	1236.0	2779.08	1543.1	3.0668	5.8564
290	7.43746	0.00136582	0.025565	1289.1	2765.81	1476.7	3.1594	5.7817
300	8.58308	0.00140369	0.021669	1344.0	2748.71	1404.7	3.2533	5.7042
310	9.8597	0.00144728	0.018343	1401.2	2727.01	1325.9	3.3490	5.6226
320	11.278	0.00149844	0.015479	1461.2	2699.72	1238.5	3.4475	5.5356
330	12.851	0.00156008	0.012987	1524.9	2665.30	1140.4	3.5500	5.4408
340	14.593	0.00163728	0.010790	1593.7	2621.32	1027.6	3.6586	5.3345
350	16.521	0.00174008	0.008812	1670.3	2563.39	893.0	3.7773	5.2104
360	18.657	0.00189423	0.006958	1761.1	2481.68	720.6	3.9155	5.0536
370	21.033	0.00221480	0.004982	1891.7	2338.79	447.1	4.1125	4.8076
372	21.542	0.00236530	0.004451	1936.1	2282.99	346.9	4.1796	4.7173
373.99	22.064	0.003106	0.003106	2085.9	2085.87	0.0	4.4092	4.4092

此表引自文献：严家騄，余晓福. 1995. 水和水蒸气热力性质图表. 北京：高等教育出版社.

附录表 1b　饱和水与饱和蒸汽热力性质表(按压力排列)

压力	温度	比体积		焓		汽化潜热	熵	
		液体	蒸汽	液体	蒸汽		液体	蒸汽
p/MPa	t/℃	v'/(m³/kg)	v''/(m³/kg)	h'/(kJ/kg)	h''/(kJ/kg)	γ/(kJ/kg)	s'/[kJ/(kg·K)]	s''/[kJ/(kg·K)]
0.001	6.9491	0.0010001	129.185	29.21	2513.29	2484.1	0.1056	8.9735
0.002	17.5403	0.0010014	67.008	73.58	2532.71	2459.1	0.2611	8.7220
0.003	24.1142	0.0010028	45.666	101.07	2544.68	2443.6	0.3546	8.5758
0.004	28.9533	0.0010041	34.796	121.30	2553.45	2432.2	0.4221	8.4725
0.005	32.8793	0.0010053	28.191	137.72	2560.55	2422.8	0.4761	8.3930
0.006	36.1663	0.0010065	23.738	151.47	2566.48	2415.0	0.5208	8.3283
0.007	38.9967	0.0010075	20.528	163.31	2571.56	2408.3	0.5589	8.2737
0.008	41.5075	0.0010085	18.102	173.81	2576.06	2402.3	0.5924	8.2266
0.009	43.7901	0.0010094	16.204	183.36	2580.15	2396.8	0.6226	8.1854
0.010	45.7988	0.0010103	14.673	191.76	2583.72	2392.0	0.6490	8.1481
0.015	53.9705	0.0010140	10.022	225.93	2598.21	2372.3	0.7548	8.0065
0.020	60.0650	0.0010172	7.6497	251.43	2608.90	2357.5	0.8320	7.9068
0.025	64.9726	0.0010198	6.2047	271.96	2617.43	2345.5	0.8932	7.8298
0.030	69.1041	0.0010222	5.2296	289.26	2624.56	2335.3	0.9440	7.7671
0.040	75.8720	0.0010264	3.9939	317.61	2636.10	2318.5	1.0260	7.6688
0.050	81.3388	0.0010299	3.2409	340.55	2645.31	2304.8	1.0912	7.5928
0.060	85.9496	0.0010331	2.7324	359.91	2652.97	2293.1	1.1454	7.5310
0.070	89.9556	0.0010359	2.3654	376.75	2659.55	2282.8	1.1921	7.4789
0.080	93.5107	0.0010385	2.0876	391.71	2665.33	2273.6	1.2330	7.4339
0.090	96.7121	0.0010409	1.8698	405.20	2670.48	2265.3	1.2696	7.3943
0.100	99.634	0.0010432	1.6943	417.52	2675.14	2257.6	1.3028	7.3589
0.120	104.810	0.0010473	1.4287	439.37	2683.26	2243.9	1.3609	7.2978
0.140	109.318	0.0010510	1.2368	458.44	2690.22	2231.8	1.4110	7.2462
0.150	111.378	0.0010527	1.15953	467.17	2693.35	2226.2	1.4338	7.2232
0.160	113.326	0.0010544	1.09159	475.42	2696.29	2220.9	1.4552	7.2016
0.180	116.941	0.0010576	0.97767	490.76	2701.69	2210.9	1.4946	7.1623
0.200	120.240	0.0010605	0.88585	504.78	2706.53	2201.7	1.5303	7.1272
0.250	127.444	0.0010672	0.71879	535.47	2716.83	2181.4	1.6075	7.0528
0.300	133.556	0.0010732	0.60587	561.58	2725.26	2163.7	1.6721	6.9921
0.350	138.891	0.0010786	0.52427	584.45	2732.37	2147.9	1.7278	6.9407
0.400	143.642	0.0010835	0.46246	604.87	2738.49	2133.6	1.7769	6.8961
0.450	147.939	0.0010882	0.41396	623.38	2743.85	2120.5	1.8210	6.8567
0.500	151.867	0.0010925	0.37486	640.35	2748.59	2108.2	1.8610	6.8214
0.600	158.863	0.0011006	0.31563	670.67	2756.66	2086.0	1.9315	6.7600
0.700	164.983	0.0011079	0.27281	697.32	2763.29	2066.0	1.9925	6.7079
0.800	170.444	0.0011148	0.24037	721.20	2768.86	2047.7	2.0464	6.6625
0.900	175.389	0.0011212	0.21491	742.90	2773.59	2030.7	2.0948	6.6222
1.00	179.916	0.0011272	0.19438	762.84	2777.67	2014.8	2.1388	6.5859

续表

压力	温度	比体积		焓		汽化潜热	熵	
		液体	蒸汽	液体	蒸汽		液体	蒸汽
p/MPa	t/℃	v'/(m³/kg)	v''/(m³/kg)	h'/(kJ/kg)	h''/(kJ/kg)	γ/(kJ/kg)	s'/[kJ/(kg·K)]	s''/[kJ/(kg·K)]
1.10	184.100	0.0011330	0.17747	781.35	2781.21	1999.9	2.1792	6.5529
1.20	187.995	0.0011385	0.16328	798.64	2784.29	1985.7	2.2166	6.5225
1.30	191.644	0.0011438	0.15120	814.89	2786.99	1972.1	2.2515	6.4944
1.40	195.078	0.0011489	0.14079	830.24	2789.37	1959.1	2.2841	6.4683
1.50	198.327	0.0011538	0.13172	844.82	2791.46	1946.6	2.3149	6.4437
1.60	210.410	0.0011586	0.12375	858.69	2793.29	1934.6	2.3440	6.4206
1.70	204.346	0.0011633	0.11668	871.96	2794.91	1923.0	2.3716	6.3988
1.80	207.151	0.0011679	0.11037	884.67	2796.33	1911.7	2.3979	6.3781
1.90	209.838	0.0011723	0.104707	896.88	2797.58	1900.7	2.4230	6.3583
2.00	212.417	0.0011767	0.099588	908.64	2798.66	1890.0	2.4471	6.3395
2.50	223.990	0.0011973	0.079949	961.93	2802.14	1840.2	2.5543	6.2559
3.00	233.893	0.0012166	0.066662	1008.2	2803.19	1794.9	2.6454	6.1854
3.50	242.597	0.0012348	0.057054	1049.6	2802.51	1752.9	2.7250	6.1238
4.00	250.394	0.0012524	0.049771	1087.2	2800.53	1713.4	2.7962	6.0688
4.50	257.477	0.0012694	0.044052	1121.8	2797.51	1675.7	2.8607	6.0187
5.00	263.980	0.0012862	0.039439	1154.2	2793.64	1639.5	2.9201	5.9724
6.00	275.625	0.0013190	0.032440	1213.3	2783.82	1570.5	3.0266	5.8885
7.00	285.869	0.0013515	0.027371	1266.9	2771.72	1504.8	3.1210	5.8129
8.00	295.048	0.0013843	0.023520	1316.5	2757.70	1441.2	3.2066	5.7430
9.00	303.385	0.0014177	0.020485	1363.1	2741.92	1378.9	3.2854	5.6771
10.0	311.037	0.0014522	0.018026	1407.2	2724.46	1317.2	3.3591	5.6139
12.0	324.715	0.0015260	0.014263	1490.7	2684.50	1193.8	3.4952	5.4920
14.0	336.707	0.0016097	0.011486	1570.4	2637.07	1066.7	3.6220	5.3711
16.0	347.396	0.0017099	0.009311	1649.4	2580.21	930.8	3.7451	5.2450
18.0	357.034	0.0018402	0.007503	1732.0	2509.45	777.4	3.8715	5.1051
20.0	365.789	0.0020379	0.005870	1827.2	2413.05	585.9	4.0153	4.9322
22.0	373.752	0.0027040	0.003684	2013.0	2084.02	71.0	4.2969	4.4066
22.064	373.99	0.003106	0.003106	2085.9	2085.87	0.0	4.4092	4.4092

此表引自文献：严家騄，余晓福. 1995. 水和水蒸气热力性质图表. 北京：高等教育出版社.

附录表 2 未饱和水和过热蒸汽热力性质表

p	0.001MPa			0.005MPa			0.01MPa		
饱和参数	$t_s = 6.949$℃ $v' = 0.0010001$ $v'' = 129.185$ $h' = 29.21$ $h'' = 2513.3$ $s' = 0.1056$ $s'' = 8.9735$			$t_s = 32.879$℃ $v' = 0.0010053$ $v'' = 28.191$ $h' = 137.72$ $h'' = 2560.6$ $s' = 0.4761$ $s'' = 8.3930$			$t_s = 45.799$℃ $v' = 0.0010103$ $v'' = 14.673$ $h' = 191.76$ $h'' = 2583.7$ $s' = 0.6490$ $s'' = 8.1481$		
t/℃	v/(m³/kg)	h/(kJ/kg)	s/[kJ/(kg·K)]	v/(m³/kg)	h/(kJ/kg)	s/[kJ/(kg·K)]	v/(m³/kg)	h/(kJ/kg)	s/[kJ/(kg·K)]
0	0.0010002	−0.05	−0.0002	0.0010002	−0.05	−0.0002	0.0010002	−0.04	−0.0002
10	130.598	2519.0	8.9938	0.0010003	42.01	0.1510	0.0010003	42.01	0.1510
20	135.226	2537.7	9.0588	0.0010018	83.87	0.2963	0.0010018	83.87	0.2963

p	0.001MPa			0.005MPa			0.01MPa		
饱和参数	$t_s = 6.949℃$ $v' = 0.0010001$ $v'' = 129.185$ $h' = 29.21$ $h'' = 2513.3$ $s' = 0.1056$ $s'' = 8.9735$			$t_s = 32.879℃$ $v' = 0.0010053$ $v'' = 28.191$ $h' = 137.72$ $h'' = 2560.6$ $s' = 0.4761$ $s'' = 8.3930$			$t_s = 45.799℃$ $v' = 0.0010103$ $v'' = 14.673$ $h' = 191.76$ $h'' = 2583.7$ $s' = 0.6490$ $s'' = 8.1481$		
$t/℃$	$v/(m^3/kg)$	$h/(kJ/kg)$	$s/[kJ/(kg·K)]$	$v/(m^3/kg)$	$h/(kJ/kg)$	$s/[kJ/(kg·K)]$	$v/(m^3/kg)$	$h/(kJ/kg)$	$s/[kJ/(kg·K)]$
40	144.475	2575.2	9.1832	28.854	2574.0	8.4366	0.0010079	167.51	0.5723
50	149.096	2593.9	9.2412	29.783	2592.9	8.4961	14.869	2591.8	8.1732
60	153.717	2612.7	9.2984	30.712	2611.8	8.5537	15.336	2610.8	8.2313
80	162.956	2650.3	9.4080	32.566	2649.7	8.6639	I6.268	2648.9	8.3422
100	172.192	2688.0	9.5120	34.418	2687.5	8.7682	17.196	2686.9	8.4471
120	181.426	2725.9	9.6109	36.269	2725.5	8.8674	18.124	2725.1	8.5466
140	190.660	2764.0	9.7054	38.118	2763.7	8.9620	19.050	2763.3	8.6414
150	195.227	2783.1	9.7511	39.042	2782.8	9.0078	19.513	2782.5	8.6873
160	199.893	2802.3	9.7959	39.967	2802.0	9.0526	19.976	2801.7	8.7322
180	209.126	2840.7	9.8827	41.815	2840.5	9.1396	20.901	2840.2	8.8192
200	218.358	2879.4	9.9662	43.662	2879.2	9.2232	21.826	2879.0	8.9029
250	241.437	2977.1	10.1625	48.281	2977.0	9.4195	24.136	2976.8	9.0994
300	264.515	3076.2	10.3434	52.898	3076.1	9.6005	26.448	3078.0	9.2805
350	287.592	3176.8	10.5117	57.514	3176.7	9.7688	28.755	3176.6	9.4488
400	310.669	3278.9	10.6692	62.131	3278.8	9.9264	31.063	3278.7	9.6064
450	333.746	3382.4	10.8176	66.747	3382.4	10.0747	33.372	3382.3	9.7548
500	356.823	3487.5	10.9581	71.362	3487.5	10.2153	35.680	3487.4	9.8953
600	402.976	3703.4	11.2206	80.594	3703.4	10.4778	40.296	3703.4	10.1579

p	0.050MPa			0.10MPa			0.20MPa		
饱和参数	$t_s = 81.339℃$ $v' = 0.0010299$ $v'' = 3.2409$ $h' = 340.55$ $h'' = 2645.3$ $s' = 1.0912$ $s'' = 7.5928$			$t_s = 99.634℃$ $v' = 0.0010431$ $v'' = 1.6943$ $h' = 417.52$ $h'' = 2675.1$ $s' = 1.3028$ $s'' = 7.3589$			$t_s = 120.240℃$ $v' = 0.0010605$ $v'' = 0.88590$ $h' = 504.78$ $h'' = 2706.5$ $s' = 1.5303$ $s'' = 7.1272$		
$t/℃$	$v/(m^3/kg)$	$h/(kJ/kg)$	$s/[kJ/(kg·K)]$	$v/(m^3/kg)$	$h/(kJ/kg)$	$s/[kJ/(kg·K)]$	$v/(m^3/kg)$	$h/(kJ/kg)$	$s/[kJ/(kg·K)]$
0	0.0010002	0.00	−0.0002	0.0010002	0.05	−0.0002	0.0010001	0.15	−0.0002
10	0.0010003	42.05	0.1510	0.0010003	42.10	0.1510	0.0010002	42.20	0.1510
20	0.0010018	83.91	0.2963	0.0010018	83.96	0.2963	0.0010018	84.05	0.2963
40	0.0010079	167.54	0.5723	0.0010078	167.59	0.5723	0.0010078	167.67	0.5722
50	0.0010121	209.36	0.7037	0.0010121	209.40	0.7037	0.0010121	209.49	0.7037
60	0.0010171	251.18	0.8312	0.0010171	251.22	0.8312	0.0010170	251.31	0.8311
80	0.0010290	334.93	1.0753	0.0010290	334.97	1.0753	0.0010290	335.05	1.0752
100	3.4188	2682.1	7.6941	1.6961	2675.9	7.3609	0.0010434	419.14	1.3068
120	3.6078	2721.2	7.7962	1.7931	2716.3	7.4665	0.0010603	503.76	1.5277
140	3.7958	2760.2	7.8928	1.8889	2756.2	7.5654	0.93511	2748.0	7.2300
150	3.8895	2779.6	7.9393	1.9364	2776.0	7.6128	0.95968	2768.6	7.2793
160	3.9830	2799.1	7.9848	1.9838	2795.8	7.6590	0.98407	2789.0	7.3271

续表

p	0.050MPa			0.10MPa			0.20MPa		
饱和参数	$t_s=81.339℃$ $v'=0.0010299\ v''=3.2409$ $h'=340.55\ h''=2645.3$ $s'=1.0912\ s''=7.5928$			$t_s=99.634℃$ $v'=0.0010431\ v''=1.6943$ $h'=417.52\ h''=2675.1$ $s'=1.3028\ s''=7.3589$			$t_s=120.240℃$ $v'=0.0010605\ v''=0.88590$ $h'=504.78\ h''=2706.5$ $s'=1.5303\ s''=7.1272$		
$t/℃$	$v/(m^3/kg)$	$h/(kJ/kg)$	$s/[kJ/(kg \cdot K)]$	$v/(m^3/kg)$	$h/(kJ/kg)$	$s/[kJ/(kg \cdot K)]$	$v/(m^3/kg)$	$h/(kJ/kg)$	$s/[kJ/(kg \cdot K)]$
180	4.1697	2838.1	8.0727	2.0783	2835.3	7.7482	1.03241	2829.6	7.4187
200	4.3560	2877.1	8.1571	2.1723	2874.8	7.8334	1.08030	2870.0	7.5058
250	4.8205	2975.5	8.3547	2.4061	2973.8	8.0324	1.19878	2970.4	7.7076
300	5.2840	3075.0	8.5364	2.6388	3073.8	8.2148	1.31617	3071.2	7.8917
350	5.7469	3175.9	8.7051	2.8709	3174.9	8.3840	1.43294	3172.9	8.0618
400	6.2094	3278.1	8.8629	3.1027	3277.3	8.5422	1.54932	3275.8	8.2205
450	6.6717	3381.8	9.0115	3.3342	3381.2	8.6909	1.66546	3379.9	8.3697
500	7.1338	3487.0	9.1521	3.5656	3486.5	8.8317	1.78142	3485.4	8.5108
600	8.0577	3703.1	9.4148	4.0279	3702.7	9.0946	2.01301	3701.9	8.7740

p	0.50MPa			0.80MPa			1.0MPa		
饱和参数	$t_s=151.867℃$ $v'=0.0010925\ v''=0.37490$ $h'=640.55\ h''=2748.6$ $s'=1.8610\ s''=6.8214$			$t_s=170.444℃$ $v'=0.0011148\ v''=0.24040$ $h'=721.20\ h''=2768.9$ $s'=2.0464\ s''=6.6625$			$t_s=179.916℃$ $v'=0.0011272\ v''=0.19440$ $h'=762.84\ h''=2777.7$ $s'=2.1388\ s''=6.5859$		
$t/℃$	$v/(m^3/kg)$	$h/(kJ/kg)$	$s/[kJ/(kg \cdot K)]$	$v/(m^3/kg)$	$h/(kJ/kg)$	$s/[kJ/(kg \cdot K)]$	$v/(m^3/kg)$	$h/(kJ/kg)$	$s/[kJ/(kg \cdot K)]$
0	0.0010000	0.46	−0.0001	0.0009998	0.77	−0.0001	0.0009997	0.97	−0.0001
10	0.0010001	42.49	0.1510	0.0010000	42.78	0.1510	0.0009999	42.98	0.1509
20	0.0010016	84.33	0.2962	0.0010015	84.61	0.2961	0.0010014	84.80	0.2961
40	0.0010077	167.94	0.5721	0.0010075	168.21	0.5720	0.0010074	168.38	0.5719
50	0.0010119	209.75	0.7035	0.0010118	210.01	0.7034	0.0010117	210.18	0.7033
60	0.0010169	251.56	0.8310	0.0010168	251.81	0.8308	0.0010167	251.98	0.8307
80	0.0010288	335.29	1.0750	0.0010287	335.53	1.0748	0.0010286	335.69	1.0747
100	0.0010432	419.36	1.3066	0.0010431	419.59	1.3064	0.0010430	419.74	1.3062
120	0.0010601	503.97	1.5275	0.0010600	504.18	1.5272	0.0010599	504.32	1.5270
140	0.0010796	589.30	1.7392	0.0010794	589.49	1.7389	0.0010793	589.62	1.7386
150	0.0010904	632.30	1.8420	0.0010902	632.48	1.8417	0.0010901	632.61	1.8414
160	0.38358	2767.2	6.8647	0.0011018	675.72	1.9427	0.0011017	675.84	1.9424
180	0.40450	2811.7	6.9651	0.24711	2792.0	6.7142	0.19443	2777.9	6.5864
200	0.42487	2854.9	7.0585	0.26074	2838.7	6.8151	0.20590	2827.3	6.6931
250	0.47432	2960.0	7.2697	0.29310	2949.2	7.0371	0.23264	2941.8	6.9233
300	0.52255	3063.6	7.4588	0.32410	3055.7	7.2316	0.25793	3050.4	7.1216
350	0.57012	3167.0	7.6319	0.35439	3161.0	7.4078	0.28247	3157.0	7.2999
400	0.61729	3271.1	7.7924	0.38426	3266.3	7.5703	0.30658	3263.1	7.4638
450	0.66420	3376.0	7.9428	0.41388	3372.1	7.7219	0.33043	3369.6	7.6163
500	0.71094	3482.2	8.0848	0.44331	3479.0	7.8648	0.35410	3476.8	7.7597
600	0.80408	3699.6	8.3491	0.50184	3697.2	8.1302	0.40109	3695.7	8.0259

续表

p	2.0MPa			3.0MPa			4.0MPa		
饱和参数	$t_s = 212.417℃$ $v' = 0.0011767$ $v'' = 0.099600$ $h' = 908.64$ $h'' = 2798.7$ $s' = 2.4471$ $s'' = 6.3395$			$t_s = 233.893℃$ $v' = 0.0012166$ $v'' = 0.066700$ $h' = 1008.2$ $h'' = 2803.2$ $s' = 2.6454$ $s'' = 6.1854$			$t_s = 250.394℃$ $v' = 0.0012524$ $v'' = 0.049800$ $h' = 1087.2$ $h'' = 2800.5$ $s' = 2.7962$ $s'' = 6.0688$		
$t/℃$	$v/(m^3/kg)$	$h/(kJ/kg)$	$s/[kJ/(kg \cdot K)]$	$v/(m^3/kg)$	$h/(kJ/kg)$	$s/[kJ/(kg \cdot K)]$	$v/(m^3/kg)$	$h/(kJ/kg)$	$s/[kJ/(kg \cdot K)]$
0	0.0009992	1.99	0.0000	0.0009987	3.01	0.0000	0.0009982	4.03	0.0001
10	0.0009994	43.95	0.1508	0.0009989	44.92	0.1507	0.0009984	45.89	0.1507
20	0.0010009	85.74	0.2959	0.0010005	86.68	0.2957	0.0010000	87.62	0.2955
40	0.0010070	169.27	0.5715	0.0010066	170.15	0.5711	0.0010061	171.04	0.5708
50	0.0010113	211.04	0.7028	0.0010108	211.90	0.7024	0.0010104	212.77	0.7019
60	0.0010162	252.82	0.8302	0.0010158	253.66	0.8296	0.0010153	254.50	0.8291
80	0.0010281	336.48	1.0740	0.0010276	337.28	1.0734	0.0010272	338.07	1.0727
100	0.0010425	420.49	1.3054	0.0010420	421.24	1.3047	0.0010415	421.99	1.3039
120	0.0010593	505.03	1.5261	0.0010587	505.73	1.5252	0.0010582	506.44	1.5243
140	0.0010787	590.27	1.7376	0.0010781	590.92	1.7366	0.0010774	591.58	1.7355
150	0.0010894	633.22	1.8403	0.0010888	633.84	1.8392	0.0010881	634.46	1.8381
160	0.0011009	676.43	1.9412	0.0011002	677.01	1.9400	0.0010995	677.60	1.9389
180	0.0011265	763.72	2.1382	0.0011256	764.23	2.1369	0.0011248	764.74	2.1355
200	0.0011560	852.52	2.3300	0.0011549	852.93	2.3284	0.0011539	853.31	2.3268
250	0.111412	2901.5	6.5436	0.070564	2854.7	6.2855	0.0012514	1085.3	2.7925
300	0.125449	3022.6	6.7648	0.081126	2992.4	6.5371	0.058821	2959.5	6.3595
350	0.138564	3136.2	6.9550	0.090520	3114.4	6.7414	0.066436	3091.5	6.5805
400	0.151190	3246.8	7.1258	0.099352	3230.1	6.9199	0.073401	3212.7	6.7677
450	0.163523	3356.4	7.2828	0.107864	3343.0	7.0817	0.080016	3329.2	6.9347
500	0.175666	3465.9	7.4293	0.116174	3454.9	7.2314	0.086417	3443.6	7.0877
600	0.199598	3687.8	7.6991	0.132427	3679.9	7.5051	0.098836	3671.9	7.3653
p	5.0MPa			6.0MPa			7.0MPa		
饱和参数	$t_s = 263.980℃$ $v' = 0.0012861$ $v'' = 0.039400$ $h' = 1154.2$ $h'' = 2793.6$ $s' = 2.9200$ $s'' = 5.9724$			$t_s = 275.625℃$ $v' = 0.0013190$ $v'' = 0.032400$ $h' = 1213.3$ $h'' = 2783.8$ $s' = 3.0266$ $s'' = 5.8885$			$t_s = 285.869℃$ $v' = 0.0013515$ $v'' = 0.027400$ $h' = 1266.9$ $h'' = 2771.7$ $s' = 3.1210$ $s'' = 5.8129$		
$t/℃$	$v/(m^3/kg)$	$h/(kJ/kg)$	$s/[kJ/(kg \cdot K)]$	$v/(m^3/kg)$	$h/(kJ/kg)$	$s/[kJ/(kg \cdot K)]$	$v/(m^3/kg)$	$h/(kJ/kg)$	$s/[kJ/(kg \cdot K)]$
0	0.0009977	5.04	0.0002	0.0009972	6.05	0.0002	0.0009967	7.07	0.0003
10	0.0009979	46.87	0.1506	0.0009975	47.83	0.1505	0.0009970	48.80	0.1504
20	0.0009996	88.55	0.2952	0.0009991	89.49	0.2950	0.0009986	90.42	0.2948
40	0.0010057	171.92	0.5704	0.0010052	172.81	0.5700	0.0010048	173.69	0.5696
50	0.0010099	213.63	0.7015	0.0010095	214.49	0.7010	0.0010091	215.35	0.7005
60	0.0010149	255.34	0.8286	0.0010144	256.18	0.8280	0.0010140	257.01	0.8275
80	0.0010267	338.87	1.0721	0.0010262	339.67	1.0714	0.0010258	340.46	1.0708
100	0.0010410	422.75	1.3031	0.0010404	423.50	1.3023	0.0010399	424.25	1.3016
120	0.0010576	507.14	1.5234	0.0010571	507.85	1.5225	0.0010565	508.55	1.5216

续表

p	5.0MPa			6.0MPa			7.0MPa		
饱和参数	$t_s = 263.980℃$ $v' = 0.0012861$ $v'' = 0.039400$ $h' = 1154.2$ $h'' = 2793.6$ $s' = 2.9200$ $s'' = 5.9724$			$t_s = 275.625℃$ $v' = 0.0013190$ $v'' = 0.032400$ $h' = 1213.3$ $h'' = 2783.8$ $s' = 3.0266$ $s'' = 5.8885$			$t_s = 285.869℃$ $v' = 0.0013515$ $v'' = 0.027400$ $h' = 1266.9$ $h'' = 2771.7$ $s' = 3.1210$ $s'' = 5.8129$		
$t/℃$	$v/(m^3/kg)$	$h/(kJ/kg)$	$s/[kJ/(kg \cdot K)]$	$v/(m^3/kg)$	$h/(kJ/kg)$	$s/[kJ/(kg \cdot K)]$	$v/(m^3/kg)$	$h/(kJ/kg)$	$s/[kJ/(kg \cdot K)]$
140	0.0010768	592.23	1.7345	0.0010762	592.88	1.7335	0.0010756	593.54	1.7325
150	0.0010874	635.09	1.8370	0.0010868	635.71	1.8359	0.0010861	636.34	1.8348
160	0.0010988	678.19	1.9377	0.0010981	678.78	1.9365	0.0010974	679.37	1.9353
180	0.0011240	765.25	2.1342	0.0011231	765.76	2.1328	0.0011223	766.28	2.1315
200	0.0011529	853.75	2.3253	0.0011519	854.17	2.3237	0.0011510	854.59	2.3222
250	0.0012496	1085.2	2.7901	0.0012478	1085.2	2.7877	0.0012460	1085.2	2.7853
300	0.045301	2923.3	6.2064	0.036148	2883.1	6.0656	0.029457	2837.5	5.9291
350	0.051932	3067.4	6.4477	0.042213	3041.9	6.3317	0.035225	3014.8	6.2265
400	0.057804	3194.9	6.6448	0.047382	3176.4	6.5395	0.039917	3157.3	6.4465
450	0.063291	3315.2	6.8170	0.052128	3300.9	6.7179	0.044143	3286.2	6.6314
500	0.068552	3432.2	6.9735	0.056632	3420.6	6.8781	0.048110	3408.9	6.7954
600	0.078675	3663.9	7.2553	0.065228	3655.7	7.1640	0.055617	3647.5	7.0857

p	8.0MPa			9.0MPa			10.0MPa		
饱和参数	$t_s = 295.048℃$ $v' = 0.0013843$ $v'' = 0.023520$ $h' = 1316.5$ $h'' = 2757.7$ $s' = 3.2066$ $s'' = 5.7430$			$t_s = 303.385℃$ $v' = 0.0014177$ $v'' = 0.020500$ $h' = 1363.1$ $h'' = 2741.9$ $s' = 3.2854$ $s'' = 5.6771$			$t_s = 311.037℃$ $v' = 0.0014522$ $v'' = 0.018000$ $h' = 1407.2$ $h'' = 2724.5$ $s' = 3.3591$ $s'' = 5.6139$		
$t/℃$	$v/(m^3/kg)$	$h/(kJ/kg)$	$s/[kJ/(kg \cdot K)]$	$v/(m^3/kg)$	$h/(kJ/kg)$	$s/[kJ/(kg \cdot K)]$	$v/(m^3/kg)$	$h/(kJ/kg)$	$s/[kJ/(kg \cdot K)]$
0	0.0009962	8.08	0.0003	0.0009957	9.08	0.0004	0.0009952	10.09	0.0004
10	0.0009965	49.77	0.1502	0.0009961	50.74	0.1501	0.0009956	51.70	0.1500
20	0.0009982	91.36	0.2946	0.0009977	92.29	0.2944	0.0009973	93.22	0.2942
40	0.0010044	174.57	0.5692	0.0010039	175.46	0.5688	0.0010035	176.34	0.5684
50	0.0010086	216.21	0.7001	0.0010082	217.07	0.6996	0.0010078	217.93	0.6992
60	0.0010136	257.85	0.8270	0.0010131	258.69	0.8265	0.0010127	259.53	0.8259
80	0.0010253	341.26	1.0701	0.0010248	342.06	1.0695	0.0010244	342.85	1.0688
100	0.0010395	425.01	1.3008	0.0010390	425.76	1.3000	0.0010385	426.51	1.2993
120	0.0010560	509.26	1.5207	0.0010554	509.97	1.5199	0.0010549	510.68	1.5190
140	0.0010750	594.19	1.7314	0.0010744	594.85	1.7304	0.0010738	595.50	1.7294
150	0.0010855	636.96	1.8337	0.0010848	637.59	1.8327	0.0010842	638.22	1.8316
160	0.0010967	679.97	1.9342	0.0010960	680.56	1.9330	0.0010953	681.16	1.9319
180	0.0011215	766.80	2.1302	0.0011207	767.32	2.1288	0.0011199	767.84	2.1275
200	0.0011500	855.02	2.3207	0.0010490	855.44	2.3191	0.0011481	855.88	2.3176
250	0.0012443	1085.2	2.7829	0.0012425	1085.3	2.7806	0.0012408	1085.3	2.7783
300	0.024255	2784.5	5.7899	0.0014018	1343.5	3.2514	0.0013975	1342.3	3.2469
350	0.029940	2986.1	6.1282	0.025786	2955.3	6.0342	0.022415	2922.1	5.9423
400	0.034302	3137.5	6.3622	0.029921	3117.1	6.2842	0.026402	3095.8	6.2109

续表

p	8.0MPa			9.0MPa			10.0MPa		
饱和参数	$t_s = 295.048℃$ $v' = 0.0013843$ $v'' = 0.023520$ $h' = 1316.5$ $h'' = 2757.7$ $s' = 3.2066$ $s'' = 5.7430$			$t_s = 303.385℃$ $v' = 0.0014177$ $v'' = 0.020500$ $h' = 1363.1$ $h'' = 2741.9$ $s' = 3.2854$ $s'' = 5.6771$			$t_s = 311.037℃$ $v' = 0.0014522$ $v'' = 0.018000$ $h' = 1407.2$ $h'' = 2724.5$ $s' = 3.3591$ $s'' = 5.6139$		
$t/℃$	$v/(m^3/kg)$	$h/(kJ/kg)$	$s/[kJ/(kg \cdot K)]$	$v/(m^3/kg)$	$h/(kJ/kg)$	$s/[kJ/(kg \cdot K)]$	$v/(m^3/kg)$	$h/(kJ/kg)$	$s/[kJ/(kg \cdot K)]$
450	0.038145	3271.3	6.5540	0.033474	3256.0	6.4835	0.029735	3240.5	6.4184
500	0.041712	3397.0	6.7221	0.036733	3385.0	6.6560	0.032750	3372.8	6.5954
600	0.048403	3639.2	7.0168	0.042789	3630.8	6.9552	0.038297	3622.5	6.8992

p	15.0MPa			20.0MPa			30.0MPa		
饱和参数	$t_s = 342.196℃$ $v' = 0.0016571$ $v'' = 0.010300$ $h' = 1609.8$ $h'' = 2610.0$ $s' = 3.6836$ $s'' = 5.3091$			$t_s = 365.789℃$ $v' = 0.0020379$ $v'' = 0.0058702$ $h' = 1827.2$ $h'' = 2413.1$ $s' = 4.0153$ $s'' = 4.9322$					
$t/℃$	$v/(m^3/kg)$	$h/(kJ/kg)$	$s/[kJ/(kg \cdot K)]$	$v/(m^3/kg)$	$h/(kJ/kg)$	$s/[kJ/(kg \cdot K)]$	$v/(m^3/kg)$	$h/(kJ/kg)$	$s/[kJ/(kg \cdot K)]$
0	0.0009928	15.10	0.0006	0.0009904	20.08	0.0006	0.0009857	29.92	0.0005
10	0.0009933	56.51	0.1494	0.0009911	61.29	0.1488	0.0009866	70.77	0.1474
20	0.0009951	97.87	0.2930	0.0009929	102.50	0.2919	0.0009887	111.71	0.2895
40	0.0010014	180.74	0.5665	0.0009992	185.13	0.5645	0.0009951	193.87	0.5606
50	0.0010056	222.22	0.6969	0.0010035	226.50	0.6946	0.0009993	235.05	0.6900
60	0.0010105	263.72	0.8233	0.0010084	267.90	0.8207	0.0010042	276.25	0.8156
80	0.0010221	346.84	1.0656	0.0010199	350.82	1.0624	0.0010155	358.78	1.0562
100	0.0010360	430.29	1.2955	0.0010336	434.06	1.2917	0.0010290	441.64	1.2844
120	0.0010522	514.23	1.5146	0.0010496	517.79	1.5103	0.0010445	524.95	1.5019
140	0.0010708	598.80	1.7244	0.0010679	602.12	1.7195	0.0010622	608.82	1.7100
150	0.0010810	641.37	1.8262	0.0010779	644.56	1.8210	0.0010719	651.00	1.8108
160	0.0010919	684.16	1.9262	0.0010886	687.20	1.9206	0.0010822	693.36	1.9098
180	0.0011159	770.49	2.1210	0.0011121	773.29	2.1147	0.0011048	778.72	2.1024
200	0.0011434	858.08	2.3102	0.0011389	860.36	2.3029	0.0011303	865.12	2.2890
250	0.0012327	1085.6	2.7671	0.0012251	1086.2	2.7564	0.0012110	1087.9	2.7364
300	0.0013777	1337.3	3.2260	0.0013605	1333.4	3.2072	0.0013317	1327.9	3.1742
350	0.011469	2691.2	5.4403	0.0016645	1645.3	3.7275	0.0015522	1608.0	3.6420
400	0.015652	2974.6	5.8798	0.0099458	2816.8	5.5520	0.0027929	2150.6	4.4721
450	0.018449	3156.5	6.1408	0.0127013	3060.7	5.9025	0.0067363	2822.1	5.4433
500	0.020797	3309.0	6.3449	0.0147681	3239.3	6.1415	0.0086761	3083.3	5.7934
600	0.024882	3580.7	6.6757	0.0181655	3536.3	6.5035	0.0114310	3442.9	6.2321

此表引自文献：严家騄，余晓福. 1995. 水和水蒸气热力性质图表. 北京：高等教育出版社.

附录表 3   干空气的热物理性质(p=1.01325×10⁵Pa)

$t/℃$	$\rho/(kg/m^3)$	$C_p/[kJ/(kg \cdot ℃)]$	$\lambda \times 10^2/[W/(m \cdot ℃)]$	$\alpha \times 10^6/(m^2 \cdot s)$	$\eta \times 10^6/[W/(m \cdot s)]$	$v \times 10^6/(m^2 \cdot s)$	Pr
−50	1.584	1.013	2.04	12.7	14.6	9.23	0.728
−40	1.515	1.013	2.12	13.8	15.2	10.04	0.728
−30	1.453	1.013	2.20	14.9	15.7	10.80	0.723
−20	1.395	1.009	2.28	16.2	16.2	11.61	0.716
−10	1.342	1.009	2.36	17.4	16.7	12.43	0.712

续表

$t/℃$	$\rho/(kg/m^3)$	$C_p/[kJ/(kg\cdot℃)]$	$\lambda\times10^2/[W/(m\cdot℃)]$	$\alpha\times10^6/(m^2\cdot s)$	$\eta\times10^6/[W/(m\cdot s)]$	$\nu\times10^6/(m^2\cdot s)$	Pr
0	1.293	1.005	2.44	18.8	17.2	13.28	0.707
10	1.247	1.005	2.51	20.0	17.6	14.16	0.705
20	1.205	1.005	2.59	21.4	18.1	15.06	0.703
30	1.165	1.005	2.67	22.9	18.6	16.00	0.701
40	1.128	1.005	2.76	24.3	19.1	16.96	0.699
50	1.093	1.005	2.83	25.7	19.6	17.95	0.698
60	1.060	1.005	2.90	27.2	20.1	18.97	0.696
70	1.029	1.009	2.96	28.6	20.6	20.02	0.694
80	1.000	1.009	3.05	30.2	21.1	21.09	0.692
90	0.972	1.009	3.13	31.9	21.5	22.10	0.690
100	0.946	1.009	3.21	33.6	21.9	23.13	0.688
120	0.898	1.009	3.34	36.8	22.8	25.45	0.686
140	0.854	1.013	3.49	40.3	23.7	27.80	0.684
160	0.815	1.017	3.64	43.9	24.5	30.09	0.682
180	0.779	1.022	3.78	47.5	25.3	32.49	0.681
200	0.746	1.026	3.93	51.4	26.0	34.85	0.680
250	0.674	1.038	4.27	61.0	27.4	40.61	0.677
300	0.615	1.047	4.60	71.6	29.7	48.33	0.674
350	0.566	1.059	4.91	81.9	31.4	55.46	0.676
400	0.524	1.068	5.21	93.1	33.0	63.09	0.678
500	0.456	1.093	5.74	115.3	36.2	79.38	0.687
600	0.404	1.114	6.22	138.3	39.1	96.89	0.699
700	0.362	1.135	6.71	163.4	41.8	115.4	0.706
800	0.329	1.156	7.18	188.8	44.3	134.8	0.713
900	0.301	1.172	7.63	216.2	46.7	155.1	0.717
1000	0.277	1.185	8.07	245.9	49.0	177.1	0.719
1100	0.257	1.197	8.50	276.2	51.2	199.3	0.722
1200	0.239	1.210	9.15	316.5	53.5	233.7	0.724

附录表 4　饱和水的热物理性质

$t/℃$	$p\times10^{-5}/Pa$	$\rho/(kg/m^3)$	$h'/(kJ/kg)$	$c/[kJ/(kg\cdot K)]$	$\lambda\times10^2/[W/(m\cdot K)]$	$\alpha\times10^8/(m^2\cdot s)$	$\eta\times10^6/[W/(m\cdot s)]$	$\nu\times10^6/(m^2\cdot s)$	$\alpha_v\times10^4/K^{-1}$	$\gamma\times10^4/(N/m)$	Pr
0	0.00611	999.9	0	4.212	55.1	13.1	1788	1.789	−0.81	756.4	13.67
10	0.01227	999.7	42.04	4.191	57.4	13.7	1306	1.306	+0.87	741.6	9.52
20	0.02338	998.2	83.91	4.183	59.9	14.3	1004	1.006	2.09	726.9	7.02
30	0.04241	995.7	125.7	4.174	61.8	14.9	801.5	0.805	3.05	712.2	5.42
40	0.07375	992.2	167.5	4.174	63.5	15.3	653.3	0.659	3.86	696.5	4.31
50	0.12335	988.1	209.3	4.174	64.8	15.7	549.4	0.556	4.57	676.9	3.54
60	0.19920	983.1	251.1	4.179	65.9	16.0	469.9	0.478	5.22	662.2	2.99
70	0.3116	977.8	293.0	4.187	66.8	16.3	406.1	0.415	5.83	643.5	2.55
80	0.4736	971.8	355.0	4.195	67.4	16.6	355.1	0.365	6.40	625.9	2.21
90	0.7011	965.3	377.0	4.208	68.0	16.8	314.9	0.326	6.96	607.2	1.95
100	1.013	958.4	419.1	4.220	68.3	16.9	282.5	0.295	7.50	588.6	1.75

续表

$t/℃$	$p×10^{-5}$ /Pa	$\rho/$ (kg/m³)	$h'/$ (kJ/kg)	$c/[kJ/$ (kg·K)]	$\lambda×10^2/$ [W/(m·K)]	$\alpha×10^8/$ (m²·s)	$\eta×10^6/$ [W/(m·s)]	$\nu×10^6/$ (m²·s)	$\alpha_v×10^4/$ K^{-1}	$\gamma×10^4/$ (N/m)	Pr
110	1.43	951.0	461.4	4.233	68.5	17.0	259.0	0.272	8.04	569.0	1.60
120	1.98	943.1	503.7	4.250	68.6	17.1	237.4	0.252	8.58	548.4	1.47
130	2.70	934.8	546.4	4.266	68.6	17.2	217.8	0.233	9.12	528.8	1.36
140	3.61	926.1	589.1	4.287	68.5	17.2	201.1	0.217	9.68	507.2	1.26
150	4.76	917.0	632.2	4.313	68.4	17.3	186.4	0.203	10.26	486.6	1.17
160	6.18	907.0	675.4	4.346	68.3	17.3	173.6	0.191	10.87	466.0	1.10
170	7.92	897.3	719.3	4.380	67.9	17.3	162.8	0.181	11.52	443.4	1.05
180	10.03	886.9	763.3	4.417	67.4	17.2	153.0	0.173	12.21	422.8	1.00
190	12.55	876.0	807.8	4.459	67.0	17.1	144.2	0.165	12.96	400.2	0.96
200	15.55	863.0	852.8	4.505	66.3	17.0	136.4	0.158	13.77	376.7	0.93
210	19.08	852.3	897.7	4.555	65.5	16.9	130.5	0.153	14.67	354.1	0.91
220	23.20	840.3	943.7	4.614	64.5	16.6	124.6	0.148	15.67	331.6	0.89
230	27.98	827.3	990.2	4.681	63.7	16.4	119.7	0.145	16.80	310.0	0.88
240	33.48	813.6	1037.5	4.756	62.8	16.2	114.8	0.141	18.08	285.5	0.87
250	39.78	799.0	1085.7	4.844	61.8	15.9	109.9	0.137	19.55	261.9	0.86
260	46.94	784.0	1135.7	4.949	60.5	15.6	105.9	0.135	21.27	237.4	0.87
270	55.05	767.9	1185.7	5.070	59.0	15.1	102.0	0.133	23.31	214.8	0.88
280	64.19	750.7	1236.8	5.230	57.4	14.6	98.1	0.131	25.79	191.3	0.90
290	74.45	732.3	1290.0	5.485	55.8	13.9	94.2	0.129	28.84	168.7	0.93
300	85.92	712.5	1344.9	5.736	54.0	13.2	91.2	0.128	32.73	144.2	0.97
310	98.70	691.1	1402.2	6.071	52.3	12.5	88.3	0.128	37.85	120.7	1.03
320	112.90	667.1	1462.1	6.574	50.6	11.5	85.3	0.128	44.91	98.10	1.11
330	128.65	640.2	1526.2	7.244	48.4	10.4	81.4	0.127	55.31	76.71	1.22
340	146.08	610.1	1594.8	8.165	45.7	9.17	77.5	0.127	72.10	56.70	1.39
350	165.37	574.4	1671.4	9.504	43.0	7.88	72.6	0.126	103.7	38.16	1.60
360	186.74	528.0	1761.5	13.984	39.5	5.36	66.7	0.126	182.9	20.21	2.35
370	210.53	450.5	1892.5	40.321	33.7	1.86	56.9	0.126	676.7	4.709	6.79

附录表5　几种气体的热物理性质($p=1.01325×10^5$Pa)

气体名称	$t/℃$	$\rho/(kg/m^3)$	$c/[kJ/(kg·K)]$	$\lambda×10^2/[W/(m·K)]$	$a×10^2/(m^2/h)$	$\eta×10^6/[kg/(m·s)]$	$\nu×10^2/(m^2·s)$	Pr
氢气(H₂)	−50	0.1064	13.82	14.07	34.4	7.355	69.1	0.72
	0	0.0869	14.19	16.75	48.6	8.414	96.8	0.72
	50	0.0734	14.40	19.19	65.3	9.385	128	0.71
	100	0.0636	14.49	21.40	84.0	10.277	162	0.69
	150	0.0560	14.49	23.61	105	11.121	199	0.68
	200	0.0502	14.53	25.70	128	11.915	237	0.66
	250	0.0453	14.53	27.56	152	12.651	279	0.66
	300	0.0415	14.57	29.54	178	13.631	321	0.65
氮气(N₂)	−50	1.485	1.043	2.000	4.65	14.122	9.5	0.74
	0	1.211	1.043	2.407	6.87	16.671	13.8	0.72
	50	1.023	1.043	2.791	9.42	18.927	18.5	0.71
	100	0.887	1.043	3.128	12.2	21.084	23.8	0.70

气体名称	$t/℃$	$\rho/(kg/m^3)$	$c/[kJ/(kg\cdot K)]$	$\lambda\times10^2/[W/(m\cdot K)]$	$a\times10^2/(m^2/h)$	$\eta\times10^6/[kg/(m\cdot s)]$	$v\times10^2/(m^2\cdot s)$	Pr
氮气(N_2)	150	0.782	1.047	3.477	15.3	23.046	29.5	0.69
	200	0.699	1.055	3.815	18.6	24.811	35.5	0.69
	250	0.631	1.059	4.129	22.1	26.674	42.3	0.69
	300	0.577	1.072	4.419	25.7	28.241	49.1	0.69
二氧化碳(CO_2)	−50	2.373	0.766	1.105	2.2	11.28	4.8	0.78
	0	1.912	0.829	1.454	3.3	13.83	7.2	0.78
	50	1.616	0.875	1.830	4.7	16.18	10.0	0.77
	100	1.400	0.921	2.221	6.2	18.34	13.1	0.76
	150	1.235	0.959	2.628	8.0	20.40	16.5	0.74
	200	1.103	0.996	3.059	10.1	22.36	20.3	0.72
	250	0.996	1.030	3.512	12.3	24.22	24.3	0.71
	300	0.911	1.063	3.989	14.8	25.99	28.5	0.59
氧气(O_2)	−100	2.192	0.917	1.465	2.7	12.94	5.9	0.80
	−50	1.694	0.917	1.884	4.4	16.18	9.6	0.79
	0	1.382	0.917	2.291	6.5	19.12	13.9	0.77
	50	1.168	0.925	2.687	8.9	21.97	18.8	0.76
	100	1.012	0.934	3.035	11.6	24.61	24.3	0.76

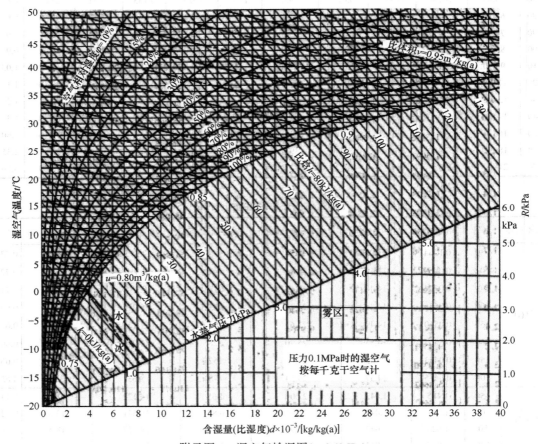

附录图 1　湿空气焓湿图(p=0.1MPa)

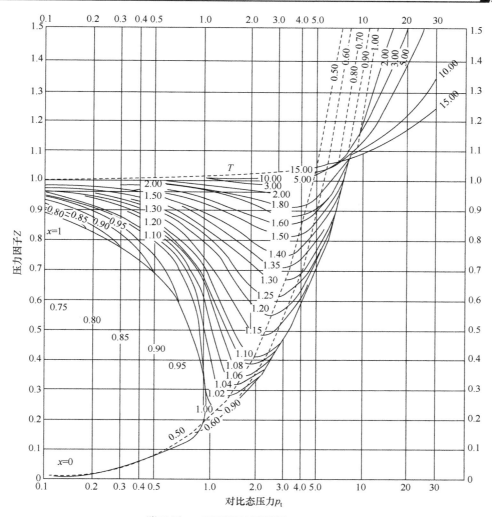

附录图 2　通用压缩因子图 ($Z_c = 0.27$)

电子附录表

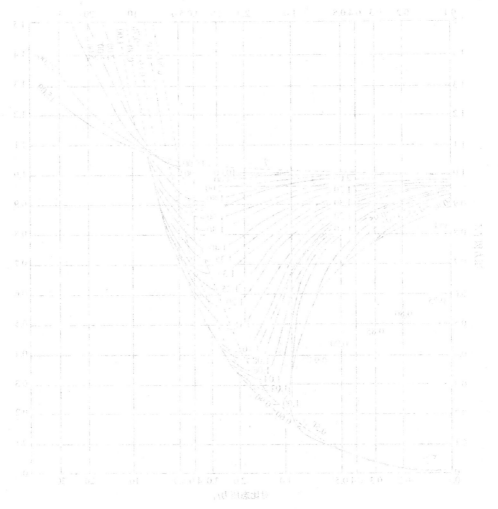